高等学校教学用书

土力学地基基础

韩晓雷　主编
高永贵　主审

北　京
冶金工业出版社
2014

内容提要

本书共分十章,主要内容包括工程地质学概论、土的物理性质及工程分类、地基应力和变形、土的抗剪强度、土坡稳定性分析、土压力和地基承载力、岩土工程勘察、天然地基浅基础设计、桩基础、特殊土与地基处理。各章均附有大量思考题与习题。

本书为土木工程专业教材,也可作为交通工程、管理工程等相关专业的教材或参考书,还可供从事岩土工程科研、勘察、设计、施工、管理及监理等工作的科技工作者参考。

图书在版编目(CIP)数据

土力学地基基础/韩晓雷主编 . —北京:冶金工业出版社,2004.6 (2014.1 重印)

ISBN 978-7-5024-3177-8

Ⅰ. 土⋯ Ⅱ. 韩⋯ Ⅲ. 地基 — 基础(工程) Ⅳ. TU47

中国版本图书馆 CIP 数据核字(2004)第 014615 号

出 版 人 谭学余
地　　址 北京北河沿大街嵩祝院北巷 39 号,邮编 100009
电　　话 (010)64027926 电子信箱 yjcbs@ cnmip. com. cn
责任编辑 杨　敏 美术编辑 王耀忠
责任校对 侯　珊 责任印制 李玉山
ISBN 978-7-5024-3177-8
冶金工业出版社出版发行;各地新华书店经销;北京百善印刷厂印刷
2004 年 6 月第 1 版,2014 年 1 月第 4 次印刷
787mm×1092mm 1/16; 23.25 印张; 563 千字; 363 页
36.00 元
冶金工业出版社投稿电话:(010)64027932 投稿信箱:tougao@cnmip.com.cn
冶金工业出版社发行部 电话:(010)64044283 传真:(010)64027893
冶金书店 地址:北京东四西大街 46 号(100010) 电话:(010)65289081(兼传真)
(本书如有印装质量问题,本社发行部负责退换)

前　言

　　土力学是以传统的工程力学和地质学的知识为基础,研究与土木工程有关的土中应力、变形、强度和稳定性的应用力学分支。此外,还要用专门的土工试验技术来研究土的物理化学特性,以及土的强度、变形和渗透等特殊力学特性。

　　地基与基础是建立在土力学和工程地质学原理上的地基基础设计理论与方法,同时包含了结构设计、数值计算、岩土工程勘察、测试等学科内容。

　　"土力学地基基础"是土木工程专业的一门必修课,属专业基础课。

　　通过本课程的学习,学生应掌握地基沉降、地基承载力、土压力计算方法和土坡稳定分析方法,掌握一般土工试验方法,达到能应用土力学的基本原理和方法解决实际工程中土的稳定、变形和渗流等问题的目的,能应用土力学原理独立解决各类土工问题并具备从事岩土工程设计、施工、监理等方面工作的技能。

　　本书共分十章,内容包括工程地质学概论、土的物理性质及工程分类、地基应力和变形、土的抗剪强度、土坡稳定性分析、土压力和地基承载力、岩土工程勘察、天然地基浅基础设计、桩基础、特殊土与地基处理。本书内容简明扼要。为了加深对课程基本内容的理解,书中给出了大量思考题及习题,以便学生加深对本学科基本内容的进一步理解和消化。

　　本书由西安建筑科技大学韩晓雷、冯志焱、张荫、李辉、王铁行、刘丽萍、刘增荣等共同编写。第一章由李辉、韩晓雷编写;第二、三、五、九章由韩晓雷编写;第四章由王铁行编写;第六章由冯志焱编写;第七章由张荫编写;第八章由刘丽萍编写;第十章由韩晓雷、刘增荣编写;书中的思考题和习题由韩晓雷编写。本书由韩晓雷主编,高永贵主审。

　　本书为土木工程专业教材,也可作为交通工程、管理工程等专业教材或参考书,还可供从事岩土工程科研、勘察、设计、施工、管理及监理等工作的科研人员和工程技术人员参考。

　　本书在编写及出版过程中得到了冶金工业出版社的大力帮助和支持,在此深表感谢。

　　限于作者水平,书中欠妥之处,恳请读者批评指正。

作　者

2003 年 12 月于西安

目 录

绪　论

一、土力学、地基和基础的概念

　　土是在第四纪地质历史时期地壳表层母岩经受强烈风化作用后所形成的大小不等的颗粒状堆积物，是覆盖于地壳最表面的一种松散的或松软的物质。土是由固体颗粒、液体水和气体组成的一种三相体。固体颗粒之间没有联接强度或联接强度远小于颗粒本身的强度是土有别于其他连续介质的一大特点。土的颗粒之间存在有大量的孔隙，因此土具有碎散性、压实性、土粒之间的相对移动性和透水性。

　　土在地球表面分布极广，它与工程建设关系密切。在工程建设中土被广泛用做各种建筑物的地基或材料，或构成建筑物周围的环境或护层。在土层上修建工业厂房、民用住宅、涵管、桥梁、码头等时，土是作为承受上述结构物荷载的地基；修筑土质堤坝、路基等时，土又被用作建筑材料。在我国的边远和不发达地区，目前仍有大量的土木结构类型的农舍存在；土作为建筑环境和护层的情况，在工程地质学中已有论述，此处不再赘述。总而言之，土的性质对于工程建设的质量、性状等具有直接而重大的影响。

　　土力学是以传统的工程力学和地质学的知识为基础，研究与土木工程有关的土中应力、变形、强度和稳定性的应用力学分支。此外，还要用专门的土工试验技术来研究土的物理化学特性，以及土的强度、变形和渗透等特殊力学特性。

　　建筑物修建以后，其全部荷载最终由其下的地层来承担。承受建筑物全部荷载的那一部分天然的或部分经过人工改造的地层即为地基(见图 0-1)。

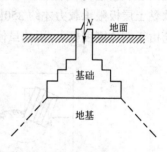

图 0-1　地基及基础示意图

　　由于土的压缩性大，强度小，因而在绝大多数情况下上部结构荷载不能直接通过墙、柱等传给下部土层(地基)，而必须在墙、柱、底梁等和地基接触处适当扩大尺寸，把荷载扩散以后安全地传递给地基。这种位于建筑物墙、柱、底梁以下，经过适当扩大尺寸的建筑物最下部结构称之为基础(见图 0-1)

　　建筑物的修建使地基中原有的应力状态发生了改变，这就需要我们运用力学的方法来研究和分析建筑物荷载作用后(地基应力状态改变后)的地基土变形、强度和稳定性，保证地基在上部结构荷载作用下能满足强度和稳定性要求并具有足够的安全储备；控制地基的沉降使之不超过建筑物的允许变形值，保证建筑物不因地基的变形而损害或者影响其正常使用。

　　基础的结构形式很多，具体设计时应该选择既能适应上部结构、符合建筑物使用要求，又能满足地基强度和变形要求，经济合理、技术可行的基础结构方案。通常把埋置深度不大(一般不超过 5.0m)，只需经过挖槽、排水等普通施工工序就可以建造起来的基础称为浅基础；而把埋置深度较大(一般不小于 5.0m)并需要借助于一些特殊的施工方法来完成的各种类型基础称为深基础。

土的性质极其复杂。当地层条件较好,地基土的力学性能较好,能满足地基基础设计对地基的要求时,建筑物的基础被直接设置在天然地层上,这样的地基被称为天然地基;而当地层条件较差,地基土强度指标较低,无法满足地基基础设计对地基的承载力和变形要求时,常需要对基础底面以下一定深度范围内的地基土体进行加固或处理,这种部分经过人工改造的地基被称为人工地基。

地基和基础是建筑物的根基,又属于隐蔽工程,它的勘察、设计和施工质量直接关系着建筑物的安危。工程实践表明,建筑物的事故很多都与地基基础问题有关,而且一旦发生地基基础事故,往往后果严重,补救十分困难,有些即使可以补救,其加固修复工程所需的费用也非常高。

二、国内外土木工程事故举例

与地基基础有关的土木工程事故可主要概括为地基产生整体剪切破坏、地基发生不均匀沉降、地基产生过量沉降以及地基土液化失效等几种。

(1)地基产生整体剪切破坏:a. 巴西某 11 层大厦。1955 年始建的巴西某 11 层大厦长 25m,宽 12m,支承在 99 根 21m 长的钢筋混凝土桩上。1958 年大厦建成后,发现其背后明显下沉。1 月 30 日,该建筑物的沉降速度高达每小时 4mm,晚 8 时许,大厦在 20s 内倒塌。后查明该大厦下有 25m 厚的沼泽土,而其下的桩长仅为 21m,未深入其下的坚固土层,倒塌是由于地基产生整体剪切破坏所致。b. 加拿大特朗斯康谷仓。图 0-2 所示是建于 1914 年的加拿大特朗斯康谷仓地基破坏情况。该谷仓由 65 个圆柱形筒仓构成,高 31m,宽 23.5m,其下为钢筋混凝土筏板基础,由于事前不了解基础下埋藏有厚达 16m 的软黏土层,谷仓建成后初次贮存谷物达 27000t,发现谷仓明显下沉,结果谷仓西侧突然陷入土中 7.3m,东侧上抬 1.5m,仓身倾斜近 27°。后查明谷仓基础底面单位面积压力超过 300kPa,而地基中的软黏土层极限承载力才约 250kPa,因此造成地基产生整体破坏并引发谷仓严重倾斜。该谷仓由于整体刚度极大,因此虽倾斜极为严重,但谷仓本身却完好无损。后于土仓基础之下做

图 0-2　加拿大特朗斯康谷仓的地基事故

了 70 多个支承于下部基岩上的混凝土墩,使用了 388 个 50t 千斤顶以及支撑系统才把仓体逐渐扶正,但其位置比原来降低了近 4.0m。这是地基产生剪切破坏,建筑物丧失其稳定性的典型事故实例。

(2)地基产生不均匀沉降:a. 意大利比萨斜塔(图 0-3)。意大利比萨斜塔于 1173 年动工修建,当塔修建至 24m 高时发生倾斜,100 年后续建该塔至塔顶,建成后塔高 54.5m。目前塔北侧沉降 1m 多,南侧沉降近 3m,塔顶偏离中心线约 5.54m(倾斜约 5.8°)。为使斜塔安全留存,后在国际范围内进行了招标,对斜塔进行了加固处理。b. 我国名胜苏州虎丘塔。苏州虎丘塔建于 959~961 年期间,为七级八角形砖塔,塔底直径 13.66m,高 47.5m,重 63000kN。塔建成后由于历经战火沧桑、风雨侵蚀,塔体严重损坏。为了使该名胜古迹安全留存,我国于 1956~1957 年期间对其进行了上部结构修缮。修缮结果使塔体重量增加了约 2000 kN,同时加速了塔体的不均匀沉降,塔顶偏离中心线的距离由 1957 年的 1.7m 发展到 1978 年的 2.31m,并导致地层砌体产生局部破坏。1983 年对该塔进行了基础托换,使其不均匀沉降得以控制。因地基产生不均匀沉降而导致基础断裂、上部结构破坏的事例不胜枚举。

图 0-3　意大利比萨斜塔

(3)地基产生过量沉降:a. 广深铁路 k2＋150 段线路。我国广深铁路 k2＋150 段线路位于广州市,该路段地处山涧流水地带,其淤泥覆盖层较厚,通车后路基不断下沉。1975 年后,下沉严重地段每旬下沉量高达 12～16mm,其他地段每旬下沉量 8～12mm 不等。路基的下沉不仅增加了该段铁路的维修保养作业量,更严重威胁着铁路列车的安全营运。该路段后采用高压喷射注浆法进行了路基土加固处理。b. 西安某住宅楼。西安某住宅楼位于西安市灞桥区,场地为Ⅱ级自重湿陷性黄土场地,建筑物长 18.5m,宽 14.5m,为六层点式砖混结构,基础采用肋梁式钢筋混凝土基础。建筑物修建以前对地基未做任何处理,由于地下管沟积水,致使地基产生湿陷沉降,在沉降发生最为严重的 5 天时间里,该建筑物的累计沉降量超过了 300mm。后虽经对基础进行托换处理止住了建筑物的继续沉降,但过量沉降严重影响了该建筑物的使用功能,门厅处不仅形成了倒灌水现象,而且门洞高度严重不足,致使人员出入极不方便。

　　(4)地基液化失效:a. 日本新潟地震致使地基液化。日本新潟市于 1964 年 6 月 16 日发生了 7.5 级大地震,当地大面积的砂土地基由于在地震过程中产生振动液化现象而失去了承载能力,致使房屋毁坏近 2890 幢。b. 唐山地震致使地基液化失效。1976 年 7 月 28 日发生在我国唐山市的大地震是人类历史上造成损失最严重的地震之一,震级 7.8 级,大量建筑物在地震中倒塌损毁,地基土的液化失效是其中的主要原因之一。因地基液化失效致使唐山矿冶学院图书馆书库的第一层全部陷入地面以下。

三、本课程的内容和特点

　　土力学是土木建筑、公路、铁路、水利、地下建筑、采矿和岩土工程等有关专业的一门主要课程,属于专业基础课范畴。

　　组成地基的土或岩层是自然界的产物,它的形成过程、物质成分、所处自然环境及工程性质极为复杂多变。建筑物等的修建会改变地层中原有的应力状态,应力状态的改变会引起一系列的地基变形、强度、稳定性问题。因此除在土木工程设计、施工之前必须进行建筑场地的工程地质勘察,正确掌握和了解地层的形成过程、结构、构造、水文地质情况、不良地质现象,仔细研究地基土的组成、成因、物理力学性质以外,还需要在此基础上借助力学方法来分析和研究地层中的应力变化,借助力学、工程地质学、地下水动力学、流变理论以及数值计算等方法或手段来研究岩土体的变形,并进而对岩土体进行强度和稳定性分析。土木工程中经常会遇到土坡稳定问题。对作为建筑工程地质环境的稳定性较差的土坡如果未加处理或处理不当,土坡将产生滑动破坏。土坡的失稳不仅影响工程的正常进展,还会危及人民生命和国家财产安全,因此借助力学方法对土坡进行稳定性分析,并在此基础上对土坡维护结构进行设计计算也是人们所面临的重要工程课题。上述问题都是土力学的研究内容。

　　建筑物的地基基础和上部结构虽然各自功能不同、研究方法相异,但是无论从力学分析入手还是从经济观点出发,这三部分却是彼此联系、相互制约的有机统一体。目前,要把这三部分完全统一起来进行设计计算还十分困难,但从地基—基础—上部结构共同工作的概念出发,尽量全面考虑诸方面的因素,运用力学和结构设计方法进行基础工程计算将是土力学的主要研究内容之一。

　　多样性是土的主要特点之一,由于受成土母岩、风化作用、沉积历史、地理环境和气候条件等多重因素影响,土的种类繁多,分布复杂,性质各异。易变性是土的另一主要特点,土的工程性质经常受到外界温度、湿度、压力等的影响而发生显著变化。研究各种不同性质的特殊土和软弱土,并按土质受外界影响而发生变化的客观规律,运用合适而又有效的方法对土体进行处理加固也是本课程的重要学习内容。

地球表面很大一部分是处于干旱和半干旱地带,因此,通常情况下土体是由固体颗粒、液体水和气体组成的一种三相体。只有在极端情况下,土体才是两相介质,例如位于地下水位以下的饱和土(由颗粒和水两相物质组成)和极端干旱情况下的干土(由颗粒和气体两相物质组成)。传统土力学的重点是在饱和土问题的研究和工程应用上,而对于分布极为广泛的由三相物质组成,负孔隙压力有重要影响的非饱和土则很少涉及。讨论存在基质引力或负孔隙压力的非饱和土土力学为更进一步深化土的力学性状研究开辟了道路。

随着科学的发展和工程技术的进步,工程中涉及的绝大多数问题仅靠传统的力学方法是很难甚至无法求得其解答的,计算机的出现为这类复杂、综合工程问题的数值结果分析提供了可能,数值计算作为一种行之有效的力学分析手段在岩土力学中占据了重要位置。

本课程涉及工程地质学、弹－塑性理论、流变理论、地下水动力学、计算机及数值计算方法等多个学科领域的知识,因此土力学的首要特点是内容广泛,综合性强。

与其他连续介质力学问题不同,岩土工程问题仅按纯数学—力学的观点是很难甚至无法解决的,这类问题的解决还往往需要结合以往的建设经验,并根据实际调查、必要的现场及室内试验、测试资料进行综合研究分析,以求得问题的正确解决。实践性强是土力学的另一主要特点。

四、本学科的发展概况

地基基础作为一项古老的建筑工程技术,早在史前的人类建筑活动中就被应用。我国西安市半坡村新石器时代遗址中的土台和石基就是先祖们应用这一工程技术的见证。公元前2世纪修建的万里长城;始凿于春秋末期,后经隋、元等代扩建的京杭运河;隋朝大业年间李春设计建造的河北赵州安济桥;我国著名的古代水利工程之一,战国时期李冰领导修建的都江堰;遍布于我国各地的巍巍高塔,宏伟壮丽的宫殿、庙宇和寺院;举世闻名的古埃及金字塔等,都是由于修建在牢固的地基基础之上才能逾千百年而留存于今。据报道,建于唐代的西安小雁塔其下为巨大的船形灰土基础,这使小雁塔虽经历数次大地震而仍留存于今。上述一切证明,人类在其建筑工程实践中积累了丰富的基础工程设计、施工经验和知识,但是由于受到当时的生产实践规模和知识水平限制,在相当长的历史时期内,地基基础仅作为一项建筑工程技术而停留在经验积累和感性认识阶段。

18世纪欧洲产业革命以后,水利、道路以及城市建设工程中大型建筑物的兴建,提出了大量与土的力学性态有关的问题并积累了不少成功经验和工程事故教训。特别是这些工程事故教训,使得原来按以往建设经验来指导工程的做法已无法适应当时的工程建设发展。这就促使人们寻求对许多类似的工程问题的理论解释,并要求在大量实践基础上建立起一定的理论来指导以后的工程实践。例如,17世纪末期欧洲各国大规模的城堡建设推动了筑城学的发展并提出了墙后土压力问题,许多工程技术人员发表了多种墙后土压力的计算公式,为库仑(Coulomb C.A.,1773)提出著名的抗剪强度公式和土压力理论奠定了基础。19世纪中叶开始,大规模的桥梁、铁路和公路建设推动了桩基和深基础的理论与施工方法的发展。路堑和路堤、运河渠道边坡、水坝等的建设提出了土坡稳定性的分析问题。1857年英国人W.J.M朗肯(Rankine)又从不同途径提出了挡土墙的土压力理论。1885年法国学者J.布辛奈斯克(Boussinesq)求得了弹性半空间体在竖向集中力作用下的应力和位移解。1852年法国的H.达西(Darcy)创立了砂性土的渗流理论"达西定律"。1922年瑞典学者W.费兰纽斯(Fellenius)提出了一种土坡稳定的分析方法。这一时期的理论研究为土力学发展成为一门独立学科奠定了基础。

　　1925 年美国人 K. 太沙基(Terzaghi)归纳了以往的理论研究成果,发表了第一本《土力学》专著,又于 1929 年与其他学者一起发表了《工程地质学》。这些比较系统完整的科学著作的出版,带动了各国学者对本学科各个方面的研究和探索,从此土力学作为一门独立的科学而得到不断发展。我国著名学者黄文熙,陈宗基教授等也为土力学的发展做出了突出贡献。

第一章　工程地质学概论

一、地球内部的层圈构造

地球是宇宙中的一颗行星,自形成以来已经历了漫长的地质演变时期,地质作用自始至终贯穿在这一演变过程中。

众所周知,地球是一个位于银河系的太阳系中的旋转椭球体,其赤道半径为6378.4km,两极半径为6365.9km,平均半径约为6371km。资料显示,地球内部密度随深度增加而逐渐增加,但不是均匀的增加,它反映了地球内部物质成分和存在状态的变化,并呈同心圈层结构。根据其特点,地球内部分为三个圈层:地壳、地幔和地核(如图1-1所示)。

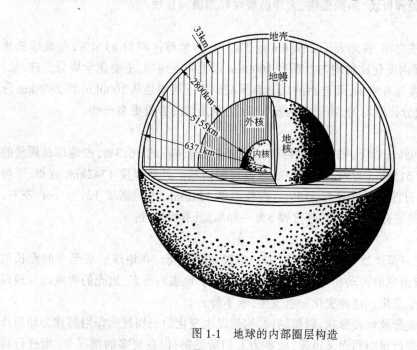

图 1-1　地球的内部圈层构造

1. 地壳

固体地球最外面的一圈,也是一切工程建筑和人类活动的场所。地壳的厚度变化很大,且其表面起伏不平,有高山、深渊、陆地和海洋。大洋地壳较薄,平均厚6km,最薄处不到5km;大陆地壳较厚,平均厚33km,最厚处可达70km。地壳的物质组成很复杂,化学元素有100多种,其中组成地壳的主要元素如表1-1所示。化学元素在地壳中的分布是不均匀的,不仅各元素在总的数量上是不平衡的,而且在不同地区、不同深度的分布也是不均匀的。一般来说,地壳上部以O、Si、Al为主,Ca、Na、K也较多;到了地壳下部,虽然仍以O、Si为主,但其他元素的含量减少,而Mg、Fe含量则相应增多。地壳中的化学元素,除少数以自然元素存在外,大部分是以各种化合物的形式出现,尤其是以氧化物最为常见。表1-2是地壳深度 16km 以内,按氧化物计算的平均化学成分的质量分数。

表 1-1 地壳主要元素组成

元 素	O	Si	Al	Fe	Ca	Na	K	Mg	H
质量分数/%	46.95	27.88	8.13	5.17	3.65	2.78	2.58	2.06	0.62

表 1-2 地壳主要氧化物的质量分数

氧化物	SiO_2	Al_2O_3	$FeO + Fe_2O_3$	CaO	Na_2O	MgO	K_2O	H_2O	TiO_2
质量分数/%	59.14	15.34	6.88	5.08	3.84	3.49	3.13	1.15	1.05

按照地质学中的板块构造学说,地壳并非是一个整体,而是由若干块相互独立的巨大构造单元"拼凑"而成。这些巨大的构造单元被一些构造活动带和转换断层分割开来,彼此之间又分别以不同的速度向不同的方向在地幔软流层上缓慢漂移。这样的巨大构造单元也被称为板块。目前认为,对全球构造的基本格局起主导作用的有六大板块,它们分别是:太平洋板块、欧亚板块、美洲板块、非洲板块、大洋洲板块和南极洲板块。

2. 地幔

处于地壳与地核之间,在地表下 2898km 范围以内,占地球体积的 83.4%,占地球总质量的 2/3。地幔的横向变化比较均匀。深度 1000km 以上叫上地幔,主要化学成分是硅、氧,其中铁、镁、钙随深度显著增加,而硅铝的成分有所减少。下地幔是从 1000km 到 2898km 深度范围内,其化学成分比较均匀,物质结构没有变化,只是铁的含量更多一些。

3. 地核

地核在地表 2898km 以下,物质发生巨变。地核占地球体积的 16.3%,占地球总质量的 1/3。以 4640km 和 5155km 为界,分为外核、过渡层和内核。外核厚度 1742km,液相,平均密度约 $10.5g/cm^3$;过渡层厚度只有 515km;内核厚度 1216km,平均密度 $12.9g/cm^3$ 左右,物质为固相。地核的成分主要是铁,并含镍 5%~20%,具有高磁性。

二、地质作用

如前所述,地壳只是地球内圈层最外面的一层极薄的薄壳。在地球形成至今的漫长地质演变历史中,随着地球的转动和内、外圈层物质的运动,地表的形态、地壳的物质以及地层的形态都在不断发生变化。这种变化一直发生,永不静止。

导致地壳物质成分及地表形状、岩层结构、构造发生变化的一切自然作用都称为地质作用。这些作用有些进行得剧烈而又迅速,较易为人们所觉察;但在更多的情况下,则进行得非常缓慢,很难为人们直接觉察。这些作用虽然进行得十分缓慢,但其作用痕迹却随处可见。它们是海陆变迁、地壳运动留下的有力的证据。按地质作用力的来源不同,可将地质作用划分为内力地质作用和外力地质作用。

1. 内力地质作用

由地球的旋转能和地球中的放射性物质在其衰减过程中释放出的热能所引起的地质作用称为内力地质作用。大多数的地震以及岩浆活动、地壳运动和变质作用等都属内力地质作用现象。

2. 外力地质作用

由太阳的辐射能和地球的重力位能(包括其他星体的引力作用)所引起的地质作用称为

外力地质作用。常见的外力作用现象有气温的变化,雨、雪、风,地面汇流、河流、湖泊、海洋作用,以及生物作用和重力作用等等。

3．地质循环

如果我们对前述各内力地质作用及外力地质作用现象进行归类可将其划分为风化剥蚀、搬运沉积、变质作用以及构造运动 4 种类型。这 4 种类型的地质作用在地壳上构成了一个巧妙的循环过程,如图 1-2 所示。

图 1-2 地质循环示意

风化剥蚀使暴露于地壳表面的岩石破碎剥落,破碎剥落的岩石碎屑物质被一定的外力地质作用搬运后在一定的地质环境中沉积下来,当这些沉积下来的岩石碎屑物质埋入地下一定深处,就会在高温高压作用下变质成岩,变质成岩的岩体在构造运动作用下一旦暴露于地壳表面又会重新被风化剥蚀,进入下一个循环过程,我们称这种循环为地质循环。

第一节 矿物和岩石

如前所述,地壳中的化学元素,除极少数呈单质存在外,绝大多数的元素都以化合物的形式即矿物和岩石存在于地壳中。

一、造岩矿物

(一)矿物的概念

矿物是地壳中的一种或多种元素在各种地质作用(自然作用)下形成的自然产物,是具有一定化学成分、内部构造和物理性质的自然元素或化合物。矿物是构成地壳的最基本物质。

由于矿物的化学成分比较固定,所以对于一些物质组成比较简单的矿物,我们常常用其化学分子式来表述。例如:石英,SiO_2;黄铁矿,FeS_2;磁铁矿,Fe_3O_4;方解石,$CaCO_3$;赤铁矿,Fe_2O_3;石膏,$CaSO_4 \cdot 2H_2O$ 等。它们与我们在实验室中接触的化学制品的差别在于前者是天然形成的,而后者则是人工制造的。因此我们也常将矿物称为造岩矿物。绝大多数的矿物呈固体状态。

(二)造岩矿物

构成岩石的矿物,称为造岩矿物。目前发现的地壳中的造岩矿物多达 3000 余种,以硅酸盐类矿物为最多,约占矿物总量的 90%,其中最常见的矿物约有 50 余种,例如正长石,斜长石,黑、白云母,辉石,角闪石,橄榄石,绿泥石,滑石,高岭石,石英,方解石,白云石,石膏,黄铁矿,赤铁矿,褐铁矿,磁铁矿等等。

(三)矿物的形态

造岩矿物绝大部分是结晶质,即组成造岩矿物的质点在矿物内部按一定的规律排列,形成稳定的结晶格子构造,在生长过程中,如果不受空间限制,都能自发地长成具有规则几何外形的结晶多面体。如食盐的正立方体晶体,石英的六方双锥晶体等,如图 1-3 所示。矿物的外形特征和许多物理性质,都是矿物的化学成分和内部构造的反映。

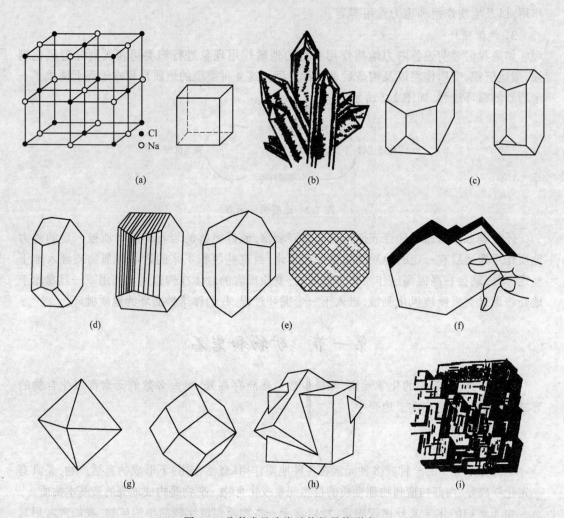

图 1-3 几种常见造岩矿物的晶体形态

(a)食盐的内部构造和晶体;(b)石英的晶簇;(c)正长石的晶形;(d)斜长石的晶形;(e)辉石的短柱状晶体
及横切面形状;(f)云母的晶形;(g)磁铁矿的晶形;(h)萤石的立方双晶;(i)方解石的菱面体晶体

(四)矿物的主要物理性质

不同的矿物由于化学组成和晶体构造不同,其外部形态特征及各项物理性质均有所差异。矿物的肉眼鉴定主要是运用矿物的形成以及矿物的物理性质等特征进行的,因此,矿物的物理性质是鉴别矿物的重要依据。矿物的物理性质包括颜色、条痕色、透明度、光泽、硬度、解理、断口和比重等。

1.颜色

颜色是矿物最直观最便于识别的一种物理性质,它是对白光中的不同波长的光波吸收的表现。矿物的颜色五彩缤纷,自古以来引人瞩目,很多矿物都是因其具有特殊的颜色而得名。矿物颜色根据产生的原因可分为自色、他色和假色。

自色:指矿物本身固有的颜色,与矿物成分中某些色素离子的存在以及晶体构造有关。

他色:指矿物因含有外来带色杂质的机械混入物所染成的颜色,它与该矿物的本质因素无关。

假色:为矿物表面氧化膜、内部解理面、细小裂缝、薄膜包体等引起光波干涉而产生的颜色。

如纯晶体石英是无色、透明的,当其混入不同的杂质时,使石英染成紫色(紫水晶)、玫瑰色(蔷薇石英)等。

2. 条痕色

矿物在无釉白色瓷板上摩擦时所留下的粉末痕迹,即矿物粉末的颜色,成为条痕色。条痕色可以消除假色,减弱他色,保存自色,因而比矿物颗粒的颜色更为固定。

3. 透明度

矿物的透明度是指矿物允许光通过能力的大小,它决定于矿物对光的反射及吸收的程度不同,通常凡是对光吸收越强,其反射亦越强,而透过的光则很少,矿物的透明度就越弱。

4. 光泽

矿物的光泽是指矿物表面反射光的能力,是用肉眼鉴别矿物的重要依据之一。根据矿物表面反光强弱可将光泽分为金属光泽、半金属光泽、金刚光泽、油脂光泽、珍珠光泽、丝绢光泽、蜡状光泽以及土状光泽。

5. 硬度

矿物的硬度是指矿物抵抗外来机械作用的强度。一般用刻划方法来比较矿物硬度的相对高低。通常选用10种硬度不同的硬度矿物作为标准,根据相互刻划时相对软硬的高低将硬度分为10级,这10种标准的硬度矿物组成了摩氏硬度计,如表1-3所示。一般矿物硬度等级多在2~6之间。

表1-3 摩氏硬度计

硬度等级	代表矿物	硬度等级	代表矿物
1	滑 石	6	正长石
2	石 膏	7	石 英
3	方解石	8	黄 玉
4	萤 石	9	刚 玉
5	磷灰石	10	金刚石

6. 解理

矿物在外力作用下总是沿一定的结晶方向裂成光滑平面的性质即为解理,裂开的光滑平面成为解理面。解理总是沿着晶体构造中面网与面网之间连接力最弱的平面发生。相互平行的一系列解理面称一组解理,如方解石有3组完全解理,云母只有1组解理。

7. 断口

矿物在外力打击下,不以一定结晶方向发生断裂而形成的断裂面即为断口。

8. 比重

比重指矿物的质量与4℃时同体积水的质量的比值。每种矿物都有其自己的元素和晶体结构,因此都有一定的比重,它是鉴别矿物的一项重要物理参数。

(五)常见的主要造岩矿物

矿物的鉴定主要是运用矿物的形态以及其物理性质等特征来鉴别的。自然界中有许多矿物,它们之间在形态、颜色、光泽等方面有相同之处,但也有其自身的特征。鉴别矿物时应利用这些特点,即可区别于其他矿物。此外,在对矿物的物理性质进行测定时,应找矿物的新鲜面,因为风化面上的物理性质已改变了原来矿物的性质,它不能反映矿物真实的特性。

常见的主要造岩矿物及其物理性质见表1-4。

表 1-4 常见造岩矿物的主要物理性质表

矿物名称及化学成分	形 状	主要物理性质				主要鉴定特征
		颜 色	光 泽	硬度等级	解理与断口	
石 英 SiO_2	六棱柱状或双锥状、粒状、块状	无色、乳白色或其他色	玻璃光泽、断口为油脂光泽	7	无解理,贝壳状断口	形状,硬度
正长石 $K[AlSi_3O_8]$	短柱状、板状、粒状	肉色、浅玫瑰或白色	玻璃光泽	6	两组完全解理,近于正交	解理,颜色
斜长石 $Na[AlSi_3O_8]$ $Ca[Al_2Si_2O_8]$	长柱状、板条状	白色或灰白色	玻璃光泽	6	两组完全解理,斜交	颜色,解理面有细条纹
白云母 $KAl_2[AlSi_3O_{10}][OH]_2$	板状、片状	无色、灰白至浅灰色	玻璃或珍珠光泽	2~3	一组极完全解理	解理,薄片有弹性
黑云母 $K(Fe,Mg)_8$ $[AlSi_3O_{10}][OH]_2$	板状、片状	深褐、黑绿至黑色	玻璃或珍珠光泽	2.5~3	一组极完全解理	解理,薄片有弹性
角闪石 $(Ca,Na)(Mg,Fe)_4(Al,Fe)[(Si,Al)_4O_{11}]_2[OH]_2$	长柱状、纤维状	深绿至黑色	玻璃光泽	5.5~6	两组完全解理,交角近56°	形状,颜色
辉 石 $(Na、Ca)(Mg、Fe、Al)$ $[(Si、Al)_2O_6]$	短柱状、粒状	褐黑、棕黑至深黑色	玻璃光泽	5~6	两组完全解理,交角近90°	形状,颜色
橄榄石 $(Fe、Mg)_2[SiO_4]$	粒状	橄榄绿、淡黄绿色	油脂或玻璃光泽	6.5~7	通常无解理,贝壳状断口	颜色,硬度
方解石 $CaCO_3$	菱面体、块状、粒状	灰白、白或其他色	玻璃光泽	3	三组完全解理	解理,硬度,遇稀盐酸强烈起泡
白云石 $CaMg[CO_3]_2$	菱面体、块状、粒状	灰白、淡红或淡黄色	玻璃光泽	3.5~4	三组完全解理,晶面常弯曲呈鞍状	解理,硬度,晶面弯曲,遇稀盐酸微弱起泡
石 膏 $CaSO_4 \cdot 2H_2O$	板状、条状、纤维状	无色、白或灰白色	玻璃或丝绢光泽	2	一组完全解理	解理,硬度,薄片无弹性和挠性
高岭石 $Al_4[Si_4O_{10}][OH]_6$	鳞片状、细粒状	白、灰白或其他色	土状光泽	1	一组完全解理	性软,粘舌,具可塑性
滑 石 $Mg_3[Si_4O_{10}][OH]_2$	片状、块状	白、淡黄、淡绿或浅灰色	蜡状或珍珠光泽	1	一组完全解理	颜色,硬度,触抚有滑腻感
绿泥石 $(Mg、Fe)_5Al[AlSi_3O_{10}]$ $[OH]_8$	片状、土状	深绿色	珍珠光泽	2~2.5	一组完全解理	颜色,薄片无弹性
蛇纹石 $Mg_6[Si_4O_{10}][OH]_2$	块状、片状、纤维状	淡黄绿、淡绿或淡黄	蜡状或丝绢光泽	3~3.5	无解理,贝壳状断口	颜色,光泽
石榴子石 $(Mg、Fe、Mn、Ca)_3$ $(Al、Fe、Cr)_2[SiO_4]_3$	菱形十二面体、二十四面体、粒状	棕、棕红或黑红色	玻璃光泽	6.5~7.5	无解理,不规则断口	形状,颜色,硬度
黄铁矿 FeS_2	立方体、粒状	浅铜黄色	金属光泽	6.5~7	贝壳状或不规则断口	形状,颜色,光泽

（六）黏土矿物

次生矿物通常由原生矿物在水溶液中析出形成，也有的是在氧化、碳酸化、硫酸化或生物化学风化作用下形成。次生矿物有很多种，有难溶性盐类（如 $CaCO_3$ 和 $MgCO_3$ 等），可溶性盐类（如 $CaSO_4$ 和 $NaCl$ 等）以及各种黏土矿物，其中最为主要的就是高岭石、伊利石和蒙脱石等黏土类矿物。

黏土矿物是指具有片状或链状结晶格架的铝硅酸盐，它是由原生矿物中的长石及云母等矿物风化形成。黏土矿物的种类繁多，从微观结晶状态区分可分为晶质矿物和非晶质矿物两大类。

对于非晶质矿物，由于其性状极其复杂，人们对其研究目前还很粗浅。在结晶类矿物中，最主要的就是高岭石、伊利石和蒙脱石三个组群。这三种黏土矿物内部形成的结晶最基本单元称为晶片。晶片有两种基本类型，即硅氧晶片和铝氢氧晶片。

硅氧晶片由 1 个硅原子和 4 个氧原子以相等的距离堆成四面体形状，硅原子居最中央，硅氧四面体排列成六角形的网格，无限重复连成整体。四面体群排列的特点是所有尖顶点都指向同一个方向，其底面位于同一平面上。

铝氢氧晶片由 1 个铝原子和 6 个氢氧离子构成八面体晶形，八面体中的每个氢氧离子均为 3 个八面体所共有，许多八面体以这种形式连接在一起，形成八面体单位的片状构造。

为了方便示意，硅氧晶片和铝氢氧晶片常常如图 1-4 所示。

硅氧晶片　　　　　　　　铝氢氧晶片

图 1-4　硅氧晶片和铝氢氧晶片

上述两种类型的晶片以不同的方式进行排列组合，就形成了不同类型黏土矿物的基本构造单元或称晶胞。高岭石的晶胞由 1 个硅氧晶片和 1 个铝氢氧晶片组成，伊利石和蒙脱石晶胞基本相同，由 2 个硅氧晶片和 1 个铝氢氧晶片组成。黏土矿物的晶体结构就是其晶胞的叠合，如图 1-5 所示。

高岭石的晶体构造　　　　　伊利石的晶体构造　　　　　蒙脱石的晶体构造

图 1-5　黏土矿物的晶体结构

高岭石矿物形成的黏粒较粗大，甚至可形成粉粒，其晶形一般呈一边伸长的六边形；蒙脱石矿物的晶格具有吸水膨胀的性能，相邻晶胞间的联结力较弱，以致可分散成极细小的鳞片状颗粒，晶体形状常呈不规则的圆形；伊利石晶胞由层间钾离子联结，其晶胞之间的联结力较蒙脱石矿物强，而较高岭石矿物弱，所以它形成的片状颗粒大小介于蒙脱石和高岭石之间。

高岭石的名称源于中国景德镇高岭村,由长石、云母风化而成,结构式为 $Al_2O_3 \cdot 2H_2O \cdot 2SiO_2$,比表面积为 $10 \sim 20m^2/g$。高岭石类矿物晶格结构较稳定,正离子交换能力差,活动性差,是黏土矿物中亲水性最弱的一类矿物。

蒙脱石(又名细晶高岭石)得名于法国,其种类繁多,结构(分子式)复杂,主要物质构成有 Al_2O_3、nH_2O、$2SiO_2$、$(HO)_2$,比表面积为 $700 \sim 840m^2/g$。蒙脱石类矿物晶格结构很不稳定,正离子交换能力极强,活动性强,吸附水的能力强,具有强烈的吸水膨胀和失水收缩特性,是黏土矿物中亲水性最强的一类矿物。工程中如果遇见富含此类矿物的黏性土体时,一定要分析其膨胀性的大小,并对其膨胀性对工程的危害加以防范。

伊利石又名水云母,得名于美国,物质构成有 Al_2O_3、H_2O、SiO_2、K_2O,比表面积为 $65 \sim 100m^2/g$,其晶格结构的稳定性、正离子交换能力、活动性、吸附水的能力等均介于蒙脱石和高岭石之间。

二、岩石

岩石是在地壳形成和发展过程中由各种地质作用所形成的矿物或岩屑的集合体,它是组成地壳的主要物质成分。岩石的种类繁多,但按其形成的原因可分为岩浆岩、沉积岩和变质岩三种类型。这三大类成因岩石在地壳中的分布是不均匀的。在地表,沉积岩分布最为广泛,约占地表面积的四分之三,随着距地表越深,岩浆岩和变质岩分布越多,沉积岩则越少。

(一)岩浆岩

岩浆是地下深处一定地质作用阶段中物质熔融的产物,它是一种含有大量挥发性气体的硅酸盐熔融体,有时还含有金属硫化物和氧化物。当岩浆沿着地壳中薄弱地带上升到一定高度后而逐渐冷凝结晶所形成的岩石就叫岩浆岩。

岩浆岩的产状是指岩浆岩岩体的形状、大小与围岩的关系,以及岩浆岩形成时期所处的构造环境及距离当时地表的深度等。岩浆岩的产状常见的有以下(如图1-6所示)5种:

岩基:深成巨大的侵入岩体,一般出露面积大于 $100km^2$。平面上多呈长圆形,形状不规则,表面起伏不平。

岩株:与围岩接触较陡,在深部往往与岩基相连。规模较岩基小,出露面积小于 $100km^2$。

岩盘:岩浆沿岩层之间侵入,形成底部平坦、顶部拱起的平凸状或呈透镜体状侵入体。岩盘的直径一般是 $3 \sim 6km$,其厚度可达 $1km$。

岩床:岩浆沿层面贯入,形成与地层相整合的板状岩体。岩浆的厚度从几米至几百米,横向伸展可相当远。

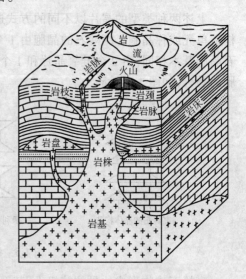

图1-6 岩浆岩产状示意图

岩脉:岩浆沿裂隙侵入冷凝形成的狭长的岩浆体,与围岩成层方向斜交或垂直,厚度一般为几十厘米至数十米,长度可由数十米至数千米。

1. 矿物成分

岩浆岩中的矿物是岩浆中的化学成分在一定的物理、化学条件下有规律的结合而成。岩浆岩中长石的含量最多，占整个岩浆岩成分的 60% 多，其次是石英，其他的矿物含量则较少。组成岩浆岩的矿物根据其颜色深浅可分为浅色矿物和深色矿物两类。浅色矿物中的 SiO_2 和 Al_2O_3 含量高，颜色浅，故又称为硅铝矿物，如石英、长石等；深色矿物中 FeO 和 MgO 含量高，硅铝含量少，颜色较深，故又叫铁镁矿物，如橄榄石、辉石、角闪石、黑云母等。

2. 结构、构造

(1) 结构：岩浆岩的结构是指组成岩浆岩矿物的结晶程度、颗粒大小、形状以及相互组合方式的特征。根据组成岩浆岩的矿物结晶程度，岩浆岩的结构可分为全晶质结构、半晶质结构和非晶质结构三种类型。

全晶质结构：岩石全部由结晶的矿物颗粒组成，如花岗岩、闪长岩等。

半晶质结构：组成岩浆岩的矿物成分中，既有结晶的矿物颗粒，又有非结晶的玻璃质，如流纹岩、玄武岩等。

非晶质结构：岩浆岩全部由未结晶的玻璃质组成（矿物断面光滑），是岩浆喷出地表迅速冷凝形成的，如黑曜岩。

(2) 构造：岩浆岩的构造是指岩石中不同矿物和其他组成部分的排列与充填方式所反映出来的岩石外貌特征。常见的构造有块状构造、气孔状构造、杏仁状构造和流纹状构造。

块状构造：组成岩石的矿物颗粒无定向排列，且较均匀分布在岩石之中。为侵入岩常见的构造。

气孔状和杏仁状构造：岩石中分布着大小不同的圆形或椭圆形的空洞的构造称为气孔状构造。这是当岩浆喷出时，由于所含气体尚占据一定的空间位置，气体逸出过程中温度降低岩浆冷凝而形成气孔。若气孔被硅质、钙质等充填，便形成了杏仁状构造。

流纹状构造：岩石中不同颜色的条纹、拉长了的气孔以及长条状矿物沿一定方向排列所形成的外貌特征，即为流纹状构造。它是喷出地表的岩浆在流动过程中迅速冷却而保留下来的。

岩浆岩的结构和构造的特征反映了岩浆岩的生成环境。

3. 岩浆岩的分类

由于组成岩浆岩的化学成分中硅的氧化物与铁镁的氧化物在不同的岩浆岩中互为消长关系，因此，根据岩浆岩中的 SiO_2 的质量分数将岩浆岩划分为 5 种类型，如表 1-5 所示。

(二) 沉积岩

沉积岩是在地表条件下，由母岩（岩浆岩、变质岩或早已形成的沉积岩）风化剥蚀的产物经搬运、沉积，在一定的地质条件下形成的。沉积岩是分布相当广的一类岩石。据统计，地表面积 70% 以上都是沉积岩。但由地表往下沉积岩所占的比例逐渐减小，仅占地壳重量的 5%。

1. 沉积岩的形成

沉积岩的形成大都经历了风化作用、搬运作用、沉积作用及成岩作用四个阶段，是一个长期而复杂的地质作用过程，并且每一个阶段都或多或少在沉积物或沉积岩上留下烙印，使其具备一定的特征。

表 1-5　岩浆岩分类表

类　　型		酸性岩	中　性　岩		基性岩	超基性岩
SiO$_2$ 质量分数/%		>65	65～52		52～45	<45
颜　色		浅灰、浅黄、红色、黄色			深灰、深绿、黑色	
		浅色 ————————————————→ 深色				
矿物成分		主要含正长石		主要含斜长石		不含长石
成因及结构、构造		石英、黑云母、角闪石	黑云母、角闪石、辉石	角闪石、黑云母、辉石	辉石、角闪石、橄榄石	橄榄石、辉石、角闪石
深成侵入岩	全晶质、等粒结构,有时为斑状结构,块状构造	花岗岩	正长岩	闪长岩	辉长岩	橄榄岩、辉岩
浅成侵入岩	斑状及伟晶结构块状构造	花岗斑岩	正长斑岩	闪长玢岩	辉绿岩	少见
喷出岩	隐晶质、斑状结构玻璃质结构	气孔状、杏仁状、流纹状、块状构造	流纹岩	粗面岩	安山岩	玄武岩	少见
		黑曜岩、浮石等				少见

　　出露地表的各种岩石,经长期的日晒雨淋、风化解体,逐渐地松散解体,成为岩石碎屑或细粒黏土矿物,或成为其他溶解物质。这些原岩的风化产物,大部分被流水、风等地质应力携带到适当(如河、湖、海洋、地势低洼处等)的地方堆积下来,成为松散的沉积物。这些松散的沉积物经过压密、胶结、重结晶等复杂的地质作用,就形成了沉积岩。

　　2. 沉积岩的物质组成

　　组成沉积岩的物质成分按其形成原因主要有四种类型:碎屑矿物、黏土矿物、化学成因矿物和有机质与生物残骸

　　(1)碎屑矿物:原岩经风化、剥落后产生的矿物碎屑、岩石碎屑称为碎屑矿物。其中大多数是性质比较稳定的、难溶于水的原生矿物碎屑,如石英、长石、白云母等。此外,还有其他方式生成的一些物质,如火山喷发产生的火山灰等。

　　(2)黏土矿物:主要指一些含铝硅酸盐类矿物的岩石,经化学风化作用形成的次生矿物,如高岭石、水云母等。黏土矿物的颗粒极细(<0.005mm),具有很大的溶水性、可塑性和膨胀性。

　　(3)化学成因矿物:指在纯化学或生物化学作用下,从溶液中沉淀结晶产生的新矿物,如方解石、白云石、石膏、燧石等。

　　(4)有机质与生物残骸:由生物残骸或有机化学变化形成的物质,如贝壳、泥炭等。

　　在沉积岩的物质组成中,黏土矿物、方解石、白云石、有机质等是沉积岩所特有的矿物成分,它们的存在是区别于岩浆岩的一个重要特征。

　　3. 沉积岩的结构、构造

　　(1)结构:沉积岩的结构按其组成物质、颗粒大小及形状等方面的特点,一般可分为碎屑结构、泥质结构、化学结构和生物结构 4 种类型。

　　a. 碎屑结构:由碎屑物质和胶结物两部分组成,是沉积岩所特有的结构。碎屑颗粒大于 0.005mm。按碎屑颗粒直径大小可分为:砾状结构,碎屑颗粒直径大于 2mm;砂状结构,

碎屑颗粒直径介于 2～0.05mm 之间;粉状结构,碎屑颗粒直径介于 0.05～0.005mm 之间。

胶结物成分或是通过矿化水的运动带到沉积物中,或是来自原始沉积物矿物组分的溶解和再沉淀。碎屑岩物理性质的好坏,与其胶结物的成分有密切关系。按胶结物的成分,碎屑可分为:硅质胶结,由石英及其他二氧化硅胶结而成,颜色浅,强度高;铁质胶结,由铁的氧化物及氢氧化物胶结而成,颜色为红色,强度仅次于硅质胶结;钙质胶结,由碳酸钙类物质胶结而成,颜色浅,强度比较低,具有可溶性;泥质胶结,由黏土物质胶结而成,颜色不定,胶结松散,强度最低,易湿软和风化。

b. 泥质结构:多为黏土矿物,碎屑颗粒直径小于 0.005mm,是泥岩、页岩等黏土岩的主要结构。

c. 化学结构:指由溶液中沉淀或经重结晶所形成的结构,是化学岩所特有的结构。

d. 生物结构:由生物遗骸或碎片组成,如贝壳结构、生物碎屑结构等,是生物化学岩所特有的结构。

(2)构造:沉积岩的构造是指其组成部分的空间分布及其相互间的排列关系。沉积岩最显著的特点是具有层理构造和各种层面构造,它们不仅反映了沉积岩的形成环境,而且是沉积岩区别于岩浆岩和某些变质岩的特有构造。

层理构造是指在沉积岩形成过程中由于先后沉积下来的颗粒大小、成分、颜色和形状不同而显示出来的成层现象。层与层之间的接触面称为层面,层面是由于较短的沉积间断而形成的。层面上有时可以看到波痕、泥裂、雨痕等沉积岩形成时的环境特征。上下两个层面间连续沉积、成分基本均匀一致的岩石成为岩层。层理按形态分为水平层理、斜层理和交错层理,如图 1-7 所示。

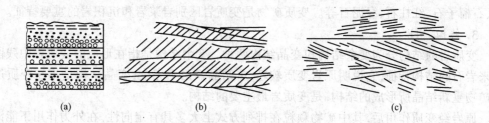

图 1-7 层理类型示意图
(a)水平层理;(b)斜层理;(c)交错层理

4. 沉积岩的分类

根据沉积岩的成因、物质组成和结构等特征,沉积岩可分为碎屑岩、黏土岩和化学岩及生物化学岩,如表 1-6 所示。

碎屑岩:主要由原岩机械破碎的碎屑物质组成。

黏土岩:主要由黏土矿物和少量的原岩机械破碎的碎屑物质组成。

化学岩及生物化学岩:由原岩经化学分解所形成的溶解物质,通过化学作用或生物化学作用沉淀而形成的岩石。

(三)变质岩

1. 形成

组成地壳的岩石都是在一定的地质作用和条件下形成和存在的,同时又处于不停地运

表 1-6　沉积岩分类表

分类		结构特征		岩石名称	物质来源
碎屑岩	火山碎屑岩	火山碎屑结构	碎屑直径:>100mm	集块岩	火山喷发产生的碎屑物质
			碎屑直径:2~100mm	火山角砾岩	
			碎屑直径:<100mm	凝灰岩	
	沉积碎屑岩	沉积碎屑结构	砾状结构	砾岩	原岩机械破坏的碎屑产物
			砂状结构	砂岩	
			粉砂状结构	粉砂岩	
黏土岩		泥质结构		泥岩 页岩	原岩化学风化形成的黏土矿物
化学岩		化学结构或生物结构		石灰岩 白云岩	原岩化学分解溶解的产物和生物活动的产物

动、变化与发展之中。当地壳中已形成的岩石由于其所处的地质环境的改变,在新的物理、化学条件下就会使岩石的组成和结构、构造等方面发生改造与转变,以达到相对的稳定。当地壳中原有的岩石在高温、高压和化学成分加入的影响下,使其矿物成分及结构、构造发生变化而形成的新的岩石就是变质岩。变质岩不仅具有自身独特的特点,而且还保留着原岩的某些特征。

2. 变质岩的矿物成分

变质岩中的矿物成分可分为两大类:一是原生矿物,如石英、长石、云母、角闪石、辉石、方解石等;一是在变质作用中产生的为变质岩所特有的矿物即变质矿物,如石墨、滑石、蛇纹石、石榴子石、红柱石、绿泥石等。变质矿物是变质岩区别岩浆岩和沉积岩的重要特征。

3. 结构、构造

变质岩的结构分为变余结构和变晶结构两种。变余结构是指在形成的变质岩中残留有原来岩石的结构特征,它说明原岩变质较轻,重结晶作用不完全;变晶结构是指在变质过程中矿物重新结晶所形成的结构,是变质岩最主要的结构。

原岩经变质作用后,其中矿物颗粒在排列方式上大多具有定向性,在外力作用下能沿矿物排列的方向劈开。变质岩的构造是识别变质岩的重要标志之一,常见的变质岩构造有板状构造、千枚状构造、片状构造和片麻状构造。

4. 变质岩分类

变质岩的构造分类如表 1-7 所示。

(四)常见岩石及其主要特征

1. 岩浆岩

花岗岩:常为灰白、肉红色;主要矿物有石英、正长石,次要矿物有云母、角闪石;全晶质等粒结构,块状构造;质硬、性脆、抗风化能力强,物理力学性能好;是酸性深成岩。

花岗斑岩:常为灰色、浅红色;矿物成分与花岗岩相同;具斑状结构,斑晶常为长石和石英,基质为粒状石英、长石和云母;具有较高的力学性质和抗风化稳定性;是酸性浅成岩。

闪长岩:常见浅灰、灰绿色,有时为深灰、灰黑色;主要矿物有斜长石、角闪石,有时有黑云母和少量的石英;全晶质结构,块状构造;性质与花岗岩相近;是中性深成岩。

表 1-7 变质岩的分类及其主要特征

类别	岩石名称		主要矿物成分	颜色	其他特征
片状岩石类	片麻岩		长石、石英、云母	深色或浅色	片麻状构造,等粒变晶结构,矿物可辨认
	片岩	云母片岩	云母、石英	白、银灰及暗色	薄片理,强丝绢光泽
		绿泥石片岩	绿泥石	绿色	鳞片状或页片状,质软易风化
		滑石片岩	滑石	淡绿、灰色	鳞片状,有滑感,质软易风化
		角闪石片岩	角闪石	灰黑色	片理常不明显,角闪石有时可辨认
	千枚岩		云母、石英	灰、淡红色,常有花纹	薄片理,表面呈丝绢光泽,矿物难辨认,易风化
	板岩		以石英、云母为主	灰色、灰黑色	薄片状,质脆,敲击有响声,矿物难辨认
块状岩石类	大理岩		方解石及少量白云石	白、灰色,常有花纹	变晶粒状结构,可见方解石晶体,遇稀盐酸起泡
	石英岩		石英	白、灰、黄、红棕色	质密细粒块体,坚硬、性脆

流纹岩:浅灰、灰红等色;成分与花岗岩相同;具斑状结构,斑晶多为石英、长石,基质多为玻璃质;常具红白相间的流纹状构造;是酸性喷出岩。

玄武岩:黑、灰绿、灰黑色;主要矿物为基性斜长石、辉石,次要矿物为橄榄石;晶粒细小,肉眼不易辨认;隐晶质或斑状结构,斑晶为辉石、斜长石或橄榄石;常呈气孔状或杏仁状构造;是基性喷出岩。

2．沉积岩

石灰岩:常呈浅灰、深灰、白色、肉红色;主要矿物成分为方解石,其次含有少量的白云石;结晶结构,但晶粒极细;在适当的条件下,发生岩溶;遇稀盐酸强烈起泡。

砂岩:由 50% 以上的粒径介于 $2\sim0.05mm$ 的砂粒和胶结物两部分组成;主要矿物成分有石英、长石、白云母等;砂质结构,常见颜色有灰白、铁灰、灰绿色、红色、褐色等;强度与其胶结物的成分密切相关。如以石英为主、胶结物为铁质的砂岩,则称为石英砂岩。

页岩:极细的黏土、泥质(粒径 $<0.005mm$)经过压密固结后而形成具有极薄层理构造的岩石;含钙质多的称为钙质页岩,含碳质多的称为碳质页岩,含有沥青质的称为油页岩。

砾岩:由 50% 以上的粒径大于 $2mm$ 的粗大碎屑颗粒和胶结物两部分组成;主要成分有石英、长石、岩屑等,砾状结构;没有被胶结的砾石成层堆积起来则称为砾石层。

3．变质岩

大理岩:是石灰岩受热后重新结晶,形成由方解石晶粒组成的岩石。随着变质程度的深浅不同,大理岩晶粒粗细不同;等粒变晶结构。因石灰岩中含有不同杂质,可形成各种颜色并具有花纹的大理岩,纯白者称为汉白玉。

石英岩:一般是由石英砂岩经过重结晶作用,形成以 SiO_2 为主要成分的致密坚硬的岩石;等粒变晶结构;强度高,抗风化能力很强。

板岩:板岩是泥岩、粉砂质或中性火山凝灰岩经轻微变质作用而形成的具有板状构造的岩石;颜色常为灰色、绿灰色;隐晶质,颗粒极细,矿物成分难以辨别;质脆,敲击有响声,板状构造,可沿板理剥成薄板。

片麻岩:片麻岩是由已形成的岩石经过较深的变质作用形成的具有片麻状构造、颗粒较粗的岩石;易风化,强度随云母含量的增加而降低。

千枚岩:是泥岩、粉砂质或中性火山凝灰岩经轻微变质作用而形成的具有千枚状构造的岩石;变质程度比板岩稍高;常为黄褐色、灰绿色;片理较板岩薄,结晶极细,肉眼不能直接辨认;片理面上有皱纹状的波状起伏,且具有明显的丝绢光泽。

(五)岩浆岩、沉积岩和变质岩的主要区别

岩浆岩、沉积岩和变质岩的主要区别如表1-8所示。

表1-8 岩浆岩、沉积岩和变质岩地质特征表

地质特征	岩石类型		
	岩浆岩	沉积岩	变质岩
主要矿物成分	全部为从岩浆中析出的原生矿物,成分复杂,但较稳定。浅色矿物有石英、长石、白云母;深色矿物有黑云母、角闪石、辉石、橄榄石等	次生矿物占主要地位。成分单一,一般多不固定。常见的有石英、长石、白云母、方解石、白云石、高岭石等	除具有变质前原来岩石的矿物,如石英、长石、云母、角闪石、辉石、方解石、白云石、高岭石等外,尚有经变质作用产生的矿物,如石榴子石、滑石、绿泥石、蛇纹石等
结构	以结晶粒状、斑状结构为特征	以碎屑、泥质及生物碎屑结构为特征。部分为成分单一的结晶结构,但肉眼不易分辨	以变晶结构等为特征
构造	具块状、流纹状、气孔状、杏仁状构造	具层理构造	多具片理构造
成因	直接由高温熔融的岩浆经岩浆作用后而形成	主要由先成岩石的风化作用,经压密、胶结、重结晶等成岩作用而形成	由先成的岩浆岩、沉积岩和变质岩经变质作用而形成

第二节 风化作用

一、风化过程

土的形成经历了漫长的地质历史过程。裸露于地表的岩石在温度和湿度不断发生变化的过程中反复产生不均匀的膨胀和收缩,并在此过程中产生了大量的裂隙。裂隙的产生为大气水和植物根系进入岩体内部提供了可能。进入岩体裂隙的大气水或凝结水在气温进一步下降时结冰膨胀,加之植物根系的生长、发育,劈裂作用使裂隙进一步扩展,并最终使原来完整的岩石崩解、碎裂。风、霜、雨、雪的侵蚀和重力作用使已经变得十分破碎的表面岩石剥离,上述作用进一步向内部岩体中发展。

被剥离的岩石碎块、岩屑等在雨、雪、水流、风力等的夹带下向别处搬运,并在地壳相对下降的地方堆积起来。在搬运过程中,土颗粒进一步破碎分散,并使其中较大的颗粒变得浑圆光滑。与此同时,空气中的二氧化碳、氧气、二氧化硫及地表水和地下水还会在与岩石及岩石颗粒的直接接触过程中发生一系列的化学反应,从而生成新的矿物。上述作用会使已经破碎的岩石颗粒变得更加细小甚至非常细小。以上就是岩石风化成土的过程。

我们将裸露于地壳表面的基岩或裂隙面附近的岩石在各种外力地质作用下产生的崩解、碎裂和变质通称为岩石的风化;将被风化的岩石在风、雨及重力等的作用下从岩石母体上剥落成为破碎状的岩石块体或者岩屑的过程称之为剥蚀。

风化促使岩石的状态或性质发生了改变,并形成了一种与原来岩石的形态、结构、构造、物质成分等不完全相同甚至可以说完全不同的新物质。

岩石风化后,其物质状态、物理力学性质和化学性质等均发生了剧烈的变化。很多情况下,风化能使岩石破碎,形成细小颗粒的次生黏土矿物——高岭石、蒙脱石及伊利石等,改变了岩石的矿物成分。同时,在风化带中常有可溶盐的富集,如碳酸钙及石膏。由于岩石风化后,节理、裂隙发育,使岩石整体性降低,孔隙度增加,抗剪、抗压强度降低,透水性增大,这为地下水活动创造了条件。地下水的渗入,又促进岩石进一步风化。如有些岩石直接暴露在大气中一二天就开始风化崩解。岩石不同,其在相同条件下的风化情况不同;岩石相同,风化作用性质不同、经受的风化程度不同、沉积环境不同,其生成物的性质也不尽相同。

显然,一般情况下不宜将建筑物设置在风化严重的岩层上,但是工程中又往往不可能完全避开风化岩层。如隧道进出口地段的岩层,大多有不同程度的风化,施工中如不注意加强支护,易造成崩塌。对有些易风化的岩层,在隧道施工开挖后,要及时做支护,防止岩石继续风化失稳增加山体压力,否则会引起坍塌。风化岩层中的路堑边坡不宜太陡,同时还要采取防护措施。风化的岩石更不宜作建筑材料。因此,从工程建筑观点来研究岩石的风化特性、分布规律,对选择建筑物的合理位置,如隧道的进出口位置,路堑边坡坡度,隧道的支护方法及衬砌厚度,大型建筑物的地基承载力和开挖深度以及合理的选择施工方法等有着重要的意义。

风化作用的实质是矿物、岩石在地表附近新的物理化学条件下所产生的演化过程。如前所述,自然界中不同的岩石,在不同的自然环境里其反应亦不同;在相同的自然环境条件下,岩石种类不同,其对环境变化的反应亦不同。这是因为各种岩石在生成时各具有其特殊性。如岩浆岩是高温熔融的岩浆在地壳中或地面上冷却凝固而成;沉积岩是地面上堆积起来的沉积物,经过脱水、压密、胶结及硬化而形成;而变质岩则是经高温高压以及活动性化学元素参与下形成的岩石。因此,当各种岩石由于地壳运动使其长期暴露在地表以后,就改变了岩石原来的环境条件,使其处于一种新的物理化学条件中,岩石为了适应新的条件,在地表的温度和压力,大气、水、生物活动的长期作用下,改变了原来的性质,变成了新的疏松物质,或物质成分发生了变化。

岩石遭受风化作用的时间愈长,岩石破坏得就愈严重。另外,从不同岩石的风化速度来看,有的岩石风化过程进行得很缓慢,其风化特征只有经过长期暴露地表以后才能显示出来;而有的岩石则相反,如泥岩、页岩及某些片岩等,当基坑开挖后不久,很快就风化破碎,所以在施工中必须采取相应的工程防护措施。

二、风化作用分类

根据岩石风化的自然因素和风化物质的性质,可将风化划分为物理风化(机械风化)、化学风化和生物风化作用三种类型,其中生物风化可归结为物理风化,也可归结为化学风化,即风化作用中的两种最基本类型为物理风化和化学风化。

(一)物理风化作用

一切只改变岩石的完整性或改变已碎裂的岩石颗粒大小和形状,而未能产生新矿物的风化作用(含植物根系的劈裂作用以及搬运过程中的破碎、磨圆过程)称为物理风化作用或机械风化作用。

通过对物理风化的进一步研究可以得到,物理风化作用可被细分为以下类型:

1.温度应力引起的胀缩作用

位于我国西北的大青山、天山山脉,其山体表面多覆盖有一定厚度的碎裂岩石块体和岩屑物质,这些主要是基岩在反复的胀缩循环中发生碎裂的产物。考古工作者在我国山西峙峪发现了距今2~3万年前旧石器时代的一个古采石场,在没有其他工具的情况下,我们的祖先根据观察得到的岩石胀缩破碎现象,用火烤、水激的方法使岩石碎裂,再用木棍撬下,用以制作狩猎和生活所需的石器、工具。

2.裂隙中的冰以及其他结晶体产生的膨胀应力引起的劈裂作用(除冰以外,硫酸钙结晶体也有很强的膨胀作用)

一旦岩石中出现了细微裂隙,大气降水就会渗入其中,水分的进入或者会在低温时形成冰楔体沿裂缝两侧挤压岩石,或者与岩石中的某些物质反应形成结晶膨胀体挤压岩石,使岩石中原有的裂缝加宽、增长,并为更多水分进入岩体内部创造了条件,逐步使岩石风化崩解。

3.岩体因卸荷而引起的膨胀崩解

随着上覆岩石不断被风化剥蚀,原来处于地层深处的岩体距地表面愈来愈近,上覆重力愈来愈小,在重力卸荷作用下,岩体会产生明显上弹(膨胀),严重时就会产生卸荷裂隙。

4.树木生长过程中的根劈作用

岩石的裂缝中除含有一定的水分外,还会充填入一定量的尘土,这样一来树木就可在其中生存,随着树木的成长,其根系也不断壮大;加之岩石表层裂隙中的水分有限,为了获取树木生长所需的更充足的水分,岩石裂隙中的植物根系更为发达。植物根系的生长壮大必然挤压岩石裂缝,使其扩大、增密,导致岩石产生风化,并为风化向岩石内部发展创造了条件。

5.重力作用下的岩块碎裂和搬运过程中的碰撞、磨圆

在自身重力作用下,岩石的碎裂块体从高处向山坡下方滚动,以及在风力及流水搬运岩石碎裂块体的过程中,岩石的碎裂块体之间或碎裂块体与地面之间会不断发生碰撞。碰撞过程中,岩石块体会变得浑圆起来并进一步破碎变小。

6.风的剥蚀作用(同时为进一步的风化创造了条件)

季节风的作用是干旱和半干旱地区地表岩石风化不可忽视的一个因素。风力将崩裂的岩石碎块从母岩上剥离,同时又为风化进一步深入岩石深部创造了条件。

(二)化学风化作用

化学风化作用是风化作用中的另外一种类型。这类风化作用的结果不仅改变了原有岩石的连续性和完整性,而且在改变岩石物质状态的同时改变了岩石中原有的矿物成分。

我们将一切改变了岩石中原有矿物成分的风化作用统称为化学风化作用。生物生长中的新陈代谢、生物腐蚀和水引起的矿物溶解、再结晶、水化、水解,以及大气引起的氧化、碳酸化、硫酸化等,均会使原有的岩石矿物成分发生改变,并产生新矿物。这类风化作用都属于化学风化作用。化学风化是质变风化、是改变原来岩石的物质成分的风化作用。

同物理风化作用一样,化学风化作用也可被细分为若干类型,其中常见的有以下类型:

1.水的作用

水的风化作用可细分为水化作用、水解作用、溶解溶蚀和再结晶作用。

(1)水化作用:某些矿物和水接触后,水分子便能够进入矿物的结晶体或微观结构内部成为结晶水,水分子的进入不仅改变了原有矿物的结构形态并增加了物质成分,也使其具有了某些新的性质,即原矿物在水的作用下变成了新的矿物,水对矿物的这种作用称为水化作

用。例如

$$CaSO_4 + 2H_2O = CaSO_4 \cdot 2H_2O \qquad (石膏遇水变成二水石膏)$$

$$Na_2SO_4 + 10H_2O = Na_2SO_4 \cdot 10H_2O \qquad (芒硝)$$

(2)水解作用:某些矿物遇水后其原有的物质成分和一定量的水分发生物质重组(和水分子发生了化学反应),生成新物质,其结构形态也完全改变,水对矿物的这种作用称为水解作用。例如

$$K_2O \cdot Al_2O_3 \cdot 6SiO_2(正长石) + 3H_2O = Al_2O_3 \cdot 2SiO_2 \cdot 2H_2O(高岭石) + 4SiO_2(石英) + 2KOH$$

水解作用是硅酸盐类矿物最重要的一种化学风化方式。

(3)溶解溶蚀和再结晶:大气降水是一种溶液,常含有 O_2、CO_2、SO_4 等酸性物质,尤其是在工业化污染十分严重的地区。当大气降水从岩石的表面特别是岩体裂隙中流过时,岩石中的一部分物质成分溶于水中后和水流一起流走,水对岩石的这种作用称为溶解溶蚀作用。在自然界中经常可以见到岩体中发育有很宽的水溶裂缝、沟渠、洞穴等各种空洞,严重时还会造成地表的塌陷,这种现象就是岩溶现象。岩溶地貌就是地下水对石灰岩、白云岩等可溶性岩石地层长期溶解溶蚀的结果。地下水对石灰岩溶解作用的反应式为:

$$CaCO_3 + H_2O + CO_2 \rightleftharpoons Ca(HCO_3)_2 \qquad (重碳酸钙)$$

重碳酸钙溶于水中并被水流带走,最终在石灰岩地层中形成溶洞。需要指出的是,岩盐、石膏比石灰岩和白云岩更易溶解。

含有大量重碳酸钙的岩溶水在以下条件下又会产生再结晶:

a．岩溶水出露地面或从裂隙中流出时,由于压力降低,水中的二氧化碳逸出,重碳酸钙还原为碳酸钙从水中析出并再结晶。

b．温度的降低使水对矿物的溶解度降低,导致部分矿物析出并再结晶。

c．水分的蒸发使矿物重新结晶出来。

d．不同溶液的混合使水中的部分矿物质沉淀析出。

2．气体的作用

气体对岩石的风化作用主要有:

(1)氧化作用:

$$2FeS_2 + 7O_2 + 2H_2O = 2FeSO_4 + 2H_2SO_4$$

$$(黄铁矿) \qquad (硫酸亚铁) \quad (硫酸)$$

(2)碳酸化作用:

$$K_2O \cdot Al_2O_3 \cdot 6SiO_2 + 2H_2O + CO_2 = Al_2O_3 \cdot 2SiO_2 \cdot 2H_2O + K_2CO_3 + 4SiO_2$$

$$(正长石) \qquad\qquad (高岭石) \qquad\qquad (石英)$$

(3)酸雨及硫酸化作用。

3．生物的化学风化作用

生物的风化作用有两种,一种是生长在岩石裂隙中的植物根系的膨大对岩石的劈裂作用,是生物的机械作用,属物理风化的范畴。该作用作为物理风化的一种类型在前面已经作了介绍。另一种就是生物生长中的新陈代谢物、腐蚀物、分泌物对岩石的破坏作用及微生物对岩石的风化作用。这些显然属于化学风化作用的范畴,也可称其为生物化学风化作用或简称化学风化作用。

三、影响风化作用的因素

(一)岩石的矿物成分

岩石化学风化的本质是岩石中各种矿物成分的变质,物理风化同样与组成岩石的矿物成分有关。按风化的难易程度,我们可将矿物划分如下:

(1)稳定性矿物,如白云母、石英、石榴石等。

(2)较稳定性矿物,例如:辉石、角闪石、黑云母、正长石等。

(3)不稳定性矿物,例如:斜长石、橄榄石等。

岩石中的不稳定性矿物含量越高,抗风化能力越低。

(二)岩性

岩性包括岩石的结构与构造、矿物颗粒大小与形状、孔隙率、吸水率、坚固性等物理力学性质。结构致密、岩性坚固、孔隙率和吸水率小的岩石其抗风化能力就好,反之就易风化。

(三)地质构造与岩体的结构性

地质构造对岩体的结构性有很大的影响,而岩体的结构性(岩体结构面的产状、交汇切割情况、间距大小以及岩体裂隙的张开性、充填情况、渗透性等)又对岩体的抗风化能力有很大影响。岩体的结构面愈发育、裂隙愈大、充填情况愈差、渗透性愈好就愈易风化。

(四)气候状况与地表水

气温高、雨量充足、湿度大、植物生长茂盛的我国南方地区以化学风化为主,温差大、雨量少、干燥、植被差、风力作用强烈的我国北方地区则以物理风化为主。

(五)地貌与地下水

地貌对岩石风化的影响和水、风、温差、地势以及基岩埋藏条件等多重因素有关。地下水对岩石的风化则主要体现为溶解溶蚀和再结晶。

(六)其他因素:如人类的工程活动等。

风化作用对岩体的破坏,首先是从地表面开始,逐渐向地壳内部深入。一般情况下,愈近地表的岩石,风化愈剧烈,向深处逐渐减弱,直至过渡到不受风化作用影响的新鲜岩石。这样一来,在地壳表部便形成了风化岩石的一个层带,成为风化壳或风化层。根据风化作用的强烈程度,一般把风化层从垂向划分为强风化、中等风化和微风化三个带,如表1-9所示。

表1-9 岩石风化程度的划分

风化程度	野 外 观 察 的 特 征	风化程度参数指标	
		波速比 K_v	风化系数 K_f
未风化	岩质新鲜,偶见风化痕迹	0.9~1.0	
微风化	结构基本未变,仅节理面有渲染或变色。有少量风化裂隙	0.8~0.9	
中等风化	结构部分破坏,沿节理面有次生矿物,风化裂隙发育,岩体被切割成岩块。用镐难挖,岩芯钻方可钻进	0.6~0.8	0.4~0.8
强风化	结构大部分破坏,矿物成分显著变化,风化裂隙很发育,岩体破碎。用镐可挖,干钻不易钻进	0.4~0.6	<0.4
全风化	结构基本破坏,但尚可辨认,有残余结构强度。可用镐挖,干钻可钻进	0.2~0.4	
残积土	组织结构全部破坏,已风化成土状。锹镐易挖掘,干钻易钻进,具可塑性	<0.2	

注:波速比 K_v 为风化岩石与新鲜岩石压缩波速度之比;风化系数 K_f 为风化岩石与新鲜岩石饱和单轴抗压强度之比。

岩石坚硬程度等级可按表 1-10 划分。

表 1-10　岩石坚硬程度等级分类

坚硬程度等级		饱和单轴抗压强度/MPa	定 性 鉴 定	代 表 性 岩 石
硬质岩	坚硬岩	>60	锤击声清脆,有回弹,震手,难击碎;基本无吸水反应	未风化至微风化的花岗岩、闪长岩、辉绿岩、玄武岩、安山岩、片麻岩、石英岩、石英砂岩、硅质砾岩、硅质石灰岩等
	较硬岩	30~60	锤击声较清脆,有轻微回弹,稍震手,较难击碎;有轻微吸水反应	(1)微风化的坚硬岩; (2)未风化至微风化的大理岩、板岩、石灰岩、白云岩、钙质砂岩等
软质岩	较软岩	15~30	锤击声不清脆,无回弹,较易击碎;浸水后指甲可刻出印痕	(1)中等风化至强风化的坚硬岩或较硬岩; (2)未风化至微风化的凝灰岩、千枚岩、泥灰岩、砂质泥岩等
	软岩	5~15	锤击声哑,无回弹,有凹痕,易击碎;浸水后手可掰开	(1)强风化的坚硬岩或较硬岩; (2)中等风化至强风化的较软岩; (3)未风化至微风化的页岩、泥岩、泥质砂岩等
极软岩		≤5	锤击声哑,无回弹,有较深凹痕,手可捏碎;浸水后可捏成团	(1)全风化的各种岩石; (2)各种半成岩

第三节　地 质 构 造

　　地球自形成至今已有 46 亿年以上的历史,它处在不断运动和发展之中。地壳是地球最外面的坚硬外壳,它的表面形态、内部结构和物质组成也都在变化、发展中。地质作用一方面不停息地破坏着地壳中已有的矿物、岩石、地质构造和地表形态;另一方面又不断地形成新的矿物、岩石、地质构造和地表形态。各种地质作用既有破坏性,又有建设性。

一、地壳运动

　　地壳运动是指使地壳发生变形、变位的内力地质作用。地壳与世界上的任何事物一样,时刻都在运动着,只是大多数的变化十分缓慢,不易被人直观地感知。我国广州东南七星岗有海浪破坏痕迹,而现在已远离海边数十公里。据研究,我国舟山群岛、台湾岛和海南岛在第四纪早期都是与大陆相连的,后来由于台湾海峡地区地壳下沉才与陆地分开。

　　地壳运动按其运动方向分为水平运动和垂直运动,两者常交替进行。地壳运动虽然极其缓慢,但也有快慢的差别,它在空间和时间上都是不均匀的。自第三纪开始以来,喜马拉雅山平均以每年 0.05cm 的速度上升,但根据 1862~1932 年 70 年间的资料来看,平均速度已增为 1.82cm/a;喜马拉雅山地区在 4000 万年以前还是大洋,只是在近 2500 万年前才开始从海底升起,到 1200 万年前才初具山的规模,现在已成为世界上最高的山脉。

二、地质构造

　　地质构造是地壳运动的产物。承受地壳运动的岩层在地壳运动力的作用下发生变形或变位的形迹(如地壳中岩层或岩体的位置、产状及相互关系等)称为地质构造。有的工程地质学教程或著作将地质构造划分为两种基本形式:褶皱构造和断裂构造,但也有很多的将地质构造划分为三种形式:褶皱构造、倾斜构造和断裂构造。笔者比较倾向于后一种划分结果。

（一）倾斜构造

1. 倾斜构造的情况

原始沉积的岩层有水平或近水平的。在漫长的地质历史时期,由于地壳运动、岩浆活动等作用的影响,岩层的产出状况会发生多样的变化。有的岩层虽经过地壳运动使其位置发生了变化,但其仍保持原有的水平状态;若最终(目前)形成的岩层层面与水平面有一定的夹角时,就形成了倾斜岩层。水平产状岩层和倾斜岩层可统称倾斜构造,是指在一定的区域范围内,一系列岩层向同一个方向倾斜,并且倾角基本一致(如图 1-8 所示)。但不可否认,自然界中有的地层在沉积中就是倾斜的,例如洪积地层。这样的地层如果在其后的漫长地质岁月中变质成岩,其产状显然也是倾斜的。除此以外,还有的地层在大的空间范围内可能属于褶皱构造,是一个背斜或一个向斜的一翼岩层,但在一定的工程范围内,则表现为单向倾斜的构造形式。这样的地层对某个具体工程而言,显然也可作为倾斜构造来看待。因此笔者认为,广义的倾斜构造应包括上述所有三种情况。

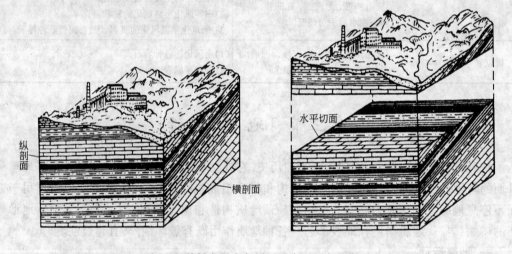

图 1-8　单斜岩层在各剖面及水平面上的表现

2. 倾斜岩层的产状

倾斜岩层是地壳中最常见、也是最简单的构造形态,它还可以是断层的一盘。岩层在空间的位置是用其产状表示的,岩层的产状是以岩层面的空间方位及其与水平面的关系来确定的,主要产状要素有走向、倾向和倾角(如图 1-9 所示)。但在采矿工程中倾斜岩层的产状要素还应包括岩层的厚度(真厚度 h 和伪厚度 h' 之间关系是 $h = h'\cos\alpha$,式中 α 为岩层倾角)。

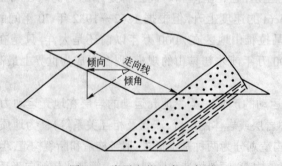

图 1-9　岩层产状要素示意图

(1)走向:岩层面与水平面的交线称为走向线。走向线两端的延伸方向就是岩层的走向,它表示岩层在空间水平方向上的延伸。

(2)倾向:与走向线垂直,沿岩层倾斜面向下所引的直线称为倾向线,也称最大倾斜线;倾向线在水平面上的投影所指的方向称为倾斜岩层的倾向。

(3)倾角:倾斜线与其在水平面上投影线的夹角,就是岩层的倾角。

岩层面的产状要素用地质罗盘测量,测量的结果用方位角表示。正北为 0°,顺时针方向转,正东为 90°,正南为 180°,正西为 270°。符号 N30°ESE28°表示某倾斜岩层的走向为北偏东 30°,倾向为南偏东(由于倾向和走向垂直,所以表示时只指出其方位,而不指出其具体的角度,如本例倾向一定为南偏东 60°),倾角为 28°;又如 N40°WSW15°表示某倾斜岩层的走向为北偏西 40°,倾向为南偏西(50°),倾角为 15°。

(二)褶皱构造

地壳运动不仅引起岩层的升降和倾斜,而且还可以使岩层形成各式各样的弯曲。褶皱构造是指岩层受力后,其连续完整性没有被破坏而形成的一系列波状起伏的弯曲现象。其中的一个基本弯曲形态称为褶曲,自然界中孤立存在的单个弯曲很少。

褶曲的基本形态有两种:背斜褶曲和向斜褶曲(如图 1-10 所示)。背斜褶曲系指两翼岩层向下弯曲,核心部位的岩层较老,两侧岩层相对较新,且围绕着核心部位的岩层呈对称重复出现;向斜褶曲系指两翼岩层向上弯曲且核心部位的岩层相对较新,两侧对称重复出现较老的岩层。

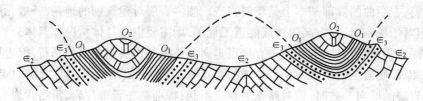

图 1-10 褶曲基本形态图

1. 褶曲的基本要素

褶曲要素是指褶曲的核部、翼、轴面、轴线和枢纽,如图 1-11 所示。

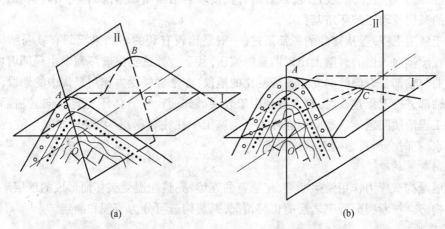

(a)   (b)

图 1-11 褶曲基本要素示意图

Ⅰ—水平面;Ⅱ—轴面;OC—轴线;枢纽—(a)中的 AB 及(b)中的 AC

核部:是褶曲的中心部分,称为核部或轴部。通常把位于褶曲中央最内部的一个岩层称为褶曲的核。

翼:指褶曲核部两侧对称出露的岩层。

轴面:大体把褶曲平分的一个假想的理想面称轴面。

轴线:指轴面与水平面的交线。轴的方位表示褶曲在水平方向上的展布方向,轴的长度表示褶曲延伸的规模。

脊和枢纽:岩层面上弯曲最大的一点称脊;同一岩层面上所有弯曲最大的点的连线称为褶曲的脊线或枢纽,它反映褶曲在延伸方向上的变化情况。

2. 褶曲分类

根据褶曲在横剖面上的形态或轴面的位置,可将褶曲主要划分为对称褶曲、不对称褶曲、倒转褶曲、平卧褶曲,此外还有扇形褶曲和卷曲褶曲。根据褶曲在纵剖面上的形态或脊线的形态,可将褶曲划分为水平褶曲、倾覆褶曲、短轴褶曲、穹窿和构造盆地。根据褶曲的组合形态,又可将褶曲划分为全型褶曲(复背斜、复向斜)、断续型褶曲和过渡型褶曲(中间型褶曲)。

3. 褶皱与工程的关系

褶皱地区的岩体受到内外应力而产生变形、破坏,尤其在背斜的顶部或向斜底部,破坏更为严重,裂隙发育、岩体破碎、地下水汇集,从而降低了岩体的强度,破坏了岩体的稳定性,对工程建设不利。

工程建设中遇到的具体构造往往是一个褶曲的一部分——轴部或翼部。无论褶曲是背斜还是向斜,在褶曲的翼部基本上是单斜构造。倾斜岩层对建筑物的地基,一般无严重不良的影响,但对于深路堑、挖方高边坡或隧道工程等,则需要根据具体情况作具体分析。

对于深路堑和高边坡,当线路垂直岩层走向或路线与岩层走向虽然平行,但岩层倾向与边坡倾向相反,则岩层的产状对路基边坡的稳定有利;而当线路的走向与岩层的走向平行,且边坡与岩层的倾向一致时,则对路基的稳定不利;特别是在云母片岩、滑石片岩、千枚岩等软弱岩层分布的地区,坡面易风化剥蚀而产生严重的碎落或坍塌,对路基边坡及路基排水系统会造成经常性危害。最不利的情况是线路与岩层走向平行,岩层倾向与路基边坡一致,并且边坡的坡角大于岩层的倾角时。特别是在石灰岩、砂岩与页岩互层,而且有地下水作用的地段,若路堑开挖过深,边坡过陡,或者因开挖使软弱结构面暴露,都容易引起斜坡岩层发生大规模的顺层滑动而破坏路基稳定。

对于隧道工程,若从褶曲的翼部通过,一般是比较有利的。如果翼部有软弱结构面,则有可能在顺倾向一侧的洞壁上出现明显的偏压,甚至会导致支撑破坏而发生局部坍塌。

褶曲的轴部是岩层倾向发生显著变化的地段,亦是岩层受力作用最集中的地段,因此在褶曲的轴部进行工程建设时,都会遇到由于岩层破碎而产生岩体不稳定及向斜轴部地下水危害等工程地质问题。这些问题在隧道工程施工中往往显得更为突出,如发生隧道塌顶和坑道涌水,有时会严重影响正常施工进程。

(三)断裂构造

岩层受构造应力作用发生断裂,使原有的连续、完整性遭受破坏而形成的地层形态被称为断裂构造。按断裂面两侧岩层的位移情况,断裂构造可分为节理和断层。

1. 节理

岩层受力后产生了断裂,但是断裂的岩层沿断裂面两侧没有明显位移,这样的断裂构造称为节理(构造节理)。根据其力学成因,节理可分为张节理和剪节理和压性节理三种类型。

张节理是由于在一个方向上的拉应力超过了岩石的抗拉强度而产生的破裂面。张节理面粗糙不平,且无擦痕;张节理产状不太稳定,往往延伸不远即行消失;张节理一般发育稀疏,节理间距大,呈开口状或楔形,并常被岩脉充填。

剪节理是由剪切面进一步发展而成,理论上剪节理应成对出现,自然界的实际情况也经常如此,但两组剪节理的发育程度可能不等。剪节理一般多是平直闭合的,发育较密,常密集成带;剪节理产状较稳定,延伸较远、较深;节理面光滑,并常有擦痕。

压性节理是岩层受到强大的挤压作用时所形成的节理,节理面与最大主应力方向垂直,呈紧闭状态并密集成群分布。

上述节理都是特指由构造应力引起的构造节理,实际工程中人们常常把一切岩层岩体的断裂面都简称为节理。除构造节理外,这些节理还包括岩浆岩中的冷凝裂隙、沉积岩中的干缩裂隙和层理、风化裂隙、卸荷裂隙、工程震动等作用引起的裂隙等等。因此广义节理的含义既包括了一般意义上的节理(构造节理),又包含了岩体中的原生和次生裂隙(非构造节理)。

节理的存在,在工程上除有利于开挖外,对岩体的强度和稳定性均有不利的影响(如表1-11所示)。节理的存在,破坏了岩体的完整性,促进了岩体风化,增强了岩体的透水性,降低了岩体的强度和稳定性。当节理发育方向与线路走向平行,且倾向与边坡一致时,不论岩体产状如何,路堑边坡都容易发生崩塌等不稳定现象。在路基施工中,如果岩体存在节理,还会影响爆破作业的效果。

表 1-11　节理发育程度分级

节理发育 程度等级	基本特征	备注
不发育	节理 1~2 组,规则,构造型,间距在 1m 以上,多为密闭节理。岩体切割成巨块状。	对基础工程无影响,在不含水且无其他特殊不良因素时对山体稳定性影响不大
较发育	节理 2~3 组,呈 X 形,较规则,以构造型为主,多数间距大于 0.4m 以上,多为密闭节理,部分为微张节理,少有充填物。岩体切割成大块状。	对基础工程影响不大,对其他工程建筑物可能产生相当影响
发育	节理 3 组以上,呈 X 或米字形,不规则,以构造型或风化型为主,多数间距小于 0.4m,大部分为张开节理,部分有充填物。岩体切割成小块状。	对工程建筑物可能产生很大影响
很发育	节理 3 组以上,杂乱,以风化和构造型为主,多数间距小于 0.2m,以张开节理为主,一般均有充填物。岩体切割成碎石状。	对工程建筑物产生严重影响

2.断层

岩层受力后产生了断裂,断裂面两侧的岩层产生明显的相对位移时的断裂构造称为断层。该断裂面又称为断层面,即两侧岩层沿之滑动的破裂面。断层面在空间的位置由其产状来表示和确定,断层面可以是平面或曲面或断层破碎带。断层面与地面的交线称为断层线。断层面两侧相对移动的岩块称为断盘。当断层面倾斜时,位于断层面上方的岩块称为上盘,断层面下方的岩块称为下盘;当断层面直立时,无上、下盘之分。

根据断层面两侧岩体的相对位移方向,断层可分为三种基本的类型:正断层、逆断层和平移断层,如图 1-12 所示。

正断层:指上盘相对于下盘做下降运动、下盘相对于上盘做上升运动的断层。

逆断层:指上盘相对于下盘做上升运动、下盘相对于上盘做下降运动的断层。

平推断层:指断块沿断层走向相对移动的断层。

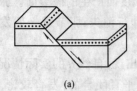 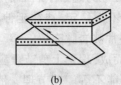 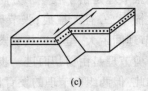

(a)　　　　　　　　　　(b)　　　　　　　　　　(c)

图 1-12　断层基本类型示意图

(a)正断层;(b)逆断层;(c)平移断层

3. 断层与工程的关系

断层的存在,说明该地区曾经发生过强烈的地壳运动,使岩层产生了断裂变动,致使岩体裂隙增多、岩石更加破碎、风化严重、地下水发育,从而降低了岩石的强度和稳定性,对工程建设危害很大。但只要重视它,通过认真研究、认真勘察,查明断层的位置、分布、规模、活动性,就可以降低断层的危害程度,保证工程建设安全及稳定地运行。

在研究线路布局,特别在河谷地貌布线时,尤其要注意河谷地貌与断层构造的关系。当线路与断层走向平行,路基靠近断层破碎带时,由于大桥开挖路基,容易引起边坡发生大规模坍塌,直接影响施工和公路的正常使用。在进行大桥桥位勘测时,要注意查明桥基部分有无断层存在和其影响程度,应根据不同情况在设计基础工程时采取相应的处理措施。

在断层发育地带修建隧道是最不利的一种情况。由于岩层的整体性遭到破坏和水的侵入,岩体的强度和稳定性都很差,容易产生洞顶坍塌、透水等恶性事故,影响施工安全。因此,当隧道轴线与断层走向平行时,应尽量避免与断层破碎带接触。隧道横穿断层时,虽然只有个别段落受断层影响,但因地质条件较差,必须预先考虑措施,保证施工安全。特别是当断层规模很大,或者穿越断层带时会使施工十分困难,在确保隧道平面位置时,要尽量设法避开。

4. 断层存在的标志

岩层发生断裂形成断层后,不仅改变了原来岩层的分布规律,还常在断层面及其相关部分形成各种伴生构造和与断层有关的地貌现象,在野外可根据这些特征标志来识别断层。

(1)构造线的突然中断:任何地质体或地质界线均在一定的地区内按其自身的产状和形态表现为沿一定方向的分布规律。但是,如果发生断层,则上述地质体或地质界线在平面上或剖面上会突然中断、错开,造成构造线的不连续现象。

(2)地层的重复与缺失:在层状岩石分布地区,地层的重复或缺失现象与褶皱造成的地层重复不同。后者为地层围绕着某一核部呈对称重复出现,而前者仅是单向重复。断层引起的地层缺失与沉积间断或假整合、不整合所造成的地层缺失也不相同,后者具有区域性分布特点,而断层引起的缺失仅局限于断层两侧。

(3)断层面(带)的构造特征:有以下几种。

擦痕:断层面上因两盘摩擦而产生断层擦痕,从擦痕方向可推知断层运动的方向,但有些断层面因长期风化和侵蚀,擦痕可能不够清楚。

破碎带:由于断层两盘相对运动的结果,常使断层面附近岩石破坏成碎石和粉末,组成断层角砾岩和断层泥,角砾岩的石质与断层附近的基岩相同。在正断层中,角砾岩岩块多棱角,堆积较无次序,混杂物质却很普遍。在逆掩断层中角砾岩岩块多磨圆磨光,不出现其他混杂物质。

断层的拖曳现象:断层两盘相对运动,常使断层面两侧的岩石发生一些塑性变形,形成小的弯曲。从拖曳弯曲的方向,可推知断层运动的方向。但并不是所有断层都有此现象。

(4)地貌特征:表现为陡坡悬崖(即断层崖、断层三角面)、水系突然以折线改变方向、山脊错断,有时沿断层方向出现溪谷,沿断层往往有多个泉水出露。

(5)地震震中沿一定方向呈带状分布的现象往往与断层有关。

三、地层的接触关系

由于地壳运动,地壳中的岩层或岩体发生变形与变位,岩层产生各种不同的接触关系。岩层与岩层之间的接触关系有整合接触、假整合接触、不整合接触及侵入接触 4 种类型。如图 1-13 所示。

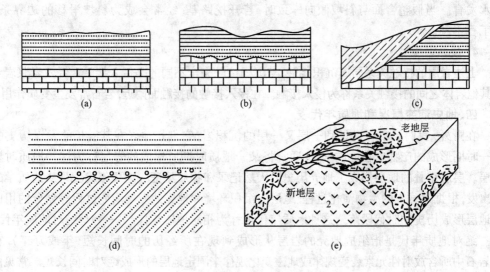

图 1-13 岩层的接触关系示意图

(a)整合接触;(b)假整合接触;(c)、(d)不整合接触;(e)侵入接触;

1—更早的沉积地层或其他地层;2—较晚形成的岩浆侵入体;3—接触变质带

1.整合接触

当沉积盆地接受沉积物沉积时,在顺序上先沉积的沉积物在下面,后沉积的沉积物在上面。如果地壳处于比较稳定的持续下降,则沉积作用将是连续的,即新的沉积物依次重叠在老的上面。古生物是渐变的,在时间上是连续的。这种连续沉积而无间断,上下平行一致的岩层接触关系称为岩层的整合接触。岩层的整合接触说明该地区地壳是一直处于稳定下沉的状态。

2.假整合接触(平行不整合接触或伪整合接触)

一个沉积盆地持续下降,才能不断地接受沉积物。如果地壳以后变为上升,则已形成的老岩层被抬升或露出水面,沉积作用停止,出现沉积间断,露出水面的岩层表面上受到风化、剥蚀,并可残留下风化与剥蚀的产物,该面称为剥蚀面。当地壳再次下降,盆地重新接受沉积物时,新的沉积物沉积在剥蚀面上,在新老岩层之间发生了沉积间断,但上下岩层彼此是互相平行的接触,而且两岩层的岩性和其中的古生物化石有明显的差异。这种具有剥蚀面的上下两套岩层间的平行接触关系称为假整合接触,亦称平行不整合接触。这种接触关系说明该沉积地区的地壳有过显著的升降运动,古地理环境发生过显著变化。岩层的假整合接触可作为判断地质时期中地壳运动的重要依据之一。

3．不整合接触

不整合接触也称角度不整合接触。先形成的岩层,由于地壳运动使其褶皱变形或倾斜,同时露出地表,进而遭受风化与剥蚀作用,以后地壳再下降接受沉积,结果在前后两次沉积物之间,也具有一剥蚀面,但上下岩层彼此互不平行,以一定角度斜交接触。这种不同时代的沉积物,各具不同的古生物化石,上下岩层以一定角度的接触关系称为角度不整合接触。岩层的角度不整合接触,说明该地区的地壳不仅有过升降运动,而且还有水平挤压运动,古地理环境发生过极大变化。

假整合接触和角度不整合接触同属不整合接触。不整合接触中的不整合面,是下伏古地貌的剥蚀面,它常有较大的起伏,同时有风化层或底砾岩存在;不整合面的层间结合差,地下水发育。当假整合面与斜坡倾向一致时,若开挖路基,经常会成为斜坡滑移的边界条件,对工程不利。

4．侵入接触

上述岩层的接触关系同属沉积接触,与沉积接触完全不同的是侵入接触。侵入岩浆岩与周围其他岩体之间的接触关系称为侵入接触。在侵入接触的接触面附近,岩石常发生变质作用。

四、地史演变概况和地质年代表

在野外,我们经常可以见到一层又一层的沉积岩,它们是地壳在其漫长的发展历史中的某一时期形成的产物。在地质学上,通常将某一地质时期所形成的岩层称为这一地质时期的地层。层层重叠的地层构成了地壳历史的天然记录和物质见证。地质年代就是从地质学的观点出发,根据地球上的生物演化过程、地层的沉积环境和地壳的发展演变过程等划分的用以描述地层形成历史的时代段落。这种地质年代也称为相对地质年代,另一种是绝对地质年代。

绝对地质年代是指组成地壳的岩层从形成到现在所经历的时间长短(年或万年),它通过岩石中所含放射性元素衰变规律或地磁变化规律来测定地层的形成绝对时间长短。常见的测定方法有铀-铅法、钾-氩法、古地磁法和碳14法等。它能够说明岩层形成的确切时间,但不能反映岩层形成的地质过程。相对地质年代不包含用"年"表示的时间概念,但能反映岩层形成的自然阶段,能说明岩层形成的先后顺序及其相对的新老关系,从而说明地壳发展的历史过程。

(一)地层相对地质年代的确定

1．地层层序法

沉积岩在形成过程中,总是先沉积的岩层在下面,后沉积的岩层在上面,即下老上新的正常层位关系。

2．古生物化石法

研究新老不同的地层特有化石(标准化石等),就可确定各地层中的特有化石之间的相对新老关系或先后顺序(即相对年代)。这种以化石建立地层的相对新老关系或先后顺序,就叫做古生物化石法。

生物的演变,总是由低级到高级、由简单到复杂。在地质年代的每个阶段中,都发育有适应当时自然环境的特有生物种群。因此,在不同地质年代沉积的地层中,含有不同特征的古生物化石。含有相同化石的岩层,无论相距多远,都是在同一地质年代中形成的。所以,只要确定出岩层中所含标准化石的地质年代,那么这些岩层的地质年代也就确定了。

3．岩性对比法

在一定区域内,同一时期形成的岩层,其岩性特点通常应是一致或近似的。因此,可以根据岩石的组成、结构、构造等特点,作为岩层对比的基础。但是该法具有一定的局限性,因为即使统一地质年代的不同地区,其沉积物的组成、性质并不一定都是相同的,而同一地区在不同的地质年代,也可以形成某些性质类似的岩层。

4．地层接触法

在许多沉积岩序列中,不是所有的原始沉积物都能够保存下来,常产生侵蚀面,形成不整合接触。不整合面以下的岩层先沉积,地质年代较老;不整合面以上的岩层后沉积,地质年代较新。

5．岩浆岩相对年代的确定

喷出岩相对年代的确定是根据地层层序和它所含沉积岩夹层中的化石来确定。侵入岩相对年代的确定以及它们之间的先后顺序的确定,一般是根据它们互相穿插的关系以及它们穿插到沉积岩中的情况来判断。被穿插者生成在前,穿插者生成在后。

(二)地质年代

根据几次大的地壳运动和重大生物演变,把地质历史划分为五个"代",每个代又分为若干个"纪",纪内因生物发展及地质情况不同,又进一步划分为若干个"世"和"期"以及一些更细的时间段落,这些统称为地质年代单位。与地质年代单位对应时间内沉积的地层单位如下:

$$
\begin{array}{ll}
\text{年代单位} & \text{地层单位} \\
\text{代}\cdots\cdots\cdots\cdots\cdots\cdots\cdots\cdots & \text{界} \\
\text{纪}\cdots\cdots\cdots\cdots\cdots\cdots\cdots\cdots & \text{系} \\
\text{世}\cdots\cdots\cdots\cdots\cdots\cdots\cdots\cdots & \text{统} \\
\text{期}\cdots\cdots\cdots\cdots\cdots\cdots\cdots\cdots & \text{阶}
\end{array}
$$

地壳运动和生物演变,在"代"、"纪"、"世"期间,世界各地都有普遍性的显著变化。所以,"代"、"纪"、"世"是国际通用的地质年代单位,而次一级单位只具有区域性或地区性的意义。根据地质年代,把它们从老到新按顺序排列起来,进行地质编年就构成了地质年代表,见表1-12。

表 1-12　地质年代表

代(界)	纪(系)	世(统)		距今年数 $/\times 10^6 a$	地壳运动	我国地史主要特点
新生代 K_z	第四纪 Q		全新世(Q_4)		喜马拉雅运动	冰川广布,地壳运动强烈,人类出现,黄土形成
			晚更新世(Q_3)			
			中更新世(Q_2)	2 或 3		
			早更新世(Q_1)			
	第三纪 R	新(N)	上新世(N_2)			哺乳动物、鸟类急剧发展,陆相沉积的砂岩、页岩及砾岩
			中新世(N_1)			
		老(E)	渐新世(E_3)	25		
			始新世(E_2)			
			古新世(E_1)			
中生代 M_z	白垩纪 K		晚白垩世(K_2)	70	燕山运动	大爬虫灭亡,哺乳动物出现。东部造山运动、岩浆活动强烈,形成了多种矿产
			早白垩世(K_1)			
	侏罗纪 J		晚侏罗世(J_3)	135		恐龙极盛,鸟类出现。除西藏等地区外,中国大部分地区已上升成陆地,主要岩石为砂页岩,是主要成煤期
			中侏罗世(J_2)			
			早侏罗世(J_1)			
	三叠纪 T		晚三叠世(T_3)	180	印支运动	恐龙开始发育,哺乳类出现。华北为陆相砂、页岩,华南为浅海灰岩
			中三叠世(T_2)			
			早三叠世(T_1)			

代(界)	纪(系)	世(统)	距今年数 /×10⁶a	地壳运动	我国地史主要特点
古生代 Pz	晚古生代 Pz²	二叠纪 P	晚二叠世(P₂) 早二叠世(P₁)	225	海西运动	两栖动物繁盛,爬虫开始出现。华北从此一直为陆地,是主要成煤期;华南为浅海,晚期成煤
		石炭纪 C	晚石炭世(C₃) 中石炭世(C₂) 早石炭世(C₁)	270		植物繁盛,珊瑚、腕足类、两栖类繁殖。华北时陆时海,到处成煤,华南为浅海
		泥盆纪 D	晚泥盆世(D₃) 中泥盆世(D₂) 早泥盆世(D₁)	350		鱼类极盛,两栖类出现,陆生植物发展。华北为陆地,遭受风化剥蚀;华南为浅海
	早古生代 Pz¹	志留纪 S	晚志留世(S₃) 中志留世(S₂) 早志留世(S₁)	400	加里东运动	珊瑚、笔石发展,陆地生物出现。华北为陆地,华南为浅海,形成石灰岩
		奥陶纪 O	晚奥陶世(O₃) 中奥陶世(O₂) 早奥陶世(O₁)	440		三叶虫、腕足类、笔石极盛。以浅海灰岩为主,中奥陶世后华北上升为陆地
		寒武纪 ∈	晚寒武世(∈₃) 中寒武世(∈₂) 早寒武世(∈₁)	500		生物初步大发展,三叶虫极盛。浅海广布,以沉积灰岩为主
元古代 Pt	晚 Pt²	震旦纪 Z	晚震旦世(Z₂) 早震旦世(Z₁)	600	吕梁五台运动	有低级生物藻类出现。开始有沉积盖层,上部为浅海相灰岩,下部为砂砾岩,变质轻微或不变质
	早 Pt¹			900		晚期造山作用强烈,所有岩石均遭受变质。海水广布,开始出现原始生命现象
太古代 Ar		五台纪 泰山纪		约3800		地壳运动强烈,变质作用显著
地球最初发展阶段			>4500		

第四节　第四纪沉积物

关于土,从不同的观察角度出发,可以给出不同的定义,目前主要的定义方式如下:

(1)按成因定义土:土是地壳中的岩石经风化、剥蚀后,以不同的搬运方式在不同的地点堆积下来的自然历史产物。简而言之,土是岩石风化的产物。

(2)按物质组成定义土:土是由固体颗粒、液体水和气体组成的一种三相体。

(3)按分布位置和结构、变形性态定义土:土是覆盖于地壳最表面的一种松散的或松软的颗粒状堆积物。

(4)按形成的历史时期定义土:土是第四纪沉积物。需要指出,研究发现土不全是地质历史中的第四纪形成的,偶尔也有第三纪晚期形成的土,但总体而言,土主要是第四纪时期形成的,因此人们常用第四纪沉积物来定义土。

一、残积物

出露地面的岩石经风化、剥蚀之后,其中的一部分较大的颗粒尚未被搬移而残留于原处,这些残留于原处的岩石风化碎屑物质称为残积物。

残积物由于气候、岩石性质及地形等条件的差异,在不同地区是不同的。在干旱及半干旱气候区,其成分主要为碎石夹细砂及黏性土;在潮湿温带,残积层多为黏性土夹碎石、砂;

此外,在花岗岩地区(如赣南、深圳地区)分布有较厚(10～30m)残积层,物质成分则为由长石分解的黏土,夹有大量均布的石英砂;砂岩、页岩地区,仍以黏土、砂为主;石灰岩地区,则是含碎石的红色、褐色黏土及粉质黏土。

一般说来,残积层的岩性特征是:

(1)由黏性土或砂类土以及具有棱角状的碎石所组成。

(2)有较高的孔隙度,没有经过搬运、分选,无层理。

(3)厚度变化大,一般在山坡上较薄,在坡脚或低洼处较厚。

残积物一般分布在基岩曾经出露地表面而又受到强烈风化作用的山区、丘陵及斜坡地的基岩顶部。其分布主要受地形的控制,在宽广的分水岭上(地表的径流速度很小,风化产物易于保留)常堆积有较厚的残积物。由于其物质来源是基(母)岩,因而岩性及矿物成分很大程度与母岩一致。在纵深方向上,残积物与基岩没有明显的界限,经过一个基岩风化层而直接过渡到母岩体。残积物的基本矿物与母岩相同,颗粒未被磨圆或分选,无层理。残积物一般以粗大颗粒为主,承载力相对较高,变形量较小。但残积物中孔隙占有很大的体积,且由于颗粒不均匀,常呈现出明显的不均质性。

二、坡积物

当雨水降落到地面或覆盖地面的积雪融化时,其中一部分被蒸发,一部分渗入地下,其余部分则形成无数的网状坡面细流,从高处沿斜坡向低处缓慢流动,时而冲刷,时而沉积,和重力作用一起不断使坡面的风化岩屑和黏土物质沿斜坡向下移动,最后在坡脚或山坡低凹处沉积下来形成坡积物(如图1-14所示)。坡积物也是山坡上方的岩石风化产物在重力作用下被缓慢流动的雨、雪水流向下逐渐搬运,沉积在较平缓山坡上而形成的堆积物。由于坡积物围绕着山体分布,如同镶嵌在山体下的裙子,所以在地貌学上又称其为坡积裙。雨水、融雪水对整个坡面所进行的这种比较均匀、缓慢和短期内并不显著的地质作用,称为洗刷作用。

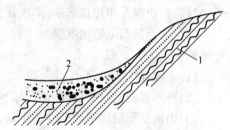

图1-14　坡积层示意图
1—基岩;2—坡积层

洗刷作用的强度和规模,在一定的气候条件下与山坡的岩性、风化程度和坡面植物的覆盖率有关。一般在缺少植物的土质山坡或风化严重的软弱岩质山坡上洗刷作用比较显著。

坡积层物质未经长途搬运,碎屑棱角明显,分选性不好,通常都是些天然孔隙度很高的含棱角状碎石的粉质黏土。与残积层不同的是,坡积层的组成物质经过了一定距离的搬运,由于间歇性的堆积,可能有一些不太明显的倾斜层理,重要的是与下伏基岩没有成因上的直接联系。

除下伏基岩顶面的坡度平缓外,坡积层多处于不稳定状态。当坡积层的厚度较小时,其稳定性取决于下伏岩层顶面的倾斜程度,若下伏地形或岩层顶面与坡积层的倾斜方向一致且坡度较陡时,尽管地面坡度很缓,也易于发生滑动,山坡或河谷谷坡上的坡积层的滑动,经常是沿着下伏地面或基岩的顶面发生的;当坡积层与下伏基岩接触带有水渗入而变得软弱时,将显著降低坡积层与基岩顶面的摩阻力,更容易引起坡积层发生滑动;由于坡积层的孔隙度一般都较高,特别是在黏土颗粒含量高的坡积层中,雨季含水量增加,不仅增大了土体本身的重量,而且其抗剪强度也随之降低,因而稳定性也就大为减小。坡积物的上部常与残积物相接,堆积的厚度也不均匀,一般上薄下厚。坡积物底面的倾斜度取决于基岩,颗粒自上而下呈现由粗到细的分选现象,其矿物成分与其下的基岩无关。作为地基时,坡积物极易产生不均匀沉降需要在工程设计、施工中予以足够的重视。

坡积层是山区公路勘测设计中经常遇到的第四纪陆相沉积物中的一个成因类型,它顺着坡面沿山坡的坡脚或山坡的凹坡呈缓倾斜裙状分布。由于碎屑物质的来源、下伏地貌及堆积过程不同,坡积层的厚度变化很大,就其本身,一般是中下部较厚,向山坡上部逐步变薄以至尖灭。

三、洪积物

山洪急流一般是由暂时性的暴雨形成,山坡上的积雪急剧消融时也可产生山洪急流。山洪急流大都沿着凹形汇水斜坡向下倾泻,具有较大的流量和很大的流速。在流动过程中发生显著的线状冲刷,形成冲沟,并把冲刷下来的碎屑物质携带到山麓平原或沟谷口堆积下来,形成洪积物。

当山洪挟带大量的泥砂石块流出沟口后,由于沟床纵坡变缓,地形开阔,水流分散,流速降低,洪水搬运能力骤然减小,所挟带的石块、岩屑、砂砾等粗大碎屑先在沟口堆积下来,较细的泥砂继续随水搬运、沉积,大多堆积在沟口外围一带。由于山洪急流的长期作用,在沟口一带就形成了扇形展布的堆积体,地貌上称为洪积扇。洪积扇的规模逐年增大,有时与相邻沟谷的洪积扇互相连接起来,形成规模更大的洪积裙或冲洪积平原。

洪积物是第四纪陆相堆积物中的一个类型,从工程地质观点来看,洪积层具有以下主要特征:

(1) 组成物质分选不良,粗细混杂,碎屑物质多带棱角,磨圆度不佳。

(2)有不规则的交错层理、透镜体、尖灭和夹层。

(3)山前洪积层由于周期性的干燥,常含有可溶盐类物质,在土粒和细碎屑间,往往形成局部的软弱结晶联结,但遇水作用后,联结就会被破坏。

洪积物主要分布在山麓坡脚的沟谷出口地带及山前平原,从地形上看,是有利于工程建筑的。由于洪积物在搬运和沉积过程中的某些特点,规模很大的洪积层一般可划分为三个工程地质条件不同的地段(图 1-15)。靠近山坡沟口的粗碎屑沉积地段,洪积物孔隙大、透水性强、地下水埋藏深、压缩性小、承载力比较高,是良好的天然地基地层;洪积层外围的细

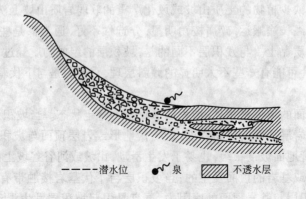

—————潜水位　　～●泉　　▨不透水层

图 1-15　山前洪积扇剖面图

碎屑沉积地段,如果在沉积过程中受到周期性的干燥,黏土颗粒发生凝聚并析出可溶盐分时,则洪积层的结构颇为结实,承载力也是比较高的;在上述两地段之间的过渡带,因为常有地下水溢出,水文地质条件不良,对工程建筑不利。

洪积扇的工程地质性质是影响线路建筑条件的重要因素之一,但影响最大的,则是山洪急流对路基的直接冲刷和洪积物掩埋路基、淤塞桥涵所造成的种种危害问题。

四、冲积物

1.河流的地质作用

自然界中,地表流水是改造陆地地形的主要地质作用。地表流水除暂时性流水外,还有河流的常年流水,这种流水在陆地上分布很广,作用强烈。由于流速、流量的变化,河流呈现出侵蚀、搬运和沉积三种性质不同但又相互关联的地质作用。

河流的侵蚀作用是指河水对河床岩石的冲刷破坏作用,按照侵蚀的方向,分为垂直侵蚀和侧方侵蚀作用两种。垂直侵蚀作用使河谷不断加深,但并不是永无止境的,它受当地侵蚀基准面的控制;侧方侵蚀作用使河床逐渐加宽的同时,还使河道发生弯曲,它多发生在河流的中游地段。河流夹带着侵蚀下来的泥、砂、砾卵石及溶解的物质,搬运至低洼地带或进入湖、海的作用称为河流的搬运作用。搬运过程中,带棱角的块石、碎石等在流水的冲击和与河床磨擦下,逐渐磨圆变为漂石、卵石、圆砾,甚至成为砂、粉粒。河流的沉积作用是指河流在河床的坡降平缓地带,由于河水流速变小,不足以搬运碎屑物质时而沉积下来的地质作用。其沉积物称为冲积层。

河流的侵蚀作用有时会造成岸边坍塌、桥基掏蚀等工程地质现象,它直接威胁着建(构)筑物的安全。河流沉积作用的结果,使河道变浅,影响河流的航运;河床抬高,形成"地上悬河",使两岸处于洪水威胁之下;使水库淤塞,影响发电和灌溉。河谷地貌如图1-16和图1-17所示。

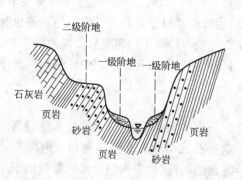

图1-16 山区河谷横断面示例及河流流动产生的河曲现象

2.河谷内地貌单元的特征

(1)河床:河床是谷底河水经常流动的地方。河床由于受河流侧向侵蚀作用而弯来弯去,经常改变河道的位置,这样,河床底部的冲积物就复杂多变。一般来说,山区河流河床底部大多为坚硬的岩石或者是大块的碎石、卵石,但由于侧向侵蚀的结果常带来大量的细小颗粒,并可能有软土存在。特别是当河流两旁有许多冲沟支岔时,这些冲沟支岔带来的细小颗粒往往和河流挟带来的粗大颗粒交错在一起,使河床下的堆积物复杂化。

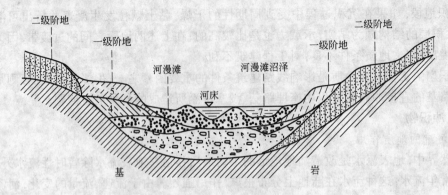

图 1-17　平原河谷横断面示例

1—砾卵石;2—中粗砂;3—细粉砂;4—粉质黏土;5—粉土;6—黄土;7—淤泥

　　山区河流河床底部的堆积物本身也往往是不固定的,当下一次较大的洪水来临时,原来堆积的物质被带走了,而又堆积下来新的物质。平原地区河流的河床,一般是由河流自身夹带的细颗粒物质堆积而成。

　　(2)河漫滩:分布在河床两侧,洪水季节被洪水淹没、枯水季节有出露水面的浅滩称为河漫滩。河流上游,河漫滩往往由大块碎石所组成,但是不稳定,再一次洪水到来时可能把它冲走。河流中游,河漫滩一般为砂土所组成。河流下游,河漫滩一般为黏性土所组成。河漫滩的地下水位一般均较浅,在干旱地区往往形成盐渍地。

　　(3)牛轭湖:牛轭湖是被河流废弃的一段蛇曲。当河流弯曲得十分厉害,在某一次洪水到来时,河流发生截弯取直,原来弯曲的河道就成了牛轭湖。在平水和枯水期间,牛轭湖内长满了水草,渐渐淤积成为沼泽。在洪水期间,牛轭湖有时就和河流相接成为溢洪区。牛轭湖一般是泥炭、淤泥堆积的地区。

　　(4)阶地:阶地是地壳升降运动、河流下切、沉积等作用相互交织下形成的、位于河漫滩以上的台阶状地貌。阶地由河漫滩以上算,分别称为一级阶地、二级阶地等等。阶地愈高,其形成的年代愈老,土的密度及结构性较大,压缩性较低。但是高阶地靠山坡的一侧也有新近堆积的坡积层、洪积层,其压缩性高,结构强度低。低阶地除土的密度较高阶地的小外,地下水位也较浅,比较低洼的地段有时积水,形成沼泽地带。有时河漫滩湖泊或牛轭湖的堆积物埋藏很深,成为透镜体或条带状的淤泥。

　　3. 河间地块

　　两条河谷相互之间所隔开的广阔地段,又称为分水岭。在山区,分水岭通常是峻高的山脊;在平原地区,分水岭常表现为较平坦的地形,这种分水岭也称为河间地块。河间地块的地表水分别流入各自的河流,地下水也分别补给各自的河流,地表水的分水岭常和地下水的分水岭相一致(岩溶地区除外),地下水位随地形的起伏而起伏。

　　4. 冲积物

　　冲积物主要是由河流的侵蚀、搬运和沉积等地质作用形成的。它的物质成分来源于河流的整个水系范围内所有出露岩层的碎屑物质。因此,冲积层的物质来源远、搬运途径长,其分选性和磨圆度均好,层理清楚,厚度较稳定。一般情况下,由于上游地区河床的坡度陡、河床窄、流速大,则沉积粗大的块石、漂石、卵石等;中游地区,河床逐渐变宽、坡度及流速变缓,沉积物则以卵石、砾石、砂等为主;下游地区,河道宽广、流速小,多沉积细小的黏土及淤泥等。根据冲积物的形成条件,可将其划分为山区河谷冲积物、平原河谷冲积物以及三角洲冲积物。

(1)山区河谷冲积物:大部分由卵石、碎石等粗颗粒组成,分选性较差,大小不同的砾石互相交替,成为水平排列的透镜体或不规则的夹层,厚度一般不大。一般而言,山区河谷的堆积物颗粒大、承载力高

(2)平原河谷冲积物:河流上游的冲积物一般颗粒粗大,向下游逐渐变细。冲积层一般呈条带状,具水平层理,有时也成斜层理或交错层理。在每一个小层中,岩性的成分比较均匀,有极良好的分选性;冲积物的颗粒形状一般为亚圆形或圆形,搬运的距离愈长,颗粒的浑圆度越好。

平原河谷冲积物中的河床冲积物与河漫滩冲积物多为磨圆度较好的漂石、卵石、圆砾和各类砂类土,有时也有黏性土存在;而牛轭湖冲积物只有当洪水期间成为溢洪区时才能形成,此时,细砂或亚黏土就直接覆盖在原来已形成的泥炭或淤泥层上;阶地冲积物的粒度常较河漫滩的小,一般由粉质黏土、粉土和各类砂类土所构成,有时也有卵石、圆砾的夹层。在黄土地区,阶地则往往为各个不同地质时期的黄土所分布。

平原河谷冲积物(除牛轭湖外)一般是较好的地基。粗颗粒冲积物的承载力较高,细颗粒的稍低,但要注意冲积砂的密实度和振动液化的问题。

(3)三角洲冲积物:三角洲冲积物由河流搬运的大量细小碎屑物在河流入海或入湖的地方堆积而成(如上海的崇明岛)。一般分为水上及水下两部分:水上部分主要是河床和河漫滩冲积物,如砂、粉土、粉质黏土、黏土等等,一般呈层状或透镜体状;水下部分则由河流冲积和海相或湖相的堆积物混合组成,呈倾斜的沉积层。三角洲冲积物的厚度很大,分布面积也很广。由于三角洲冲积物的颗粒均较细,含水量大,土呈饱和状态,承载力较低,有的还有淤泥分布。三角洲冲积物的最上层,由于经过长期的压实和干燥,形成所谓硬壳,其承载力较下伏地层高。

五、海洋、湖泊、风的地质作用及沉积物

(一)滨海堆积物

滨海堆积物是指海洋中靠近海岸的、海水深度不超过20m的、经常受海潮涨落作用的狭长地带的堆积物。滨海堆积物由于经常受波浪的作用,因而化学作用和生物作用不易进行,主要是风化碎屑物的机械堆积作用。

陡岸堆积物以粗大颗粒为主,是由陡岸悬崖岩块和海浪冲来的卵石、圆砾所组成。海滩堆积物,靠近陆地边缘以卵石、圆砾、粗砂为主,往海域方向逐渐变为较细的颗粒,由砂、淤泥混砂等渐变为淤泥。泻湖堆积物一般以淤泥堆积为主,同时也有化学堆积作用。

滨海堆积物的颗粒由于海浪不断地冲蚀,滚成了圆形,分选性较好;同时由于海水动荡不已,而且常常露出水面,所以常有波痕、泥裂、交错纹、雨痕等等。

(二)湖泊堆积物

湖泊内由于机械作用、化学作用或生物作用而形成的堆积物,称为湖泊堆积物。湖泊堆积物具有较好的分选作用,一般湖岸堆积物的颗粒较粗,湖心堆积物的颗粒较细;山区湖泊堆积物一般较粗,平原湖泊堆积物一般较细;并且具有明显均匀的很薄的水平层理。

湖泊堆积物中淤泥和泥炭分布广,厚度大,承载力低。湖泊堆积物中的湖相黏土或多或少含有炭质、沥青质、石灰质、石膏质等,常具有淤泥的性质,灵敏度很高,承载力更低。

（三）沼泽堆积物

在地表水聚集或地下水出露的洼地内,由植物死亡后腐烂分解的残杂物所形成的堆积物,称为沼泽堆积物。沼泽堆积物主要为泥炭所堆积,而泥炭为有机生成物,呈黑褐或深褐色,其中还包含有部分黏土和细砂。泥炭的性质和含水量关系密切,干燥压密的泥炭较坚硬,湿的泥炭压缩性较高。泥炭是尚未完全分解的有机物,在作为建筑物持力层时应考虑今后继续分解的可能性。

（四）风力堆积物

在干燥的气候条件下,岩石的风化碎屑物被风吹扬,往往可搬运一段距离,在有利的条件下堆积起来,称为风积物。

除温度、湿度和降水以外,风是气候的重要因素之一,它也发挥着很强的地质作用。处在季节风带内的干旱和半干旱地区,风的地质作用更加明显。风的地质作用表现为侵蚀(吹扬)、搬运和沉积三个方面。由于干旱和半干旱地区植被差,裸露在地表的岩石在白昼和夜晚的升温和降温过程中,反复胀缩并最终开裂破坏,碎裂的岩石碎块或岩屑物质在风力作用下吹扬起来,并在风力的作用下被搬运到别处。被风力搬运的介质也可以分为推移质和悬移质,推移质颗粒沿着风向被搬运到不太远的地方沉积下来,分别形成戈壁和沙漠,更细小的土粒和尘土(悬移质介质)被搬运到很远处(几百公里乃至数千公里)才沉积下来,形成砂黄土或黄土。

风力堆积物中最常见的是风成砂及风成黄土。风成砂的来源很广,各种成因的砂,只要经过风的搬运,均可形成风成砂。它也可由岩石受到吹蚀作用而直接形成。风成黄土也是由各种成因的粉土颗粒,经过风的吹扬,搬运到比砂更远的地方堆积而成的,一般不见层理,具有大孔隙结构和垂直节理。

第五节　岩体结构

岩体是一定工程范围内的地质综合体,它是指被各种宏观的地质界面分割成大小不一、形状各异的各种块体和这些切割面共同组成的自然地质体。岩体中存在着的各种类型的地质界面称为结构面;由不同方向的结构面将岩体切割而成不同形态和大小的块体称为结构体。岩体中不同形态规模、性质的结构面和结构体相互结合构成了岩体结构。岩体结构的特征,在很大程度上决定了岩体在力的作用下的变形和破坏的机制,决定了岩体的工程地质性质。

一、岩体结构分析

岩体在漫长的地质历史中形成,并且在内外地质动力作用下变形、破裂裸露于地表而被进一步改造,形成了极其复杂的岩体结构。在工程力的作用下,岩体变性、破坏实际上主要是沿结构面剪切滑移或开裂以及岩体中各结构体沿着一系列结构面活动的累计变形或破坏。

（一）结构面与结构体

1.结构面

(1)结构面的成因类型:不同结构面具有不同的工程地质特征,这与其成因密切相关。按结构面成因,可将其划分为原生结构面、构造结构面和次生结构面三种类型。

a.原生结构面:指在岩体形成过程中产生的结构面,如岩浆岩的流动构造面、冷凝形成的原生裂隙面、侵入体与围岩的接触面;沉积岩体内的层理面、不整合面、软弱夹层等;变质岩体内的片理面、片麻构造面等。沉积结构面在层状岩体中普遍发育,其产状与岩层一致、空间延续性强、表面平整,但在中生代以后的陆相沉积层中分布不稳定、易尖灭;沿着沉积结构面的抗剪强度比垂直于这些面方向上的强度要低,若沿着该面有由地面渗入水带来的黏土物质,则抗剪强度就会更低。

b.构造结构面:指岩体中受地壳运动的作用所产生的一系列破裂面,如节理、断层、劈理以及由于层间错动引起的破碎面等。断层破碎带、层间错动破碎带均易软化、风化,其力学性质较差,属于构造软弱带。

c.次生结构面:指岩体受卸荷、风化、地下水等外力作用而形成的结构面。风化作用使原有的结构面强度降低、透水性增强,使岩体工程地质条件恶化。

(2)结构面的特征:结构面的生成年代及活动性、延展性、穿切性和充填胶结情况、产状、相互组合关系以及密集程度等均对结构面的力学性质有很大影响。

a.生成年代:主要对构造结构面而言。在地质历史时期内生成年代较老的结构面一般胶结、充填情况较好,对岩体力学性质的影响相对较小;而那些在晚近期仍在活动的结构面如活断层,则直接关系到工程所在区域的稳定性。

b.延展性及穿切性:它控制了工程岩体的强度和完整性,影响岩体的变形;控制工程岩体的破坏形式和滑动边界。一般地说,延展长、穿切好的结构面,对岩体的稳定性影响较大。

c.形态:结构面的形态对其强度影响较大,常见的形态有平直的、台阶状、锯齿状、波浪状、不规则状等。平直的与起伏粗糙的结构面相比,后者有较高的强度。

d.充填胶结情况:不同的充填物质成分,其强度是不相同的。一般充填物为黏土时,其强度要比充填物为砂质时低;而充填物为砂质者,其强度又比充填物为砾质者更低。

e.产状及组合关系:控制了工程岩体的稳定性及破坏机制,与工程力的方向密切相关。

f.密集程度:它直接控制了岩体的完整性和力学性质,也影响岩体的渗透性,它对岩体的力学性质影响很大。

(3)软弱夹层:具有一定厚度的岩体结构面,它是一种特殊的结构面。与岩体比,软弱夹层具有相对显著低的强度和显著高的压缩性,或一些特有的软弱性质。它可引起岩体滑移,在地基中可产生明显压缩、沉降变形。

在软弱夹层中最常见且危害性较大的是泥化夹层。泥化夹层是含泥质的原生软弱夹层经一系列的地质作用而演化形成的,其力学强度极低,与松软土相似;压缩性较大,属中-高压缩性;抗冲刷能力低,所以在工程上要给予很大的关注。表1-13为岩体完整程度的等级划分情况。

2.结构体

与其围限的结构面相对而言,结构体完整坚硬。不同岩体中的结构体的形状、大小很不相同。根据其外形特征,结构体可分为5种基本形式,即锥形、楔形、菱形、方形和聚合形。

不同形式的结构体由于它们的大小、形状、埋藏、位置等不同,对岩体稳定性的影响程度有极大的差异;同一形式的结构体因其大小、产状不同,稳定性亦不同。

(二)岩体结构的类型及其特征

工程建设范围内,由结构面围限起来的结构体的形式、大小、产状都是不同的,而且它们

表 1-13 岩体完整程度等级的分类

完整程度	结构面发育程度		主要结构面的结合程度	主要结构面类型	相应结构类型
	组 数	平均间距/m			
完 整	1~2	>1.0	结合好或结合一般	裂隙、层面	整体状或巨厚层状结构
较完整	1~2	>1.0	结合差	裂隙、层面	块状或厚层状结构
	2~3	1.0~0.4	结合好或结合一般		块状结构
较破碎	2~3	1.0~0.4	结合差	裂隙、层面、小断层	裂隙块状或中厚层状结构
	≥3	0.4~0.2	结合好		镶嵌碎裂结构
			结合一般		中、薄层状结构
破 碎	≥3	0.4~0.2	结合差	各种类型结构面	裂隙块状结构
		≤0.2	结合一般或结合差		碎裂状结构
极破碎	无序		结合很差		散体状结构

组合起来的外观表现也不相同,因此其工程地质特征就各有差异。

　　岩体结构的类型主要取决于不同岩性及不同形式结构体的组合方式。根据结构面的性质、与结构体形式以及充分考虑到岩石建造的组合,通常可把岩体结构划分为块状结构、镶嵌结构、碎裂结构、层状结构、层状碎裂结构、散体结构等 6 种形式,如表 1-14 所示。它能更充分地反映岩体的各向异性、不连续性及不均匀性。

表 1-14 岩体结构类型及其特征

岩体结构类型	岩体地质类型	结构体形状	结构面发育情况	岩土工程特征	可能发生的岩土工程问题
整体状结构	巨块状岩浆岩和变质岩,巨厚层沉积岩	巨块状	以层面和原生、构造节理为主,多呈闭合型,间距大于1.5m,一般为1~2组,无危险结构	岩体稳定,可视为均质弹性各向同性体	局部滑动或坍塌,深埋硐室的岩爆
块状结构	厚层状沉积岩、块状岩浆岩和变质岩	块状柱状	有少量贯穿性节理裂隙,结构面间距0.7~1.5m,一般为2~3组,有少量分离体	结构面互相牵制,岩体基本稳定,接近弹性各向同性体	
层状结构	薄层沉积岩、沉积变质岩	层状板状	有层理、片理、节理,常有层间错动	变形和强度受层面控制,可视为各向异性弹性体,稳定性较差	可沿结构面滑塌,软岩可产生塑性变形
碎裂状结构	构造影响严重的破碎岩层	碎块状	断层、节理、片理、层理发育,结构面间距0.25~0.5m,一般3组以上,有许多分离体	整体强度很低,并受软弱结构面控制,呈弹塑性体,稳定性很差	易发生规模较大的岩体失稳,地下水加剧失稳
散体状结构	断层破碎带、强风化及全风化带	碎屑状	构造和风化裂隙密集,结构面错综复杂,多充填黏性土,形成无序小块和碎屑	完整性遭极大破坏,稳定性极差,接近松散体介质	易发生规模较大的岩体失稳,地下水加剧失稳

二、岩体的稳定性

扭性结构面形成时,产生块状构造岩、角砾岩等,岩体内部形成极为发育的隐蔽剪切裂隙,当承受压力时,很容易沿微剪切裂隙破坏,因此强度较小;而张性结构面形成时,一般微裂隙很少,故强度较高。压性结构面的糜棱岩要比扭性结构面的强度更低,且具片状结构,各向异性。因此结构面本身或其伴生的构造岩的抗剪强度是张性大于扭性、扭性大于压性。

张性断裂富水,扭性断裂次之,压性断裂更次之。一般张、压性断裂的上盘是主动盘(滑动盘),低序次裂隙发育,所以张性裂面本身富水,上盘比下盘更富水,压性断裂阻水。由于张性、张扭性断裂富水的现象,形成硐室的充水,加大了岩体压力。

张性、压性断裂的上盘裂隙发育,产生的岩体压力大,下盘比较完整,产生的岩体压力小,所以选择硐室(或地基)时,如其他条件相同,应选下盘。

断裂交汇部位是岩体比较破碎的地方,也是后期应力易于集中、地下水易于汇集的地方,若该部位在洞室顶部,则是山体压力加大,易于塌落的部位。

若断层交汇于硐室顶部、硐壁、边坡或地基上时,对岩体稳定不利,特别是与硐轴线近于平行的断裂最不利于岩体稳定。

第六节　地　下　水

地下水通常是指地表以下岩土空隙中的重力水,对人类和地球上的其他很多生物而言,它是地壳中极其重要的自然资源之一,亦是岩土三相物质中的一个重要组成部分。地下水在岩土工程中常常起着很重要的作用,例如在铁路工程中,路基的沉陷常和地下水的活动有着直接的联系;公路工程中,地下水位较高时,常会因土的毛细作用而改变路基的干湿类型,引起各种路基病害;采矿工程中,地下水引起的工程事故是最主要的采矿工程灾害之一;地下水的渗流可以引起岩土体的渗透变形,直接影响建筑物及其地基的稳定与安全;地下水位的变化,可使地基土的强度降低,使建筑物产生不均匀沉降;在地基工程中,深基坑的开挖常常会遇到基坑降水问题,并因为基坑降水引起的地下水渗流问题而造成基坑边坡的移动和基坑周围地面的沉陷;当地下水含有较多的酸类物质时,还有可能造成地下结构物的腐蚀和破坏。另一方面地下水又是关系着人民生产和生活的头等大事,面对日益严重的环境污染和人们对水资源的大量浪费,一些有识之士惊呼:"人类在地球上见到的最后一滴水将是人类自己的眼泪。"因此我们不仅有必要研究地下水的形成、分布和埋藏条件,有必要研究地下水的运动规律,防止地下水对岩土工程的危害和影响,还有必要为人类社会的今天和未来着眼,珍惜和充分利用珍贵的每一滴地下水资源。

一、地下水的类型及其特征

地下水埋藏、分布在一定的岩土层和地质构造中,并按照补给、径流和排泄的规律不断地运动和变化着。自然界中的岩土体,无论是松散堆积物还是坚硬的基岩,都具有多少不等、形状不一的空隙(图1-18所示)。不同岩土体中的空隙形状、多少、大小、连通程度以及分布状况等特征都有很大的差别,岩石的这些特征统称为岩石的空隙性。岩石中的空隙是地下水储存的场所和运动的通道,因此岩石的空隙性在很大程度上决定着地下水的埋藏、分布及运动状况。

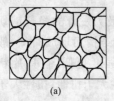 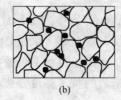 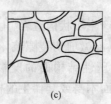 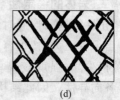

(a)   (b)   (c)   (d)

图 1-18 岩土体中的各种空隙示意图

(a)分选及浑圆良好的砾石;(b)砾石中填充砂粒;

(c)石灰岩中的溶隙;(d) 块状结构岩中的裂隙

(一)水在岩土体中的储存形式

天然状态的土一般都含有水,而水常以不同的形式存在于土中,并与土粒相互作用着,它是影响土工程地质性质的重要因素之一。按土中水的存在形式、状态、活动性及其与土的相互作用,分为矿物成分水、结合水、自由水;按物质状态分为液态水、气态水和固态水。

(二)岩土的水理性质

岩土的空隙性为地下水的储存和运动仅提供了空间条件,但水能否自由地进入这些空间以及进入这些空间的地下水能否自由地运动和渗出,则与岩土的水理性质有直接关系。水与岩土作用后所表现出的各种性质称为岩土的水理性质。岩土的水理性质主要包括胀缩性、崩解性、毛细性、容水性、持水性、给水性、透水性和可塑性等等。

1.胀缩性

土遇水后体积增大的性能,称为土的膨胀性;土失水时体积缩小的性能称为土的收缩性。

土膨胀是干燥黏性土因浸水而使土粒表面弱结合水膜厚度增大所引起的。在结合水膜厚度增大过程中,水分子受土粒表面的引力,在颗粒间产生楔入作用,将颗粒撑开,粒间距离增大,并最终引起土的体积增大。土体膨胀后,固体颗粒间的分子吸引力减弱,甚至粒间毛细水的凹形弯液面也会受到破坏,凝聚力下降,力学强度降低。

土收缩是由土粒表面弱结合水膜厚度变薄,土粒互相靠近引起的。土收缩将会增加黏结力并提高其力学强度。但干燥收缩却又往往使土产生许多干缩裂缝,甚至导致土体破碎,并致使土体的力学强度降低,同时增大土体的透水性。土体收缩性的强弱与其颗粒的粒度大小、矿物成分、水溶液的离子成分、电解质的浓度及其极性、原始含水量等多种因素有关。

2.崩解性

黏性土在浸水的过程中崩散、解体的现象称为土的崩解。黏性土崩解的形式多种多样,有的呈均匀散粒状,有的呈鳞片状,有的呈碎块状或块裂状等。崩解是膨胀的特殊形式及其进一步的发展,它们都是土粒表面水化膜增厚的结果。

3.毛细性

毛细现象是水在空气和水的界面张力作用下沿着途中狭小的毛细管状孔隙上升或以自由水的形式悬挂在毛细管状孔隙内的现象。毛细现象和由此引发的毛细作用统称土的毛细性。

我国大部分地区,气温高的夏季多雨、地下潜水位高,土中毛细水高度也随之升高。公路路基中的毛细水作用常常是夏季最高,并对路基、路面的稳定性构成很大威胁。土壤盐渍化的产生、道路翻浆、工程建筑物基础的侵蚀等现象均与土的毛细性有关。

4. 容水性

容水性是指岩土能容纳一定水量的性能,用容水度表示。容水度等于岩土中所能容纳水的体积与岩土总体积的百分比值。当岩土中的空隙完全被水充填时,水的体积就等于岩土空隙的体积,所以容水度与土的孔隙度接近。

5. 持水性

在重力作用下,岩石依靠分子引力和毛细力在其空隙中能保持一定水量的性质称为持水性。岩土的持水性用持水度表示,即在重力释水条件下,岩土空隙中所能保持的水的体积与岩土总体积的体积分数。根据保持水的形式不同,持水度可细分为毛细持水度和分子持水度。毛细持水度是毛细管孔隙被水充满时,岩石所保持的水量与岩土体积之比。分子持水度是岩石所能保持的最大结合水量与岩土体积之比。

结合水是因岩石颗粒表面的吸引力而保持的,因此,岩土颗粒愈细小,其总表面积则愈大,结合水量便愈多。

6. 给水性

各种岩土饱水后,在重力作用下能释出一定水量的性质称为岩土的给水性。给水性用给水度来表示,即饱水岩土在重力作用下释出水的体积与岩土总体积的体积分数。给水度等于岩土的容水度减去持水度。

7. 透水性

岩土允许重力水通过的性能称为透水性或渗透性。岩土能透水的根本原因在于其本身存在相互连通的空隙,水只能沿着这些空隙通路流经而过。因此,空隙的大小与其连通程度直接决定着岩土透水性的强弱,其次才是空隙的多少。衡量岩土透水性强弱的指标是渗透系数 k。

(三)地下水的分类

自然界不存在没有空隙的岩土层,也就几乎不存在不含有水的岩土层。其容水、持水和给水性关键在于其水理性质。空隙小的岩土体,含的几乎全是结合水;空隙较大的岩层,主要含有重力水,它能给出和透过水。根据岩土层给出和透过重力水的能力,可把岩土层划分为含水层和隔水层。

含水层是指渗透性大、给水性强且饱含重力水的岩土层。当岩土层具有地下水储存和运动的空间、有储存地下水的地质条件、并有一定的补给水源时即可形成含水层。

隔水层是指渗透性极小、给水性也极小的岩土层

能储存地下水的地质构造称为储水构造,也就是含水层与隔水层相互组合而形成的能储存地下水的地质环境即地下水的埋藏条件。在各种不同的地质环境中,含水层与隔水层的形成控制着地下水的聚集、分布和埋藏。

根据埋藏条件不同,可以把地下水分为上层滞水、潜水和承压水三大类;而按含水层空隙性质可将其分为孔隙水、裂隙水和岩溶水。

1. 上层滞水

上层滞水又称包气带水,是指在包气带中的局部隔水透镜体之上、具有自由水面的重力水。上层滞水的形成除受岩层组合控制外,还受岩层倾角、分布范围以及地形等因素的影响。上层滞水不仅可以在松散沉积层中形成,在基岩地区亦同样可以形成。上层滞水常在以下地层中形成:

(1)在较厚的砂层或砂砾石层中夹有黏土或粉质黏土透镜体。

(2)在裂隙发育、透水性好的基岩中有顺层侵入的岩床、岩盘时,由于岩床、岩盘的裂隙发育程度较差,亦起到相对隔水层的作用,则也可形成上层滞水。

(3)在岩溶发育的岩层中夹有局部非岩溶化的岩层时,如果局部非岩溶化的岩层具有相当的厚度,则可能在上、下两层岩溶化岩层中各自发育一套溶隙系统,而上层的岩溶水则具有上层滞水的性质。

(4)黄土中夹有钙质夹层,常常形成上层滞水。这种钙质夹层为局部隔水层。在缺水的黄土高原地区,它往往是宝贵的生活水源。

(5)在寒冷地区有永冻层时,夏季地表解冻后永冻层就起到了局部隔水层的作用。

上层滞水的分布范围一般不广,具有季节性,雨季出现,干旱季节消失。其动态变化与气候及水文因素的变化密切相关。由于上层滞水距地表较近,直接受大气降水或地表水的下渗补给,因此,其补给区与分布区一致。上层滞水以蒸发或逐渐向隔水层边缘流散的形式排泄。由于这种水的分布范围有限、含水层厚度小、水量少、具有季节性且易污染,故只能作为小型或临时性的供水水源。当作为饮用水时,应注意防范水质污染。

2．潜水

埋藏在地表以下第一个连续、稳定分布的隔水层之上的重力水层称为潜水。其自由重力水面称为潜水面。潜水一般具有以下基本特征

(1)无压水:由于潜水面之上无稳定的隔水层存在,因此,潜水具有自由的水面,是无压水。有时在潜水面之上虽会存在着局部不稳定的隔水层,在此不稳定隔水层内的局部范围内呈现局部的微弱承压现象,但这并不能影响整个含水层的潜水特征。

(2)补给区与分布区一致:大气降水、凝结水、地表水通过包气带的多孔介质直接渗入补给潜水,因而,在大多数情况下,潜水的分布区与补给区是一致的。

(3)动态变化大:由于潜水含水层通过包气带直接与大气圈、水圈相通,因此,大气圈与水圈中的某些气象、水文要素的变化,也就直接影响着潜水的动态变化。潜水明显具有季节性变化的特点,即潜水的水位、流量和化学成分会随时间而有着较显著的变化。

(4)易污染:由于潜水含水层之上无稳定的隔水层存在,且埋藏较浅,易于取用;但也最易被人为因素或其他因素污染,在作为饮用水时要特别注意防污染。

(5)径流条件:潜水在重力作用下,由高水位向低水位处流动时,其运动的快慢取决于含水层的渗透性能和潜水面的水力坡度。潜水流向排泄区时,由于渗透阻力的变化和重力的影响,其水位逐渐下降,形成分段不同曲率的弧形水面。

3．层间水(承压水)

层间水是指存在于上、下两个稳定隔水层之间的含水层中的重力水。一般情况下,层间水充满于两个稳定隔水层之间的含水层中,对隔水顶板具有一定的超静水压力作用,因此人们习惯将层间水简称为承压水。承压水的基本特征如下:

(1)有压水:由于承压水的上部有一稳定的隔水层存在,没有自由水面,当其自由水头高度高于隔水层顶板底面时,具有一定的压力水头。

(2)分布区与补给区不一致:由于承压水具有稳定的隔水顶板,承压含水层就不能自其上部的地表直接接受大气降水和地表水的补给,因而其补给区与分布区不一致。

(3)动态变化不及潜水显著:承压水由于有稳定的隔水顶板存在,其补给区与分布区不

一致,因而受水文、气象因素的直接影响较小,其动态一般较潜水稳定。

(4)承压含水层的厚度不受降水季节变化的影响:承压含水层的水头压力可因季节变化而有所不同,但只要含水层空间处于始终充满着水的条件下,则同一断面上的含水层厚度是稳定不变的。

(5)不易污染:承压水的形成主要受地质构造的控制,不同的地质构造又决定了承压水的埋藏类型不同。最适宜于形成承压水的储水构造有承压盆地和承压斜地。承压盆地是指适宜于形成承压水的向斜构造。承压盆地按其水文地质特征可分为补给区、径流区和排泄区等三个部分。适宜于形成承压水的单斜构造称为承压斜地。一般情况下,当岩性发生相变或尖灭时,如山前地区的洪积扇,岩性由近山的粗砾石向平原逐渐过渡到细砂、黏土等,即岩性由粗变细,其渗透性则逐渐变弱而形成承压斜地,如北京附近就是山前斜地中形成承压水的一个例子;当岩浆岩侵入体侵入到透水层之中,并处于地下水流的下游方向时,可起到阻水作用,如果含水层的上部再有不透水层,则可形成自流斜地,如济南市埋藏着丰富的承压水就是由于侵入体阻截而形成的;若岩层裂隙随深度变化,则也形成承压斜地。

图 1-19 为各种类型地下水埋藏示意图。

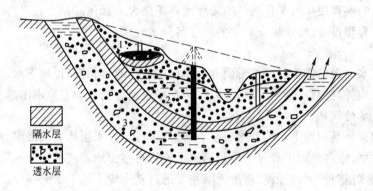

隔水层

透水层

图 1-19　自流盆地示意图
1—上层滞水;2—潜水;3—承压水

4. 孔隙水

孔隙水广泛分布于第四纪松散的沉积物中,在较老的岩石中也有较少分布,例如在砂岩中就有少量的孔隙水存在。孔隙水的存在条件和特征取决于岩土的孔隙状况,这是因为岩土孔隙的大小和多少不仅关系到岩土透水性的好坏,也直接影响着其中的地下水的含量多少、运动条件和水质好坏。如果岩土体颗粒粗大而均匀,则孔隙含水层的透水性好,地下水储量大、流速快、水质好;反之则透水性差,地下水储量小、流速慢、水质差。由于埋藏条件的不同,孔隙水可形成上层滞水、潜水和层间水。

5. 裂隙水

存在于基岩裂隙之中并沿着基岩裂隙渗流的地下水称为裂隙水。如前所述,岩体中的裂隙可分为风化裂隙、成岩裂隙和构造裂隙三种。裂隙类型不同,其分布规律、发育程度也不相同,并使含于其中的裂隙水的分布和埋藏特征呈现出差异性。据此可将裂隙水划分为风化裂隙水、成岩裂隙水和构造裂隙水。

风化裂隙水常埋藏于地表浅处,含水层厚度小,储量有限,其渗透性随深度增加而减弱,常以潜水甚至上层滞水形式存在,季节性变化明显。成岩裂隙水主要分布在成岩裂隙发育的喷出岩浆岩中,例如我国西南地区二迭系峨眉山玄武岩中就分布有大面积的成岩裂隙水。成岩裂隙水的水质、分布特点、储量大小等主要取决于岩体裂隙的产状和发育程度、岩石的性质以及补给条件。成岩裂隙水既可以以潜水形式存在,也可以以层间水形式存在。构造裂隙水按裂隙产状可分为层状构造裂隙水和脉状(带状)构造裂隙水。脉状构造裂隙水主要分布在断层带中,正断层和平推断层性质为张性,有利于地下水的存储,而闭性的逆断层中则很少有地下水存在。

6. 岩溶水

地下水在可溶性碳酸岩类的岩体中渗流的结果使岩石中一部分物质成分溶于水中,并和水流一起流走,在岩体中形成各种形状复杂的水溶性裂缝、沟渠和洞穴等岩溶裂隙或溶洞(即喀斯特溶洞),赋存并运移于这些岩溶裂隙或岩溶溶洞中的地下水就称为岩溶水。我国华北石炭、二迭系煤系地层的基底是奥陶纪石灰岩,其中古代岩溶溶洞发育,含有丰富的岩溶水资源,但其却对煤炭生产造成了极大困难。岩溶水可以是潜水,也有层间水和层间承压水。由于溶隙一般较大,透水性好,因此,动态变化受气候影响显著,水位变化幅度大,通常可达数十米。岩溶水的分布与岩溶发育规律密切相关。

由于岩溶的发育使建筑工程场区的工程地质条件大为恶化,因此,在岩溶地区进行地下工程和地面工程建设时,必须调查岩溶的发育与分布规律。

7. 泉

泉是地下水的天然露头。当地形面与含水层或含水通道相交时,地下水就会出露成泉。山区及丘陵的沟谷与坡脚,常常可以见到泉,而在平原地区则很少有泉水出露。

(四)地下水的循环

地下水的循环是指地下水的补给、径流和排泄过程。含水层从大气降水、地表水及其他水源获得补给后,在含水层中经过一段距离的径流后再排出地表或其他含水层中,重新变成地表水和大气水,这种补给、径流、排泄无限往复进行就形成了地下水的循环。

1. 地下水的补给

含水层自外界获得水量的现象称为地下水的补给。地下水的补给来源主要为大气降水(雨、雪、雹)和地表水(河流、湖泊、海洋、水库)的渗入补给,大气中水汽和土壤中水汽的凝结补给,在一定条件下,还有人工补给。

2. 地下水的排泄

含水层失去水量的现象称为排泄。在排泄过程中,含水层中的水质也发生相应变化。地下水通过泉、河流、蒸发等形式向外排泄。此外,一个含水层中的水可向另一个含水层排泄,此时,对后者来说即是从前者获得补给。利用井或钻孔或渠道排出地下水,都属于地下水的人工排泄。

3. 地下水的径流

地下水由补给区流向排泄区的过程称为地下水的径流。径流是连结补给与排泄的中间环节。通过径流,地下水的水量与含盐量由补给区传递到排泄区,径流条件的好坏影响着含水层水量与水质的形成过程。

大气降水或地表水通过包气带向下渗透,补给含水层成为地下水,而地下水在重力作用下由高水位向低水位流动,最后在地形低洼处以泉的形式排出地表或直接排入地表水体,如此反复地循环就是地下水径流产生的根本原因。

4. 地下水补给、径流、排泄条件的转化

当一个地区的自然条件发生变化或人为改变地下水位时,地下水的径流方向会随着改变,补给区与排泄区也相应迁移。地下水补给、径流、排泄条件的转化,可归并为自然条件改变引起的转化和人类活动引起的变化。

(1)自然条件改变引起的转化:河水位的变化常常引起河水与地下水补给关系的相互转化。当河水位高于两岸地下水时,河水向两岸渗透补给,抬高两岸的地下水位。当河水位低于地下水位时,地下水就反过来补给河水。

(2)人类活动引起的变化:修建水库、人工开采和矿区排水、农田灌溉以及人工回灌等均可改变地表水或地下水体的分布格局,促使地下水径流条件发生转化。

(五)地下水对工程建设的影响

1. 对边坡稳定的影响

对于遇水容易软化的岩层,地下水常可使岩石内部的联结变弱,强度降低。凡是节理发育、风化严重、层间夹有黏土矿物的岩体,除大气降水或由其他地表水渗入地面以下形成地下水外,在干旱少雨地区,也可由空气中的水汽侵入岩石缝隙或土的孔隙,经凝结作用形成地下水。储存在岩质斜坡中的地下水,不仅可以降低岩石的强度,使软弱夹层的黏聚力和内摩擦力削弱,或者使岩体发生膨胀、崩解,还可使层间的黏土矿物含水饱和而形成润滑剂。

对于局部岩体或岩块,地下水还可附加以浮力、动水压力,促使岩块在重力作用下碎落和滑移。由于地下水对岩土边坡经常起着破坏作用,因此地下水比地面流水对边坡稳定性的危害也更严重。

2. 对线路工程施工等的影响

具有一定静水压力的承压水,常常因事先容易被忽略或因缺乏地质钻探,尤其是缺乏地下水的钻探资料而无法预计,以致在桥梁基础施工过程中造成严重的影响。在路基或其他人工构筑物的开挖过程中,有时常见裂隙或土层中溢水影响工程进度或施工操作,此时,通常用撇去水流或截断水源的方法进行处理。若在选择隧道位置时,除必须注意岩性、地质构造和岩石风化程度外,还应注意地下水可能对工程施工及工程质量造成的影响。

3. 对路基路面养护的影响

埋藏较浅的地下潜水,经过土的物理作用,常常影响路基路面的强度和稳定性。在潮湿多雨或季节性降雨相对集中的地区,地下水位上升时,可使路基底面天然土层的含水量达到饱和,经毛细作用可使路基填土的含水量增大,严重破坏了路基土原有的干湿状态,使路基的强度下降、变形增大,对路面结构的工作状态不利,严重时可导致路面破坏。

在季节性冻融地区,埋藏较浅的地下水,经聚冻作用可使表土层的含水量达到饱和状态,冻融时就会导致地面或路基路面产生严重翻浆,以致公路无法通车。因此,在这类地区填筑路堤,应按路面设计规范所要求的路堤设计高度,一定要保证土基高度,最好要超过最高地下潜水位加上填土的毛细高度。若填土高度受到限制,应采取措施降低地下水位或隔断地下水的其他措施来改善路基的工作性状。

在某些半干旱或干旱地区,在天然土或填土的毛细作用和蒸发作用共同影响下,盐分将富集在路基填土内部,引起路基填土盐渍化。在这类地区进行路基填土施工,应采取隔断地下水的工程措施。

4. 对建筑工程的影响

地下水位下降，可引起软土地基产生固结沉降，轻者造成邻近建筑物或地下管道的不均匀沉降；重者使建筑物基础下的土体颗粒流失，不均匀沉降加剧导致建筑物开裂，危及建筑物的安全使用。对以粉细砂及粉土为主的场地，地下潜水位上升，地震时可能产生砂土液化现象；在基础开挖工程过程中可能产生流砂、潜蚀、坑底隆起、侧壁变形、坍塌等工程事故。地下水位的上升，还可能使基础上浮，建筑物失稳。

一般情况下，当地下水位的升降变化只在地基基础底面以上某一范围内发生变化时，则对地基基础的影响不大。当地下水位在基础底面以下压缩层范围内发生变化时，则直接影响建筑物的稳定性。若水位在压缩层范围内上升，则水浸湿软化地基土，使其强度降低、压缩性增大，建筑物可能产生较大的沉降变形，尤其是对结构不稳定的湿陷性黄土等更为严重。若地下水位在压缩层范围内下降时，则岩土的自重应力增加，可能引起地基基础的附加沉降。若土质不均或地下水位的突然下降，也可能使建筑物发生变形、破坏。

二、地下水的物理性质、化学成分和化学性质

地下水储存和运移在岩土体中，并不断与其周围的岩土体发生作用，溶解其中的一些可溶性物质；地下水还参与自然界的水循环，并在循环过程中与各种各样的介质接触，增加地下水的物质成分；地下水的蓄存会受到一系列自然条件和地质条件的影响，其化学成分随地区自然地理环境的变化、地质条件的变化而发生变化，即使在同一地区，地下水的化学成分还会因自然条件随时间的变化而发生改变。

地下水的物理性质与其化学成分之间有着一定的内在联系，并能在一定程度上粗略反映其物质组成情况和其蓄存的环境条件。

(一)地下水的物理性质

地下水的物理性质主要包括地下水的密度、温度、颜色、透明度、放射性、气味和口味等。

(二)地下水的化学成分

自然界中组成岩石的矿物有数千种，其中包含了各种各样的化学元素。地下水在岩土体中储存、运移并与岩土体不断作用，因而其所含的化学成分繁多，人类活动造成的污染使其所含物质更加复杂。地下水不是纯净的水，而是一种溶有许多化学元素的溶液。

现已在地下水中发现有化学元素 60 种以上。各种元素在地下水中的含量主要取决于它们在地壳中的含量多少以及它们的溶解度。地壳中含量最多的氧、钙、钠、钾、镁等元素在地下水中也最为常见。但地壳中含量最多的硅、铁、铝等元素由于其溶解度小，在地下水中很少见到，而氯虽然在地壳中含量较少，但由于其溶解度高而大量存在于地下水中。地下水的化学成分常以离子状态、气体状态和化合物状态存在，此外在地下水中还有一些有机质、微生物及细菌等悬浮物存在。

1. 离子状态的元素

地下水中离子状态的元素主要有：K^+、Na^+、Ca^{2+}、Mg^{2+}、H^+、Fe^{2+} 和 Cl^-、SO_4^{2-}、HCO_3^-、CO_3^{2-}、NO_3^-、HO^-、SiO_3^{2-} 等等，其中最为常见的有以下 7 种：K^+、Na^+、Ca^{2+}、Mg^{2+}、Cl^-、SO_4^{2-}、HCO_3^-。氯盐在地下水中的溶解度最大，其次为硫酸盐，而碳酸盐的溶解度在这三者之中为最小。地下水中的离子成分含量多少直接和地下水的总矿化度有关。

2. 气体状态物质

地下水中气体状态的物质主要有 O_2、N_2、CO_2、CH_4、H_2S 以及一些放射性气体等。其中

O_2、N_2 主要来源于大气;CO_2 除来源于大气和地表水以外,地下水中的有机质氧化以及岩石中一些无机矿物的化学反应都有可能生成 CO_2;在有有机质存在的地下封闭缺氧环境中,厌氧细菌活动的结果是生成大量 H_2S 气体,而在氧化环境中,好氧细菌又会将 H_2S 分解;CH_4 是煤系或油系地层中的地下水富含的气体。

3. 化合物

地下水中所含的化合物主要有 Fe_2O_3、Al_2O_3、H_2SiO_3 等,多为难溶于水的矿物质胶体。此外地下水中还常含有一些有机质胶体。

(三)地下水的化学性质

1. 酸碱性

地下水中 H^+ 浓度的大小是衡量地下水酸碱性的指标,用 pH 值(pH 值 $= -\lg[H^+]$)来表示。纯水中 H^+ 的出现是由于水分子离解而来。当水温为 22℃ 时,10^7 个水分子中,有一个离解而生成一个 H^+ 与一个 OH^-,此时离子浓度的乘积为 10^{-14}。在纯水中 H^+ 与 OH^- 的浓度是相等的,均为 10^{-7},pH 值等于 7,因此水呈中性。

当水中含有盐类时,H^+ 的浓度将改变。当 H^+ 浓度大于 10^{-7} 时,pH 值小于 7,水呈酸性;当 H^+ 浓度小于 10^{-7} 时,pH 值大于 7,水呈碱性。根据 pH 值的大小,可将地下水分为 5 种类型,如表 1-15 所示。

表 1-15 地下水按 pH 值的分类

酸碱性	强酸性	弱酸性	中性	弱碱性	强碱性
pH 值	<5	5~7	7	7~9	>9

大多数地下水的 pH 值在 6.5~8.5 之间,北方地区多为 7~8 的弱碱性水。氢离子对混凝土及金属都具有一定侵蚀性,而且对元素的迁移、富集也有一定影响。因此,研究地下水的 pH 值具有重要的意义。

2. 硬度

在人民生活和工业用水过程中,供热锅炉使用久了就会在锅炉中产生水垢。水垢的产生不仅会极大地降低锅炉的导热性,甚至还可能引起锅炉的爆炸。实践表明,锅炉中水垢的沉淀速度和水中的钙、镁离子含量有关。人们用硬度来表示水中的钙、镁离子含量多少,用符号 $H°$ 表示,硬度高的定义为硬水,硬度低的定义为软水。我国目前采用的硬度定量标准与德国的标准相同,$H° = 1$ 表示 1L 水(1000cm³)中含有 10mg 的 CaO,或者含有 7.2mg 的 MgO。

硬度分为总硬度、暂时硬度和永久硬度。总硬度系指地下水中所有 Ca^{2+}、Mg^{2+} 的总量;暂时硬度系指将水加热至沸腾后,由于形成碳酸盐沉淀而失去的那一部分 Ca^{2+}、Mg^{2+} 的数量;永久硬度系指水沸腾后,仍留在水中的 Ca^{2+}、Mg^{2+} 含量。永久硬度等于总硬度与暂时硬度之差。地下水按硬度的划分结果如表 1-16 所示。

表 1-16 地下水按总硬度分类

地下水类型	极软水	软水	微硬水	硬水	极硬水
硬度/ $H°$	<4.2	4.2~8.4	8.4~16.8	16.8~25.2	>25.2

3. 总矿化度

地下水中所含各种离子、分子与化合物(不包括游离状态的气体)的总量称为水的总矿化度,单位为 g/L。总矿化度表示地下水中含盐量的高低,即水的矿化程度。通常是以在 105~110℃ 温度下,将水蒸干后所得干涸残余物的重量来表示水的矿化度,也可以根据水质分析结果,用离子、化合物等含量计算而得。但由于蒸干时,一部分重碳酸盐被破坏:

$$2HCO_3^- \longrightarrow CO_3^{2-} + CO_2 \uparrow + H_2O$$

因此,蒸干所得 HCO_3^- 的含量只相当实际含量的一半。

地下水按总矿化度可分为 5 种基本类型,如表 1-17 所示。

表 1-17 地下水按总矿化度分类

地下水类型	淡水	微咸水	咸水	盐水	卤水
总矿化度/$g \cdot L^{-1}$	<1	1~3	3~10	10~50	>50

4. 侵蚀性 CO_2

地下水中 CO_2 的来源很多,大气和土壤中的生物化学作用以及碳酸盐类遇热分解,都能生成 CO_2。溶解于水中的 CO_2 气体,称为游离 CO_2;水中对碳酸盐类和混凝土具有侵蚀能力的那部分 CO_2,称侵蚀性 CO_2。其反应式如下:

$$CaCO_3 + H_2O + CO_2 \rightleftharpoons Ca^{2+} + 2HCO_3^-$$

由上述反应式可知,当水中含有一定数量的 HCO_3^- 时,必须溶解一定数量的游离 CO_2 与之平衡,这部分 CO_2 称为平衡 CO_2。超过平衡的那部分游离 CO_2 称为侵蚀性 CO_2。侵蚀性 CO_2 与碳酸盐类岩石或混凝土接触时,则与 $CaCO_3$ 起反应,即上述反应式向右进行,使混凝土的结构遭到破坏。

(四)地下水的侵蚀性

建(构)筑物的深基础、地下工程、桥梁基础等都不可避免地长期与地下水接触,地下水中含的多种化学成分可以与建(构)筑物的混凝土部分发生化学反应,在混凝土内形成新的化合物。这些物质形成时或体积膨胀使混凝土开裂破坏,或溶解混凝土中某些组成部分使其强度降低、结构破坏,最终使混凝土因受到侵蚀而破坏。

地下水中起侵蚀作用的主要化学成分是游离 CO_2 和 SO_4^{2-},此外还与水的 pH 值、HCO_3^- 含量及 Ca^{2+}、Mg^{2+} 的含量和总矿化度的大小有关。

1. 侵蚀性类型

硅酸盐水泥遇水硬化,并且形成 $Ca(OH)_2$、水化硅酸钙 $CaOSiO_2 \cdot 12H_2O$、水化铝酸钙 $CaOAl_2O_3 \cdot 6H_2O$ 等,这些物质组合会受到地下水中某些成分的侵蚀。根据地下水对建筑结构材料侵蚀性的性质,将侵蚀类型分为三种:结晶性侵蚀、分解性侵蚀和结晶分解性复合侵蚀。

(1)结晶性侵蚀:结晶性侵蚀是水中硫酸盐类与混凝土中的固态游离石灰质或水泥结石作用,产生结晶。结晶体形成时,体积增大,产生膨胀压力导致混凝土破坏。如 SO_4^{2-} 生成 $CaSO_4 \cdot 2H_2O$ 时,体积增大 1 倍;生成 $MgSO_4 \cdot 7H_2O$ 时,体积增大 430%。

(2)分解性侵蚀:分解性侵蚀是水中 H^+ 与侵蚀性 CO_2 超过一定限度时,就会使混凝土表面的碳化层以及混凝土中固态游离石灰质溶解于水,从而使混凝土毛细孔中的碱度降低,引起水泥结石按下式分解：

$$2CaCO_3 + 2H^+ \longrightarrow Ca(HCO_3)_2 + Ca^{2+} \longrightarrow 2HCO_3^- + 2Ca^{2+}$$

　　碳化层

$$2CaCO_3 + CO_2 + H_2O \longrightarrow Ca(HCO_3)_2 \longrightarrow 2HCO_3^- + Ca^{2+}$$

　　碳化层　侵蚀

　　(3)结晶分解复合性侵蚀：结晶分解复合性侵蚀是指某些弱碱硫酸盐阳离子与混凝土作用所发生的侵蚀。如 $MgSO_4$、$(NH_4)_2SO_4$ 等与混凝土的作用，既有结晶性侵蚀，又有分解性侵蚀。

　　2. 侵蚀性评价标准

　　根据各种侵蚀所引起的破坏作用，规定结晶性侵蚀的评价指标为 SO_4^{2-} 的含量；分解性侵蚀的评价指标是侵蚀性 CO_2、HCO_3^- 和 pH 值；而将 Mg^+、NH_4^+、Cl^-、SO_4^{2-}、NO_3^- 的含量作为结晶分解复合性侵蚀的评价指标。同时，在评价环境水(与混凝土接触的水，包括地下水和地表水)对混凝土的侵蚀性时必须结合建筑场地所属的环境类别(如表 1-18 所示)。

表 1-18　混凝土侵蚀的场地环境类型

环境类别	场地环境地质条件
I	高寒区、干旱区直接临水；高寒区、干旱区含水量 $w \geqslant 10\%$ 的强透水土层或含水量 $w \geqslant 20\%$ 的弱透水土层
II	湿润区直接临水；湿润区含水量 $w \geqslant 20\%$ 的强透水土层或含水量 $w \geqslant 30\%$ 的弱透水土层
III	高寒区、干旱区含水量 $w < 20\%$ 的弱透水土层或含水量 $w < 10\%$ 的强透水土层；湿润区含水量 $w < 30\%$ 的弱透水土层或含水量 $w < 20\%$ 的强透水土层

注：1. 高寒区是指海拔高度等于或大于 3000m 的地区；干旱区是指海拔高度小于 3000m，干燥度指数等于或大于 1.5 的地区；湿润区是指干燥度指数小于 1.5 的地区。

2. 强透水层是指碎石土、砾砂、粗砂、中砂和细砂；弱透水层是指粉砂、粉土和黏性土。

3. 含水量 $w < 3\%$ 的土层，可视为干燥土层，不具有腐蚀环境条件。

4. 当有地区经验时，环境类型可根据地区经验划分；当同一场地出现两种环境类型时，应根据具体情况选定。

第七节　土的渗透性及达西定律

　　本节研究的内容是地下水(孔隙中的重力水)的运动规律。如前所述，水在压力坡降作用下穿过土中连通孔隙发生缓慢流动的现象称为水的渗透，而土体被水透过的性能称为土的渗透性。

　　地下水按流线形态划分的流动状态有层流和紊流两种状态。若水流流动过程中每一水质点都沿一固定的途径流动，其流线互不相交，则称其为层流状态，简称层流。水流流动时，水质点的流动途径是不规则的，其流线在流动过程中相交再相交，并在流动过程中产生漩涡，则称其为紊流状态或紊流。一般认为，绝大多数场合下土中水的流动呈现层流状态。如果土中渗流为紊流时，常导致土体发生失稳破坏。

一、达西定律

　　1856 年法国学者达西(H. Darcy)根据均质砂滤床实验提出，在层流状态下，土中水的渗透速度与水位差成正比，与渗流长度成反比。引入比例系数 k，则有

$$v = k \frac{\Delta h}{L} \tag{1-1}$$

式中　Δh——渗流起点和渗流终点(上游测压管和下游测压管)间的水位差;

　　　L——渗流起点到渗流终点的距离;

　　　k——土的渗透系数,cm/s;

　　　v——渗透速度,cm/s。

若令 $i = \frac{\Delta h}{L}$,并定义 i 为水力坡降,则达西定律可表示为:

$$v = ki \tag{1-2}$$

若以渗透流量表示时则有

$$q = kiA \tag{1-3}$$

式中　q——单位时间的渗流量或简称渗流量,cm³/s;

　　　A——垂直于渗流方向土的截面积,cm²。

通过式(1-2)和式(1-3)不难发现,土的渗透速度是指在一定的水力坡降下,单位时间内透过垂直于渗流方向的单位横截面面积土体的渗流量。如果在一定的水力坡降下,经过 t 时段渗流后,透过垂直于渗流方向横截面面积为 A 的渗流量为 Q,则渗流达西定律可表示为

$$Q = kiAt \tag{1-3a}$$

雷诺(Reynold)通过实验研究首先发现,土的渗透系数 k 除与土的性质有关外,还与水的温度有关。水温升高时,k 随之增大。为了便于进行对比,一般用20℃时的渗透系数 k_{20} 或10℃时的渗透系数 k_{10} 进行比较,并将 k_{20} 或 k_{10} 称为 k 的标准值。土的渗透系数可通过室内渗透试验获得,室内渗透试验有常水头试验和变水头试验之分。

1. 室内常水头渗透试验

室内常水头渗透试验装置的示意图如图1-20所示。在圆柱形试验筒内装置土样,土的截面积为 A(即试验筒的截面积),在整个试验过程中土样上的水压力保持不变。在土样中选择两点 a、b,两点的距离为 L,分别在两点设置测压管。待渗流稳定后,测得在时段 t 内流过土样的流量 Q,同时读得 a、b 两点测压管的水头差 Δh。则从式(1-3)可得

$$Q = qt = k_t iAt = k_t At \frac{\Delta h}{L} \tag{1-4}$$

由此求得试验温度下土样的渗透系数为

$$k_t = \frac{QL}{\Delta h A t} \tag{1-5}$$

在试验过程中,如果控制水力坡降 i 保持为1,则此时的渗透速度即为渗透系数,即

$$k_t = v = Q / (At) \tag{1-6}$$

为了方便起见,除有特殊需要外,后文我们一般将 k_t 记为 k。

2. 室内变水头渗透试验

室内变水头渗透试验装置的示意图如图1-21所示。在试验筒内装置土样,土的截面积为 A,高度为 L,在试验筒上设置储水管,储水管截面积为 a,在试验过程中储水管的水头不断减小。假定试验开始时,储水管水头为 h_1,经过时段 t 后储水管的水头降为 h_2。设在时间 dt 内水头降低了 $-dh$,则在 dt 时间内通过土样的流量为:

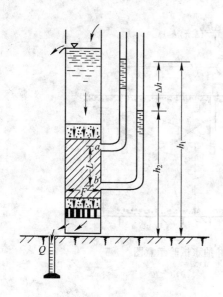

图 1-20　常水头渗透试验

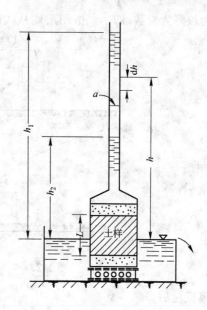

图 1-21　变水头渗透试验

$$dQ = -a \cdot dh$$

则从式(1-4)可得

$$dQ = q \cdot dt = k \cdot i \cdot A \cdot dt = k \cdot (h/L) \cdot A \cdot dt$$

故得

$$-a \cdot dh = k \cdot (h/L) \cdot A \cdot dt$$

积分后得

$$-\int_{h_1}^{h_2} \frac{dh}{h} = \frac{kA}{aL} \int_0^t dt$$

即

$$\ln \frac{h_1}{h_2} = \frac{kAt}{aL}$$

由此求得土的渗透系数为

$$k = \ln \frac{h_1}{h_2} \cdot \frac{aL}{At} \tag{1-7}$$

或

$$k = 2.31 \lg \frac{h_1}{h_2} \cdot \frac{aL}{At} \tag{1-8}$$

此外,土的渗透系数还可通过现场抽水试验来测定。

3. 现场抽水试验

对于粗粒土或成层的土,室内试验时不易取得原状土样,或者土样不能反映天然土层的层次和土粒排列情况。这时,从现场试验得到的渗透系数将比室内试验准确。潜水完整井的现场试验如图 1-22 所示。如果在时段 t 从抽水井抽出的水量为 Q,同时在距抽水井中心半径为 r_1 及 r_2 处布置观测孔,测得其水头高度分别为 h_1 及 h_2。假定土中任一半径处的

水力坡降为常数,即 $i = \mathrm{d}h/\mathrm{d}r$,则从式(1-4)得

$$q = \frac{Q}{t} = kiA = k\frac{\mathrm{d}h}{\mathrm{d}r}(2\pi rh)$$

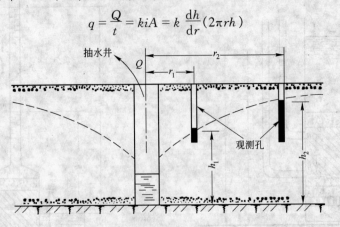

图 1-22　现场潜水完整井抽水试验示意图

分离变量后得

$$\frac{\mathrm{d}r}{r} = \frac{2\pi k}{q}h \cdot \mathrm{d}h$$

积分后得

$$\ln\frac{r_2}{r_1} = \frac{\pi k}{q}(h_2^2 - h_1^2)$$

由此求得土的渗透系数为

$$k = \frac{q}{\pi} \cdot \frac{\ln\left(\dfrac{r_2}{r_1}\right)}{(h_2^2 - h_1^2)} \tag{1-9}$$

或

$$k = 2.31\frac{q}{\pi} \cdot \frac{\lg\left(\dfrac{r_2}{r_1}\right)}{(h_2^2 - h_1^2)} \tag{1-10}$$

　　许多实验研究结果指出,在由粗颗粒组成的土体中,如果水力坡降进一步增大,水在土中的渗透速度与水力坡降之间不再服从达西定律。换句话说,粗粒土中渗透速度增大到一定程度时,达西定律就不再适用(如图1-23所示)。在这种情况下,我们认为渗透速度与水力坡降之间的关系呈现非线性的紊流规律,并将产生紊流时的渗透速度定义为临界流速,用 v_{cr} 表示。一般情况下,砂类土的渗透速度与水力坡降之间的关系曲线是通过坐标原点的直线(如图1-24曲线 a 所示),即砂类土中水的渗流符合达西定律。但密实的黏性土由于受结合水的阻碍,其渗流规律则偏离了达西定律,渗透速度与水力坡降间的关系曲线如图1-24曲线 b 所示。当水力坡降较小时,渗透速度与水力坡降不成线性关系,甚至不发生渗流。只有当 i 超过一定值并克服了结合水的阻力以后,土中水才会发生渗流,开始发生渗流的水力坡降 i_1 被称为起始水力坡降。经一曲线段后,黏性土的渗流速度 v 与水力坡降 i 近乎成正比。为了简化计算,令 $i_1 = i_1'$,即以 i_1' 作为计算起始水力坡降,并假定渗透速度 v 与水力坡降 $i(i > i_1')$ 成正比,则适用于黏性土的修正达西定律为

$$v = k(i - i'_1) \qquad (i > i_1 = i'_1) \qquad (1\text{-}11)$$

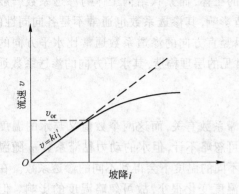 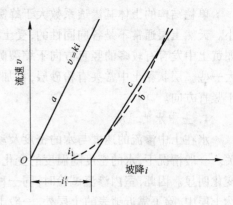

图 1-23 粗粒土的渗透规律 图 1-24 黏性土的渗透规律

必须指出,由于土中水的渗流不是通过土的整个截面,而仅是通过该截面内土粒间的孔隙。因此,土中孔隙水的实际流速 u 比前述公式中的渗流速度 v 要大,它们间的关系为

$$u = v/n \qquad (1\text{-}12)$$

式中 n——土的孔隙度。这一点可以通过流量计算容易得到。设土体的孔隙度为 n,并设在横截面面积为 A 的断面上孔隙的截面积为 nA,在 t 时段透过 A 截面的水流量为 Q,则显然有

$$Q = unAt$$

又因为

$$Q = kiAt = vAt$$

以上两式联立即可得式(1-12)。

二、影响土渗透性的因素

1. 土粒大小和级配

土粒大小、形状和颗粒级配会影响土中孔隙的大小及形状,因而影响土的渗透性。土颗粒愈粗、愈浑圆、愈均匀时,土的渗透性也愈好。砂土中含有较多的粉粒和黏粒时,其渗透系数明显降低。对黏性土以外的其他土,土的矿物成分对其渗透性影响不大。黏性土中含有较多的亲水性矿物时,其体积膨胀,渗透性变差。含有大量有机质的淤泥几乎是不透水的。

2. 土的孔隙比

土体孔隙比的大小,直接决定着土渗透系数的大小。土的密度增大,孔隙比减小时,渗透性也随之减小。一些学者研究得出,土的渗透系数与孔隙比的变化关系为

$$k = \frac{c_2}{s_s^2} \cdot \frac{e^3}{1+e} \cdot \frac{\rho_w}{\eta} \qquad (1\text{-}13)$$

式中 e——土的孔隙比;

η——水的动力黏滞系数;

ρ_w——水的密度,$\rho_w = 1\text{g/cm}^3$;

c_2——与土的颗粒形状等有关的系数;

s_s——土颗粒的比表面积,m^2/g。

3. 土的结构构造

单粒结构的土体其渗透系数大于蜂窝结构的土体,而絮状结构土体的渗透系数一般更小。天然土层通常不是各向同性的,受土的构造影响,其渗透系数也通常不是各向同性的。如黄土中发育有较多的竖直方向干缩裂隙,所以竖直方向的渗透系数通常比水平方向的要大一些。层状黏土中常夹有粉砂层,再加上其常见的层理构造,其水平方向的渗透系数远大于竖直方向。

4. 土中水的温度

水在土中渗流的速度与水的密度及动力黏滞系数有关,而这两个数值又与水的温度有关。一般情况下,水的密度随温度的变化很小,可忽略不计,但水的动力黏滞系数 η 随温度变化明显。因此,室内渗流试验时,同一种土在不同的温度下会得到不同的渗透系数。在天然土层中,除了靠近地表的土层外,一般土中的温度变化很小,故可忽略温度的影响。但在室内试验时,温度变化较大,水的动力黏滞系数亦变化很大,故应考虑其对渗透系数的影响而采用其标准值。渗透系数的标准值 $\kappa_s(k_{10}$ 或 $k_{20})$ 按式(1-14)确定

$$\kappa_s = \kappa_t \cdot \frac{\eta_s}{\eta_t} \cdot \frac{\gamma_{ws}}{\gamma_{wt}} \tag{1-14}$$

式中　η_s——某一标准温度(10℃或20℃)下水的动力黏滞系数;

κ_t 和 η_t——分别为试验温度为 t 时土的渗透系数和水的动力黏滞系数;

γ_{ws} 和 γ_{wt}——分别为标准温度和试验温度下水的重度。

5. 土中封闭气体的含量

土中总是存在有封闭气体,土中的封闭气体含量会随着细颗粒含量的增加而增加。土中的封闭气体会减小渗流水的过水面积,从而阻塞水流。因此,当土中封闭气体的含量增加时,其渗透系数随之减小。

此外,土中有机质和胶体颗粒的存在都会影响土的渗透系数。

三、土的动水压力、流砂和潜蚀

地下水在土中渗流时,受到土颗粒的阻力 T 的作用,相应地,水渗流对土也产生了反作用力。我们把渗流水作用在单位体积土体中土颗粒上的力称为动水压力或渗流压力,简称动水力或渗流力,用 $G_D(kN/m^3)$ 表示。动水力的作用方向与渗流水的方向一致,其大小和土颗粒对渗流水的阻碍力 T 相等,方向相反,亦即 $T = -G_D$。

(一)动水力的计算公式

在土中沿渗流方向取一土柱体 ab 如图1-25所示。土柱体的长度(a、b 两点间的距离)为 L,横截面面积为 A。已知 a、b 两点间的测压管水柱高度分别为 H_1 和 H_2,两点距基准面的高度分别为 z_1 和 z_2,则两点之间的水位差为:$\Delta H = H_1 - H_2 = (h_1 + z_1) - (h_2 + z_2)$,其中 h_1、h_2 分别为进水端和出水端的水头高度。

将土柱体 ab 内的孔隙渗流水视作隔离体,沿 ab 轴线方向上作用于隔离体的力有: a.a 截面处外部作用于隔离水的静水压力的合力 $\gamma_w h_1 A$;b.b 截面处外部作用于隔离水的静水压力的合力 $\gamma_w h_2 A$;c. 土柱体内的重力水在 ab 方向上的分量 $\gamma_w nL\cos\alpha$,其中 n 为土的孔隙度;d. 土柱体内土颗粒作用于水的力(水对土颗粒浮力的反力,与重力方向一致)在 ab 方向上的分量 $\gamma_w(1-n)LA\cos\alpha$;e. 水流渗透过程中土颗粒对水的阻力 TLA。此外,还有水的惯性力。

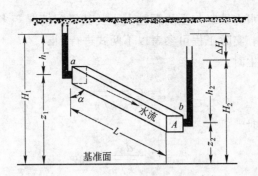

图 1-25 动水力的计算图式

一般情况下土中的水流流速变化很小,所以其惯性力可忽略不计,则由上述各力在 ab 方向上的平衡条件可得

$$\gamma_w h_1 A - \gamma_w h_2 A + \gamma_w n L A \cos\alpha + \gamma_w (1-n) L A \cos\alpha + TLA = 0$$

化简可得: $\gamma_w h_1 - \gamma_w h_2 + \gamma_w L \cos\alpha + TL = 0$

以 $\cos\alpha = (z_1 - z_2)/L$ 代入可得

$$T = -\gamma_w \cdot \frac{(h_1 + z_1) - (h_2 + z_2)}{L} = -\gamma_w i \tag{1-15}$$

式(1-15)右端的负号表示渗流阻力与渗流方向相反。再由 $T = -G_D$ 可得

$$G_D = \gamma_w i \tag{1-16}$$

式中 i——水力坡降;

γ_w——水的重度,kN/m^3,工程实用上取 $\gamma_w = 10$kN/m^3。

(二)流砂和潜蚀现象

由于动水力的方向与渗流方向一致,因此,当水的渗流自下而上发生时,动水力的方向与土体重力方向相反,这样将减小土颗粒间的压力。当动水力与砂土的浮重度相等时,即

$$G_D = \gamma_w i = \gamma' = \frac{d_s - 1}{1 + e} \cdot \gamma_w \tag{1-17}$$

此时土粒间的压力(有效应力)等于零,土颗粒将处于悬浮状态而随水流一起流动,这种现象就称为流砂现象。若发生于其他类型土层中,则称流土现象。

通过上述分析可知,产生流砂现象时,除渗流必须自下而上发生外,还需满足

$$G_D = \gamma_w i \geqslant \gamma' = \frac{d_s - 1}{1 + e} \cdot \gamma_w \tag{1-18}$$

若令

$$i_{cr} = (d_s - 1)/(1 + e) \tag{1-19}$$

并定义 i_{cr} 为临界水力坡降,则式(1-18)可改写为 $i \geqslant i_{cr}$。

当水在砂类土中渗流时,土中的一些细小颗粒在动水力作用下,可能通过粗颗粒的孔隙被水流带走,并在粗颗粒之间形成管状孔隙,这种现象称为潜蚀或管涌,也称其为机械潜蚀。在渗流情况下,地下水对岩土的矿物或化学成分产生溶蚀、溶滤并将其带走的现象称为化学潜蚀。管涌可以发生在土体中的局部范围,但也可能发生在较大的土体范围内。较大土体范围内的机械潜蚀久而久之,就会在岩土内部逐步形成管状流水孔道,并在渗流出口形成孔穴甚至洞穴,并最终导致土体失稳破坏。1998 年发生于我国长江的大洪水使长江两岸的数段河堤发生管涌破坏,给国家和人民财产造成巨大损失。

发生管涌时的临界水力坡降与土的颗粒大小及其级配情况等多种因素有关,目前还没有一个公认的计算标准。实际工程可参考以下两式进行判断。

当渗流自下而上发生时:

$$i_{cr} = C\frac{d_3}{\sqrt{k/n^3}} \tag{1-20}$$

当渗流从侧向发生时

$$i_{cr} = C\frac{d_3}{\sqrt{k/n^3}} \cdot \tan\varphi \tag{1-21}$$

式中　　d_3——土中小于某粒径的颗粒占总颗粒质量的 3% 时,该颗粒粒径,cm;

$\quad\quad k$——土的渗透系数,cm/s;

$\quad\quad n$——土的孔隙度;

$\quad\quad \varphi$——土的内摩擦角;

$\quad\quad C$——常数,根据区域土的性质和工程经验确定,一般取 $C=42$。

工程实践还表明,发生管涌时的临界水力坡降和土的不均匀系数之间存在一定关系,不均匀系数 C_u 越大,临界水力坡降 i_{cr} 越小,其具体关系参见表 1-19。

表 1-19　不同级配土的管涌临界水力坡降

土的不均匀系数 C_u	5	10	15	20	40
管涌临界水力坡降 i_{cr}	0.65	0.45	0.35	0.30	0.20

流砂现象发生在土体表面的渗流逸出处,并未发生于土体内部;而管涌现象既可以发生在渗流逸出处,也可以发生于土体内部。流砂现象主要发生在细砂、粉砂及粉土中,而在粗粒土及黏土中则不易发生。

基坑开挖排水时,若采用表面直接排水,坑底土将受到向上的动水力作用并可能引发流砂现象。这时坑底土会一面开挖一面随水涌出,无法清除,给工程建设造成极大困难。由于坑底土随水涌入基坑,致使地基土结构遭受破坏,强度降低,还可能诱发建筑工程事故。

在基坑开挖中防治流砂的主要原则是:a. 减小或消除基坑内外地下水的水头差;b. 通过设置防水板桩等增长渗流路径;c. 在向上渗流出口处地表用透水材料覆盖压重以平衡动水力。

河滩路堤两侧有水位差时,水在路堤内或基底土内发生渗流;当水力坡降较大时,可能产生管涌现象,严重时还可能导致路堤坍塌破坏。为了防止管涌现象的发生,一般可在路堤下游边坡的水下土体中设置反滤层,这样可以防止路堤中细小颗粒被水流带走。

四、渗透作用下土的应力状态

(一)静水条件下土的有效应力

土体是由土的颗粒骨架和颗粒骨架间的孔隙构成的。在外加应力 σ 的作用下,土体中会产生两种不同性质的应力,一种是通过土颗粒骨架传递的应力,另一种则是作用在土孔隙上并由土孔隙中的气体和孔隙水所承受的孔隙应力,也称孔隙压力。这就涉及到了土的有效应力原理。有关土的有效应力原理问题将在土力学中作详细介绍。在图 1-26 所示的土体平衡条件中,沿 a-a 截面取脱离体,a-a 截面是沿着土粒间接触面截取的曲线状截面,在此截面上土粒接触面间作用的法向应力为 σ_s,各土粒间接触面积之和为 F_s,孔隙内的水压力为 u_w,气体压力为 u_a,其相应的面积为 F_w 及 F_a。由此可建立平衡条件

$$\sigma F = \sigma_s F_s + u_w F_w + u_a F_a$$

对于饱和土,式中的 u_a 和 F_a 均等于零,则此时可将上式改写成

$$\sigma = \frac{1}{F}(\sigma_s F_s + u_w F_w) = \frac{\sigma_s F_s}{F} + u_w\left(1 - \frac{F_w}{F}\right) \tag{1-22}$$

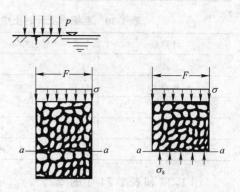

由于颗粒间的接触面积 F_s 是很小的,Bishop 和 Eldin 根据粒状土的试验工作认为一般 F_s/F 小于 0.03,有的可能小于 0.01。因此,式(1-22) 第二项内的 F_s/F 可略去不计。定义 $(\sigma_s F_s/F)$ 为土粒间的接触应力在截面积 F 上的平均应力,并称其为土的有效应力 σ',并把 u_w 用 u 表示,于是式(1-22)即可写成

图 1-26 静水条件下有效应力计算图式

$$\sigma = \sigma' + u \tag{1-23}$$

式(1-23)亦即饱和土的有效应力公式。土中任意点的孔隙压力对各个方向作用是相等的,因此它只能使土粒产生压缩(由于土颗粒的压缩量是很微小的,在土力学中均不考虑),而不能使土颗粒产生位移。土颗粒间传递的有效应力作用才会引起土颗粒的位移,使土体发生压缩变形。

(二)毛细水上升时土中的有效应力计算

土中有毛细水上升时,在毛细水存在的范围内,土粒骨架会受到毛细水压力的作用而相互靠紧。表面张力的作用使毛细水的孔隙压力为负值,这就使得土的有效应力增加。而在地下水位面以下,水对土颗粒的浮力作用,又使土的有效应力减小。假定毛细压力在毛细水的范围内按静水压力的规律从弯液面下的最小值 $-h_c \gamma$ 线性增大到地下水位面处的零。(其中 h_c 为毛细水的上升高度)。其土体中的总应力、孔隙水压力和有效应力的计算图式和计算结果分别如图 1-27 和表 1-20 所示(土中自重应力的计算问题详见第三章第二节)。

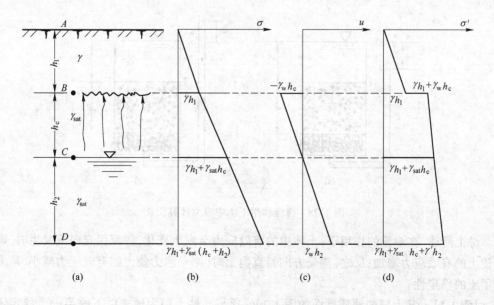

图 1-27 毛细水上升时土中总应力、孔隙水压力及有效应力计算图式

表 1-20 毛细水上升时土中总应力、孔隙水压力和有效应力计算结果

计算点	总应力 σ	孔隙水压力 u	有效应力 σ'
A	0	0	0
B 点上	γh_1	0	γh_1
B 点下		$-\gamma_w h_c$	$\gamma h_1 + \gamma_w h_c$
C	$\gamma h_1 + \gamma_{sat} h_c$	0	$\gamma h_1 + \gamma_{sat} h_c$
D	$\gamma h_1 + \gamma_{sat}(h_c + h_2)$	$\gamma_w h_2$	$\gamma h_1 + \gamma_{sat} h_c + \gamma' h_2$

图 1-27 和表 1-21 中的 γ、γ'、γ_{sat} 分别表示土的重度、有效重度及饱和重度。

(三)渗流条件下土中有效应力计算

图 1-28(a)表示水通过土层向下渗流的情况。水面 a 和水面 b 保持不变。在 1—1 高程处孔隙水压力等于 $h_1\gamma_w$，而在 2—2 高程处则等于 $(h_1 + h_2 - h)\gamma_w$。其中 h 为 1—1 与 2—2 间的水头损失。而在 2—2 处的总应力为

$$\sigma = h_1\gamma_w + h_2\gamma_{sat} \tag{1-24}$$

则 2—2 处的有效应力等于总应力与孔隙水压力之差，即

$$\sigma' = \sigma - u = h_1\gamma_w + h_2\gamma_{sat} - (h_1 + h_2 - h)\gamma_w$$
$$= h_2(\gamma_{sat} - \gamma_w) + h\gamma_w$$
$$= h_2\gamma' + h\gamma_w \tag{1-25}$$

图 1-28(b)表示水通过土层向上渗流的情况。在 2—2 高程处孔隙水压力为

$$u = (h_1 + h_2 + h)\gamma_w$$

而在 2—2 处的总应力仍按式(1-24)计算。则 2—2 处的有效应力为

$$\sigma' = \sigma - u = h_1\gamma_w + h_2\gamma_{sat} - (h_1 + h_2 + h)\gamma_w$$
$$= h_2(\gamma_{sat} - \gamma_w) - h\gamma_w$$
$$= h_2\gamma' - h\gamma_w \tag{1-26}$$

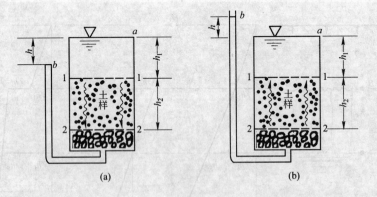

图 1-28 渗流作用下土中应力计算图式

综上所述，在渗流的作用下，土体中的有效应力会发生变化，渗流铅直向下发生时，动水力使土的有效应力增加；反之，渗流方向铅直向上时，则动水力使土的有效应力减小，从而影响了土的稳定性。

【例 1-1】 某土层的地质剖面如图 1-29(a)所示，黏土层为地表以下的第一个稳定隔水

层,其下的中砂层中含有承压水,用测压管测得承压水的水头高度为 9.0m。粉质黏土层中毛细水上升的高度为 $1.0\text{m}(h_c)$。各土层的情况如下:粉质黏土层厚 $h_1 = 1.5\text{m}$,受上升毛细影响范围之内 1.0m 的土重度 γ_{12} 为 19.0kN/m^3,靠近地表 0.5m 的土重度 γ_{11} 为 17.6kN/m^3;粉砂层饱含水,层厚 $h_2 = 1.5\text{m}$,土的饱和重度 γ_{2sat} 为 19.6kN/m^3;黏土层厚 $h_3 = 3.0\text{m}$,土的重度为 20.6kN/m^3。试计算:(1) d 点以上各土层内的总应力、孔隙压力及有效应力随深度的变化,并绘出应力分布图;(2)承压水引起的测压管水位高出地面多少米时,黏土层处于发生流土的临界状态?

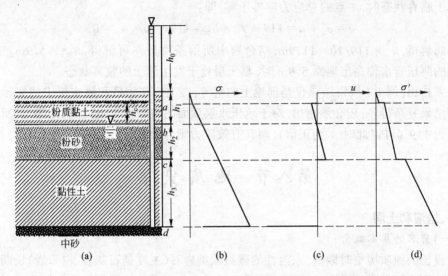

图 1-29 土中的总应力、孔隙水压力和有效应力计算

解:(1) a 点的应力

总应力 $\sigma = \gamma_{11}(h_1 - h_c) = 17.6 \times 0.5 = 8.8(\text{kPa})$

孔隙水压力(毛细压力) $u = -\gamma_w \times h_c = -10 \times 1.0 = -10(\text{kPa})$

有效应力 $\sigma'_{a点上} = \gamma_{11}(h_1 - h_c) = 17.6 \times 0.5 = 8.8(\text{kPa})$

$\sigma'_{a点下} = \gamma_{11}(h_1 - h_c) - u = 8.8 + 10 = 18.8(\text{kPa})$

(2) b 点的应力

总应力 $\sigma = \gamma_{11}(h_1 - h_c) + \gamma_{12} \times h_c = 8.8 + 19 \times 1.0 = 27.8(\text{kPa})$

孔隙水压力(毛细压力) $u = 0$

有效应力 $\sigma' = \gamma_{11}(h_1 - h_c) + \gamma_{12} \times h_c = 27.8(\text{kPa})$

(3) c 点的应力

总应力 $\sigma = \gamma_{11}(h_1 - h_c) + \gamma_{12} \times h_c + \gamma_{2sat} \times h_2 = 27.8 + 19.6 \times 1.5 = 57.2(\text{kPa})$

孔隙水压力 $u = \gamma_w \times h_2 = 15(\text{kPa})$

有效应力 $\sigma'_{c点上} = \gamma_{11}(h_1 - h_c) + \gamma_{12} \times h_c + \gamma'_2 \times h_2 = 27.8 + 14.4 = 42.2(\text{kPa})$

$\sigma'_{c点下} = \sigma'_{c点上} + u = 42.2 + 15 = 57.2(\text{kPa})$

(4) d 点的应力(对隔水层而言)

孔隙水压力 $u_{点上} = 0$

$u_{点下} = -\gamma_w(h_0 + h_1 + h_2 + h_3) = -10 \times 9.0 = -90(\text{kPa})$

总应力　$\sigma_{d点上} = \gamma_{11}(h_1 - h_c) + \gamma_{12} \times h_c + \gamma_{2sat} \times h_2 + \gamma_3 \times h_3$

$$= 57.2 + 20.6 \times 3.0 = 119.0(\text{kPa})$$

$$\sigma_{d点下} = \sigma_{d点上} + u_{点下} = 29(\text{kPa})$$

有效应力　$\sigma' = \sigma'_{c点下} + \gamma_3 \times h_3 = 119.0(\text{kPa})$

(5)应力分布图

根据计算结果绘制的应力分布图如图 1-29(b)、(c)、(d)所示。

(6)临界状态判断

处于临界状态时，d 点的总应力应等于零，即：

$$\sigma = \sigma' + u = 119 - \gamma_w \times h_w = 119 - 10 \times h_w = 0$$

由此解得，$h_w = 119/10 = 11.9\text{m}$，结合题中所给条件最终可解得：$h_{0cr} = 5.9\text{m}$。即承压水引起的测压管水位高出地面 5.9m 时，黏土层处于发生流土的临界状态。

必须指出，例 1-1 所得结果仅是理论上的解答，在毛细作用区和隔水层中的实际应力要比计算结果复杂得多；还必须指出，对于承压水层顶面的粗砂而言，按理论结果，其所受到的总应力为 119.0kPa(此时 u 为正值)，而其有效应力则为 29kPa。

第八节　地 质 灾 害

一、岩溶和土洞

(一)岩溶的基本概念

在漫长的地质历史时期内，水溶性的碳酸盐类岩石(主要是石灰岩、白云岩)长期遭遇地表水和地下水而发生的以溶蚀为主的地质作用或由此产生的地质作用现象统称为岩溶。岩溶现象在国外又被称为喀斯特现象。原南斯拉夫与意大利交界处的狄纳尔里克山西北部的一处高原名为喀斯特高原，那里是石灰岩区域，发育着各种奇特的溶蚀和侵蚀作用所形成的地形地貌，喀斯特一词即得名于此，并为国际所通用。1966 年 2 月我国第二次喀斯特学术会议确定将其更名为岩溶。

常见的岩溶现象有溶洞、溶槽、溶沟、孤峰、石林、天生桥、漏斗、落水洞、暗河、钟乳石、石柱、石芽、石笋等。

我国的碳酸盐类岩石分布面积很广，出露地表的面积就有 120 多万 km²，被埋覆于地下的面积更大，主要分布在云贵高原、广西、广东丘陵地带、四川盆地边缘、湖南湖北西部以及山西、山东、河北的山地和丘陵地带。

岩溶产生的微观机理如前所述。岩溶的产生和发育破坏了岩体原有的完整性，降低了岩体本身的强度，增大了岩体透水性及含水性，往往会对工程建设及建设工程的使用造成许多不利影响甚至重大灾害。例如在俄罗斯捷尔仕斯克市，有一处 300km² 的面积内共发育有 3000 个岩溶漏斗。自 1935 至 1959 年，在那里发生了 54 次岩溶塌陷。其中一个最大的塌陷坑直径近 90m，深约 28m。地表塌陷引起了许多建(构)筑物的变形和破坏；在我国黔昆铁路某隧道施工中，曾遇到一个长 80~100m、宽 15~30m、高 10~20m 的溶洞，因无法进行适当处理而被迫将隧道改线；岩溶还常常给矿山开采带来很大的危害，1956 年江西省某矿山在一个斜井的爆破掘进过程中揭穿了一个岩溶溶洞，超过 1000m³ 的岩溶水突然涌入斜井，并造成了重大的人身死亡事故；岩溶地区的公路、铁路线路常因岩溶的存在而发生路基塌陷事故,对交通安全构成极大隐患。

(二)岩溶的形成条件

岩溶地形是在一定的条件下天然发育而成的一种奇特的自然地貌景观,对大量岩溶发育地区进行分析、统计和研究后发现,可溶性的岩石、具有溶解能力的水、岩石的透水性和水的运动是形成岩溶地貌必备的四个基本条件,缺少其中的任何一个条件,岩溶地貌都不可能形成。

(三)影响岩溶发生、发展的主要因素

1. 地层岩性及可溶性岩层厚度

地层岩性和岩溶的发育速度直接相关,岩盐的溶解溶蚀速度大于硫酸盐的石膏,石膏的溶解溶蚀速度又大于碳酸类岩石;碳酸类岩石中质地纯的大于含杂质量大的。可溶性岩层的厚度越厚,岩溶发育得越强烈,发展的规模就越大。

2. 地质构造和岩石的微观构造

地质构造会严重影响岩体的裂隙性和岩体中的裂隙分布,因而会影响到岩溶的发生和发展。岩石的微观构造也会影响岩溶的发展速度,颗粒结晶越大,水对岩石的溶蚀和冲蚀速度就越快。

3. 新构造运动

地壳强烈上升的地区,岩溶发育以垂直方向为主;地壳运动相对稳定的地区,岩溶发育以水平方向为主;地壳下降的区域,原来垂直发育为主的岩溶会改变为以水平方向发育为主的岩溶。

4. 地形地貌

在地形陡峻、地表径流大的地区,各种地表岩溶形态丰富、密集,地下岩溶形态不发育;而在地形相对平缓,地下水运动活跃的地区,地下岩溶形态则较为发育。

5. 气候条件

地区气候条件直接决定着该地区地表水和地下水的补给量,而地表水、地下水的流量和运动情况则关系着岩溶的发育发展速度。在气候湿润、多雨的地区,地表水和地下水充沛,岩溶易发育、发展。

(四)岩溶的类型

岩溶的类型划分方法有多种,各种方法都采用不同的依据来进行类别划分。最主要岩溶的类型划分方法是按埋藏条件分类。

按可溶性岩石的埋藏条件可将岩溶划分为裸露型岩溶、覆盖型岩溶和埋藏型岩溶(也有的将岩溶按埋藏条件划分为裸露型岩溶、半裸露型岩溶、覆盖型岩溶和埋藏型岩溶)。从工程角度出发,这种类别划分结果与工程建设的关系更为密切,因为岩溶的埋藏条件与建筑工程场地的适宜性和稳定性直接相关。

裸露型岩溶的可溶性岩石基本上都出露地表,仅有零星的小片为洼地所覆盖。各种地表和地下的岩溶形态均较为发育,地下水和地表水直接相连、相互转化,地下水位变化幅度大,岩溶形成的地下空洞也大,对工程的危害极大。我国大部分岩溶均属此类。覆盖型岩溶的可溶性岩石表面大部分为第四纪沉积物所覆盖。其中覆盖厚度小于 30m 的为浅覆盖型岩溶。当覆盖层较薄时,石芽、石针等常出露于地表;当覆盖层较厚时,由于下伏基岩中发育有各种岩溶空洞,地表的覆盖层中也常发育有各种空洞、漏斗、洼地和浅水塘,也是一种对工

程危害较大的岩溶类型。埋藏型岩溶的可溶性岩石大面积埋藏于不溶性基岩之下,岩溶发育在地下深处,在地下千余米的奥陶纪灰岩中也有发育,岩溶形态以溶孔、溶隙为主,也有规模较大的溶洞存在。一般而言,埋藏型岩溶对地面工程的危害不大,但对采矿工程却有较大危害,井下洞室或巷道若遭遇岩溶水,就会发生淹井等严重透水事故。

（五）土洞的概念

土洞一般是特指存在于岩溶地区的可溶性岩层之上的第四纪覆盖层中的空洞。其形成和发生发展均与岩溶有关。受其下可溶性岩体中的岩溶洞隙影响,覆盖型岩溶之上的第四纪松散堆积物或在地表水的冲蚀下顺着土体的裂隙向其下的溶洞、溶隙中排泄,在土体中形成冲蚀空洞;或由于其下存在较大的空穴而发生塌陷,形成塌陷洞穴。

（六）岩溶和土洞的工程灾害防治措施

1. 做好工程地质勘察工作

岩溶地区的岩土工程地质勘察重点是通过调查、研究和分析确定岩溶的类型;查明岩溶洞隙和土洞的发育条件、发展规律和趋势及主要影响因素;查明岩溶洞隙和土洞的分布状况、发育规模、埋置深度、有无岩溶堆填物、堆填物的性状、地表水与地下水的水力关系、地下水特征和岩溶土洞的工程危害大小,给工程设计、施工和岩溶土洞灾害防治提供可靠的分析、治理依据。

2. 建筑物场址或铁路公路线路尽量避开岩溶发育区

当岩溶发育强烈、治理困难或治理费用过高时,建筑物或铁路公路线路选址时应尽量避开岩溶发育地段。

3. 避绕或跨越

当场地大多数区域稳定,场地(线路)中仅存在个别溶洞或溶隙影响工程稳定性时可采用局部避开(避绕)或跨越的方法。例如建筑工程可通过调整柱距或设置梁板、桁架等来避开或跨越个别溶洞、溶隙;道路可通过局段绕线或架桥来避绕或跨越个别溶洞或溶隙。

4. 清、爆、挖、填

对于埋深不大的浅层或薄顶岩溶洞体,可采用清、爆、挖、填的方法进行处理,即清开表层覆盖浮土,爆裂溶洞薄顶,挖出洞内淤积软土或烂泥,用块石、碎石、砂、黏土等分层回填夯实,或用毛石混凝土砌筑填实。有时还可视具体情况通过设置柱体、桩体等穿越空洞,将上部结构荷载传递到下部完整稳定的岩体。

5. 灌浆、冲填

对于埋深较大,空间有限的岩溶裂隙或洞穴,可通过灌浆或冲填的方法对裂隙或洞穴进行充填处理。

6. 支顶或加固洞体

当岩溶洞体过大,但顶板及围岩较为稳定时可采用支顶的办法或加固洞体围岩的办法来保证洞体不产生垮塌,并进而保证其上的工程建设设施或道路的安全。

7. 水工构筑物的岩溶灾害防治

对水工建构筑物而言,岩溶灾害主要体现在渗漏和塌陷两个方面,其相应的处理措施主要有设置铺盖、截水墙、防水帷幕、堵塞、导排等。

二、滑坡

在地表标高发生突变处,较高的一侧被称为边坡。按边坡体的形成原因,边坡被分为天然边坡和人工边坡。前者也称为自然山体边坡,指在自然地质作用下形成的山体斜坡、河谷岸坡、冲沟岸坡、海岸陡崖等;而后者一般简称工程边坡,是指在人类的工程活动中形成的斜坡,例如基坑边坡、路堤边坡、路堑边坡、露天采矿场边坡、堆料边坡、土石坝边坡,以及在水利工程中常见的渠道、船闸、溢洪道、坝肩边坡等。按边坡体介质的构成情况,边坡又可分为石质边坡和土质边坡。

岩质和土质边坡在一定的地形地貌、地质构造、岩土性质、水文地质等自然条件下,由于地表水及地下水的作用或受地震、爆破、切坡、堆载等因素的影响,其斜坡上的土石体在重力作用下失去原有的稳定状态,沿着斜坡方向向下做长期而缓慢的整体移动,这种蠕动或缓慢滑动现象称为滑坡。受外界因素突然触发时,土坡的滑动也可能在瞬间完成。国内外滑坡的例子非常多,危害也极严重。图 1-30 所示是 1961 年 9 月 6 日发生在我国台湾的珊珠潭地块滑移示意图。

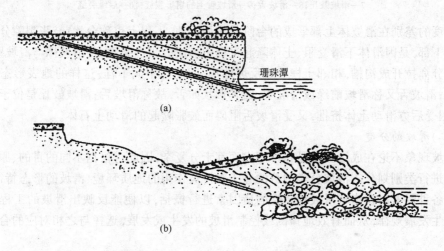

(a)

(b)

图 1-30 我国台湾珊珠潭地块滑移示意图
(a)滑移之前的情况;(b)滑移后的情况

据有关资料介绍,我国铁路沿线的大小滑坡数以千计,其中绝大多数分布在西南、中南、华北、西北(陕西、陇东)等地区。在宝成、成昆、川黔、湘黔、襄渝、西康等铁路沿线上滑坡的分布密度一般平均在每百公里 10 处左右,个别严重路段滑坡数量每百公里甚至可达 20~30 处。

(一)滑坡的形态特征

滑坡的规模有大有小,小型滑坡的滑动土石体仅有数十或数百立方米,大型滑坡中的滑动土石体则可高达数百万、数千万甚至数亿立方米。滑坡的规模越大,其造成的破坏通常也越大。滑坡在其滑动过程中通常会形成一系列的形态特征,这些形态特征就是我们识别滑坡的重要标志。一个发育完整的滑坡一般都具有滑坡体、滑动面、滑坡床、滑坡壁、滑坡台地、滑坡鼓丘、滑坡舌、滑坡裂隙等滑坡特有的形态特征。图 1-31 所示为一个发育完全的典型土质滑坡。

滑坡体是边坡体上产生滑动的那一部分岩土体,简称滑体;滑坡床是边坡中滑坡体之下固定未动的岩土体;滑动面是滑坡体和滑坡床之间的界面,简称滑面;滑坡壁是滑坡体最后方保留在母体上的出露的陡峭滑动面;滑坡平台又称滑坡台阶,是指滑坡体各段由于滑动惯

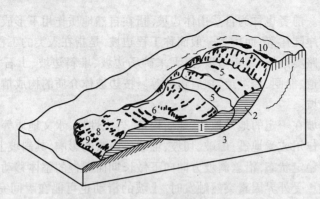

图 1-31　典型的土质滑坡形态特征示意图
1—滑坡体；2—滑动面；3—滑坡床；4—滑坡壁；5—滑坡台地；6—鼓张裂隙；
7—滑坡鼓丘；8—滑坡舌；9—滑坡舌上的扇形裂缝；10—后缘裂缝

性和速度的差别在滑坡体上部形成的台阶状小型阶地，工程上也称台坎；鼓张裂隙分布在滑坡体的下部，是因滑体下滑受阻、土体隆起过程中形成的张性裂隙；在滑坡体与滑坡壁之间，岩土体分离拉开成沟槽，相邻土楔形成反坡地形，四周高中间下洼，这样的地表形态成为封闭洼地；滑坡舌又称滑坡前缘或滑坡头，因其形状如舌，故称滑坡舌；滑坡鼓丘是位于滑坡舌之后，因受后方滑动土体挤推，又受滑坡舌阻碍而鼓胀隆起的滑动土石体。

（二）滑坡的分类

滑坡现象不论在成因上还是在形态方面都十分复杂，因此可根据不同的目的、原则和指标对其进行类别划分。滑坡分类的目的在于对滑坡作用的地质环境、滑坡的形态特征、形成滑坡的各种因素以及影响滑坡稳定性的诸因素进行概括，以便能反映出滑坡的工程地质特征和发生发展规律，从而有效地预测或控制滑坡的发生或发展，选择与之相对应的合适的整治措施。

1．按滑动面与岩土层面的关系分类（滑坡按构造的分类）

滑坡按滑动面与岩土层面的关系分类可分为均质滑坡、顺层滑坡和切层滑坡。

2．按滑动时的受力状态特征分类

（1）推动式滑坡：由斜坡上方过重的荷重或斜坡上方不恰当的加荷（如建造建筑物、弃土、行驶车辆或堆放荷载等）所引起滑坡。其活动方式是上部岩土体先开始破坏开裂，最后裂缝向下发展，贯穿整个边坡体并最终导致边坡滑动。

（2）牵引式滑坡：边坡体的坡脚由于受到河流的下切、侧向淘刷冲蚀或人工开挖，而使土坡稳定性降低并最终失稳滑动。其活动的特点是由于坡脚被切蚀，整个土坡的下滑力增大，抗滑力减小，边坡先在下部形成开裂破坏，而后牵动上部土体一起滑动。

3．按边坡体岩土类别分类

按照构成边坡的岩土体介质类别，可将滑坡划分为岩层或岩体滑坡、破碎岩石滑坡、堆积物滑坡、黏性土滑坡、黄土滑坡和堆填土滑坡等。岩体岩层滑坡多沿岩层面或岩体软弱结构面滑动；堆积物滑坡或沿着下伏基岩面、或沿着土体中的某个软弱夹层或在土体内部滑动，但很多情况下都和地表水和地下水的活动有关；黏性土滑坡多发生在湖岸、河岸或水库岸坡或开挖的土坡中；黄土滑坡则多发生在我国西北部的高原地区；堆填土滑坡主要是指路堤等人工堆填物的滑动破坏。

4. 按滑体厚度分类

滑坡还可按滑体厚度进行分类,可将滑坡划分为浅层滑坡(厚度一般不大于 5m)、中层滑坡(厚度 5～20m)、厚层滑坡(厚度 20～50m)和巨厚层滑坡(厚度为 50m 以上)。

此外还有一些别的分类方法,例如按照滑动土石方量规模分类(分为小型、中型、大型和超大型滑坡)和按主滑面成因类型分类等等。

(三)滑坡的形成条件

滑坡产生的根本原因在于边坡岩土体的性质、坡体介质内部的结构构造和边坡体的空间形态。滑坡的形成与地层岩性、地质构造、地形地貌等这些内部条件密切相关。水的作用、地震、大型爆破和其他人为因素影响是产生滑坡的外因。

1. 边坡体的岩性条件

天然边坡是由各种各样的岩体或土体所组成,由于介质性质的不同,其抗剪切能力、抗风化能力和抗水冲刷、破坏能力也各不相同,抗滑动的稳定性自然各异。例如由土体组成的边坡体,由于边坡土体的力学指标易受水的影响而明显降低,因此较其他介质的边坡更容易滑动。

2. 边坡体内部的结构构造

边坡体内部的结构构造情况如岩层或土层层面、节理、裂隙等常常是影响边坡体稳定性的决定性因素。这些部位易于风化、抗剪强度低,尤其当其中的一些裂隙或结构构造面的产状比较陡峻时,就很容易引起边坡体的滑动。

3. 地形地貌条件

边坡的坡高、倾角和表面起伏形状对其稳定性有很大的影响。坡角愈平缓、坡高愈低,边坡体的稳定性愈好。边坡表面复杂、起伏严重时,较易受到地表水或地下水的冲蚀,边坡体稳定性也相对较差。另外,边坡体的表面形状不同,其内部应力状态也不同,坡体稳定性自然不同。高低起伏的丘陵地貌,是滑坡集中分布的地貌单元;山间盆地边缘区、山地地貌和平原地貌交界处的坡积和洪积地貌也是滑坡集中分布的地貌单元;凸形山坡或上陡下缓的山坡,当岩层倾向与边坡顺向时,易产生顺层滑坡。

4. 水文地质条件

地表水及地下水的活动常是导致产生滑坡的重要因素。据有关资料介绍,90% 以上的边坡滑动都与水的作用有关。

5. 气候和地震作用

气候条件变化会使岩石风化作用加剧,炎热干燥的气候会使土层开裂破坏,这些都会对边坡的稳定性造成影响。在地震过程中,受地震波的反复作用,边坡岩土体结构很容易遭受破坏,并造成边坡沿其中的一些裂隙、结构面或其他软弱面向下滑动。一般认为,地震烈度在 5 度以上时就可能诱发边坡滑动。地震引起滑坡具有数量多、频次高的特点。根据有关资料,我国公元前 780 年至公元 1976 年发生 6 级以上地震 656 次,其中引起大型滑坡的次数达 169 次,占地震发生次数 26%。地震引起滑坡具有规模大、灾害重的特点。1933 年我国四川叠溪地震引起的滑坡,滑坡体长 2500m,宽 1800m,滑坡后壁高达 100m,滑动土石方量达 1.5 亿立方米,并造成 2500 余人丧命。

6. 人为因素影响

人为因素影响是边坡滑动破坏的另一个重要因素。人们在平整场地、修筑道路、开挖渠道、基坑以及采矿过程中,如果不合理地开挖坡脚,不适当地在边坡体上弃土堆重或进行工程项目建设,都有可能破坏边坡原有的稳定性而引起滑坡。不适当地开挖坡脚,可导致牵引式滑坡,或引起古滑坡复活;不适当地在坡体上部堆放荷载,可引起推移式滑坡;不合理地开采矿藏,会使山体斜坡失稳滑动或引起崩塌性滑坡;大型爆破产生的动力效应也能诱发山体滑坡;斜坡上部修筑渠道或铺设管道,也可因渠道或管道漏水,引起坡体滑动;深基坑开挖不合理引起基坑周边土体失稳滑动并造成周围地面其他市政设施的破坏;如此等等。

(四)滑坡的防治

自然或天然边坡是地壳在长期运动过程中部分地表隆起的结果;或是隆起的地表在各种外力地质作用下被风化、剥蚀后,其风化剥蚀产物又经过搬运、堆积而形成的一种斜坡状地表形态。总而言之,它是一种不以人的意志为转移的客观存在。人类的许多建设项目、工程活动甚至一部分人的生活生存空间都会涉及到这种客观事物。

前面我们已经讨论了滑坡的基本概念、滑坡的各种类型划分方法和划分结果以及滑坡的形成条件,有关边坡体的稳定性分析和滑动的机理探讨将在土力学部分做详细介绍。但是滑坡的规模大小、边坡产生滑动时对人类的工程项目和生命财产的危害程度,以及如何避免或减轻滑坡对人类造成的危害,哪些边坡的滑动不可制止、哪些可以制止、如何制止等等,所有这些有关滑坡的防治问题都是人类所必须面对的现实问题。

滑坡的防治原则是以预防为主,治理为辅。要做好滑坡的防治工作,减轻或避免滑坡造成的危害,可考虑从以下几方面入手:

1. 做好滑坡的工程地质勘察

对于稳定性较差、具有滑动可能、滑动趋势或已经确定正在滑动的边坡,必须首先做好滑坡的工程地质勘察工作;查明滑坡的类型、影响要素、范围、规模、性质、地质背景、影响范围及其危害程度,为滑坡的稳定性分析、发展趋势预测、防治对策确定和治理方案设计提供必需的基础资料。

2. 在项目选址或居住、生活环境选址时应尽量避开不稳定的山坡滑动影响地段

稳定性较差、有滑动可能或易于滑动的边坡以及已经确定正在滑动或滑动已经完成的古滑坡地段,一般不宜选为工程项目建设场址,在项目选址、交通线路选择或居住、生活环境选址时应尽最大可能予以避开。

3. 在建设项目规划时,应尽量避免大挖大填

大挖大填不仅改变了原有的边坡形状,而且往往会破坏场地和边坡的稳定性,人为地增大了边坡失稳的可能。例如山西大寨曾在农田建设过程中挖山填石,兴修梯田,但又没有采取相应的边坡稳定防护措施,致使修建于虎头山的数百亩梯田在暴雨中一夜全毁。因此,在建设项目规划时,应尽量避免大挖大填,并尽量依山傍势,利用原有的有利地形条件,因地制宜地、合理地进行项目的平面布置。

4. 做好防水和排水工作

如前所述,绝大多数的滑坡都与水的作用有关,因此,防止外围水进入边坡体内部,排除或疏导边坡体中危害边坡稳定性的地下水,是滑坡防治中的一项重要举措。防止外围水的常见措施有:在滑坡体上方、滑坡边界之外修筑截水沟;在滑坡坡面上修筑集水沟、排水沟,采用浆砌片石铺筑、喷浆、注浆等方法对坡面进行防护,防止地表水进入边坡内部或对边坡坡面产生冲蚀;改善边坡的植被状况,减轻地表水对边坡的冲刷和坡面形态的改变。

5. 注意和分析开挖对原来处于安全状态的边坡的稳定性影响

人为开挖是导致边坡滑动的诱因之一。在山坡整体稳定情况下开挖边坡时,如发现有滑动迹象,应立即停止开挖,并应尽快采取恢复边坡稳定性的措施。为了预防滑坡,当在地质条件良好、岩土性质比较均匀的地段开挖时,对高度在 15m 以下的岩石边坡或高度在 10m 以下的土质边坡,其坡度允许值可按《建筑地基基础设计规范》有关规定确定。可以进行开挖的边坡地段,开挖工作宜从上到下依次进行,尽量避免先挖坡脚,挖填应尽量保持平衡。土方开挖中一般宜尽量分散处理弃土,如必须在坡顶或坡腰上堆弃土石时,应对边坡的整体和局部稳定性进行验算,确保开挖工程安全进行。

6. 改变滑坡体表面形态,降低滑动体的重心

改变滑坡体表面形态的目的是改善滑坡体的受力状态,降低滑动体的重心和下滑力,通过削坡、减荷使边坡高度降低、坡度变缓,稳定性增加,以达到防止边坡滑动的目的。具体实施时应根据坡高和坡面情况确定挖填方位置和土石方量,填方部分除应尽量夯实外还要做好地下排水设施。

7. 设置支挡构筑物,增大边坡的抗滑移能力

当设置支挡结构物可以保证边坡的安全性且又经济合理时,可考虑采用被动或主动的支挡方式对边坡加以防护。被动式支挡主要是修筑挡土墙或设置抗滑桩,当空间不成问题且经济可靠时还可考虑通过在坡脚卸土来防止边坡的滑动。主动式支挡主要是通过抗拉能力强的若干锚固杆体将可能滑动的"滑动体"锚固在不可能滑动的滑坡床中去。介于主动和被动支挡之间的桩、锚支挡体系近年来更是得到了大力发展。在道路工程中还可通过设置抗滑明洞来保证车辆安全通过浅层滑坡多发地段。抗滑明洞基部岩土体稳固可靠,滑动体位于斜坡上方的一定位置,在明洞靠滑坡方向一侧和洞顶回填土石以支撑侧帮推力,让滑坡体从洞顶滑过。由于这种方案造价昂贵,且拱脚连接部位(明洞侧帮)稳定性必须严格保证,因此工程中应该慎用。

8. 采用物理的或者化学的方法改变滑动面的力学形状或岩土性质

外部形状相同但构成介质不同、内部结构和构造不同的边坡,其抗滑动稳定性也不相同。采用物理的或者化学的方法改善边坡岩土体,特别是改变滑动面上的岩土体性质无疑可以起到增大边坡抗滑能力、防止边坡滑动的目的。灌浆法和局部注浆法是其中常用的方法,以抗剪作用为主的锚杆及人工边坡中的加筋土也属此列,基坑支护中的土钉墙也有这方面的效应。

对于无法防止滑动或治理费用昂贵无法实施防治的具有滑动可能或正在缓慢滑动的、对人民生命财产具有潜在危害的边坡,应进行位移观测和地下水动态、水压监测,以便及时了解这些滑坡的活动状态,分析并及时预测滑坡的发展趋势,尽量减轻滑坡造成的危害。

三、崩塌

陡峻的山崖或岸坡上方的剧烈风化岩土体在水和重力的作用下,或在地震及工程振动等其他荷载作用下,从边坡高处突然崩落、塌跨的现象称为崩塌。崩塌以自由坠落为其主要运动形式,岩块在斜坡上滑动、滚动并在运动过程中相互碰撞破碎,最终塌落在山脚下形成岩堆。规模巨大的崩塌称为山崩,小型崩塌一般被称为坠石。风化严重的岩质边坡常会发生危石坠落、柱状或层状岩体倾倒以及大量岩土体沿着其内部的结构面或裂隙面脱离母体的崩塌现象;黄土高原地区的高陡土坡也常因人为的掏挖、水的冲刷或浸泡而产生崩塌。

我国长江三峡区段,由于川东山地地壳上升,长江垂直侵蚀强烈,河谷深切,岸坡陡峭。在湖北西部西陵峡江段有一处著名的急流险滩叫新滩,该处在北宋天圣 4 年(公元 1026 年)发生了一次大规模的山体崩塌,数亿立方米的土石体落入江中,堵塞江道近 15km,严重影响通航达 25 年之久。公元 1523 年(明嘉靖 2 年)该处又一次发生山体大崩塌,巨量土石方再次落入江中。1985 年 6 月,新滩再度发生崩塌和滑坡,滑动和崩落的岩土体总量约为 $3 \times 10^7 m^3$,船只被迫停航。1933 年 8 月 25 日,地震引起四川迭溪境内岷江岸坡山体大崩塌,崩落体使岷江堵塞,形成三个堰塞湖,致使 6800 余人死亡。一个多月后,堵塞体被江流冲垮溃决成灾,泛滥的江水淹没了下游的大片农田和村庄,又造成 2500 余人死亡,残留的崩塌岩堆至今仍保留在迭溪的岷江河谷中。

崩塌现象一般是急剧、短促、猛烈和突发性的,因而常具有灾难性的后果。规模小的崩塌或崩落(落石)的土石方仅有数立方米到数十立方米,大者可达数百、数千甚至数万立方米,崩落土石体达到数十万、上千万甚至更多的山体大崩塌多和地震相关联,发生的次数也极为有限。大型山崩如果发生在江河岸坡,有时会堵塞河道,形成堰塞湖,一旦堵塞体溃决便会造成重大灾难。

崩塌对山区铁路和公路及道路的安全营运危害很大,也是交通线路上常见的病害之一。在施工中由于崩塌的发生,可造成严重的人身安全事故。在运营线上产生的崩塌、落石,严重威胁行车安全,大型的崩塌还会中断交通运输,给国民经济造成巨大损失。我国西南、西北和华东地区,如宝成、宝天、成昆、黔昆、鹰厦等铁路线历年均有崩塌、落石的发生,沿着这些铁路线常形成崩塌岩堆群。据不完全统计,崩塌和坠石几乎占到全部铁路路基病害工点的 50% 以上。

崩塌的防治应尽量以根治作为基本原则,对一些重要区域或重要交通线路路段,要确保边坡体不发生崩塌现象。当不能根治时,可采取以下措施来防治崩塌和崩塌造成的危害。

(一)清除斜坡体上的危石

对于道路或山地建设工程周边总体稳定、但存在数量有限的有坠落危险的危石的边坡,应尽量将危石予以清除,这往往能够收到事半功倍的效果。

(二)支补

当斜坡上凸出的岩石块体基本稳定但安全性又不高、或者岩石块体不太稳定但又难以清除时可采用支补的方法加以固定。支补是在上部探头下方悬空的危岩下设置浆砌片石支墩或混凝土支顶墙等支撑体。其基本条件是支墩或支顶墙基础稳固,无滑动崩落危险。当坡面陡峻,危岩分散而坚硬,既无支撑条件,又不宜清除时,可采用插别的方法予以加固。插别是用圆钢或铁路部门废弃的钢轨紧贴危岩体(块),将圆钢或钢轨垂直插入其下的稳定岩体,并用水泥砂浆将其与岩体锚接在一起,用圆钢或钢轨的抗弯能力来保证危岩体不发生崩落。

(三)压注浆

当斜坡上的岩石风化破碎、有崩落可能但又无法一一清除时,或者危岩体(块)巨大、被节理面或裂隙面从母岩上切割开来时,可用压浆或注浆的方法来加固。前者是将破碎的大小岩块胶结为一个整体,而后者是通过在有限的裂隙中注浆,通过注浆或勾缝将危岩体(块)与稳定的母岩胶结在一起。

（四）做好防排水工作

如前所述,崩塌有很多发生在雨季,因此修筑防排水设施,防止水流对坡面的冲刷是防治崩塌的重要一环。

（五）拦截措施

当山坡上方的岩石风化破碎严重,崩塌、坠石规模不大却频频发生,而且建筑物或线路与坡脚之间有足够空间或地势合适时,可修筑拦截构筑物以拦截落石。常见的拦截构筑物有落石平台、落石槽、拦石堤(拦石墙)、拦石栅栏、桩障等。

（六）遮挡措施

当山坡上方的岩石风化破碎严重,崩塌、坠石规模较大且频发,采用拦截措施又存在困难时,可采用遮挡措施。线路上常用的遮挡构筑物有拱形明洞、板式棚洞、悬臂式棚洞及半明洞等。

（1）拱形明洞:由拱圈和两侧边墙构成。结构坚固牢靠,可抵御较大的崩塌推力。

（2）板式棚洞:由钢筋混凝土顶板和两侧边墙构成。顶部填土,山体侧压力全部由内边墙承受,外边墙只承受由顶板传来的垂直压力。

（3）悬臂式棚洞:由悬臂式顶板和内边墙组成。内边墙承受洞顶填土的压力和侧压力等全部压力。

（4）半明洞:在山坡上开凿出半拱形凹槽(见图1-32),其遮挡原理与悬臂式棚洞完全相同,是让崩塌物顺着山坡滚向线路下方的沟谷中去。采用这种措施的前提条件是半明洞顶部和侧帮的岩石强度高、坚固性好、抗风化能力强。

图 1-32 山坡上方有崩落和滑动危险的巨石和半拱形凹槽

（七）加固措施

当无条件修筑拦截或遮挡构筑物、而且山坡上的危岩体(块)又不便清除时,可对危岩体采取加固措施。除前述勾缝、灌浆等压注浆方法可加固危岩体外,镶补和锚固也是常用的加固方案,尤其是山坡的个别部位或个别岩石块体的稳定关系着整个坡体的稳定时,镶补和锚固更能起到奇效。

（八）避让措施

上述各防止崩塌的措施并非是万能的,对于可能发生大型崩塌的地段或崩塌严重且频发地段,在工程建设选址或线路选择时应尽量避开。

四、泥石流

泥石流是边坡岩土体破坏的另外一种形式。泥石流是在地质不良、地形陡峻的山区,由于暴雨或骤然融雪造成的地面汇流所形成的夹带有大量泥沙、石块等固相颗粒物质的特殊洪流。这种特殊洪流依仗着陡峻的山势,以较高或极高的速度沿着峡谷深涧、顺着山坡冲向地势低处。因其含有大量的岩石块体等碎屑物质,所以具有强大的冲击力和毁坏作用,是山地地貌中一种常见的地质灾害。

广义的泥石流也称山洪急流或山洪泥石流,是泥流、泥石流、水石流的总称。但一般所说的泥石流则仅指固相夹带物大于15%(指体积含量)的泥流和泥石流。泥石流具有突发性,毁坏力强,能冲出沟谷很远,摧毁村镇、道路、桥涵和建构筑物,埋没农田和森林,甚至阻断河流、改变山河面貌,给山区的各项建设和公路、铁路建设造成极大危害。

除泥石流外,坡体的另一种流动破坏是干流。干流是斜坡体上的不含水或仅含有极少量水的碎石、碎片、土块、砂、粉末、土末等所产生的大规模急速流动现象。这种流动一般和地震、火山爆发、山崩、大爆破等有关,在自然界中比较少见。1920年宁夏南部发生的8.5级大地震就曾造成黄土坡体发生大规模干流,滚滚而下的粉状黄土干流淹没了许多村庄和沟谷。

典型的泥石流发生地由形成区、流通区和堆积区三个区段构成。

形成区多为山区,高原和丘陵地带也有发生,该区域分布在泥石流流域的上游或中上游地区,它又可被划分为汇水区和固相物质供给区,汇水区居上,固相物质供给区位于其下方。汇水区是承受暴雨或冰雪融水的场所,是泥石流中水的来源地。固体物质供给区是为泥石流储备与提供大量泥沙、石块等松散状固体颗粒的地段,这一区段一般山体裸露、风化严重,分布有大面积的崩塌、滑坡等不良地质现象,地表水土流失严重。总体而言,形成区是泥石流中的液、固两相物质形成、汇集、交融的地段,是充沛的地表水流与丰富的固相岩石风化颗粒物质借助于陡峻山势形成泥石流的地段。

流通区一般位于泥石流流域的中下游地段,其地形往往为沟壁陡峻的狭窄沟谷;其两侧山体一般较稳定,沟床顺直,纵坡比降大。流通区的长度一般也较形成区为短。

沉积区位于泥石流流域的最下游,大多都在山谷冲沟出口以外,纵向坡降不大,地形开阔。泥石流在此处分散漫流,大量夹带于水流中的固相物质沉积下来,并最终形成以山谷冲沟出口为顶点的锥状或扇形堆积物。

（一）泥石流的形成条件

1. 形成泥石流的地形条件

泥石流的形成区一般呈现为三面环山,另一面仅有一个狭窄出口的瓢状或漏斗状,周围山坡高陡、山体表面岩石破碎,但山势开阔,汇水面积大,使水和碎屑物质易于集中;流通区的纵坡坡度大,沟谷狭窄,岸坡陡峻,使泥石流得以迅猛直泻;堆积区为开阔的山前倾斜平原。

2. 形成泥石流的地质条件

泥石流分布密集、活动频繁的地区多为构造运动活动显著,地质构造复杂,断裂、褶皱发育,裂隙密布,滑坡、崩塌等不良地质作用强烈;山体岩石结构疏松,软弱、易风化,地表岩石风化破碎,有形成泥石流所需的大量颗粒状松散固体物质来源。

地震是地壳活动性的明显标志之一。在地震活动过程中,山体的稳定性和掩体完整性会遭受严重破坏,岩层破碎,不良地质现象如崩塌、滑坡等普遍发育。在地震之后,常常会在受地震活动强烈影响的某些区域发现一些活动的泥石流沟,泥石流的爆发次数和规模也都比以往增多增大,有些原来已经处于稳定状态的泥石流流域,泥石流重新复活,而一些原来不完全具备泥石流形成条件的沟谷,可能突然爆发泥石流。从很多实例可以看出,许多泥石流活动强烈的地区,也是地震烈度较高的地区,如喜马拉雅山脉及云南小江流域、甘肃武都地区、华北太行山等。又如西藏古乡泥石流的形成就与该地 1950 年发生的一次 8.6 级的强震有关。那次地震引发了大规模的山崩、雪崩,为 1953 年该地首次特大泥石流的形成准备了丰富的物质来源。

3. 形成泥石流的气象条件

地表水的迅速而大量汇流是形成泥石流的根本条件,因此泥石流流域常发生强度较大的暴雨或具有开阔的山坡,堆积有大量的积雪或冰川,气温回升强度大,有产生骤然融雪的可能。

4. 人为因素影响

人类的滥砍滥伐、垦荒造田、修路切坡、开山劈石、采石弃渣甚至过度放牧等活动都会严重破坏山区的地表植被,加速地表岩体的风化,加大水土流失程度,甚至会直接生成许多颗粒状松散固体物质。大量调查研究结果表明,很多泥石流的发生都与人类的上述各种活动有着或多或少的关系,有的就是导致泥石流发生的直接原因,有的会加大泥石流的发生程度。

(二)泥石流的分类

不同类型的泥石流其形成条件、物质组成、物理力学性质、运动规律以及对周围环境的影响和破坏作用大小等皆不相同。所以有必要根据不同条件和工程需要来对泥石流进行类别划分,以便能根据其类型差别采取与之相对应的不同防治措施,避免或减轻泥石流灾害。

1. 按泥石流的组成物质分类

按泥石流的组成物质可将泥石流划分为黏性泥石流和稀性泥石流。

(1)黏性泥石流:黏性泥石流(层流状态)也称结构性泥石流,其中砂石等山体表面风化固相物质含量高达 40%～80%,重度可达 $17～23kN/m^3$。黏性泥石流是由水、泥砂、石块等充分混合凝聚而成的一种黏稠的整体流动体,所含各物质成分以相同的速度做整体流动,其中的大石块能漂浮表面而不下沉。在河谷中甚至在河滩上都能保持原来的宽度和高度而不流散,淤积后会保持原来结构不变,有明显的阵流现象。流经弯道时,有明显的外侧超高现象和爬高能力以及对河道的截弯取直能力。

(2)稀性泥石流:稀性泥石流(紊流状态)中含有的固相物质为 15%～40%,重度为 13～$17kN/m^3$。稀性泥石流中黏粒和粉粒含量较少,其主要成分是水,因而不可能形成黏稠的整体流动体,其中的水为搬运介质,固相物质为其中的悬移质或推移质漂浮物,水与泥砂组成的泥浆流动速度远远大于推移质的石块运动速度,石块在河底跳跃、滚动式前移,沉积物有一定的分选性,在洪积扇上呈散流状,岔道交错,改道频繁,不易形成阵流现象。

2. 按泥石流沟谷流域形态特征分类

按泥石流沟谷流域形态特征可将泥石流划分为标准型泥石流、山坡型泥石流、漫流型泥石流和河谷型泥石流等。

(1)标准型泥石流:泥石流流域可明显划分为形成区、流通区和堆积区三个区域,形成区呈瓢形,流通区为直线形,堆积区呈扇形,流动沟槽固定,流通区不长。

(2)山坡型泥石流:山坡型泥石流的形成区也是其流通区,流通沟坡与山坡基本一致,呈线形或长舌形,沟口即为沉积区,呈锥形或扇形,锥体坡度较陡。

(3)漫流型泥石流:漫流型泥石流产生于基本山坡以外的洪积扇上,沟口以上的古供给区供给的物质很少,雨后的清水携带少量固体物资,一出沟口后便在宽阔的洪积扇上进行挖掘改道。洪积扇是其供给区,又是其流通区,沉积区常不稳定。

(4)河谷型泥石流:发育在河沟地带的泥石流称为河谷型泥石流,流通过程中携带沿途支谷的物质以及岸坡塌方体。

3. 按泥石流的规模及危害程度分类

按泥石流的发生规模及危害程度可将泥石流划分为特大型泥石流、大型泥石流、中型泥石流和小型泥石流等。

(1)特大型(极严重)泥石流:特大型泥石流多为黏性泥石流,其流域面积大于 $10km^2$,最大泥石流流量约为 $2000m^3/s$,一次或每年多次冲出的土石方量总和超过 50 万 m^3。发育地沟谷地表裸露,岩石破碎,风化作用强烈,水土流失十分严重,不良地质现象极为发育,分布面积占流域总面积的 30% 以上,沟谷纵坡坡度大,沟床中有大量巨石,河道内阻塞现象严重,破坏作用巨大。

(2)大型泥(严重)石流:大型泥石流的流域面积为 $5\sim10km^2$,最大泥石流流量约为 $500\sim2000m^3/s$,一次或每年多次冲出的土石方量总和为 $10\sim50$ 万 m^3。发育地地表侵蚀和风化作用强烈,水土流失严重,不良地质现象发育,分布面积占流域总面积的 10%~30%,沟谷狭窄、纵坡坡度大,有较多的松散物质淤塞沟道,破坏作用严重。

(3)中型(中等)泥石流:中型泥石流的流域面积为 $2\sim5km^2$,最大泥石流流量约为 $100\sim500m^3/s$,一次或每年多次冲出的土石方量总和为 $1\sim10$ 万 m^3。发育地地表侵蚀和风化作用较强烈,水土流失较严重,不良地质现象较发育,分布面积占流域总面积的 10% 以下,沟道中有淤积现象,破坏作用较大。

(4)小型泥石流:小型泥石流的流域面积小于 $2km^2$,最大泥石流流量小于 $100m^3/s$,一次或每年多次冲出的土石方量总和小于 $10000m^3$。发育地地表侵蚀和风化作用较弱,大部分地区水土流失不严重,不良地质现象零星发育,规模较小,以沟坡坍塌和土溜为主,破坏作用不大。

4. 按发育阶段分类

按发育阶段可将泥石流划分为发展期泥石流、活跃期泥石流、衰退期泥石流和终止期泥石流等。

5. 按发生频率并考虑规模及危害情况的分类

《岩土工程勘察规范》(GB 50021-2001)根据泥石流的发生频率并考虑了泥石流的规模及危害情况对泥石流沟谷进行了工程分类。该分类方法将泥石流沟谷划分为两大类,并将每个大类各划分为三个亚类。

(1)高频率泥石流沟谷:高频率泥石流沟谷基本上每年均有泥石流灾害发生,固体物质主要来源于滑坡、崩塌。泥石流暴发雨强小于 2~4mm/10min。除岩性因素外,滑坡崩塌严重的沟谷多发生黏性泥石流,规模大;反之,多发生稀性泥石流,规模小。按发生规模、流域面积、危害严重程度等细分为严重型、中等型和轻微型三类。

(2)低频率泥石流河谷:低频率泥石流沟谷中泥石流灾害发生周期一般在 10 年以上,固体物质主要来源于沟床,泥石流发生时"揭床"现象明显。暴雨时坡面的浅层滑坡往往是激发泥石流的因素。泥石流暴发雨强一般大于 4mm/10min。泥石流规模一般较大,性质有黏、有稀。按发生规模、流域面积、危害严重程度等也细分为严重型、中等型和轻微型三类。

黏性泥石流呈层流状态,也称结构性泥石流;稀性泥石流呈紊流状态,有的将流动状态介于这两者之间的称谓过渡性泥石流,其状态从紊流到似层流都可能出现。泥石流的速度从 2~3m/s 到 10~15m/s 不等,速度变化较大,毁坏力也各不相同。

(三)泥石流的防治

泥石流的防治是一项艰难而持久的工作,应根据被整治对象的具体情况,考虑泥石流的形成条件、具体特征、发生危害规模及其类型差别等多种因素,因地制宜地选用下述防治措施中的几项或多项对泥石流进行综合治理,才能够有效防治泥石流造成的工程危害。

(1)考虑到严重型高频率和低频率泥石流沟谷中的泥石流均具有突发性强、发生频率高、危害性极强的特点,加之防治工作困难,防治费用高、效果差,故各类建筑进行工程场地选址时应避开其危害区域,线路选择也一样。

(2)中等型高频率和低频率泥石流沟谷在一般情况下也不宜被选为建筑物建设场址或道路路线。当必须选为建筑物场址时,应采取各种治理措施对其进行综合治理;线路横越该类泥石流沟谷的堆积物时,宜架桥通过。桥的位置应能顺畅宣泄泥石流,桥址一般应选在沟床固定、沟形顺直、纵坡坡度比较一致、冲淤变化较小,桥渡工程量小、与沟槽尽量直交的地段。桥墩应选在地质条件良好、基岩稳定处。桥下一定距离内自然流通坡度应陡于该泥石流结构体流动时的最大淤积坡度。铁路在流通区或扇顶通过时,应尽量一跨跨越或用大跨减少桥墩数量。在泥石流堆积物的扇中和扇尾部位设置桥梁时,净空宜高,宜分散设桥,不宜改沟、并沟集中设桥,并应尽量做到一沟一桥。在泥石流下切严重地段桥墩基础深度宜深勿浅,桥孔跨度宁大勿小,高度宁高勿低,长度宁长勿短。

(3)小型高频率和低频率泥石流沟谷中泥石流的发生规模和危害性均较小,防治起来也较为容易,所需治理费用也不高,可作为工程项目的建设场地。线路工程也可在其堆积扇上通过,但在该设置桥梁处仍应设置桥梁,其原则同样是宜分散设桥,不宜改沟、并沟集中设桥,并应尽量做到一沟一桥。此外还应根据具体情况,做好排洪和泥石流疏导工作。

(4)线路通过泥石流地区时,应做好方案比较。线路在泥石流沟的沟口(洪积扇顶部)通过时,与泥石流的遭遇范围最小,且该处一般有较固定的河床,冲淤变化缓慢,桥渡工程量小,对线路安全威胁较小,是线路选址优先考虑的方案。在洪积扇中部通过是线路最不理想的选址方案。因为,这里沟床迁移变动不定,泥砂石块淤积严重,危害较大,线路通过时所需花费的代价也一定较大,应尽量不予考虑。洪积扇的下部边缘地段冲淤危害较中部为轻,在顶部通过方案难以实现时,可考虑此方案。另外在流通区的上游敷设线路,采用隧道方案穿过泥石流形成区,也是一个可供选择的方案。对于泥石流分布集中、规模较大、发生频繁和危害严重、整治困难的地段,前述方案均不可取时,可采取绕线、改线方案。如成昆线,为避开东川地区的严重泥石流,放弃了走小江的中线方案;成昆线在泥石流频发的海螺沟,改走龙川河左岸进行避绕。

(5)隧道与明洞遭遇泥石流沟谷时,两端洞口位置一定要选择好。在平面上,洞口首先要避开形成泥石流的松散坍滑体和泥石流沟可能漫流改道的范围;在立面上,要充分考虑泥石流沟床的淤积上涨,为洞口顶上泥石流沟排导堤的加高留有足够的宽度,防止泥石流漫溢改道进入隧道。否则,所造成的病害将比一般病害更难以处理。洞体应设置在泥石流流域的崩塌、滑坡危及不到的岩体中。泥石流地区的路基绝对禁用挖方,最好选用路堤式的填方路基。

(6)稳固山坡岩土体,减少固体风化物质补给量是整治泥石流的重要措施之一。具体措施有植被防护和工程防护两种。植被防护(植树造林、种植草皮)不仅能加固土壤、抵抗风化、减缓地面径流、防止水土流失,还可在一定范围内改善气候状况,是我国目前正在加紧实施的一项环境综合治理基本国策。工程防护包括:在山坡上做截水沟、分洪沟等,减少水流对山坡的冲刷;封固风化坡面、填充冲沟,消除固体物质供给源;支挡锚固,排水泄水,确保边坡不产生滑动或崩塌。

(7)在泥石流发生的主沟和支沟的适当地点(一般多在中游流通区)设置一级或多级拦挡构筑物(拦沙坝、拦石坝、溢流坝等)将泥石流的一部分或全部拦截在流通区以上;设置急流槽、渡槽、导流堤、丁坝等构筑物顺利排泄泥石流。

思考题及习题

1-1 何谓地质作用、内力地质作用和外力地质作用?内力地质作用现象和外力地质作用现象各有哪些?

1-2 什么是地质年代?相对地质年代根据什么来划分?如何划分?什么是造岩矿物?常见的造岩矿物有哪些?

1-3 简述黏土矿物的晶片、晶胞的概念;三类重要的黏土矿物的物质组成、内部结构及性质有何差别?

1-4 试按成因论述岩石的生成过程。各类岩石的结构、构造有何差别?

1-5 常见的岩浆岩、变质岩和沉积岩各主要有哪些?

1-6 何谓地质构造?地质构造的类型有哪几类?

1-7 褶曲有几种基本形态?如何对褶曲进行分类?分类结果如何?

1-8 构造节理有哪几种?各有何特点?

1-9 简述岩体的结构特性,区分岩石和岩体的概念。

1-10 简述褶皱构造、倾斜构造、断裂构造、褶曲、节理、劈理、片理和断层的概念。

1-11 简述褶皱构造及断裂构造对工程建设的影响。

1-12 岩体的结构类型有哪些?岩层岩体的接触关系有哪些?

1-13 什么是风化作用?什么是物理和化学风化作用?

1-14 生物风化作用体现在哪几个方面?

1-15 影响风化作用的因素有哪些?

1-16 简述岩石按风化程度的分级情况。

1-17 简述有关土的定义。

1-18 试论述第四纪沉积物的类型和各自的工程特点。

1-19 试论述河流的地质作用。

1-20 什么是岩土体的水理性质?岩土体有哪些水理性质?

1-21 地下水中的物质成分有哪些?地下水中最为常见的化学元素是哪七种?

1-22 已知某土体的孔隙比为 0.988,持水度为 17%,试确定其溶水度和给水度。

1-23 什么是隔水层和含水层? 地下水按埋藏条件和含水层性质各分为哪几类?

1-24 什么是水的总矿化度? 地下水按总矿化度分为哪几类? 地下水按氢离子浓度如何分类?

1-25 试述层流渗透定律的意义,它对各种土的适用性如何? 何谓起始水力坡降?

1-26 用室内常水头、变水头试验和潜水完整井现场抽水试验如何测定土的渗透系数?

1-27 影响土渗透性的因素有哪些? 这些因素如何影响土的渗透性?

1-28 何谓动水力?

1-29 试述流砂(流土)现象和管涌现象的异同。基坑开挖工程中防治流砂现象发生的主要原因是什么?

1-30 已知某试样长 25cm,其截面积为 $103cm^2$,作用于试样两端的固定水位差为 75cm,水温 20℃,此时通过试样流出的水量为 $100cm^3/min$,试求该试样的渗透系数和土颗粒所受的动水力大小。

1-31 为了测定某地基的渗透系数,在地下水流动方向相隔 10m 挖了两个井,并让两个井的水位差始终保持为 18cm。已知该地基土的孔隙比 $e=0.65$,$\rho_{sat}=1.87g/cm^3$,由上游井中投入食盐,在下游井中连续检验,经过 13h 后食盐开始流入下游井中,试计算该地基的渗透系数。

1-32 某工程基坑在施工中进行坑底抽排水,渗流自下而上发生。已知基坑内外的水位高差为 60cm,水流途径为 50cm,土的比重 $d_s=2.68$,土的孔隙比 $e=0.65$。问是否会发生流砂现象? 并确定该地基土的临界水力坡降。

1-33 某场地 0~9m 范围内地基土为黏土,密度 $\rho=1.81g/cm^3$,含水量 $w=19.6\%$,土的比重为 2.74,黏土层以下是 6m 厚的砂层,其下是不透水的岩层。由黏土层底板处测得测压管水头高度为 7.6m。若基坑开挖深度为 5m,问基坑地基土是否会发生失稳? 如果有发生失稳可能应采取什么措施?

1-34 掌握滑坡、崩塌、泥石流和岩溶土洞的概念。

1-35 简述滑坡的主要分类方法和分类结果。

1-36 简述滑坡的防治和治理方法。

1-37 简述崩塌的形成条件。

1-38 如何防治崩塌灾害?

1-39 简述泥石流的分类方法和分类结果。

1-40 影响岩溶发生、发展的主要因素有哪些?

1-41 简述岩溶和土洞的工程防治。

第二章　土的物理性质及其工程分类

第一节　土的组成、结构和构造

　　岩石在成土过程中,风化、搬运和沉积这三者不是简单的相互衔接,在搬运和沉积过程中,风化仍在继续。土也不见得是一次搬运、沉积而成,往往是经过了多次的搬运和沉积,并在搬运过程中造成土颗粒的分选,使土具有了多样性。

　　工程实践表明,土的工程性质除与土的物质组成、矿物成分、土粒大小和形状有关以外,还与其成因、形成的地质历史、沉积环境、自然历史条件的变迁等有很大关系。

　　通常情况下,组成土的物质可分为固相、液相和气相三种状态。固相部分主要是土粒,有时还有粒间的胶结物和有机质,它们构成土的骨架;液相部分为水及其溶解物;气相部分为空气和其他微量气体。

　　当土骨架之间的孔隙被水充满时,我们称其为饱和土或完全饱和土;当土骨架间的孔隙不含水时,称其为干土;而当土的孔隙中既含有水,又有一定量的气体存在时,称其为非饱和土或湿土。也有学者提出,非饱和土是由四相物质构成,第四相物质为气相物质与液相物质的界面,正是由于该相物质的存在,才使非饱和土具有了和饱和土及干土的本质差别。

一、土中的固体颗粒

　　在土的固体颗粒中,我们需要研究的有土颗粒的矿物成分、土的粒组和土的颗粒级配。

1. 土颗粒的矿物成分

　　如前所述,土的物质组成、矿物成分、土粒大小及形状是决定土工程性质的重要因素。由于土是岩石风化的产物,所以土粒的矿物组成将取决于成土母岩的矿物组成及其后的风化作用。

　　成土矿物可分成两大类。一类是岩石经物理风化生成的颗粒,也称原生矿物,如石英、长石、云母等。这类颗粒一般较粗,多呈浑圆形、块状或板状,吸附水的能力弱,性质比较稳定,有较好的透水性。原生矿物中的云母则呈片状,其含量较多时,土孔隙增大,压缩性亦随之增大。土颗粒的矿物中的主要物质有氧、硅、铝、镁、钙、铁、钾、钠等。此外还有其他一些微量物质。

　　土粒中的另一类矿物是原生矿物经化学和生物化学风化生成的新矿物,也称次生矿物。它们的成分与原生矿物不完全相同。由次生矿物组成的土颗粒一般极细。次生矿物中的难溶盐如 $CaCO_3$ 和 $MgCO_3$ 等,可在土粒间产生胶结作用,从而增加土的结构强度,减小土的压缩性;次生矿物中的可溶性盐类如 $CaSO_4$ 和 $NaCl$ 等,遇水溶解并使土的力学性质变差。构成黏土颗粒的主要成分是次生矿物中的黏土矿物,其物质组成、性质差异等已经做过论述,此处不再赘述。

2．土的粒组

如上所述，土粒的大小与成土矿物之间存在着一定的内在联系，因此土粒大小也就在一定程度上反映了土粒性质的差异。天然土的固相是由无数多个大小不同的土粒组成的，逐个地研究它们的性质是不可能的。但实践表明，尺寸大小相近的土颗粒有其一定的共性，为此，在研究土的性质时，人们引入了粒组的概念。

将土中各种不同粒径的颗粒按适当的尺寸划分为若干个组别，每一个组别的颗粒称为土的一个粒组。用以对土粒进行粒组划分的分界尺寸称为土的界限粒径。目前土的粒组划分方法并不完全一致，各个国家，甚至一个国家的各个部门或行业都有一些不完全相同的土颗粒划分规定。表 2-1 是一种常用的粒组划分方法。

需要特别指出的是，表 2-1 中的黏粒并非一定是黏土矿物颗粒，即并非所有的黏土矿物粒径都小于 0.005mm（或 0.002mm），也并非所有小于 0.005mm 的颗粒都是黏土矿物，黏土矿物的粒径可达 0.02mm，而非黏土矿物的粒径则可小至 0.001mm。但由于绝大多数粒径小于 0.005mm 的颗粒已具有了某些近似胶体的性质，所以我们称其为黏粒。

3．土的颗粒级配

以土中各粒组颗粒的相对含量（占颗粒总质量的百分数）表示的土中颗粒大小及组成情况称为土的颗粒级配。

表 2-1　土粒粒组划分

粒组名称		粒径范围/mm	一　般　特　征
漂石或块石颗粒		>200	透水性大，无黏性，无毛细水
卵石或碎石颗粒		200～60	
圆砾或角砾颗粒	粗	60～20	透水性大，无黏性，毛细水上升高度不超过粒径大小
	中	20～5	
	细	5～2	
砂粒	粗	2～0.5	易透水，当混入云母等杂质时透水性减小，而压缩性增加，无黏性，遇水不膨胀，干燥时松散，毛细水上升高度不大，随粒径减小而增大
	中	0.5～0.25	
	细	0.25～0.1	
	极细	0.1～0.075	
粉粒	粗	0.075～0.01	透水性小，湿时有黏性，遇水有膨胀，干时有收缩，毛细水上升高度较大较快，极易出现冻胀现象
	细	0.01～0.005	
黏粒		<0.005	透水性极小，湿时有黏性，遇水膨胀大，干时收缩显著，毛细水上升高度大，但速度较慢

注：公路系统黏粒的界限尺寸为 0.002mm。

土的颗粒级配需通过土的颗粒大小分析实验来测定。对于粒径大于 0.075mm 粗颗粒用筛分法测定粒组的土质量。试验时将风干、分散的代表性土样通过一套孔径不同的标准筛（例如 20、2、0.5、0.25、0.1、0.075mm）进行分选，分别用天平称重即可确定各粒组颗粒的相对含量。粒径小于 0.075mm 的细颗粒难以筛分，可用比重计法或移液管法（见《土工试验方法标准》）进行粒组相对含量测定。实际上，小土颗粒多为片状或针状，因此粒径并不是这类土粒的实际尺寸，而是它们的水力当量直径（与实际土粒在液体中有相同沉降速度的理想球体的直径)。累积曲线法是一种最常用的颗粒分析试验结果表示方法,其横坐标表示粒径(因为土粒粒径相差数百、数千倍以上,小颗粒土的含量又对土的性质影响较大,所以横坐标用粒径的对数值表示),纵坐标则用小于(或大于)某粒径颗粒的累积质量分数来表示。所得曲线称为颗粒级配曲线或颗粒级配累积曲线(如图 2-1 所示)。由级配曲线可以直观地判断土中各粒组的含量情况。如果曲线陡峻,表示土粒大小均匀,级配不好;反之则表示土粒不均匀但级配良好。

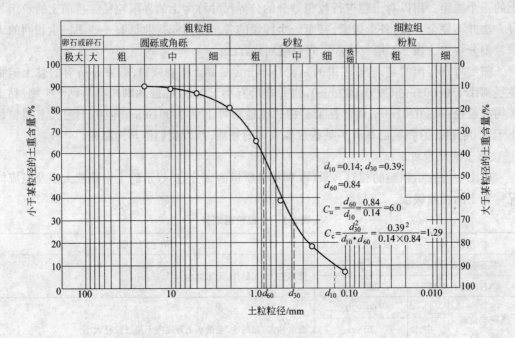

图 2-1　土的颗粒级配曲线

工程上常用土粒的不均匀系数来定量判断土的级配好坏。不均匀系数 C_u 可表示如下:

$$C_u = \frac{d_{60}}{d_{10}} \tag{2-1}$$

式中　d_{60}——限定粒径,当土的颗粒级配曲线上小于某粒径的土粒相对累积质量分数为60%时,该粒径即为 d_{60};

d_{10}——有效粒径,当土的颗粒级配曲线上小于某粒径的土粒相对累积质量分数为10%时,该粒径即为 d_{10}。

工程上一般称 $C_u < 5$ 的土为均粒土,属级配不良土;$C_u > 10$ 的土为级配良好的土;$C_u = 5 \sim 10$ 的土为级配一般的土。

工程中也有以两个指标来判断土级配的情况,例如水电部《土工试验规程》(SD128-84)规定,对于纯净的砂、砾,当 $C_u \geqslant 5$,且 $C_c = 1 \sim 3$ 时,它是级配良好的;不能同时满足上述条件时,其级配是不好的。其中 C_c 称为土的曲率系数,可表示为

$$C_c = \frac{d_{30}^2}{d_{60} \times d_{10}} \tag{2-2}$$

式中　d_{30}——土的颗粒级配曲线上小于某粒径的土粒相对累积质量分数为 30% 时的粒径。

二、土中的水

土中水实际上是指土中的水溶液,它包含了各种溶于水中的离子和化合物。土中水的含量多少对土的性质有明显的影响,尤其对黏性土等细粒土的性质影响更大。在自然状态下,绝大多数环境中的土总是含水的。按土中水的存在形式、状态、活动性及其与土的相互作用,分为矿物成分水、结合水、自由水;按物质状态分为液态水、气态水和固态。研究土中水时必须考虑其存在状态及其与土粒之间的相互作用。

土中以不同形式存在于矿物内部不同位置上的水即为矿物成分水。矿物成分水主要有三种形式:结构水、结晶水和沸石水。

(1)结构水:不具备 H_2O 的形式,是以 H^+ 和 OH^- 的形式存在于 Al_2O_3、Fe_2O_3 等矿物结晶格架的固定位置上,与结晶格架连结较牢。只在温度升到 $450 \sim 500℃$ 时,才能从结晶格架中析出。析出时,原矿物结晶随之破坏,并形成新矿物。

(2)结晶水:以 H_2O 的形式,并且以一定数量存在于石膏($CaSO_4 \cdot 2H_2O$)、苏打($Na_2CO_3 \cdot 10H_2O$)、芒硝($NaSO_4 \cdot 10H_2O$)等类矿物结晶格架的固定位置上,与结晶格架结合较弱。温度达到 $400℃$ 时,即从结晶格架中析出。析出时,矿物成分也随之改变。

(3)沸石水:以 H_2O 的形式并以不定数量存在于沸石、褐铁矿、蛋白石、蒙脱石组和伊利石组等类矿物的相邻晶胞之间,与矿物晶格结合不牢。当温度达到 $80 \sim 120℃$ 时就能析出,析出时,原矿物成分不变,只改变该矿物的某些物理性质。

总而言之,存在于土粒矿物晶格以内的水只能在较高的温度下才能化为水汽而与土粒分离,因此在一般工程中,该部分水被视为矿物固体颗粒的一部分。通常所说的水是指常温状态下的液态水。这是因为一般情况下水汽和结晶水对土的工程性质影响不大。

按土中水是否受土粒电场力作用可以将土中水分为两类:一类称为结合水,另一类称为自由水。

1. 结合水

一般情况下,土粒的表面带有负电荷,在土粒周围形成电场,吸引水中的氢原子一端使其定向排列,形成围绕土颗粒的结合水膜(如图2-2所示)。我们将受土颗粒电场力作用而吸附于土粒周围的土中水称为结合水。土中的细小颗粒愈多,结合水含量愈大;愈靠近土粒表面,水分子排列得愈整齐,水的活动性也愈小。因而我们常将结合水分为强结合水和弱结合水两种。受颗粒电场力吸引,紧紧吸附于颗粒周围的结合水称为强结合水,其厚度只有几个水分子厚($<0.003\mu m$)。强结合水的特征是:没有溶解能力,不能传递静水压力,受外力作用时与土颗粒一起移动,密度为 $1.2 \sim 1.4g/cm^3$,性质近于固体;难于蒸发,更难于结冰(冰点约 $-78℃$),具有很大的黏滞性、弹性和抗剪强度。黏性土中仅含有强结合水时呈坚硬状态;砂土仅含有强结合水时呈散粒状态。

弱结合水是强结合水外围的结合水膜。同强结合水一样,弱结合水也不能传递静水压力,但能向邻近水膜更薄的土颗粒周围缓慢转移,这种运动和重力无关。弱结合水的性质从近固态变为自由水(距离土粒表面越远,所受的电场作用力越小),不能自由流动,其冰点为 $-0.5 \sim -30℃$。随着弱结合水含量的增大,黏性土的可塑性也同时增大。

2. 自由水

自由水是指土粒电场力影响范围以外的土中孔隙水。自由水的性质和普通水一样,冰点为 $0℃$,有溶解能力,能传递静水压力。土中的自由水包括重力水和毛细水两种。

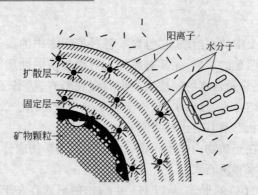

图 2-2　结合水分子定向排列简图

　　重力水是存在于地下水位以下含水层中的土中自由水,也称地下水。重力水在自身重力作用下能在土体中产生渗流,对土粒及置于其中的结构物都有浮力作用。

　　土体中的孔隙是许多大小不同、相互连通的弯曲孔道,状如人体的毛细管,因此也被称为土体的毛细孔隙。由于水分子与土粒周围的结合水膜之间的附着力和水、气界面上的表面张力,一些土中自由水被悬挂在土的毛细孔隙中,与地下水无水力联系,称为悬挂毛细水;也有的是地下水在上述力的作用下被吸到土中的毛细孔隙中来,而在地下水位以上形成一定高度(这一高度称为毛细水的上升高度)的自由水带,称为上升毛细水。上升毛细水与地下水相连,当其中的部分水分发生迁移(如蒸发或在低温情况下迁移入冻结区参与冻结)时,可不断得到地下水的补充。上升毛细水的上升高度和速度取决于土的孔隙大小和形状、土颗粒的粒径尺寸和表面张力等。砂土和粉土的毛细水上升高度可达数十厘米,黏性土的毛细水上升高度可达数米(如图 2-3 所示)。

图 2-3　小浪底水库岸坡黄土中的毛细水上升现象

　　在土中,设毛细水的上升高度为 h_c(如图 2-4 所示),上升的水柱重量经过弯液面传递,最后悬挂在土粒骨架上达到平衡。如果以大气压力作为基准面,这种对颗粒骨架所产生的毛细压力就会按静水压力的规律从紧接弯液面下的最小值"$-h_c\gamma_w$"增大到地下水位面处的最大值"0kPa"。故毛细水压力又称为负孔隙水压力,它可使土颗粒相互挤紧。在无黏性土中,毛细水压力在土粒之间造成联结力,使无黏性土具有微弱的"黏聚力",这种力称为无黏性土的假黏聚力或似黏聚力。在地下水位以下,由

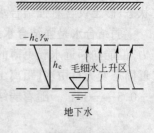

图 2-4　毛细水压力分布

于无水、气界面的张力作用,毛细压力亦消失为零。毛细水还对建筑物地下结构的防潮、地基土的浸湿、冻胀等有重要影响。

三、土中的气

在非饱和的土体孔隙中,除水之外,还存在着气体。土中的气体可分为与大气相通的自由气体和与大气隔绝的封闭气泡两种。前者的成分与大气完全相同,在外荷载作用于土体时很快从土孔隙中逸出,一般对工程的影响不大;后者的成分可能是空气、水汽或天然气或其他气体等,在压力作用下可被压缩或溶于水中,压力减小时又能复原,对土体的性质有一定的影响,它的存在可使土体的渗透性减小、弹性增大,延缓土体的变形随时间的发展过程。

四、土的冻胀机理

在大气低温的影响下,地层的温度也会随着降低,当地层温度降至0℃以下,土体便会因土中水结冰而变为冻土。某些细粒土会在土中水冻结时发生明显的体积膨胀,亦称为土的冻胀现象;地层温度回升时,冻胀土又会因为土中水的消融而产生明显的体积收缩,导致地面产生融陷。

土体发生冻胀的机理除土中水结冰后体积增大是其直接原因以外,更主要的还在于土层冻结过程中非冻结区的水分向冻结区的不断迁移和聚积。

土中的弱结合水外层在约 −0.5℃便开始冻结,越靠近土粒表面,水的冰点越低。当大气负温传入土中后,土中的自由水首先开始结冰,成为冰晶体;温度的进一步下降致使部分弱结合水参与冻结,从而使颗粒的电场力增大;颗粒电场力的增强促使非冻结区的水分通过毛细作用向冻结区迁移,以满足颗粒周围的电场平衡;部分弱结合水再次参与冻结使颗粒的电场平衡再次被打破,并导致非冻结区的水分继续向冻结区迁移;如此不断循环,致使冻结区的冰晶体不断扩大,非冻结区的水分大量向冻结区聚积,造成冻结区土体产生明显的冻胀现象。

当土层解冻时,冰晶体融化,多余的水分通过毛细孔隙向非冻结区扩散,或在重力作用下向下部土体渗流,冻土又出现了融陷现象。

影响土冻胀性大小的因素有三个方面:(1)土的种类。冻胀常发生在细粒土中,特别是粉土、粉质砂土和粉质黏土等,冻结时水分的迁移积聚最为强烈,冻胀现象严重。这是因为这类土的颗粒表面能大,电场强,能吸附较多的结合水,从而在冻结时发生水分向冻结区的大量迁移和积聚;此外这类土的毛细孔隙通畅,毛细作用显著,毛细水上升高度大、速度快,为水分向冻结区的快速、大量迁移创造了条件。而黏性土虽然颗粒表面能更大,电场更强,但由于其毛细孔隙小、封闭气体含量多,对水分迁移的阻力大,水分迁移的通道不通畅,结冰面向下推移速度慢,因而其冻胀性较上述粉质土为小。(2)土中水的条件。当地下水位高,毛细水为上升毛细水时,土的冻胀性就严重;而如果没有地下水的不断补给,悬挂毛细水含量有限时,土的冻胀性必然弱一些。(3)温度的影响。如果气温骤然降低且冷却强度很大时,土体中的冻结面就会迅速向下推移,毛细通道被冰晶体所堵塞,冻结区积聚的水分量少,土的冻胀性就会明显减弱。反之,若气温下降缓慢,负温持续时间长,冻结区积聚的水分量大,冰夹层厚,则土的冻胀性又会增强。

工程中可针对上述影响因素,采取相应的防治冻胀措施。

五、土的结构和构造

土粒的结构是指由土粒的大小、形状、相互排列及其联结关系等形成的综合特征。它是在成土过程中逐渐形成的,与土的矿物成分、颗粒形状和沉积条件等有关,对土的工程性质有重要影响。土的结构一般分为单粒结构、蜂窝结构和絮状结构三种基本类型(见图2-5)。

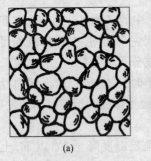 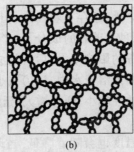 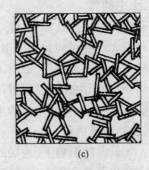

(a)   (b)   (c)

图 2-5　土的结构示意图

(a)单粒结构;(b)蜂窝结构;(c)絮状结构

1. 单粒结构

土在沉积过程中,较粗的岩屑和矿物颗粒在自重作用下沉落,每个土粒都为已经下沉稳定的颗粒所支承,各土粒相互依靠重叠,构成单粒结构。其特点是土粒间为点接触,或较密实,或疏松。疏松状态的单粒结构土在外荷载作用下,特别是在振动荷载作用下会使土粒移向更稳定的位置而变得比较密实。密实状态的单粒结构土压缩性小、强度大,是良好的地基地层。

2. 蜂窝结构

蜂窝结构是主要由粉粒(0.05～0.005mm)所组成的土的典型结构形式。较细的土粒在自重作用下沉落时,碰到别的正在下沉或已经下沉的土粒,由于土粒细而轻,粒间接触点处的引力阻止了土粒的继续下沉,土粒被吸引着不再改变其相对位置,逐渐形成了链环状单元;很多这样的单元联结起来,就形成了孔隙较大的蜂窝状结构。蜂窝结构的土中,单个孔隙的体积一般远大于土粒本身的尺寸,孔隙的总体积也较大,沉积后如果未曾受到较大的上覆土压力作用,作为地基时可能产生较大的沉降。

3. 絮状结构

微小的黏粒主要由针状或片状的黏土矿物颗粒所组成,土粒的尺寸极小,重量也极轻,靠自身重量在水中下沉时,沉降速度极为缓慢,且有些更细小的颗粒已具备了胶粒特性,悬浮于水中做分子热运动;当悬浮液发生电解时(例如河流入海时,水离子浓度的增大),土粒表面的弱结合水厚度减薄,运动着的黏粒相互聚合(两个土颗粒在界面上共用部分结合水),以面对边或面对角接触,并凝聚成絮状物下沉,形成絮状结构。在河流下游的静水环境中,细菌作用时形成的菌胶团也可使水中的悬浮颗粒发生絮凝而沉淀。所以絮状结构又被称为絮凝结构。絮状结构的土中有很大的孔隙,总孔隙体积比蜂窝结构的更大,土体一般十分松软。

4. 土的构造

土的构造是指土体中物质成分、颗粒大小、结构形式等都相近的各部分土的集合体之间的相互关系特征。土的最重要的构造特征是其层理构造,此外还有结核构造、砂类土的分散构造,以及黏性土的裂隙构造。各种构造特征都造成了土的不均匀性。

第二节　土的物理性质指标

由固体、液体和气体三相物质组成的土体,其各组分在体积、质量或重量上的比值,反映了土的许多基本物理性质,而且在一定程度上间接反映了土的力学性质,我们称其为土的物理性质指标,也有称为土的三相比例指标。土的物理性质指标的确定是工程地质勘察工作必不可少的任务。土中的三相物质本来是交错分布的,为了便于标记和阐述,我们将其三相物质抽象地分别集合在一起,构成一种理想的三相图,如图 2-6 所示。图中符号的意义如下:m_s:土粒质量;m_w:土中水的质量;m_a:空气的质量,假定为零;m:土的总质量,$m = m_s + m_w$;V_s:土粒体积;V_w:土中水的体积;V_a:土中气体体积;V_v:土中孔隙的体积,$V_v = V_w + V_a$;V:土的总体积,$V = V_v + V_s$。

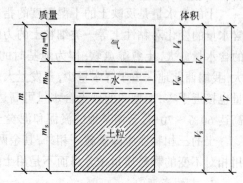

图 2-6　土的三相组成示意图

土的三相比例指标很多,其中有三个指标是由试验实测得来,称为土的实测物理性质指标,其余各指标皆可由这三项实测指标换算求得。

一、土的实测物理性质指标

土的实测物理性质指标有土粒比重(土粒相对密度)、土的含水量和土的密度。其中,土粒比重也称土粒相对密度,用比重瓶法进行测定;土的含水量一般用烘干法测定,现场可用炒土法测定,当工程急需时,还可用烧土法进行测定;土的密度一般用环刀法测定。具体测试方法可参见有关的土工试验规程。

1. 土粒比重

土粒比重是指土粒的质量与一个大气压下同体积 4℃的纯水质量之比(为一无量纲量),即

$$d_s = \frac{m_s}{V_s} \cdot \frac{1}{\rho_{w1}} = \frac{\rho_s}{\rho_{w1}} \tag{2-3}$$

式中　d_s——土粒比重;

ρ_s——土粒密度,g/cm^3 或 t/m^3;

ρ_{w1}——纯水在一个大气压下 4℃时的密度,$1g/cm^3$ 或 $1t/m^3$。

土粒比重主要取决于土的矿物成分,也与土的颗粒大小有一定关系。它的数值一般为 2.6~2.8;土中有机质含量增大时,比重明显减小(例如泥炭土的比重为 1.5~1.8)。由于同类土的比重变化幅度很小,加之比重的测试方法要求严,容易出现测试误差,所以工程中常按地区经验来选取土粒比重。表 2-2 为土粒比重参考值。

表 2-2　土粒比重参考值

土的名称	砂　土	粉　土	黏 性 土	
			粉质黏土	黏　土
土粒比重	2.65~2.69	2.70~2.71	2.72~2.73	2.74~2.76

2．土的含水量

土体中水相物质(液态水和冰)的质量与土粒质量的百分比被称为土的含水量,即

$$w = \frac{m_w}{w_s} \times 100\% \tag{2-4}$$

式中　w——土的含水量。

土的含水量是反映土的干湿程度的指标之一,它具体表明土体中水相物质的含量多少。含水量的变化对黏性土等一类细粒土的力学性质有很大影响,一般说来,同一类土(细粒土)的含水量愈大,土愈湿愈软,作为地基时的承载能力愈低。天然土体的含水量变化范围很大,我国西北地区由于降水量少,蒸发量大,沙漠表面的干砂含水量为零,一般干砂,其含水量也接近于零;而饱和的砂土含水量可高达40%;在我国沿海软黏土地层中,土体含水量可高达60%~70%,云南某地的淤泥和泥炭土含水量更是高达270%~299%。

土的三相物质中除颗粒一相外,其余两相经常随气候和季节而发生变化,因此含水量是用相对不变的颗粒质量做分母而不是用土的总质量做分母。

3．土的密度

天然状态下,单位体积土体的质量(包含土体颗粒的质量和孔隙水的质量,气体的质量一般忽略不计)称为土的密度,用符号 ρ 表示。其单位为 g/cm³ 或 t/m³,数学表达式为

$$\rho = \frac{m}{V} \tag{2-5}$$

天然状态下,土的密度变化范围较大,这除与土的紧密程度有关外,还与土体中含水量的多少有关。一般情况下,土密度的变化范围为 1.6~2.2g/cm³;腐殖土的密度较小,常为 1.5~1.7g/cm³ 甚至更小(云南某地的淤泥最小密度为 1.1~1.2g/cm³)。

二、土的换算物理性质指标

1．土的孔隙比 e 和孔隙率 n

土的孔隙比是土体中的孔隙体积与土颗粒体积之比,即

$$e = \frac{V_v}{V_s} \tag{2-6}$$

土的孔隙率又称土的孔隙度,是指土中孔隙体积与土的总体积的百分比,即

$$n = \frac{V_v}{V} \times 100\% \tag{2-7}$$

土体的孔隙比是土体的一个重要物理性质指标,可以用来评价土体的压缩特性,一般 $e<0.6$ 的土是密实的低压缩性土;$e>1.0$ 的土是疏松的高压缩性土。

孔隙率和孔隙比都是用以反映土中孔隙含量多少的物理量,但孔隙率直观也更易被人们接受,比如说 $n=40\%$,则明确表示土体中有40%的体积是孔隙、其余的60%是固体颗粒。但若要进行土的变形分析,土体孔隙的体积会随作用力的变化而发生改变,土的总体积也随之发生变化,用孔隙率 n 进行受力前后的孔隙对比就显得有些困难,而用分母固定的孔隙比就要方便得多,这就是工程变形计算中常用孔隙比而很少用孔隙度的原因。

2．土的饱和度

在土中,被水所充填的孔隙体积与孔隙总体积的百分比称为土的饱和度,用符号 s_r 表示,其表达式为

$$s_r = \frac{V_w}{V_v} \times 100\% \qquad (2\text{-}8)$$

同含水量一样,土的饱和度也使用以反映土体含水情况的物理性质指标,但两者的差别在于含水量反映的是土体中液态水的含量多少;而饱和度则是用以反映土体中孔隙被水所充填的程度。砂性土根据饱和度大小可分为稍湿($s_r \leqslant 50\%$)、很湿($50\% < s_r \leqslant 80\%$)与饱和($s_r > 80\%$)三种湿度状态。此处的饱和是一种工程意义上的饱和,即是一种湿度状态,这种概念有时也被借用到其他种类土中去,为了和真正理想的饱和状态($s_r = 100\%$)相区别,人们口头上又称 $s_r = 100\%$ 的含水状态为完全饱和状态。

3. 土的其他密度指标

土的其他密度指标还有土的干密度、饱和密度和浮密度。

单位体积土体中固体颗粒部分的质量称土的干密度,也可将其理解为单位体积的干土质量,用符号 ρ_d 表示,其单位为 g/cm^3,表达式为

$$\rho_d = \frac{m_s}{V} \qquad (2\text{-}9)$$

土的饱和密度是指单位体积的饱和土体($s_r = 100\%$)质量,用符号 ρ_{sat} 表示,单位同密度,其表达式为

$$\rho_{sat} = \frac{m_s + V_v \cdot \rho_w}{V} \qquad (2\text{-}10)$$

式中　ρ_w——水的密度,实用上取 $\rho_w = \rho_{w1} = 1g/cm^3$。

土的浮密度也称土的有效密度,是指单位体积土体中土颗粒质量与同体积的水质量的差值,用符号 ρ' 表示,单位同密度,其表达式为

$$\rho' = \frac{m_s - V_s \cdot \rho_w}{V} \qquad (2\text{-}11)$$

土的干密度除与土粒相对密度有关外,更主要的是受土体中孔隙多少的影响。因为土粒相对密度一般变化范围很小(一般为 $2.6 \sim 2.8$),所以干密度大的土体,其孔隙也就少一些,因此工程上过去常用干密度作为评定土密实程度的标准;土的饱和密度和浮密度没有什么实际工程意义,但与它们对应的重度指标则是土力学中的重要物理量。同一种土在体积不变的条件下,各密度指标有如下关系:

$$\rho' < \rho_d \leqslant \rho \leqslant \rho_{sat} \qquad (2\text{-}12)$$

当天然土体处于绝对干燥状态时,$\rho_d = \rho$;而当天然土体处于完全饱和状态时,$\rho = \rho_{sat}$,但土的饱和密度大于土的干密度。

4. 土的各重度指标

在土的自重应力分析中必须涉及土的重力密度(即土的重度)。土的各重度指标为土的各相应密度指标与重力加速度的乘积,即:$\gamma' = \rho' g$,$\gamma_d = \rho_d g$,$\gamma = \rho g$,$\gamma_{sat} = \rho_{sat} g$。它们分别称为土的浮重度(也称土的有效重度)、土的干重度、土的重度(或土的天然重度)和土的饱和重度,单位都为 kN/m^3。工程实用上取重力加速度 $g = 10m/s^2$,水的重度取 $10\ kN/m^3$。

三、土的物理性质指标换算

如上所述,土粒比重、土的含水量和土的密度是土的实测物理性质指标,其余各指标皆为换算指标,即土的换算指标可以由其实测指标通过数学推演而获得。

1. 关于孔隙比的换算

由定义式(2-3)～式(2-6)可得

$$\rho = \frac{m}{V} = \frac{m_s + m_w}{V} = \frac{m_s(1+w)}{V} = \frac{V_s \cdot d_s \cdot \rho_{w1}(1+w)}{V_s + V_v} = \frac{d_s(1+w)\rho_{w1}}{1+e}$$

取 $\rho_w = \rho_{w1}$ 并进行整理可得

$$e = \frac{d_s(1+w)\rho_w}{\rho} - 1 \qquad (2\text{-}13)$$

2. 关于干密度的换算

根据土的干密度定义式(2-9)并引入式(2-3)及式(2-6)可得(以下换算中认为 e 已知)

$$\rho_d = \frac{m_s}{V} = \frac{V_s \cdot d_s \cdot \rho_{w1}}{V_s + V_v} = \frac{d_s\rho_{w1}}{1+e} \qquad (2\text{-}14)$$

对式(2-14)进行变换可得

$$\rho_d = \frac{d_s\rho_{w1}}{1+e} = \frac{d_s(1+w)\rho_{w1}}{1+e} \cdot \frac{1}{(1+w)} = \frac{\rho}{(1+w)} \qquad (2\text{-}15)$$

3. 关于饱和密度的换算

根据土的饱和密度定义式(2-10)并引入式(2-3)及式(2-6)可得

$$\rho_{sat} = \frac{m_s + V_v\rho_w}{V} = \frac{V_s \cdot d_s \cdot \rho_{w1} + V_v\rho_w}{V_s + V_v} = \frac{(d_s + e)\rho_w}{1+e} \qquad (2\text{-}16)$$

4. 关于浮密度的换算

$$\rho' = \frac{m_s - V_s\rho_{w1}}{V} = \frac{V_s \cdot d_s \cdot \rho_{w1} - V_s\rho_{w1}}{V_s + V_v} = \frac{(d_s - 1)\rho_{w1}}{1+e} \qquad (2\text{-}17)$$

将式(2-16)和式(2-17)比较可得

$$\rho_{sat} = \frac{(d_s + e)\rho_w}{1+e} = \frac{(d_s - 1)\rho_w}{1+e} + \frac{(1+e)\rho_w}{1+e} = \rho' + \rho_w \qquad (2\text{-}18)$$

5. 关于饱和度的换算

由定义式(2-8)、式(2-3)、式(2-6)可得

$$s_r = \frac{V_w}{V_v} = \frac{m_w}{\rho_{w1} V_v} = \frac{w \cdot d_s \cdot \rho_{w1}}{e \cdot \rho_{w1}} = \frac{d_s w}{e} \qquad (2\text{-}19)$$

6. 关于孔隙率的换算

由定义式(2-7)、式(2-6)可得

$$n = \frac{V_v}{V} = \frac{e}{1+e} \qquad (2\text{-}20)$$

有关土的物理性质指标的各种换算公式见表 2-3。

【例 2-1】 某坝体在施工中所采用的天然土的比重 $d_s = 2.71$,天然含水量为 14.0%,天然密度 $\rho = 1.68\text{g/cm}^3$,通过击实试验得到该种土的最优含水量为 19.5%,最大干密度为 1.76g/cm^3,设计要求压实以后土的平均压实系数 $\bar{\lambda}_c \geqslant 0.95$。现计划每天完成压实土方 1000m^3,并将土料的含水量调整到 19.0% 进行压实,问每天需要天然土体多少方? 需向这些土中洒水多少吨? (注:土的平均压实系数为压实土的平均干密度与击实试验所得的最大干密度的比值)

解:(1) 计算压实土的平均干密度:根据土压实系数的定义可得

表 2-3 土的三相比例指标换算公式

名 称	符 号	三相比例指标	常用换算公式	单 位	常见的数值范围
土粒比重	d_s	$d_s = \dfrac{m_s}{V_s} \cdot \dfrac{1}{\rho_{w1}} = \dfrac{\rho_s}{\rho_{w1}}$	$d_s = \dfrac{S_r e}{w}$		黏性土:2.72~2.75 粉土:2.70~2.71 砂类土:2.65~2.69
含水量	w	$w = \dfrac{m_w}{m_s} \times 100\%$	$w = \dfrac{S_r e}{d_s} = \dfrac{\rho}{\rho_d} - 1$		20%~60%
密度	ρ	$\rho = \dfrac{m}{V}$	$\rho = \rho_d(1+w)$ $\rho = \dfrac{d_s(1+w)}{1+e}\rho_w$	g/cm³	1.6~2.0
干密度	ρ_d	$\rho_d = \dfrac{m_s}{V}$	$\rho_d = \rho/(1+w)$ $\rho_d = \dfrac{d_s}{1+e}\rho_w$	g/cm³	1.3~1.8
饱和密度	ρ_{sat}	$\rho_{sat} = \dfrac{m_s + V_v \cdot \rho_w}{V}$	$\rho_{sat} = \rho' + \rho_w$ $\rho_{sat} = \dfrac{d_s + e}{1+e}\rho_w$	g/cm³	1.8~2.3
有效密度	ρ'	$\rho' = \dfrac{m_s - V_s \cdot \rho_w}{V}$	$\rho' = \rho_{sat} - \rho_w$ $\rho' = \dfrac{d_s - 1}{1+e}\rho_w$	g/cm³	0.8~1.3
重度	γ	$\gamma = \dfrac{m}{V} \cdot g$	$\gamma = \dfrac{d_s(1+w)}{1+e}\gamma_w$	kN/m³	16~20
干重度	γ_d	$\gamma_d = \dfrac{m_s}{V} \cdot g$	$\gamma_d = \dfrac{d_s}{1+e}\gamma_w$	kN/m³	13~18
饱和重度	γ_{sat}	$\gamma_{sat} = \dfrac{m_s + V_v \cdot \rho_w}{V} \cdot g$	$\gamma_{sat} = \dfrac{d_s + e}{1+e}\gamma_w$	kN/m³	18~23
有效重度	γ'	$\gamma' = \dfrac{m_s - V_s \cdot \rho_w}{V} \cdot g$	$\gamma' = \dfrac{d_s - 1}{1+e}\gamma_w$	kN/m³	8~13
孔隙比	e	$e = \dfrac{V_v}{V_s}$	$e = \dfrac{d_s(1+w)}{\rho}\rho_w - 1$		黏性土和粉土: 0.40~1.20 砂类土:0.30~0.90
孔隙率	n	$n = \dfrac{V_v}{V} \times 100\%$	$n = \dfrac{e}{1+e}$		黏性土和粉土: 30%~60% 砂类土:25%~60%
饱和度	S_r	$S_r = \dfrac{V_w}{V_v} \times 100\%$	$S_r = \dfrac{d_s w}{e}$, $S_r = \dfrac{w\rho_d}{n\rho_w}$		0~100%

$$\bar\rho_d = \rho_{dmax} \cdot \bar\lambda_c = 1.76 \times 0.95 = 1.672 \text{g/cm}^3 = 1.672 \text{t/m}^3$$

(2)计算压实填土中固体颗粒的质量

$$m_s = V \cdot \bar\rho_d = 1000 \times 1.672 = 1672 \text{t}$$

(3)计算天然土的干密度

$$\rho_d = \rho/(1+w) = 1.68/1.14 = 1.474 \text{g/cm}^3 = 1.474 \text{t/m}^3$$

(4)计算每天所需的天然土方量

因为压实前后,土的固体颗粒质量不变,所以每天所需的天然土方量为

$$V_1 = V \cdot \bar\rho_d / \rho_d = 1000 \times 1.672/1.474 = 1134 \text{m}^3$$

(5)计算每天向土中的洒水量

$$\Delta m_w = \Delta w \cdot m_s = (0.190 - 0.140) \times 1672 = 83.6t$$

答:要按计划每天完成压实土方 $1000m^3$,需要天然土 $1134m^3$;每天需向这些土中洒水 83.6t。

第三节　无黏性土的特性

前述土的各物理性质指标确定以后,要说明土的某些状态,还应解决其他一些问题。例如对无黏性土,什么样的无黏性土是属于松疏的、什么样的是密实的;对黏性土,它的可塑性如何? 含水量变化时,它的物理状态如何变化等。

无黏性土包括碎石、砾石和砂类土等单粒结构的土。无黏性土的密实程度与其工程性质有着密切的关系,呈密实状态的无黏性土其强度较大,可以作为良好的天然地基;而处于疏松状态的无黏性土其承载能力小,受荷载作用压缩变形大,是不良的地基地层,在其上修筑建(构)筑物时,应对其采用合适的方法进行适当处理。

通常用来衡量无黏性土密实程度的物理量有两个,一个是孔隙比,另一个是无黏性土的相对密度。用孔隙比对无黏性土的密实程度划分结果见表 2-4。

表 2-4　用孔隙比判断无黏性土的密实度

土的名称	土 的 密 实 度			
	密实	中密	稍密	松散
砾砂、粗砂、中砂	$e < 0.6$	$0.6 \leqslant e \leqslant 0.75$	$0.75 < e \leqslant 0.85$	$e > 0.85$
细砂、粉砂	$e < 0.7$	$0.7 \leqslant e \leqslant 0.85$	$0.85 < e \leqslant 0.95$	$e > 0.95$

用孔隙比来判断无黏性土的密实度虽然简便,而且对同一种土,孔隙比小的相对一定较密实,似乎用其作判据,意义也十分明了,但是对不同的无黏性土,特别是定名相同而级配不同的无黏性土,用孔隙比作其密实度判据时,常会产生下述问题:颗粒均匀、级配不良的某无黏性土在一定外力作用下可能已经不能进一步被压缩了(已经达到了其最密实状态),但与其定名相同、级配良好、孔隙比与之相比较小的无黏性土却又有可能在该外力作用下被进一步压实(该土并未达到最密实状态)。显然用孔隙比作密实度判据时无法正确反映此类情况下无黏性土的密实状态,为此人们又引入了无黏性土的相对密度来判断无黏性土的密实程度。

无黏性土的相对密度涉及无黏性土的最大孔隙比和最小孔隙比等概念。无黏性土的最大孔隙比是指无黏性土处于最松散状态时所具有的孔隙比,用 e_{max} 表示,用松砂器法测定;无黏性土的最小孔隙比是指无黏性土处于最紧密状态时所具有的孔隙比,用 e_{min} 表示,用振密法测定。最大孔隙比和最小孔隙比的测试方法可参见有关的土工试验规程。

无黏性土的相对密度是指无黏性土的最大孔隙比与其天然孔隙比的差值和最大孔隙比与最小孔隙比的差值之比,用符号 D_r 表示,其数学表达式为

$$D_r = \frac{e_{max} - e}{e_{max} - e_{min}} \tag{2-21}$$

D_r 愈大,土愈密实;反之,则愈疏松。因此可用 D_r 作为无黏性土密实度的判定准则。我国《铁路工程技术规范》以及《铁路桥涵桥地基及基础设计规范》等均规定,$D_r > 0.67$ 时,无黏性土为密实的;$0.33 < D_r \leqslant 0.67$ 时为中密的;$0.20 < D_r \leqslant 0.33$ 时为稍密的;$D_r \leqslant 0.20$ 时为极松状态。

　　用相对密度划分无黏性土的密实程度虽然在概念上非常合理,但由于在实际工程中具体操作时难以取得无黏性土的原状试样,亦即难于确定其天然孔隙比,因此其应用就受到了一定限制。所以工程上还经常采用标准贯入试验、静力触探试验等原位测试方法来划分无黏性土的密实度,有关的试验方法将在工程地质勘探方法中介绍。根据标准贯入试验的锤击数可将无黏性土划分为密实、中密、稍密和松散4种密实状态,具体划分结果参见表2-5。

表 2-5　标准贯入试验判定砂土密实度

密实度	密实	中密	稍密	松散
标准贯入锤击数	$N>30$	$15<N\leqslant30$	$10<N\leqslant15$	$N\leqslant10$

　　与标准贯入试验相类似的碎石类土的密实度划分方法还有重型圆锥动力触探法和超重型圆锥动力触探法。用重型圆锥动力触探锤击数划分的碎石类土密实度结果见表2-6;用超重型圆锥动力触探锤击数划分的碎石类土密实度结果见表2-7;

表 2-6　重型动力触探试验判定砂土密实度

密实度	密实	中密	稍密	松散
重型动力触探锤击数	$N_{63.5}>20$	$10<N_{63.5}\leqslant20$	$5<N_{63.5}\leqslant10$	$N_{63.5}\leqslant5$

表 2-7　超重型动力触探试验判定砂土密实度

密实度	很密	密实	中密	稍密	松散
超重型动力触探锤击数	$N>14$	$11<N\leqslant14$	$6<N\leqslant11$	$3<N\leqslant6$	$N\leqslant3$

　　用标准贯入试验、静力触探试验这两种原位测试的方法进行无黏性土的密实程度划分时,在工程实际中也会遇到一些问题,例如土层为含有粒径非常大的漂石等颗粒的碎石类土时,静力触探试验根本无法实施,用标准贯入试验等也会因遇上大颗粒而产生巨大误差。所以对碎石类土还常根据野外鉴别的方法进行密实程度划分,其结果见表2-8。

表 2-8　碎石类土密实度野外鉴别方法

密实度	骨架颗粒含量和排列	可挖性	可钻性
密实	骨架颗粒含量大于颗粒总量的70%,呈交错排列,连续接触	锹、镐挖掘困难,用撬棍方能松动;井壁一般较稳定	钻探极困难;冲击钻探时,钻杆、吊锤跳动剧烈;孔壁较稳定
中密	骨架颗粒含量等于颗粒总量的60%～70%,呈交错排列,大部分接触	锹、镐可挖掘;井壁有掉块现象,在井壁取出大颗粒处,能保持颗粒的凹面形状	钻进较困难;冲击钻探时,钻杆、吊锤跳动不剧烈;孔壁有坍塌现象
稍密	骨架颗粒含量等于颗粒总量的55%～60%,排列混乱,大部分不接触	锹可以挖掘;井壁易坍塌;从井壁取出大颗粒后,充填物砂土立即坍落	钻进较容易;冲击钻探时,钻杆稍有跳动;孔壁易坍落
松散	骨架颗粒含量小于颗粒总量的55%,排列十分混乱,绝大部分不接触	锹易挖掘;井壁极易坍塌	钻进很容易;冲击钻探时,钻杆无跳动;孔壁极易坍落

　　注:1.骨架颗粒系指与碎石类土名称相对应粒径的颗粒;

　　　　2.碎石类土密实度的划分,应按列表各项标准综合确定。

【例 2-2】　某砂土土样的密度为 $\rho = 1.77 \text{g/cm}^3$，含水量为 9.8%，土粒比重为 2.68，对该砂样所进行的相对密度试验得到，其最大干密度为 $\rho_{\text{dmax}} = 1.74 \text{g/cm}^3$，最小干密度为 $\rho_{\text{dmin}} = 1.37 \text{g/cm}^3$，试确定该砂土的相对密度并判断其密实程度。

解：(1)该砂土的最大孔隙比和最小孔隙比分别为

$$e_{\max} = \frac{d_s \rho_w}{\rho_{\text{dmin}}} - 1 = \frac{2.68}{1.37} - 1 = 0.956$$

$$e_{\min} = \frac{d_s \rho_w}{\rho_{\text{dmax}}} - 1 = \frac{2.68}{1.74} - 1 = 0.540$$

(2)该砂土的天然孔隙比为

$$e = \frac{d_s(1+w)\rho_w}{\rho} - 1 = \frac{2.68 \times 1.098}{1.77} - 1 = 0.663$$

(3)该砂土的相对密度为

$$D_r = \frac{e_{\max} - e}{e_{\max} - e_{\min}} = \frac{0.956 - 0.663}{0.956 - 0.540} = 0.70$$

(4)密实程度判断为

$$D_r = 0.70 > 0.67$$

该砂土处于密实状态。

第四节　黏性土的特性

本节中黏性土的含义是指具有内聚力的所有细粒土，包括粉土、粉质黏土和黏土。工程实践表明，黏性土的含水量对其工程性质影响极大。当黏性土的含水量小于某一限度时，结合水膜变得很薄，土颗粒靠得很近，土颗粒间黏结力很强，土就处于坚硬的固态；含水量增大到某一限度值时，随着结合水膜的增厚，土颗粒间黏结力减弱，颗粒距离变大，土从固态变为半固态；含水量再增大，结合水膜进一步增厚，土就进入了可塑状态；再进一步增加含水量，土中开始出现自由水，自由水的存在进一步减弱了颗粒间的黏结能力，当土中自由水含量增达到一定程度后，土颗粒间的联结力丧失，土就进入了流动状态。

前述土的含水状况指标 w 和 s_r 虽能反映土体中含水量的多少和孔隙的饱和程度，却无法很好反映土体随含水量的增加从固态到半固态、从半固态到可塑状态、再从可塑状态最终进入流动状态(或称流塑状态)的物理特征变化过程，因此有必要引入界限含水量的概念以确定土的含水状态特征。

一、土的界限含水量和含水状态特征

土的界限含水量是土由一种含水状态过渡到另一种状态时的含水量分界值。1911 年，阿太堡(Atterberg)研究提供了一种简单的试验技术以量测土的液限和塑性；1932 年，卡萨格兰德(Casagrande)研制了标准的液限仪(碟式液限仪)；1940 年人们开始用液限和塑性指数作为土分类的基础，所以土的界限含水量也称为阿太堡界限，有液限、塑限和缩限之分。

1. 缩限 w_s

在半固态，随着含水量的不断减小，土中的弱结合水含量也随之减少，土的颗粒会逐渐靠近，体积逐渐收缩，当体积不再收缩时，我们称土体进入了固态；从固态增加含水量，一开始土的体积不变,但当含水量增大到一定程度后,再进一步增加含水量时,土中的弱结合水含量随之增多,土颗粒的距离开始增大,体积逐渐膨胀,土体从固态进入半固态。土体固态和半固态的界限含水量即为土的缩限,用符号 w_s 表示。

2. 塑限 w_p

土由有一定脆性的半固态向可塑状态过渡时的界限含水量称为土的塑限,用符号 w_p 表示。

3. 液限 w_L

土的液限是指土从可塑状态向流动状态过渡,或从流动状态向可塑状态过渡时的界限含水量,用符号 w_L 表示。

在上述三种界限含水量中,液限和缩限的概念清楚,容易解释;但塑限却难以给出一个精确的物理概念,太沙基(Terzaghi1925)给出的概念是,当含水量降低到塑限以下时,土的孔隙中不再有自由水了;密切尔(Mitchell1976)得出的结论是:"不管水的结构情况和粒间力的性质如何,塑限是当土内表现出塑性性能时含水量范围的下限。这就是说,在塑限之上、可塑性范围之内,土的变形是没有体积变化或产生裂纹,以及将保持它的已有变形形状。"

黏性土的液限测定,目前我国多用锥式液限仪法(如图 2-7 所示)。将调制均匀的稠糊状试样塞满盛土杯,用刀片刮平杯口,将 76g 重的圆锥体轻轻放置在杯口表面的中心处,让其在自身重力作用下徐徐沉入试样,若经 5s 后锥体沉陷深度恰好为 10mm,则杯内土样的含水量即为该种土的液限值。

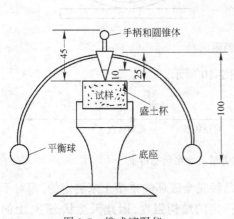

图 2-7　锥式液限仪

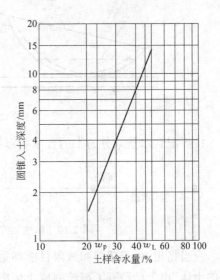

图 2-8　圆锥入土深度与含水量的关系

黏性土塑限的测定常用搓条法。先将拌制好的硬塑状态土样揉成小泥团(球径约10mm),将其放置在毛玻璃板上用手掌慢慢搓成细土条,若土条被搓到直径为 3mm 时表面出现环形裂纹,裂纹间距也不大于 10mm,则其含水量即为该种土的塑限。若泥团拌制得较软时,用力应更轻一些,搓的时间更长一些,以便其中的多余水分在揉搓期间蒸发。

上述确定土塑限的搓条法由于采用手工操作,受人为因素的影响较大,成果很不稳定,因而近年来我国许多单位都在探索应用一些新方法来取代搓条法。联合测定法和经验计算法即属此列。

联合测定法使用的仪器为电磁式锥式液限仪,调制土样时使其具有不同的含水量,按前述测液限的方法,测读 5s 后的锥尖下沉深度,并测取土样的含水量;在双对数坐标系中描点作图,则图中与锥尖沉入深度为 10mm 所对应的含水量即为土的液限,与锥尖沉入深度为 2mm 所对应的含水量即为土的塑限(如图 2-8 所示)。

经验计算法在土性变化范围小的地区多有采用,其原理类似于联合测定法。假定土的液限和土的塑限保持一种线性关系,即

$$w_p = aw_L + b \tag{2-22}$$

式中 a、b 为根据大量试验结果确定的该种土的经验参数。试验时只需测定液限 w_L,即可由上式求算土的塑限。

在日、美等国家,土的液限是用碟式液限仪(图 2-9)来测定。必须指出,用锥式液限仪测得的结果常常和用碟式液限仪所测得的结果有明显的差别。因此,虽然液限的物理意义是明确的,但其测定方法和测试标准却是人为规定的。对国内外一些研究成果的分析表明,如果在锥式液限仪测取土液限的方法中,将 5s 内锥尖的下沉深度规定为 17mm,则此时的土样含水量与碟式液限仪所得的液限值接近。即按目前各自所采用的标准,用碟式液限仪所测得的液限值往往大于锥式液限仪所测得的值。

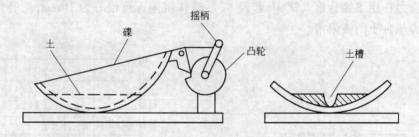

图 2-9　碟式液限仪

按界限含水量划分的土的含水状态特征如图 2-10 所示。

图 2-10　黏性土的界限含水力量及含水状态特征

应当指出,由于塑限和液限目前都是用结构已经完全破坏的重塑土来测定的,而对于天然的土体,由于已经有了很长的成土历史并具有一定的结构强度,因此天然状态下,土的含水量大于其液限并不一定意味着土体就会发生流动。即对于天然土而言,其含水量大于液限仅仅意味着如果土体的结构遭受破坏,它将转变为浓稠的黏滞泥浆。

获知某种黏性土的界限含水量后,可根据其实际含水量的大小确定其所具有的含水状态特征。但对于颗粒组成不同的黏性土,在含水量相同时,其软硬程度却未必相同,因为不同土的可塑状态含水量范围各不相同。为了表述不同土的上述差异,人们引入了土的塑性指数和液性指数的概念。

二、黏性土的塑性指数和液性指数

土的塑性指数是土的液限和土的塑限各自省去百分号后的差值。该指标用以表述土处于可塑状态时,含水量变化范围的大小,用符号 I_p 表示,其数学表达式为

$$I_p = w_L - w_p \tag{2-23}$$

I_p 越大,土的塑性也越大。土的塑性也是区分黏性土和砂性土的一个重要标志。一般地讲,土的颗粒越细,细颗粒的含量越多,土的塑性(或塑性指数)也就越大。工程上以土的塑性指数作为黏性土分类的重要依据。

黏性土的液性指数是指其天然含水量与塑限的差值和液限与塑限的差值的比值,用符号 I_L 来表示,即

$$I_L = \frac{w - w_p}{w_L - w_p} = \frac{w - w_p}{I_p} \tag{2-24}$$

黏性土的液性指数是用来反映黏性土软硬程度的指标,从其表达式中可见,当土的天然含水量小于其塑限时,$I_L < 0$,天然土处于坚硬状态(固态或半固态);当土的天然含水量大于其液限时,$I_L > 1.0$,天然土处于流动状态;而当 I_L 在 $0 \sim 1.0$ 之间变化时,则天然土处于可塑状态。

《建筑地基基础设计规范》(GB50007—2002)规定,黏性土根据其 I_L,可划分为 5 种软硬状态,划分标准见表 2-9。

表 2-9　黏性土软硬程度的划分

状态特征	坚硬	硬塑	可塑	软塑	流动
液性指数	$I_L \leqslant 0$	$0 < I_L \leqslant 0.25$	$0.25 < I_L \leqslant 0.75$	$0.75 < I_L \leqslant 1.0$	$I_L > 1.0$

三、黏性土的活性数

黏性土的黏性和可塑性被认为是由颗粒表面的结合水引起的,因此,塑性指数的大小在一定程度上反映了土中颗粒吸附水的能力,毋庸置疑,矿物组成相同的土颗粒其大小不同、比表面积不同,吸附水的能力亦不同;颗粒成分不同时,吸附水的能力更不相同,例如石英、长石等即使磨碎成小于 $2\mu m$ 的微小颗粒,它们与水拌和后,仍不见其塑性指数有明显的增大,而蒙脱石矿物即使颗粒尺寸大很多,也显示出较强的吸附水的能力。斯凯普顿(Skempton)通过试验发现,对于给定的土(矿物成分一定的土),其塑性指数与小于 $2\mu m$ 颗粒的含量成正比,并建议用活性数来衡量土中的黏粒吸附水的能力,其定义式为:

$$A_n = \frac{I_p}{m} \tag{2-25}$$

式中　I_p——土的塑性指数;

　　　m——土中小于 $2\mu m$ 的微小颗粒百分含量(去掉百分号);

　　　A_n——土的活性数,也有称活性度。

斯凯普顿从实验中得出,蒙脱石的活性数大于 6;伊利石的活性数约为 1;而高龄石的活性数仅为 0.5。根据活性数的大小,斯凯普顿把黏性土分为非活性黏土($A_n < 0.75$)、正常黏土($0.75 \leqslant A_n \leqslant 1.25$)和活性黏土($A_n > 1.25$)。

四、黏性土的灵敏度和触变性

天然状态下的黏性土通常具有相对较高的强度。当土体受到扰动时,土的结构破坏,压缩

量增大。土的结构性对土体强度的这种影响一般用土的灵敏度来衡量。土的灵敏度是指原状土的无侧限抗压强度与重塑土的无侧限抗压强度之比,用符号 S_t 表示,用公式可表示为

$$S_t = \frac{q_u}{q_0} \tag{2-26}$$

式中 q_u——原状土的无侧限抗压强度;

      q_0——重塑土的无侧限抗压强度。

重塑是指在含水量不变的前提下将土体完全扰动(搅成粉末状)后,又将其压实成和原状土同等密实的状态(密度与原状土相等)。土的灵敏度越大,则表示原状土受扰动以后强度降低的越严重。工程实践表明,随着土体含水量增大,土的灵敏度明显增大。因此,在雨季施工时,对于灵敏度高的地基土,一定要尽量减小对地基土的扰动,以免降低地基土的强度(如在基础施工过程中搭设操作平台)。

黏性土受扰动以后其强度降低,但静置一段时间以后,随着土粒、离子及水分子之间的新的平衡状态的建立,土体的强度又会逐渐增长。被扰动黏性土的这种强度随时间推移而逐渐恢复的胶体化学性质称为土的触变性。采用深层挤密类的方法进行地基处理时,处理以后的地基应静置一段时间再进行上部结构的修建,以便让地基强度得以恢复。

第五节 土的工程分类

土是自然地质的历史产物,土的矿物、成因、沉积环境、沉积历史等不同时,土的性质差异很大。为了能在工程建设中大致地判断土的基本工程属性,合理地选择土性研究的内容和方法,又能使科学研究及工程技术人员在技术交流活动中对土有共同的概念和认识,有必要对土进行科学的分类。

对土进行分类的任务就是根据分类用途和土的各种性质差异,将土划分成一定的类别。而分类的意义在于通过土的类别,工程人员就可以方便地判断其基本的工程特性;评价其作为建筑材料或地基时的适宜性;结合其他指标来确定地基土的承载能力;同时便于科学研究及工程技术人员进行学术及成果交流。

根据不同的工程用途,人们已经提出了许多土的工程分类体系,例如研究渗流问题时,人们根据土的渗透性划分其工程类别;在建筑地基基础工程中,土则主要是用作地基,因此人们又着眼于土的变形特性和力学强度及其与土的地质成因、组成、级配等的关系来进行土的分类;在道路工程中,需要重点考虑的是路基土的压实和水稳定性问题,因此分类时主要考虑土的粒组和级配。常见的土的分类体系有:

(1)根据土的地质成因分类,将土分为残积土、坡积土、洪积土、冲积土、风积土等。

(2)根据结构性差异大的黏性土的沉积年代分类,将黏性土分为老黏性土(第四纪晚更新世 Q_3 及其以前沉积的土,其沉积历史约在 10 万 a 以上)、一般黏性土(全新世 Q_4 文化期以前沉积的土,文化期的概念很难说得清楚,应是指新石器时代以来,即人类发明农耕和畜牧以来,文化期以前即距今约 9 千 a 以前)和新近沉积的黏性土(全新世 Q_4 文化期以来新近沉积的土)。

(3)按固结程度(按前期固结压力或超固结比)对黏性土分类,将其分为超固结土、正常固结土和欠固结土。

（4）根据土的特殊性质进行分类,将其分为湿陷性黄土、红黏土、膨胀土、多年冻土、盐渍土、软土、人工填土等。

（5）根据土的颗粒级配或塑性指数分类,将土分为碎石土、砂土、粉土和黏性土。

（6）细粒土按塑性图分类。

同粒组的划分一样,国家不同、部门不同、研究问题的角度不同、工程特点不同,划分土类别的具体规定也不相同或不尽相同。为了便于国际科学技术交流,近年来国外在土的工程分类方面有了很大进展,许多国家的土分类体系,不仅在其国内已经制定了统一的标准,而且有走向国际统一化的趋势。

一、根据土的颗粒级配或塑性指数分类

根据土的颗粒级配或塑性指数对土体进行分类是我国各部门最为常用而且分类结果大致相同的一种土的分类方法。以下我们以《建筑地基基础设计规范》(GB50007—2002)为例,介绍这种方法的分类结果,在工程实践中应用时,应结合工程的具体情况,参照有关部门的规范或规程施行。

1. 碎石土

碎石土是粒径大于 2mm 的颗粒含量超过颗粒总重量 50% 的土。根据各粒组颗粒含量及颗粒形状碎石土分为漂石和块石、卵石和碎石、圆砾或角砾等,其划分标准见表 2-10。

表 2-10　碎石土的分类

土的名称	颗粒形状	颗粒级配
漂　石 块　石	圆形及亚圆形为主 棱角形为主	粒径大于 200mm 的颗粒超过全重的 50%
卵　石 碎　石	圆形及亚圆形为主 棱角形为主	粒径大于 20mm 的颗粒超过全重的 50%
圆　砾 角　砾	圆形及亚圆形为主 棱角形为主	粒径大于 2mm 的颗粒超过全重的 50%

注：定名时应根据粒组含量由大到小以最先符合者确定。

2. 砂类土

砂类土是指粒径大于 2mm 的颗粒含量不超过颗粒总重量的 50%、但粒径大于 0.075mm 的颗粒超过颗粒总重量的 50% 的土。按粒组颗粒含量可分为砾砂、粗砂、中砂、细砂和粉砂,其具体划分情况见表 2-11。

表 2-11　砂类土的分类

土的名称	颗　粒　级　配
砾　砂	粒径大于 2mm 的颗粒占全重的 25%～50%
粗　砂	粒径大于 0.5mm 的颗粒超过全重的 50%
中　砂	粒径大于 0.25mm 的颗粒超过全重的 50%
细　砂	粒径大于 0.075mm 的颗粒超过全重的 85%
粉　砂	粒径大于 0.075mm 的颗粒超过全重的 50%

注：定名时应根据粒组含量由大到小以最先符合者确定。

3. 粉土

粉土是指粒径大于 0.075mm 的颗粒含量不超过颗粒总重量的 50%、塑性指数 I_p 小于或等于 10 的土。根据其颗粒级配还可细分为砂质粉土(粒径小于 0.005mm 的颗粒含量小于或等于颗粒总重量的 10%)和黏质粉土(粒径小于 0.005mm 的颗粒含量大于颗粒总重量的 10%)。在粉土的各粒组颗粒中,0.005~0.075mm 的颗粒一般占绝大多数,这类颗粒的吸附水能力弱于黏性土,但却明显强于砂土。如果用含水量近于饱和的粉土团成小球,放在手心来回摇晃,并用另一只手进行振击,则土中水会迅速渗出土面,这是野外鉴别粉土的重要手段之一。

4. 黏性土

黏性土是指塑性指数 I_p 大于 10 的土,其中 $10 < I_p \leqslant 17$ 的称为粉质黏土;$I_p > 17$ 的称为黏土。

黏性土的工程性质除了会受到含水量的极大影响以外,还与其沉积历史有很大的关系。不同地质时代沉积的黏性土,尽管其某些物理性质指标可能很接近,但其工程力学性质却可能相差悬殊。一般而言,土的沉积历史愈久,结构性愈强、力学性质愈好。

二、根据土的特殊性质进行分类

根据土的特殊性质进行土的分类是另一种极常用的土的工程分类方法,按这种方法分类的土称为特殊土。特殊土是指由特殊性质的矿物组成的或在特定的地理环境中形成的或在人为条件下形成的性质特殊的土,其分布具有明显的区域性。在我国,分布面积较大、工程特性突出的特殊性土主要有软土、红黏土、膨胀土、盐渍土、多年冻土、湿陷性黄土和人工填土等。软土、膨胀土、多年冻土、湿陷性黄土在第十章介绍,这里主要叙述红黏土和人工填土。

红黏土是出露于地表的碳酸岩系岩石在亚热带温湿气候条件下经风化作用所形成的棕红、褐黄等色的高塑性土。红黏土的液限一般大于 50%,上硬下软,失水后干硬收缩,裂隙发育,吸水后迅速膨胀软化,在我国云南、贵州和广西等省区分布较广。

红黏土属第四纪残积、坡积型土,一般分布在盆地、洼地、山麓、山坡、谷地或丘陵等地区,形成缓坡、陡坎地形,常与岩溶、土洞关系密切。红黏土的分布厚度受下伏基岩起伏的影响而变化很大,在贵州某厂一车间的一个柱基范围内,土层厚度差异竟然达到 6m。在一般情况下,红黏土的表层压缩性低、强度较高、水稳定性好,属良好的地基地层,但在接近下伏基岩面的下部,随着含水量的增大,土体呈软塑或流塑状态,强度明显变低,作为地基时条件较差。因此在红黏土地区的工程建设中,要注意场地及边坡的稳定性、地基土厚度的不均匀性、地基土的裂隙性和膨胀性、岩溶和土洞现象以及高含水量红黏土的强度软化特性及其流变性。另外还要特别指出,红黏土的压实性较差。

人工填土是指有人类活动堆积而成的土,根据物质组成和堆填方式分为素填土、杂填土和冲填土。

素填土是由碎石、砂、粉土、黏性土等一种或几种土通过人工堆填方式而形成的土,经过分层压实后的称为压实填土,未经压实处理的称为虚填土。即使是压实填土,由于其形成的时间极短,所以结构性能一般很差。虚填土俗称"活土",极其疏松,在工程中遇到时必须进行换填压实处理。

杂填土是指大量的建筑垃圾、工业废料或生活垃圾等人工堆填物。建筑垃圾和工业废料一般均质性差,尤以建筑垃圾为甚;生活垃圾物质成分复杂,且含有大量的污染物,不能作为地基材料。当建筑场地为生活垃圾所覆盖时,必须予以挖除。由建筑垃圾和工业废料堆成的杂填土也常常需要进行人工处理后方可作为地基。

冲填土是人类借助水力冲填泥砂而形成的土,一般压缩性大、含水量大、强度低。

三、细粒土按塑性图分类

在对颗粒进行粗细划分时,通常都是以 0.075mm 作为分界尺寸,大于 0.075mm 的称为粗颗粒,反之则称为细颗粒。《土的分类标准》(GBJ142—90)规定,试样中粗粒组颗粒(>0.075mm)含量少于颗粒总质量的 25% 时,称为细粒土;粗粒组颗粒含量大于颗粒总质量的 50% 时,称为粗粒土;而试样中粗粒组颗粒含量在 25%～50% 之间时称为含粗颗粒的细粒土。

细粒土按塑性图的分类首先由卡萨格兰德于 1948 年提出,这个分类系统经过微小的修改后被世界许多国家采纳为土的统一分类系统的一部分。细粒土分类的塑性图如图 2-11所示。

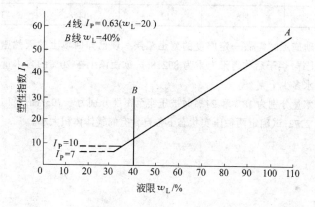

图 2-11 细粒土分类的塑性图

土的塑性图是根据大量的试验资料,经统计后绘制成的按土的塑性指数和土的液限定名细粒土的一种图式,它将所有的细粒土分归 4 个区域,图中的 A 线以上和其以下各有两个区。所有黏土均位于 A 线和 $I_p=10$ 的水平线以上;所有的粉土均位于 A 线和 $I_p=7$ 的水平线以下;位于 B 线左侧($w_L<40\%$)的为低液限土;位于 B 线右侧($w_L>40\%$)的为高液限土。公式中的 w_L 需去掉百分号。如采用碟式液限仪,A 线的方程为 $I_p=0.73(w_L-20)$,B 线的方程为 $w_L=50\%$。

思考题及习题

2-1 土的颗粒分析涉及哪些概念?

2-2 如何定性及定量表述土的颗粒级配情况?

2-3 土中水有哪些形态,各种形态的水各具有哪些特性,对工程建设有何影响?

2-4 土的结构形式有哪些,主要构造特征是什么? 举例说明土的结构和构造对土工程性质的影响。

2-5 简述土的冻胀机理。影响土冻胀性的主要因素有哪些?

2-6 土的三相比例指标有哪些? 哪几个是实测得到的,如何确定各换算指标?

2-7 为什么要引入无黏性土相对密度的概念? 如何确定?

2-8 掌握黏性土塑性指数和液性指数的概念及其工程意义。

2-9 何谓土的灵敏度和触变性? 其工程意义何在?

2-10 无黏性土的密实度划分方法有哪些? 各有何特点?

2-11 土的工程分类体系有哪些? 掌握土的分类的结果。

2-12 简述红黏土、人工填土特殊土的概念。

2-13 某软土地基的干密度为 $\rho_d = 1.36\text{g/cm}^3$,土粒比重 $d_s = 2.71$,含水量 $w = 31.4\%$,求 1m^3 的土体中颗粒、水与空气所占的体积与重量,并确定以下指标 γ, γ_{sat}, S_r, e。

2-14 有一天然的完全饱和土样切满于 72cm^3 的环刀之中,经测定土样重 133.92g,经 105℃ 烘至恒重为 105.84g,试求该土样的干密度、天然重度、饱和重度、含水量及天然孔隙比。

2-15 某无黏性土样的颗粒分析结果见题表 2-1,试定出该土样的名称;若该土在天然状态下的密度为 1.79g/cm^3,天然含水量为 8.9%,土粒比重为 2.69,通过试验得知其最大孔隙比为 0.966,最小孔隙比为 0.465,试求该土的相对密度,并评价其密实度。

题表 2-1 某无黏性土样的颗粒分析结果

粒径/mm	10~2	2~0.5	0.5~0.25	0.25~0.075	<0.075
颗粒相对含量/%	4.5	12.9	34.8	33.7	14.1

2-16 某工地进行基础施工时需做一定厚度的素土垫层。现已知回填土的天然密度为 1.64g/cm^3,任取 1000g 代表性土样,烘干后称得干土重为 892.86g,欲使该土在 20% 的含水量状态下回填夯实,问每立方米土需加水多少千克?

2-17 某黏性土在含水量分别为 18% 和 21% 时被压实至密度分别为 1.79g/cm^3 和 1.81g/cm^3,已知该土样的颗粒比重为 2.72,试确定两种压实状态下各自含有的气体体积大小。

第三章 地基中应力与变形计算

第一节 概 述

建筑物的建造,路堤、土坝的修筑以及车辆荷载等,使地基土中原有的应力状态发生了改变。应力状态的改变,将引起地基土产生变形,并导致建筑物基础、路堤、坝体等产生沉降或变形。当应力的改变量较大时,将有可能造成地基土在局部甚至整体上发生破坏进而失去其稳定性。因此,在对地基土进行变形、强度及稳定性分析之前,应首先研究地基中的应力问题。

建造建(构)筑物以前,地基地层中存在着自重应力。此外,在地层的深部和地质构造带附近,还存在着构造应力。特殊情况下地层中还有水压力、温度应力和地震应力等。

如前所述,土体分布于地壳的最表层,建(构)物荷载的影响范围和深度一般不大,因此地基变形主要发生于地层的浅部,且场地选择时一般已人为地避开了构造地带,所以通常情况下,我们假定地基地层中仅存在着自重应力这一种初始应力。土中自重应力的研究是土体各种其他力学分析的基础。

第二节 土中的自重应力

由上覆土体本身的重力作用而引起的土中应力称为土的自重应力。目前情况下,弹性理论仍然是土体力学分析的最主要方法。为了借助弹性理论对土体进行力学分析,首先需要建立有关土体的力学计算模式。

一、有关土中自重应力计算的假设前提

在土的自重应力计算中,我们假定:土是一种连续的弹性介质;天然地面是一个无限大的水平面,地基土是半空间体;任一土层都是水平分布的,同一土层的土是均质、各向同性的。

虽然如前面所指出的那样,土是一种三相介质,即土体是一种非连续介质,土中的应力是通过土颗粒间的接触点而传递的。但是,由于建(构)筑物的基础底面尺寸远远大于土的颗粒尺寸,加之工程中通常涉及的也只是计算平面上的平均应力,而非粒间接触压力。因此可以从宏观观点出发(孔隙在土体中基本是处处均匀分布的),忽略土的分散性影响,并假定其为连续弹性介质,以便应用弹性理论对其进行力学分析。

建筑物在绝大多数情况下都修建在具有一定规模的平整场地上,相对于建筑物基础而言,可以认为地表面是无限延伸的;另外,建筑物荷载引起地层产生应力重分布的深度范围也是有限的,该范围以外介质是否是土、初始应力场计算结果是否正确,对地基的强度、稳定性以及变形等已无任何影响,因此自重应力分析中假定地基土为表面水平的半空间体。

土在沉积过程中形成了各种结构与构造,即使是同一层土也呈现非均质性和各向异性。

同时必须指出,土体也不是理想的弹性介质,而是一种具有弹塑性和黏滞性的介质,土层也并非都水平分布。但是,在绝大多数工程中地基土的应力水平较低,土的应力应变之间接近于线性关系,土层也多呈水平或仅水平状。因此当土层的倾角不大、同层土的性质差异也不大时,采用前述假定并按弹性理论进行土中应力分析在实用上是允许的。

二、均质土体中的自重应力计算

1. 均质土体中的竖向自重应力

根据假设条件,地基土是一个表面水平的均质、连续、各向同性的弹性半空间体。在此条件下,受自身重力作用地基土只能产生竖向变形,而不能产生侧向和剪切变形。根据弹性力学原理可知,在如图 3-1 所示的地基土中任意 M 点处(深度为 z)必然有:

$$\tau_{xy} = \tau_{yz} = \tau_{xz} = 0 \tag{3-1}$$

$$\varepsilon_x = \varepsilon_y = 0 \tag{3-2}$$

其中 $\tau_{xy} = \tau_{yz} = 0$ 也可以从结构力学原理中得出,因为根据前述假定,地基土沿任意的竖直剖面都呈对称结构体,对称结构在对称力(自重)作用下,其对称结构面上的非对称内力 $(\tau_{xy}、\tau_{yz})$ 等于 0。

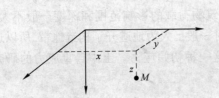

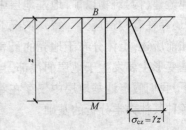

图 3-1 半空间体中的 M 点   图 3-2 均质土体中的自重应力

设土的天然重度为 γ,图 3-2 所示土柱体 BM 的横截面面积为 A,则天然地面以下任意 z 深度处的竖向自重应力 σ_{cz} 可以通过 z 方向上的静力平衡来获得

$$\sigma_{cz} A = W = \gamma z A$$

整理可得

$$\sigma_{cz} = \gamma z \tag{3-3}$$

式中 γ——土的天然重度,kN/m^3;

     z——M 点的深度,m。

从式(3-3)得知,均质土体中的竖向自重应力随深度线性增加,呈三角形分布(如图 3-2 所示)。

2. 均质土体中的侧向自重应力

根据弹性理论,在 $\tau_{xy} = \tau_{yz} = \tau_{xz} = 0$ 时,其广义虎克定律为

$$\varepsilon_x = \frac{1}{E} [\sigma_x - \mu(\sigma_y + \sigma_z)]$$

$$\varepsilon_y = \frac{1}{E} [\sigma_y - \mu(\sigma_x + \sigma_z)] \tag{3-4}$$

$$\varepsilon_z = \frac{1}{E} [\sigma_z - \mu(\sigma_y + \sigma_x)]$$

式中 ε_x、ε_y、ε_z——分别为 x、y、z 方向的应变；

$\qquad\qquad E$——介质的弹性模量；

$\qquad\qquad \mu$——介质的泊松比。

将式(3-2)代入式(3-4)可得

$$\sigma_{cx} = \sigma_{cy} = \frac{\mu}{1-\mu}\sigma_{cz} = K_0\sigma_{cz} \tag{3-5}$$

式中 σ_{cx}、σ_{cy}——分别为 x、y 方向的自重应力；

$\qquad\quad K_0$——侧压力系数，亦称土的静止土压力系数，$K_0 = \dfrac{\mu}{1-\mu}$。

由于土体非真正的弹性介质，所以在实用上 K_0 可以在实验室测定，或按关系式 $K_0 = 1-\sin\varphi'$ 确定。以下讨论中若无特别注明，则自重应力仅指竖向自重应力。

三、地基土体为两种土层时的自重应力

如果地基由两层水平分布的土层构成，如图 3-3 所示，则同理可得：

(1)在第一层土中

$$\sigma_{cz} = \gamma_1 z \qquad (0\leqslant z < h_1)$$

(2)在两层土的界面上

$$\sigma_{c1} = \gamma_1 h_1 \qquad (z = h_1)$$

(3)在第二层土中

$$\sigma_{cz} = \gamma_1 h_1 + \gamma_2(z-h_1) \qquad (z>h_1) \tag{3-6}$$

当 $\gamma_1 > \gamma_2$ 时，应力曲线下拐，而当 $\gamma_1 < \gamma_2$ 时，应力曲线上翘。

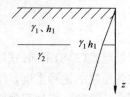

图 3-3 两层土中的
自重应力分布

四、有地下水时的自重应力计算

在地下水位以上，对土柱体进行 z 方向上的静力平衡分析不难得知，$\sigma_{cz} = \gamma z$；若水位面埋深为 h_1，则水位面上的自重应力为 $\sigma_{c1} = \gamma h_1$；在水位面以下，由于受水的浮力作用，所以自重应力的计算公式应表示为

$$\sigma_{cz} = \gamma h_1 + \gamma'(z-h_1) \qquad (z>h_1) \tag{3-7}$$

式中 γ'——土的有效重度(浮重度)。

五、成层土中的自重应力计算

当地基由多层水平分布的土层构成时，对土柱体进行 z 方向上的静力平衡分析不难得到，在第 n 层分界面上：

$$\sigma_{cn} = \sum_{i=1}^{n}\gamma_i h_i \tag{3-8}$$

在第 n 层土中：

$$\sigma_{cz} = \sum_{i=1}^{n-1}\gamma_i h_i + \gamma_n\left(z - \sum_{i=1}^{n-1}h_i\right) \qquad \left(\sum_{i=1}^{n}h_i > z > \sum_{i=1}^{n-1}h_i\right) \tag{3-9}$$

在式(3-8)、式(3-9)中，h_i 表示第 i 层土的厚度；n 表示计算深度内土层的总数；γ_i 表示第 i 层土的重度，在地下水位以上为各土层的天然重度，在地下水位以下为各土层的浮重度。必须指出，自重应力计算中，地下水位面是当然的土层分界面。

六、多层土中隔水层面上的自重应力计算

现假定隔水层为地表以下的第 $n+1$ 个土层，在第 n 层中自重应力表示如式(3-9)，其

中 γ_i 在地下水位以上为各土层的天然重度,在地下水位以下为各土层的浮重度。当 z 不断增大并趋向于 $\sum_{i=1}^{n} h_i$ 时,由数学原理不难得知

$$\sigma_{cn\perp} = \lim_{z \to \sum_{i=1}^{n} h_i} \sigma_{cz} = \sum_{i=1}^{n} \gamma_i h_i \qquad (3\text{-}10)$$

式(3-10)即为式(3-8),即 γ_i 在地下水位以上取天然重度,在地下水位以下取浮重度。若将土柱体取至第 $n+1$ 层中,则由静力平衡可得

$$\sigma_{cz} = \sum_{i=1}^{n} \gamma_i h_i + \gamma_{n+1}(z - \sum_{i=1}^{n} h_i) \qquad (3\text{-}11)$$

式中 h_i 同式(3-8)中的 h_i,γ_i 在地下水位以上为各土层的天然重度,在地下水位以下为各土层的饱和重度。当 z 不断减小并趋向于 $\sum_{i=1}^{n} h_i$ 时,按同样的数学原理可得

$$\sigma_{cn\top} = \lim_{z \to \sum_{i=1}^{n} h_i} \sigma_{cz} = \sum_{i=1}^{n} \gamma_i h_i \qquad (3\text{-}12)$$

与式(3-8)不同,式(3-12)中 γ_i 在地下水位以上取各土层的天然重度,在地下水位以下取各土层的饱和重度。

从上述分析过程得知,在隔水层面上存在着两个自重应力,其一为含水层底面处的自重应力 $\sigma_{cn\perp}$,按式(3-10)计算;其二为隔水层顶面处的自重应力 $\sigma_{cn\top}$,按式(3-12)计算;两者保持以下关系:

$$\sigma_{cn\top} = \sigma_{cn\perp} + \gamma_w h_w \qquad (3\text{-}13)$$

式中 γ_w 为水的重度(工程上一般取 10kN/m^3);h_w 为地下水位面距隔水层顶面处的距离亦即含水层的总厚度。

七、地下水位的升降对土中自重应力的影响

在大型河道上修筑水库后,水坝以上的相当大范围内将出现地下水位的上升现象;而在大城市中,由于工业与生活用水的需要,长期、大量抽取地下水的结果又会造成城区大范围的地下水位下降。实践及理论分析都表明,当地下水位上升或下降时部分地层中的自重应力也会随之发生变化。图 3-4 表示地下水位下降和上升的情况。当地下水位从图 3-4 的 $z=h_1$ 下降到 $z=h_1+h_2$ 时,可以得到土中的应力增量为

图 3-4 地下水位升降对土中
自重应力的影响

$$\Delta\sigma_{cz} = (\gamma - \gamma')(z - h_1) \qquad (h_1 < z < (h_1 + h_2))$$

$$\Delta\sigma_{cz} = (\gamma - \gamma')h_2 \qquad (h_2 \leqslant z)$$

而当地下水位从图 3-4 的 $z=h_1+h_2$ 上升到 $z=h_1$ 时,其应力减小量如前述两式所示。

自然界中的天然土层,形成至今一般已有地质历史,其在自重应力作用下的变形也早已完成(新近堆积的或人工堆积的欠固结土除外),即我们假定其在初始应力作用下已不再变形。但需要指出的是,地下水位下降引起的应力增量虽在概念上属于自重应力,但却会在其产生后的一定时期内导致地基土产生附加变形(如我国西安等地区的地表大面积下沉就与

此有关)。在此情况下,这部分应力增量在变形分析中被看成是附加应力的一部分。另外地下水位的上升虽会使部分土体中的应力减小,但由于地基土在卸载过程中回弹变形量很小,所以一般不会造成地表的上抬,而在湿陷性黄土地区地下水位的上升反而往往造成地基产生陷性变形。当地下水位上升导致黏性土地基含水量过大时,还会因土体力学性质指标的降低而诱发工程事故。大型水库的库区常发生滑坡和塌岸灾害,这些多为地下水位上升所引起。工程建设中一定要注意地下水位的升降对工程造成的不利影响。

【例 3-1】 某项工程勘察所得的地层剖面如例图 3-1 所示,试确定基岩层顶面以上的自重应力分布。

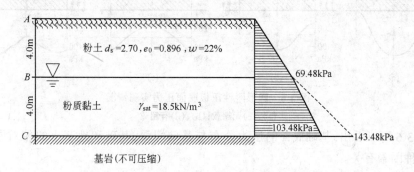

例图 3-1 地层剖面图

解:(1)B 点的自重应力:根据土的物理性质质变关系粉土层的重度为

$$\gamma = \frac{d_s(1+w)\gamma_w}{1+e_0} = \frac{2.70 \times (1+0.22) \times 10}{1+0.896} = 17.37 \text{kN/m}^3$$

$$\sigma_{cB} = 17.37 \times 4.0 = 69.48 \text{kPa}$$

(2)含水层底面处的自重应力

$$\sigma_{cC上} = 69.48 + 8.5 \times 4 = 103.48 \text{kPa}$$

(3)隔水层顶面处的自重应力

$$\sigma_{cC下} = 103.48 + 40 = 143.48 \text{kPa}$$

基岩层顶面以上的自重应力分布如例图 3-1 所示。

第三节 基础底面接触压力

建筑物的修建改变了原有地层表面的荷载状态,并通过基础将建筑物荷载传递到该地基,在基础和地基的接触面上产生了接触压力,该压力被称为基础底面接触压力或简称基底压力。它既是基础作用于地基的压力,同时又是地基对基础的支承压力或称地基反力。基底压力的存在改变了整个地基地层原有的应力状态,并由此引发了地基的变形和稳定性问题。

工程实践、试验研究和理论分析结果均表明,基底压力的分布取决于地基与基础的相对刚度、荷载大小及其分布、基础埋置深度以及地基土的性质等多种因素。

土堤、土坝和路基等柔性基础的刚度很小,在垂直荷载作用下没有抵抗弯曲变形的能力,能随其下的地基土一起变形,因此其基底压力分布与其上的荷载分布一致。当柔性基础中心受压时,基底压力是均匀分布的(如图 3-5 所示)。

建筑物基础中的块式整体基础的刚度远远大于地基土的刚度,可视作绝对刚性体。在受力后其底面形状不发生改变,因此在上部结构荷载作用下地基土的变形必须与这种基础的变形保持一致,即在中心荷载作用下基础底面范围内地基土各点的变形值相等。与柔性基础的变形情况相比,刚性基础底面压力的分布显然不可能是均匀的。图 3-6 所示为圆形刚性压板的底面压力实测情况,基底压力用应变片或钢弦式土压力盒量测。

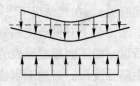

图 3-5 柔性基础基底压力

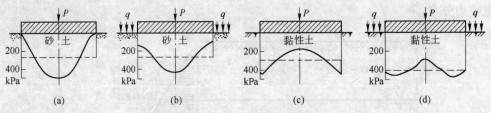

图 3-6 圆形刚性压板底面压力实测情况

(a)、(c)无超载;(b)、(d)有超载

从图 3-6 可以看出,基础底面的压力分布与基础埋深、基础和地基土的相对刚度、土的种类等多种因素有关。

一、基底压力的简化计算

虽然在相同的外荷载作用下,基础底面压力分布会受基础埋深、基础和地基土的相对刚度、土的种类等多种因素影响而会发生一定程度的变化,但是根据弹性力学的圣维南原理,在等效力系力作用下,介质中远离力的作用点处的应力不会因作用力的形式不同而发生很大的变化。基于此,对于具有一定刚度且底面尺寸较小的柱下单独基础和墙下条形基础等,在进行地基应力分析时,假定基础底面压力呈线性变化。此假定对靠近基础底面附近的地基附加应力计算会带来一定的误差,但对主要地基深度范围内的附加应力而言,其影响不大,能够满足工程的计算精度要求。也就是说,基础底面压力线性变化是具有一定刚度且底面尺寸较小的柱下单独基础和墙下条形基础等的基底压力简化计算的基本前提。

1. 中心荷载作用下的矩形基础底面压力简化计算

根据基础底面压力呈直线分布的假定,中心荷载作用下的矩形基础底面压力是处处相等的(基底压力均匀分布),如图 3-7 所示。

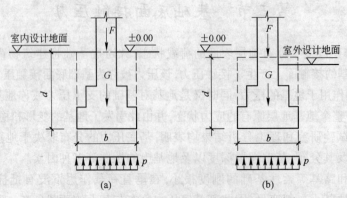

图 3-7 中心荷载作用下的矩形基础底面压力分布

(a)内柱(或内墙)基础;(b)外柱(或外墙)基础

根据上述结论,不难得到中心荷载作用下的矩形基础底面压力按式(3-14)计算

$$p = \frac{F+G}{A} = \frac{F+\gamma_G Ad}{A} = \frac{F}{A} + 20d \qquad (3\text{-}14)$$

式中　F——上部结构传递给基础的竖向力,进行承载力计算时,取荷载组合的标准值;进
　　　　　行变形计算时,取荷载组合的准永久值;

　　　G——基础及上覆土的总重量,$G = \gamma_G Ad$;

　　　γ_G——基础及上覆土的加权平均重度,设计时一般取 20kN/m^3;

　　　A——基础底面面积;

　　　d——基础平均埋置深度。

2. 单向小偏心荷载作用下的矩形基础底面压力计算

(1)偏心荷载的等效力系和偏心距确定:对于结构对称的小型基础而言,受一个偏心的
集中荷载作用或受一个等值的中心荷载和弯矩共同作用时,若该偏心集中荷载在基础形心
处引起的弯矩与荷载弯矩共同作用的弯矩相等,则根据等效力系原理,两个力系的作用结果
是完全等效的(如图3-8所示)。

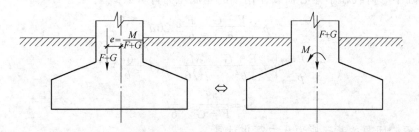

图 3-8　偏心荷载的等效力系

据此可得

$$e = \frac{M}{F+G} \qquad (3\text{-}15)$$

式中　e——偏心距;

　　　M——力矩。

(2)小偏心问题的矩形基础基底最大和最小压力简化计算:将受到一个偏心的集中荷载
作用的基础用受到一个等值的中心荷载和弯矩共同作用的等效力系基础来代替,对于上述
单向偏心问题,将弯矩作用下的基础底面压力按材料力学中的梁受纯弯曲时的截面应力来
考虑,并与中心荷载的集中力作用结果相叠加(按弹性问题考虑),当为小偏心问题(偏心距
$e = \dfrac{M}{F+G} \leqslant \dfrac{l}{6}$)时,基础底面最小及最大压力按下式计算

$$\left.\begin{array}{r} p_{\max} \\ p_{\min} \end{array}\right\} = \frac{F+G}{lb} \pm \frac{M}{l^2 b/6} = p\left(1 \pm \frac{6e}{l}\right) \qquad (3\text{-}16)$$

式中　l——基础的长边;

　　　b——基础的短边。

小偏心荷载作用下的基础底面压力为梯形或三角形(如图3-9所示)。

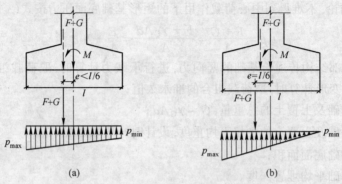

图 3-9 小偏心荷载作用下的基础底面压力

(a)梯形压力;(b)三角形压力

3. 墙下条形基础的底面压力计算

对于墙下条形基础,在进行基础设计时是将基础视为每延米范围内的矩形基础来设计。此时,将式(3-14)中的 A 代之以条形基础的宽度 b,将式(3-16)中的 l 改写为 b,即可得墙下条形基础中心荷载和小偏心荷载作用下的基底压力计算公式

$$p = \frac{F + G}{b} = \frac{F}{b} + 20d \tag{3-17}$$

$$\left.\begin{array}{c} p_{max} \\ p_{min} \end{array}\right\} = \frac{F + G}{b^2} \pm \frac{M}{l^2/6} = p\left(1 \pm \frac{6e}{b}\right) \tag{3-18}$$

其中

$$e = \frac{M}{F + G} \leqslant \frac{l}{6} \tag{3-19}$$

4. 大偏心问题的基础底面压力简化计算

对于大偏心(偏心距 $e = \dfrac{M}{F + G} > \dfrac{l}{6}$),如果仍然按上述原理计算时,基础底面压力将出现一边为压一边为拉的情况(如图 3-10 所示),这对由基础底面和地基土组成的"梁截面"而言肯定是不能成立的。为了简化问题且从偏于安全的角度出发,此时假定基础底面只能承受压力,根据力的平衡条件(作用力与反作用力大小相等、方向相反、作用线重合)可得,基础底面最大压力按下式计算

$$p_{max} = \frac{2(F + G)}{3kb} \tag{3-20}$$

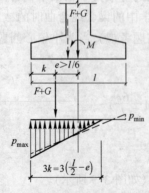

图 3-10 大偏心荷载作用下的
基础底面压力

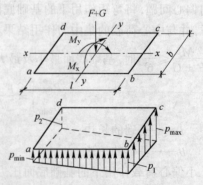

图 3-11 矩形基础受双向小偏心荷载
作用时的基础底面压力分布

式中 $k = \dfrac{l}{2} - e$,对于墙下条形基础,由于纵向的抗弯能力很大,因此,设计时只考虑横向的偏心问题,式(3-20)中的 $k = \dfrac{b}{2} - e$,$p_{max} = \dfrac{2(F+G)}{3k}$。

5. 矩形基础受双向小偏心荷载作用时的基础底面压力计算

当矩形基础受到两个方向的小偏心荷载作用时,根据弹性力学的应力迭加原理可得(图3-11)

$$\left.\begin{array}{c} p_{max} \\ p_{min} \end{array}\right\} = \frac{F+G}{lb} \pm \frac{M_y}{l^2 b/6} \pm \frac{M_x}{b^2 l/6} \tag{3-21}$$

$$\left.\begin{array}{c} p_1 \\ p_2 \end{array}\right\} = \frac{F+G}{lb} \pm \frac{M_y}{l^2 b/6} \mp \frac{M_x}{b^2 l/6} \tag{3-22}$$

二、基底附加压力

基底附加压力是指建筑物修建以后和修建以前相比较,基础底面处的压力改变量。根据基础底面压力的计算公式和基底附加压力的定义不难得到:在均布荷载作用下基底附加压力 $p_0 = p - \sigma_{cd} = p - \gamma_0 d$ (γ_0 为基础埋置深度范围内土的加权平均重度);其他情况下基底平均附加压力 $\overline{p}_0 = p - \gamma_0 d$ (如图3-12所示)。

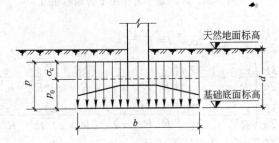

图 3-12 基底平均附加压力计算示意图

第四节 地基附加应力

地基附加应力是指建筑物荷重在地基中引起的附加于原有应力(通常为自重应力)之上的应力。换言之,地基附加应力是指建筑物修建后地基任意点应力的改变量。

计算地基附加应力时,把地基看成是各向同性的、均质的线弹性半空间体,用弹性半空间理论来进行求解。求解地基附加应力时,把基底压力看成是柔性荷载,不考虑基础刚度对基底压力分布、进而对地基附加应力分布造成的影响。根据基础底面的形状(矩形、条形、圆形等)和基底附加压力(均布、三角形等)的分布规律,地基附加应力计算需按多种不同情况来分别考虑。

一、竖向集中力作用下的地基附加应力(布辛奈斯克解)

地表受理论意义上的竖向集中力作用的情况在真实的工程中是不存在的,但集中荷载作用下的弹性介质应力解答却是求解其他各种分布力作用下地基附加应力分布的基础。为此需要首先研究竖向集中力作用下地基任意点处的附加应力和位移解。

(一)布辛奈斯克解

竖向集中力作用下地基任意点处的附加应力和位移解由法国数学家布辛奈斯克(J. Boussinesq)于1885年根据弹性理论给出。如图3-13所示,均质、各向同性的线弹性半空间体中任意点 $M(x、y、z)$ 的6个应力分量和3个位移分量的数学解答如下:

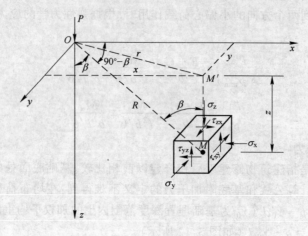

图 3-13 竖向集中力作用下的地基应力

$$\sigma_z = \frac{3P}{2\pi}\frac{z^3}{R^5} = \frac{3P}{2\pi R^2}\cos^3\beta = K\frac{P}{z^2} \tag{3-23a}$$

$$\sigma_x = \frac{3P}{2\pi}\left\{\frac{zx^2}{R^5} + \frac{1-2\mu}{3}\left[\frac{1}{R(R+z)} - \frac{(2R+z)x^2}{(R+z)^2R^3} - \frac{z}{R^3}\right]\right\} \tag{3-23b}$$

$$\sigma_y = \frac{3P}{2\pi}\left\{\frac{zy^2}{R^5} + \frac{1-2\mu}{3}\left[\frac{1}{R(R+z)} - \frac{(2R+z)y^2}{(R+z)^2R^3} - \frac{z}{R^3}\right]\right\} \tag{3-23c}$$

$$\tau_{xy} = \frac{3P}{2\pi}\left[\frac{xyz}{R^5} - \frac{1-2\mu}{3}\frac{(2R+z)xy}{(R+z)^2R^3}\right] \tag{3-23d}$$

$$\tau_{xz} = \frac{3P}{2\pi}\frac{xz^2}{R^5} \tag{3-23e}$$

$$\tau_{yz} = \frac{3P}{2\pi}\frac{yz^2}{R^5} \tag{3-23f}$$

$$u = \frac{P(1+\mu)}{2\pi E}\left[\frac{xz}{R^3} - (1-2\mu)\frac{x}{R(R+z)}\right] \tag{3-24a}$$

$$v = \frac{P(1+\mu)}{2\pi E}\left[\frac{yz}{R^3} - (1-2\mu)\frac{y}{R(R+z)}\right] \tag{3-24b}$$

$$w = \frac{P(1+\mu)}{2\pi E}\left[\frac{z^2}{R^3} - (1-2\mu)\frac{1}{R}\right] \tag{3-24c}$$

式中 $\sigma_z、\sigma_x、\sigma_y$——分别为 M 点在 $x、y、z$ 方向的法向应力;

     $\tau_{xy}、\tau_{xz}、\tau_{yz}$——分别为 M 点的剪应力分量;

     $u、v、w$——分别为 M 点沿 $x、y、z$ 方向的位移;

     R——所求应力点 M 与 P 的作用点的空间距离, $R = \sqrt{x^2 + y^2 + z^2} = \sqrt{r^2 + z^2}$;

     z——M 点的深度;

K——集中力作用下的地基竖向附加应力系数，$K = \dfrac{3z^5}{2\pi R^5}$；

E——介质的弹性模量，对于土体而言，E 为变形模量 E_0；

μ——介质的泊松比；

β——M 点和力的作用点连线于水平面的夹角，亦即空间矢径 R 的方向角。

在上述 M 点的 6 个应力分量中，对地基沉降计算意义重大的竖向正应力 σ_z 将是讨论的焦点。除特殊注明外，地基的附加应力一般也仅指竖向正应力 σ_z。

（二）集中力作用下的地基竖向附加应力系数 K 值计算列表

利用图 3-13 的几何关系可得，集中力作用下的地基竖向附加应力系数按下式计算：

$$K = \frac{3z^5}{2\pi R^5} = \frac{3}{2\pi} \frac{1}{[1 + (r/z)^2]^{5/2}} \tag{3-25}$$

也就是说，集中力作用下的地基竖向附加应力系数是 r/z 的函数。实用上目前一般是事先将 K 值计算列表，应用时再根据线性插值原则，利用事先计算的竖向附加应力系数表和 r/z 的值计算确定地基的附加应力。集中力作用下的地基竖向附加应力系数 K 值计算列表如表 3-1 所示。

表 3-1　集中力作用下的地基竖向附加应力系数 K

r/z	K	r/z	K	r/z	K	r/z	K	r/z	K
0.0	0.4775	0.50	0.2733	1.00	0.0844	1.50	0.0251	2.00	0.0085
0.05	0.4745	0.55	0.2466	1.05	0.0745	1.55	0.0224	2.20	0.0058
0.10	0.4657	0.60	0.2214	1.10	0.0658	1.60	0.0200	2.40	0.0040
0.15	0.4516	0.65	0.1978	1.15	0.0581	1.65	0.0179	2.60	0.0028
0.20	0.4329	0.70	0.1762	1.20	0.0513	1.70	0.0160	2.80	0.0021
0.25	0.4103	0.75	0.1565	1.25	0.0454	1.75	0.0144	3.00	0.0015
0.30	0.3849	0.80	0.1386	1.30	0.0402	1.80	0.0129	3.50	0.0007
0.35	4.3577	0.85	0.1226	1.35	0.0357	1.85	0.0116	4.00	0.0004
0.40	0.3295	0.90	0.1083	1.40	0.0317	1.90	0.0105	4.50	0.0002
0.45	0.3011	0.95	0.0956	1.45	0.0282	1.95	0.0095	5.00	0.0001

（三）利用 Excel 电子表格法计算 K 值及 σ_z

笔者以为，对于集中力作用下的地基竖向附加应力系数 K 的计算，查表插值计算法虽在原有的技术条件下是必要的、可行的、实用的，且在相当长的时期对地基应力计算起到了重要作用。但是在计算机技术发达的今天，若仍然让其占据主导地位则是不科学的。我国最新的《建筑地基基础设计规范》（GB50007—2002）附录 K 花费大量篇幅给出多种情况下的地基附加应力系数表就是这种较落后的计算方法（计算器加手工计算）仍然在地基应力（和变形计算）中占据主导地位的最好例证。笔者以下介绍利用 Excel 电子表格法计算集中力作用下的地基竖向附加应力系数 K 值：

（1）在电子表格的前 3 列依次输入 x、y、z 坐标值；

（2）将电子表格的第 4 列设置为"= sqrt(A1 * A1 + B1 * B1)/C1"（r/z）；

（3）将电子表格的第 5 列设置为"= 5/2 * ln(1 + D1 * D1)"（$\frac{5}{2}\ln[1 + (r/z)^2]$）；

(4)将电子表格的第 6 列设置为 "$= \exp(E1)$"($[1 + (r/z)^2]^{5/2}$);

(5)将电子表格的第 7 列设置为 "$= 3/(2*PI())/F1$"($K = \dfrac{3}{2\pi} \times 1/[1 + (r/z)^2]^{5/2}$);

(6)输入计算基本指标 x、y、z,用鼠标点活第 1 行 1 到 7 列(A1~G1)并拖动鼠标,即可得到所需的竖向附加应力系数值。

进一步计算竖向集中力所引起的地基竖向附加应力时,只需在前述计算步骤(1)~(5)的基础上增加一步。

(7)将电子表格的第 8 列设置为 "$= G1/(CI*CI*"P")$"($\sigma_z = \dfrac{P}{z^2}K$)。

按照步骤(6)(点活第 1 行 1 到 8 列(A1~H1)并拖动鼠标)即可得到所需的竖向附加应力 σ_z。

二、等代荷载法

当所求应力点 M 与某分布荷载的距离比分布荷载面积的尺寸大很多时,根据弹性力学的圣维南原理,可用一个等效的集中力 P 代替原有的分布荷载,直接应用辛奈斯克解的式(3-23a)来计算分布荷载作用下的 M 点附加应力 σ_z

$$\sigma_z = f(p_0, x, y, z) \approx \frac{1}{z^2}K(p_0 \cdot A) = \frac{1}{z^2}KP \tag{3-26a}$$

若所求应力点 M 与多个分布荷载的距离比分布荷载面积的尺寸都大很多时,则进一步利用弹性力学的迭加原理不难得到

$$\sigma_z = \frac{1}{z^2}\sum_{i=1}^{n}K_iP_i \tag{3-26b}$$

这种根据圣维南原理,直接应用辛奈斯克解来计算分布荷载作用下地基(深处)某 M 点附加应力 σ_z 的方法称为等代荷载法。若 M 点距离其中的某个分布荷载较近,距离其他分布荷载较远时,除距离较近的分布荷载引起的附加应力必须按分布荷载计算外,其余分布荷载的作用效果均可用等代荷载法求得。

【例 3-2】 某筏板基础如例图 3-2 所示,筏板底面压力均布,$p = 236\text{kPa}$,基础埋深 2.0m,土的重度为 18kN/m^3,将筏板附加压力作用以如例图 3-2 所示的等代力系来代替,每个小的荷载面积尺寸为 $5.0\text{m} \times 5.0\text{m}$,求基础底面的 O 点之下深度为 15m 处的 M 点的附加应力。

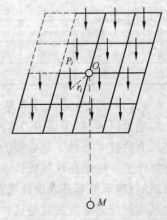

解:(1)由上而下,从左到右对集中力按 1、2、…、14 进行编号,可得 x_1、x_2、…、x_{14} 分别等于 -2.5、2.5、7.5、-2.5、2.5、7.5、-7.5、-2.5、2.5、7.5、-7.5、-2.5、2.5、7.5;y_1、y_2、…、y_{14} 分别等于 7.5、7.5、7.5、2.5、2.5、2.5、-2.5、-2.5、-2.5、-2.5、-7.5、-7.5、-7.5、-7.5;$z = 15.0$。

(2)考虑求解 r_i 时均用平方值,所以在电子表格 A1~A14、B1~B14 中输入 x_i 和 y_i 时可直接去掉负号,在电子表格 C1 中输入 15.0,点活 C1 并拖动到 C14 即可完成"$z_i = 15.0$"的输入工作。

例图 3-2 筏板基础图

(3)计算 P_i:

a. $p_0 = p - \sigma_c = 236 - 36 = 200\text{kPa}$

b. $P_1 = P_i = \cdots = P_{14} = p_0A_i = 200 \times 25 = 5000\text{kN}$

(4)用输入 z 的方法在 D1~D14 中输入 P_i;

(5)将电子表格的 E1 设置为"= sqrt(A1 * A1 + B1 * B1)/C1"(r_1/z_1);

(6)将电子表格的 F1 设置为"= 5/2 * ln(1 + E1 * E1)"($\frac{5}{2}\ln[1 + (r_1/z_1)^2]$);

(7)将电子表格的 G1 设置为"= exp(F1)"($[1 + (r_1/z_1)^2]^{5/2}$);

(8)将电子表格的 H1 设置为"= 3/(2 * PI())/G1"($K_1 = \frac{3}{2\pi} \times 1/[1 + (r_1/z_1)^2]^{5/2}$);

(9)将电子表格的 I1 设置为"= H1 * D1/(C1 * C1)"($\sigma_{zi} = K_i \cdot P_i \frac{1}{z_i^2}$);

(10)将电子表格 E1~I1 点活,拖动鼠标到 14 行即可得到 σ_{z1}、σ_{z2}、$\cdots$、σ_{z14};

(11)将电子表格 I1~I14 点活,再点击自动求和图标"$\sum$",在电子表格 I15 中即显示所求计算结果 σ_z ="88.87"kPa。

若将荷载分布面积的每个小格再进一步细分为 4 个小格,每个小格的面积设定为 2.5m $\times$ 2.5m,$P_1 = P_i = \cdots = P_{56} = p_0 A_i = 200 \times 6.25 = 1250$kN,重新输入 x_i、y_i、z_i 和 P_i,重复(5)~ (11)的步骤(将 14 改为 56、I14 改为 I56),即可在电子表格 I57 中得到 σ_z ="87.66"kPa。将前述结果(σ_z ="88.87"kPa)与 σ_z ="87.66"kPa 进行比较可得,计算误差为 1.38%。由此可见,第一种等效力系的计算精度就已经能满足工程要求。

必须指出,应用等代荷载法的关键是划分的矩形单元边长要相对较小。当划分的矩形单元边长与面积形心到计算点的距离比过大时,应用等代荷载法将产生较大的误差。一般当划分的矩形单元边长与面积形心到计算点的距离比为 1/2、1/3、1/4 时,用等代荷载法计算所得的附加应力误差分别不大于 6%、3% 和 2%。

三、分布荷载作用下的地基竖向附加应力计算

为叙述方便,以下如无特别注明,则地基附加应力即指地基竖向附加应力。

(一)任意面积形状、任意荷载强度下的地基任意点附加应力

如图 3-14 所示,设地基表面作用有分布荷载,其分布域为 Ω,压力(附加压力)为 $p_0(x, y)$。为了简化问题,将欲求应力点 M 置于 z 轴上,令在 $A(x, y, 0)$ 点处的微元面积 $\mathrm{d}x\mathrm{d}y$ 上的分布荷载为 $\mathrm{d}P = p_0(x, y)\mathrm{d}x\mathrm{d}y$(根据圣维南原理,做这样的处理完全可行),则根据布辛奈斯克解,在 $\mathrm{d}P$ 作用下产生于 M 点的地基附加应力 $\mathrm{d}\sigma_z$ 为

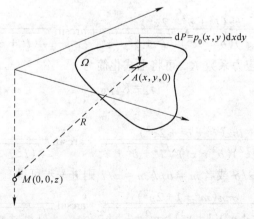

图 3-14 任意面积形状、任意荷载强度下的地基任意点附加应力计算图

$$d\sigma_z = \frac{3}{2\pi} \frac{p_0(x,y)z^3}{(x^2+y^2+z^2)^{5/2}} dx\,dy \tag{3-27}$$

设在面积域 Ω 上的分布荷载作用下于 M 点所产生的地基附加应力为 σ_z，则有：

$$\sigma_z = \iint_{\Omega} \frac{3}{2\pi} \frac{p_0(x,y)z^3}{(x^2+y^2+z^2)^{5/2}} dx\,dy \tag{3-28}$$

通过对上式进行积分或数值积分，即可求得任意面积形状、任意荷载强度下的地基任意点附加应力 σ_z。面积分布荷载作用下的地基附加应力计算还可如例 3-2 那样通过等代荷载法求得。

（二）矩形面积均布荷载作用下的地基附加应力计算

1. 矩形面积均布荷载 p_0 作用下矩形荷载面角点下的地基附加应力计算

矩形面积均布荷载 p_0 作用下矩形荷载面角点下的地基附加应力计算如图 3-15 所示，由计算图及式(3-28)不难得到

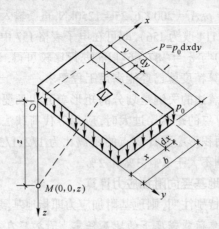

图 3-15　矩形面积均布荷载 p_0 作用下矩形荷载面角点下的地基附加应力计算图

$$\sigma_z = \frac{3p_0 z^3}{2\pi} \int_0^b \int_0^l \frac{dx\,dy}{(x^2+y^2+z^2)^{5/2}} \tag{3-29a}$$

积分后可得

$$\sigma_z = \frac{p_0}{2\pi} \left[\frac{lbz(l^2+b^2+2z^2)}{(l^2+z^2)(b^2+z^2)\sqrt{l^2+b^2+z^2}} + \arcsin \frac{lb}{\sqrt{(l^2+z^2)(b^2+z^2)}} \right] \tag{3-29b}$$

引入地基竖向附加应力系数 K_c，可将上式化简为

$$\sigma_z = K_c p_0 \tag{3-29c}$$

式中

$$K_c = \frac{1}{2\pi} \left[\frac{lbz(l^2+b^2+2z^2)}{(l^2+z^2)(b^2+z^2)\sqrt{l^2+b^2+z^2}} + \arcsin \frac{lb}{\sqrt{(l^2+z^2)(b^2+z^2)}} \right] \tag{3-30a}$$

若令 $m=l/b$、$n=z/b$ 或者 $m=b/l$、$n=z/l$ 则进一步可得

$$K_c = \frac{1}{2\pi} \left[\frac{mn(m^2+1+2n^2)}{(m^2+n^2)(1+n^2)\sqrt{m^2+1+n^2}} + \arcsin \frac{m}{\sqrt{(m^2+n^2)(1+n^2)}} \right] \tag{3-30b}$$

也就是说，地基竖向附加应力系数 K_c 是 z/b、l/b 或者 z/l、b/l 的函数。直至目前的

工程计算多用查表插值法,为了避免表格出现重复内容,所以人为规定地基竖向附加应力系数 K_c 是 z/b、l/b 的函数并规定 b、l 分别为矩形荷载面积的短边和长边。矩形面积均布荷载 p_0 作用下矩形荷载面角点下的地基附加应力系数 K_c 见表 3-2。

表 3-2　矩形面积均布荷载 p_0 作用下矩形荷载面角点下的地基附加应力系数 K_c

$n=z/b$ ＼ $m=l/b$	1.0	1.2	1.4	1.6	1.8	2.0	3.0	4.0	5.0	6.0	10.0
0.0	0.2500	0.2500	0.2500	0.2500	0.2500	0.2500	0.2500	0.2500	0.2500	0.2500	0.2500
0.2	0.2486	0.2489	0.2490	0.2491	0.2491	0.2491	0.2492	0.2492	0.2492	0.2492	0.2492
0.4	0.2401	0.2420	0.2429	0.2434	0.2437	0.2439	0.2442	0.2443	0.2443	0.2443	0.2443
0.6	0.2229	0.2275	0.2300	0.2315	0.2324	0.2329	0.2339	0.2341	0.2342	0.2342	0.2342
0.8	0.1999	0.2075	0.2120	0.2147	0.2165	0.2176	0.2196	0.2200	0.2202	0.2202	0.2202
1.0	0.1752	0.1851	0.1911	0.1955	0.1981	0.1999	0.2034	0.2042	0.2044	0.2045	0.2046
1.2	0.1516	0.1626	0.1705	0.1758	0.1793	0.1818	0.1870	0.1882	0.1885	0.1887	0.1888
1.4	0.1308	0.1423	0.1508	0.1569	0.1613	0.1644	0.1712	0.1730	0.1735	0.1738	0.1740
1.6	0.1123	0.1241	0.1329	0.1436	0.1445	0.1482	0.1567	0.1590	0.1598	0.1601	0.1604
1.8	0.0969	0.1083	0.1172	0.1241	0.1294	0.1334	0.1434	0.1463	0.1474	0.1478	0.1482
2.0	0.0840	0.0947	0.1034	0.1103	0.1158	0.1202	0.1314	0.1350	0.1363	0.1368	0.1374
2.2	0.0732	0.0832	0.0917	0.0984	0.1039	0.1084	0.1205	0.1248	0.1264	0.1271	0.1277
2.4	0.0642	0.0734	0.0812	0.0879	0.0934	0.0979	0.1108	0.1156	0.1175	0.1184	0.1192
2.6	0.0566	0.0651	0.0725	0.0788	0.0842	0.0887	0.1020	0.1073	0.1095	0.1106	0.1116
2.8	0.0502	0.0580	0.0649	0.0709	0.0761	0.0805	0.0942	0.0999	0.1024	0.1036	0.1048
3.0	0.0447	0.0519	0.0583	0.0640	0.0690	0.0732	0.0870	0.0931	0.0959	0.0973	0.0987
3.2	0.0401	0.0467	0.0526	0.0580	0.0627	0.0668	0.0806	0.0870	0.0900	0.0916	0.0933
3.4	0.0361	0.0421	0.0477	0.0527	0.0571	0.0611	0.0747	0.0814	0.0847	0.0864	0.0882
3.6	0.0326	0.0382	0.0433	0.0480	0.0523	0.0561	0.0694	0.0763	0.0799	0.0816	0.0837
3.8	0.0296	0.0348	0.0395	0.0439	0.0479	0.0516	0.0645	0.0717	0.0753	0.0773	0.0796
4.0	0.0270	0.0318	0.0362	0.0403	0.0441	0.0474	0.0603	0.0674	0.0712	0.0733	0.0758
4.2	0.0247	0.0291	0.0333	0.0371	0.0407	0.0439	0.0563	0.0634	0.0674	0.0696	0.0724
4.4	0.0227	0.0268	0.0306	0.0343	0.0376	0.0407	0.0527	0.0597	0.0639	0.0662	0.0692
4.6	0.0209	0.0247	0.0283	0.0317	0.0348	0.0378	0.0493	0.0564	0.0606	0.0630	0.0663
4.8	0.0193	0.0229	0.0262	0.0294	0.0324	0.0352	0.0463	0.0533	0.0576	0.0601	0.0635
5.0	0.0179	0.0212	0.0243	0.0274	0.0302	0.0328	0.0435	0.0504	0.0547	0.0573	0.0610
6.0	0.0127	0.0151	0.0174	0.0196	0.0218	0.0238	0.0325	0.0388	0.0431	0.0460	0.0506
7.0	0.0094	0.0112	0.0130	0.0147	0.0164	0.0180	0.0251	0.0306	0.0346	0.0376	0.0428
8.0	0.0073	0.0087	0.0101	0.0114	0.0127	0.0140	0.0198	0.0246	0.0283	0.0311	0.0367
9.0	0.0058	0.0069	0.0080	0.0091	0.0102	0.0112	0.0161	0.0202	0.0235	0.0262	0.0319
10.0	0.0047	0.0056	0.0065	0.0074	0.0083	0.0092	0.0132	0.0167	0.0198	0.0222	0.0280

2. 用角点法求解矩形面积均布荷载 p_0 作用下地基任意点的附加应力

对于矩形均布荷载下的附加应力计算点未位于角点以下的情况,可利用式(3-29c)以角点法求得。图 3-16 中列出计算点不位于角点下的 4 种情况,O 点以下任意深度 z 处的附加应力 σ_z 分别为:

a. $\sigma_z = (K_{c\text{I}} + K_{c\text{II}}) p_0$

b. $\sigma_z = (K_{c\text{I}} + K_{c\text{II}} + K_{c\text{III}} + K_{c\text{IV}}) p_0$

c. $\sigma_z = (K_{c\text{I}} - K_{c\text{II}} + K_{c\text{III}} - K_{c\text{IV}}) p_0$

式中,Ⅰ为 $ofbg$;Ⅱ为 $ofah$;Ⅲ为 $oecg$;Ⅳ为 $oedh$。

d. $\sigma_z = (K_{c\text{I}} - K_{c\text{II}} - K_{c\text{III}} + K_{c\text{IV}}) p_0$

式中，Ⅰ为 $ohce$；Ⅱ为 $ohbf$；Ⅲ为 $ogde$；Ⅳ为 $ogaf$。

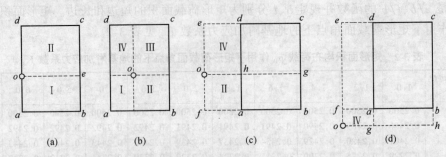

图 3-16 以角点法计算均布矩形荷载下的地基附加应力

(a)荷载面边缘；(b)荷载面内；(c)荷载面边缘外侧；(d)荷载面角点外侧

3. 利用 Excel 电子表格计算矩形面积均布荷载 p_0 作用下地基任意点的附加应力

上述用角点法求解矩形面积均布荷载 p_0 作用下地基任意点的附加应力的方法可以很容易通过 Excel 电子表格得以实现。在 Excel 电子表格文件"矩形面积荷载附加应力计算"中开辟 sheet1、sheet2、sheet3 和 sheet4，sheet1 用以计算"$(a)\sigma_z = (K_{cⅠ} + K_{cⅡ})p_0$"；sheet2 用以计算"$(b)\sigma_z = (K_{cⅠ} + K_{cⅡ} + K_{cⅢ} + K_{cⅣ})p_0$"；sheet3 用以计算"$(c)\sigma_z = (K_{cⅠ} - K_{cⅡ} + K_{cⅢ} - K_{cⅣ})p_0$"；sheet4 用以计算"$(d)\sigma_z = (K_{cⅠ} - K_{cⅡ} - K_{cⅢ} + K_{cⅣ})p_0$"。

(1)sheet(1)：

在 sheet(1)的第 1 行进行标注：

p_0	b	l	z	l/b(m)	z/b(n)	A1	B1	K_c	σ_{zi}	σ_z

即：第 1 列(在第 2 行开始和第 3 行中)输入 p_0；

第 2 列输入 b；

第 3 列输入 l；

第 4 列输入 z；

第 5 列输入"= C2/B2"(l/b——m)；

第 6 列输入"= D2/B2"(z/b——n)；

第 7 列输入"= E2 * F2 * (E2 * E2 + 2 * F2 * F2 + 1)/((E2 * E2 + F2 * F2) * (1 + F2 * F2) * sqrt(E2 * E2 + F2 * F2 + 1))"$\left(\left[\dfrac{lbz(l^2 + b^2 + 2z^2)}{(l^2 + z^2)(b^2 + z^2)\sqrt{l^2 + b^2 + z^2}}\right]，用\ A1\ 表示\right)$；

第 8 列输入"= asin(E2/sqrt((E2 * E2 + F2 * F2) * (1 + F2 * F2)))"$\left(\left[\arcsin\dfrac{lb}{\sqrt{(l^2 + z^2)(b^2 + z^2)}}\right]，用\ B1\ 表示\right)$；

第 9 列输入"= G2 * H2/(2 * PI())"($K_c = \dfrac{1}{2\pi} \cdot A1 \cdot B1$)；

第 10 列输入"= I2 * A2"($\sigma_{zi} = K_{ci} \cdot p_0$)；

第 11 列电子表格为 K2、K3 合并而得，输入"= J2 + J3"($\sigma_z = \sigma_{z1} + \sigma_{z2}$)。

其中第 3 行第 5 列至第 10 列是通过拖动鼠标得来的。

(2)sheet2、sheet3 和 sheet4 的第 1 行(标注行)同 sheet1。输入行各比 sheet1 多两行，其

中第3、4、5行第5列至第10列是通过拖动鼠标得来的。第11列电子表格为K1、K2、K3、K4合并而得,分别输入"=J1+J2+J3+J4"、"=J1-J2+J3-J4"、"=J1-J2-J3+J4"。

根据所求点和荷载分布面积之间的关系,通过在电子表格 sheet1、sheet2、sheet3 和 sheet4 中输入基本计算参数(p_0、b、l、z)即可获得矩形面积均布荷载 p_0 作用下地基任意点的附加应力。计算多个情况下的地基附加应力时,只需对 sheet1 的前 3 行(或第 2、第 3 行)、sheet2、sheet3 和 sheet4 的前 5 行(或第 2、3、4、5 行)进行复制和粘贴,并修改基本计算参数即可获得所需的附加应力计算结果。

【例3-3】 利用 Excel 电子表格法计算例图 3-3 中(1)位于中间的基础在自身基底附加压力作用下 10m 范围内基础中心点下的地基附加压力;(2)位于中间的基础在两相邻基础的基底附加压力作用下 10m 范围内基础中心点下的地基附加压力。基底附加压力 $p_0 = 166kPa$, 3 个基础的底面高程相同。

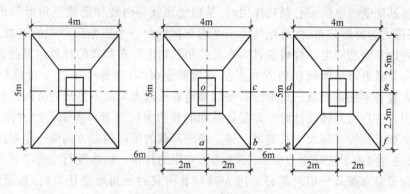

例图 3-3 基础示意图

解:(1)打开 sheet2;

(2)已经设定的第 2 行第 1、2、3、4 列输入基本计算参数(166、2、2.5、1);

(3)复制已经设定的第 2、3、4、5 行第 1 列至第 11 列,向下连续粘贴 9 次;

(4)击活第 2 行第 1、2、3、4 列,拖动鼠标直至最后 1 行(第 41 行),此时全部前 4 列均显示输入的基本参数"166、2、2.5、1"

(5)在第 6 行(第 2 计算单元)将 z 的值修改为"2"并拖动鼠标到第 9 行;

(6)重复(5)的操作,依次将第 3 至第 10 计算单元的 z 值分别修改为 3、4、5、6、7、8、9、10(m)。第 11 列(列号为 K)所显示的即为 1、2、…、10m 附加应力的计算结果:"156.79、124.12、89.85、64.46、47.22、35.57、27.54、21.85、17.70、14.60"kPa。

(7)打开 sheet3;

(8)将 sheet2 的前 10 列粘贴到 sheet3 的相同位置;

(9)在第 12 列第 1 行进行标注"$2\sigma_z$",将该列 2、3、4、5 行合并单元格,并在该单元格中输入"=K2*K2";

(10)将第 11 列和 12 列的合并单元格复制并向下粘贴 9 次;

(11)将每一计算单元的 b 值修改为"2.5、2.5、2.5、2.5",将 l 值修改为"8、4、8、4",第 12 列(列号为 L)所显示的即为 1、2、…、10m 附加应力的计算结果:"0.54、3.33、7.69、11.81、14.65、16.11、16.49、16.16、15.40、14.43"kPa。

【例3-4】 按分布荷载,利用 Excel 电子表格法计算例 3-2 M 点的附加应力。

解:(1)打开 sheet2;

(2)分别在第 1 列第 2、3、4、5 行输入"200、200、200、200",在第 2 列 2、3、4、5 行输入"5、10、10、10",在第 3 列 2、3、4、5 行输入"10、10、10、10",在第 4 列 2、3、4、5 行输入"15、15、15、15",第 11 列第 2 行即显示计算结果"87.27"kPa。

与例 3-2 两个等效力系的计算结果(σ_z = "88.87"kPa, σ_z = "87.66"kPa)进行比较可得,例 3-2 两个等效力系的计算误差分别为 1.83% 和 0.45%。

通过例 3-2、例 3-4 可以看出,与传统的方法相比较,地基附加应力计算的 Excel 法除可省去查表、插值所花费的大量时间外,还可减少人为因素造成的计算错误,值得在以后的岩土工程计算分析和工程设计的计算中推广应用。

(三)矩形面积三角形分布荷载角点下的地基附加应力计算

1. 矩形面积三角形分布荷载角点下的地基附加应力的常规计算

当矩形基础受到单向偏心荷载作用时,基础底面就会出现梯形或三角形分布的基底压力;当基底压力为梯形分布时,可视其为一个均布荷载和一个三角形荷载的迭加,即梯形分布荷载下的地基附加应力计算可通过均布荷载和三角形分布荷载的计算结果迭加来获得。

设竖向荷载沿矩形面积长边方向 l 呈三角形分布,沿着另外短边 b 荷载分布保持不变。这里需要特别强调的是三角形分布荷载是沿着长边方向而不是短边方向或可长边可短边方向。因为在进行基础设计时一定是将基础的长边方向对着单向偏心的方向,就像一个钢筋混凝土梁其高度一定大于其宽度一样。条形荷载的单向偏心方向则一定对应着短短边方向,因为长边方向由于抗弯能力极大,不需考虑弯矩的作用。许多现行土力学著作在论述矩形面积三角形分布荷载作用时都将短边 b 对应着荷载的三角形变化方向,甚至连《建筑地基基础设计规范》(GB50007—2002)也沿用了这一设定。虽然在计算上这样的设定不会带来任何问题,但在概念上却不太合适。

设基础底面附加压力的最大值为 p_0,取压力零值边的角点 1 为坐标原点(如图 3-17 所示)。设作用在荷载面积内某点(x,y)处微元面积 $\mathrm{d}x\mathrm{d}y$ 上的压力为 p_x,根据几何关系不难得到, $p_x = \dfrac{x}{l}p_0$,以集中力 $\mathrm{d}P = \dfrac{x}{l}p_0\mathrm{d}x\mathrm{d}y$ 代替等效面积分布荷载,并根据圣维南原理并应用布辛奈斯克解可得,在角点 1 之下 z 深度处 M 点引起的附加应力 $\mathrm{d}\sigma_z$ 为

$$\mathrm{d}\sigma_z = \frac{3}{2\pi}\frac{p_0 x z^3}{l(x^2+y^2+z^2)^{5/2}}\mathrm{d}x\mathrm{d}y \qquad (3\text{-}31\mathrm{a})$$

积分可得矩形面积三角形分布荷载角点下的地基附加应力 σ_z

$$\sigma_z = \frac{3p_0 z^3}{2\pi}\int_0^b\int_0^l \frac{x}{l(x^2+y^2+z^2)^{5/2}}\mathrm{d}x\mathrm{d}y$$

$$(3\text{-}31\mathrm{b})$$

进行积分后得

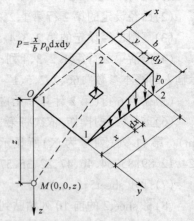

图 3-17 矩形面积三角形分布荷载
角点下的地基附加应力

$$\sigma_z = \frac{mn}{2\pi}\left[\frac{1}{\sqrt{m^2+n^2}} - \frac{n^2}{(1+n^2)\sqrt{m^2+n^2+1}}\right]p_0 \tag{3-31c}$$

式中 $m = b/l$；$n = z/l$。

令 $K_{t1} = \dfrac{mn}{2\pi}\left[\dfrac{1}{\sqrt{m^2+n^2}} - \dfrac{n^2}{(1+n^2)\sqrt{m^2+n^2+1}}\right]$ 可得

$$\sigma_z = K_{t1}p_0 \tag{3-31d}$$

对位于压力不等于零的 2 角点,计算附加应力时先将该角点置于坐标原点,按照与上述相同的分析方法可得 $p_x = \dfrac{l-x}{l}p_0 = p_0 - \dfrac{x}{l}p_0$；根据圣维南原理并应用布辛奈斯克解,进行积分后不难得到

$$\sigma_z = K_{t2}p_0 = (K_c - K_{t1})p_0 \tag{3-32}$$

应用上述均布和三角形分布的矩形荷载角点下的附加应力系数 K_c、K_{t1}、K_{t2} 即可运用角点法求算矩形面积均布、三角形分布和梯形分布荷载下地基任意点的附加应力。表 3-3 所列为矩形面积三角形分布荷载角点下的地基附加应力系数 K_{t1}。

2. 利用 Excel 电子表格法计算矩形面积三角形分布荷载角点下的地基附加应力

(1)计算压力零值边的角点 1 之下的地基附加应力:

在 sheet(5)的第 1 行进行标注:

p_0	b	l	z	b/l(m)	z/l(n)	A1	B1	K_{t1}	σ_z

即:在第 2 行第 1 列输入 p_0；

第 2 列输入 b；

第 3 列输入 l；

第 4 列输入 z；

第 5 列输入“ = B2/C2”(b/l——m)；

第 6 列输入“ = D2/C2”(z/l——n)；

第 7 列输入“ = E2 * F2/sqrt(E2 * E2 + F2 * F2)”$\left(\dfrac{mn}{\sqrt{m^2+n^2}}\text{——A1}\right)$；

第 8 列输入“ = E2 * F2 * F2 * F2/((1 + F2 * F2) * sqrt(1 + E2 * E2 + F2 * F2))”

$\qquad\qquad\left(\dfrac{mn^3}{(1+n^2)\sqrt{1+m^2+n^2}}\text{——B1}\right)$；

第 9 列输入“ = (G2 - H2)/(2 * PI())”$\left(\dfrac{1}{2\pi}(A1 - B1)\text{——}K_{t1}\right)$；

第 10 列输入“ = I2 * A2”($\sigma_z = K_{t1} \cdot p_0$)。

改变参数即可得到所求的 $\sigma_z = K_{t1} \cdot p_0$。

【例 3-5】　利用 Excel 电子表格法计算 $p_0 = 1\text{kPa}$、$l \times b = 2.0\text{m} \times 1.6\text{m}$,压力零值边的角点 1 之下 $z = 0.4$、0.8、1.2、1.6、2.0、2.4、2.8、3.2、3.6、4.0m 的地基附加应力。

解:1)打开 sheet(5),将 sheet(5)第 2 行复制并依次向下粘贴 9 次;

2)在第 2 行第 1、2、3 列分别输入“1、1.6、2.0”,一起击活并拖动鼠标到第 11 行;

3)在第 2、3、4 行的第 4 列分别输入“0.4、0.8、1.2”,一起击活并拖动鼠标到第 11 行。

所求地基附加应力即显示于第 10 列:“0.0301、0.0517、0.0621、0.0637、0.0602、

表 3-3　矩形面积三角形分布荷载角点下的地基附加应力系数 K_{t}

$m=b/l$ \ $n=z/l$	0.2	0.4	0.6	0.8	1.0	1.2	1.4	1.6	1.8	2.0	3.0	4.0	6.0	8.0	10.0
0.0	0.0000	0.0000	0.0000	0.0000	0.0000	0.0000	0.0000	0.0000	0.0000	0.0000	0.0000	0.0000	0.0000	0.0000	0.0000
0.2	0.0223	0.0280	0.0296	0.0301	0.0304	0.0305	0.0305	0.0306	0.0306	0.0306	0.0306	0.0306	0.0306	0.0306	0.0306
0.4	0.0269	0.0420	0.0487	0.0517	0.0531	0.0539	0.0543	0.0545	0.0546	0.0547	0.0548	0.0549	0.0549	0.0549	0.0549
0.6	0.0259	0.0448	0.0560	0.0621	0.0654	0.0673	0.0684	0.0690	0.0694	0.0696	0.0701	0.0702	0.0702	0.0702	0.0702
0.8	0.0232	0.0421	0.0553	0.0637	0.0688	0.0720	0.0739	0.0751	0.0759	0.0764	0.0773	0.0776	0.0776	0.0776	0.0776
1.0	0.0201	0.0375	0.0508	0.0602	0.0666	0.0708	0.0735	0.0735	0.0766	0.0774	0.0790	0.0794	0.0795	0.0796	0.0796
1.2	0.0171	0.0324	0.0450	0.0546	0.0615	0.0664	0.0698	0.0721	0.0738	0.0749	0.0774	0.0779	0.0782	0.0783	0.0783
1.4	0.0145	0.0278	0.0392	0.0483	0.0554	0.0606	0.0644	0.0672	0.0692	0.0707	0.0739	0.0748	0.0752	0.0752	0.0753
1.6	0.0123	0.0238	0.0339	0.0424	0.0492	0.0545	0.0586	0.0616	0.0639	0.0656	0.0667	0.0708	0.0714	0.0715	0.0715
1.8	0.0105	0.0204	0.0294	0.0371	0.0435	0.0487	0.0528	0.0560	0.0586	0.0604	0.0652	0.0666	0.0673	0.0675	0.0675
2.0	0.0090	0.0176	0.0255	0.0324	0.0348	0.0434	0.0474	0.0507	0.0533	0.0553	0.0607	0.0624	0.0634	0.0636	0.0636
2.5	0.0063	0.0125	0.0183	0.0236	0.0284	0.0326	0.0362	0.0393	0.0419	0.0440	0.0504	0.0529	0.0543	0.0547	0.0548
3.0	0.0046	0.0092	0.0135	0.0176	0.0214	0.0249	0.0280	0.0307	0.0331	0.0352	0.0419	0.0449	0.0469	0.0474	0.0476
5.0	0.0018	0.0036	0.0054	0.0071	0.0088	0.0104	0.0120	0.0135	0.0148	0.0161	0.0214	0.0248	0.0283	0.0296	0.0301
7.0	0.0009	0.0019	0.0028	0.0038	0.0047	0.0056	0.0064	0.0073	0.0081	0.0089	0.0124	0.0152	0.0186	0.0204	0.0212
10.0	0.0005	0.0009	0.0014	0.0019	0.0023	0.0028	0.0033	0.0037	0.0041	0.0046	0.0066	0.0084	0.0111	0.0128	0.0139

0.0504、0.0483、0.0424、0.0371、0.0324"kPa。与表 3-3 中 $b/l=0.8$ 一列中对应的数值相比，即可验证该方法的正确性。

(2)计算压力值等于 p_0 边的角点 2 之下的地基附加应力：

在 sheet(6)的第 1 行进行标注：

p_0	b	l	z	b/l(m)	z/l(n)	A1	B1	A2	B2	K_{t2}	σ_z

即：在第 2 行第 1 列输入 p_0；

第 2 列输入 b；

第 3 列输入 l；

第 4 列输入 z；

第 5 列输入"$=B2/C2$"（b/l——m）；

第 6 列输入"$=D2/C2$"（z/l——n）；

第 7 列输入

"$=E2*F2*(E2*E2+2*F2*F2+1)/((E2*E2+F2*F2)*(1+F2*F2)*\text{sqrt}(E2*E2+F2*F2+1))$"$\left(\left[\dfrac{mn(1+m^2+2n^2)}{(1+n^2)(m^2+n^2)\sqrt{1+m^2+n^2}}\right]\text{——A1}\right)$；

第 8 列输入"$=\text{asin}(E2/\text{sqrt}((E2*E2+F2*F2)*(1+F2*F2)))$"$\left(\left[\arcsin\dfrac{m}{\sqrt{(1+n^2)(m^2+n^2)}}\right]\text{——B1}\right)$；

第 9 列输入"$=E2*F2/\text{sqrt}(E2*E2+F2*F2)$"（$\dfrac{mn}{\sqrt{m^2+n^2}}$——$A2$）；

第 10 列输入"$=E2*F2*F2*F2/((1+F2*F2)*\text{sqrt}(1+E2*E2+F2*F2))$"$\left(\dfrac{mn^2}{(1+n^2)\sqrt{1+m^2+n^2}}\text{——}B2\right)$；

第 11 列输入"$=(G2+H2-I2+J2)/(2*\text{PI}())$"（$\dfrac{1}{2\pi}(A1+B1-A2+B2)$——$K_{t2}$）；

第 12 列输入"$=K2*A2$"（$\sigma_z=K_{t2}\cdot p_0$）。

改变参数即可得到所求的 $\sigma_z=K_{t2}p_0$。

【例 3-6】　利用 Excel 电子表格法计算 $p_0=1\text{kPa}$、$l\times b=2.0\text{m}\times1.6\text{m}$，压力值 $p_0=1\text{kPa}$ 边的角点 2 之下 $z=0.4$、0.8、1.2、1.6、2.0、2.4、2.8、3.2、3.6、4.0m 的地基附加应力。

解：1)打开 sheet(6)，将 sheet(6)第 2 行复制并依次向下粘贴 9 次；

2)在第 2 行第 1、2、3 列分别输入"1、1.6、2.0"，一起击活并拖动鼠标到第 11 行；

3)在第 2、3、4 行的第 4 列分别输入"0.4、0.8、1.2"，一起击活并拖动鼠标到第 11 行。

所求地基附加应力即显示于第 12 列："0.2178、0.1844、0.1520、0.1232、0.0995、0.0808、0.0661、0.0547、0.0457、0.0378"kPa。

(四)圆形面积均布荷载作用下的地基附加应力计算

1. 圆形面积均布荷载作用下的地基附加应力的常规计算

在实际工程中经常会遇到一些圆形基础，例如储油罐基础、烟囱基础、水塔基础等。这类基础下的地基附加应力计算(特别是中心点下的地基附加应力计算，如图 3-18 所示)是工程设计中经常遇到的实际问题。

$$\sigma_z = Kp_0 \qquad (3-33)$$

式中　σ_z——圆形荷载面中心点下深度 z 处的附加应力；

　　K——均布圆形荷载中心点下的附加应力系数，是 z/r_0 的函数，可按规范 GB50007—2002 附录 K 的表 K.0.3 或其他有关书籍采用，其中 r_0 是圆形荷载面积的半径。

应用布辛奈斯克解进行积分可得均布圆形荷载中心点下的附加应力为

$$\sigma_z = p_0\left[1 - \frac{1}{\left[(r_0/z)^2 + 1\right]^{\frac{3}{2}}}\right] \qquad (3-34)$$

2. 利用 Excel 电子表格法计算圆形面积均布荷载中心点下的附加应力

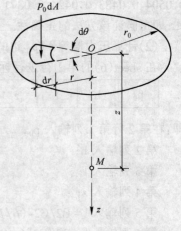

图 3-18　圆形面积均布荷载作用下基础中心点下的地基附加应力

在 sheet(7)的第 1 行进行标注：

p_0	r_0	z	r_0/z	$(r_0/z)^2$	A1	B1	K	σ_z

即：在第 2 行第 1 列输入 p_0；

第 2 列输入 r_0；

第 3 列输入 z；

第 4 列输入"$= B2/C2$"(r_0/z)；

第 5 列输入"$= D2 * D2$"($r_0/z)^2$；

第 6 列输入"$= sqrt(1 + E2)$"(A1 $= \sqrt{1 + (r_0/z)^2}$)；

第 7 列输入"$= 1/(F2 * F2 * F2)$"(B1 $= 1/\sqrt{1 + (r_0/z)^2}^{3}$)；

第 8 列输入"$= 1 - G2$"(K)；

第 9 列输入"$= A2 * H2$"(σ_z)；

复制第 2 行，并将其拷贝到以下各行，改变参数即可得到所求的 $\sigma_z = Kp_0$。

四、地基附加应力的分布规律

地基附加应力符合以下分布规律(见图 3-19、图 3-20、图 3-21)：

(1)根据基底压力的计算假定，在基础底面上，地基附加应力等于基础底面处的基底附加压力。

(2)大面积均布荷载下，地基任意点的附加应力等于地面分布荷载值。

(3)地基附加应力不仅产生在荷载面积之下，而且分布在荷载面积以外相当大的范围之下，深度愈大，附加应力的分布范围愈大，这就是所谓地基附加应力的扩散分布。

(4)在离基础底面下的不同深度处，同一水平面上，以基底中心点下轴线处的 σ_z 为最大，距离中轴线愈远愈小。

(5)在荷载分布范围内任意点沿垂线的 σ_z 值随深度增大而减小。

(6)与均质土相比较，在非均质土体中附加应力会发生一定的变化，上硬下软的地基，附加应力会发生扩散，上软下硬的地基附加应力会发生集中。

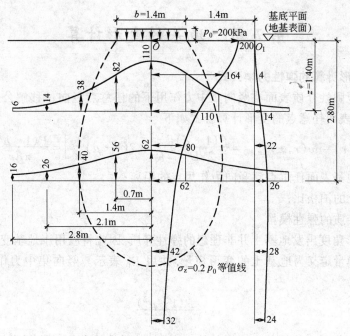

图 3-19　某基础下的地基附加应力计算结果

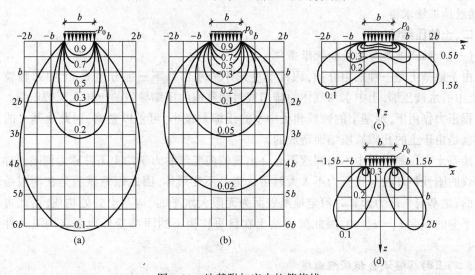

图 3-20　地基附加应力的等值线

(a)σ_z 等值线(条形基础);(b)σ_z 等值线(方形基础);(c)σ_x 等值线(条形基础);(d)τ_{xz} 等值线(条形基础)

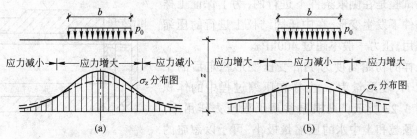

图 3-21　非均质和各向异性对地基附加应力的影响

(a)发生应力集中;(b)发生应力扩散

第五节 地基的变形计算

一、地基变形计算的弹性力学公式

根据半无限弹性介质表面在竖向集中力作用下的任意点竖向位移解公式可得,在集中力作用下,介质表面任意点的变形计算公式如下

$$s(r) = w(r,z)\big|_{z=0} = \frac{P(1+\mu)}{2\pi E}\left[\frac{z^2}{R^3} + 2(1-\mu)\frac{1}{R}\right] = \frac{P(1-\mu^2)}{\pi E r} \tag{3-35a}$$

式中 r ——地基表面任意点到竖向力作用点的距离;

μ ——土的泊松比;

E ——介质的弹性模量。

由于从变形角度出发地基土并非理想的弹性介质,因此将应用于地基变形计算的式(3-35a)中的弹性模量定义为地基土的变形模量,并用 E_0 表示。竖向集中力作用下的地基变形计算公式为

$$s = \frac{P(1-\mu^2)}{\pi E_0 r} \tag{3-35b}$$

对于任意力作用下的地基变形引起的表面沉降,可采用类似于地基附加应力求解的办法,通过迭加法求得。

二、土的压缩性

(一)土的压缩变形构成和侧限条件

由于地基土是一种三相介质,因此其变形不外乎由以下三部分组成:土中的颗粒被压缩,土中的水被压缩,土中水和气体的排出或封闭气泡的压缩导致的土体孔隙被压缩。在常规工程压力作用下,地基土的颗粒和土中水的压缩量极小,可予以忽略,因此地基土的压缩变形就是由于土的孔隙被压缩而造成的。

地基土在压缩过程中不出现或不允许出现侧向变形的力学约束条件称为侧限条件。土压缩仪的刚性护环在竖直压力不太大时可认为是不变形体,因此压缩试验是在侧限条件下进行的;地基自重应力计算时假定地基表面为无限大水平面、地基土处处均质,由此可得任意水平向的应变 $\varepsilon_x = \varepsilon_y = 0$,因此欠固结土在自重作用下的固结变形也是在侧限条件下发生的。

(二)土的压缩试验和压缩曲线

土的压缩试验装置示意图见图 3-22。如前所述,土的压缩试验是在侧限条件下进行的,为了保证土样在侧限条件下发生变形,在中压固结仪上进行的压缩试验起作用,压力一般不超过 400kPa。

设土样的初始高度为 H_0,受压变形稳定后的土样高度为 H,变形量为 s,土样在压缩过程中的体积变化如图 3-23 所示。则根据常规工程压力作用下,地基土的颗粒和土中水的压缩量极小,可予以忽略的假定可得(加压前后的土样固体颗粒高度未变)

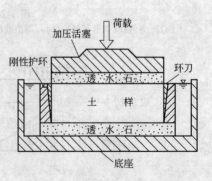

图 3-22 压缩试验装置示意图

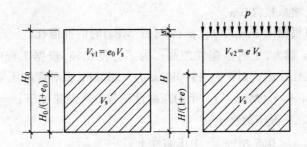

图 3-23　压缩试验中土样的体积变化示意图

$$\frac{H_0}{1+e_0} = \frac{H}{1+e} = \frac{H_0 - s}{1+e} \tag{3-36a}$$

整理可得

$$e = e_0 - \frac{s}{H_0}(1+e_0) \tag{3-36b}$$

由于土样发生压缩变形的实质就是其孔隙比的减小,因此可以用压力和土样压缩中的变化孔隙比来反映土的压缩性。反映土压缩特性的 $e\text{-}p$ 压缩曲线如图 3-24 所示,试验中的压力分级一般采用 50、100、200、300、400kPa 五个压力等级。

实验研究发现,若将土的 $e\text{-}p$ 压缩曲线中的压力 p 用其对数值 $\lg p$ 来替代,则所得的 $e\text{-}\lg p$ 压缩曲线的后半段为一条直线(如图 3-25 所示)。因此,土的压缩性除用 $e\text{-}p$ 压缩曲线反映以外,还常用 $e\text{-}\lg p$ 压缩曲线反映。获得 $e\text{-}\lg p$ 压缩曲线的压缩试验一般在高压固结仪上进行,压力分级采用多级法,常用分级压力为:12.5、25、50、100、200、400、800、…kPa。

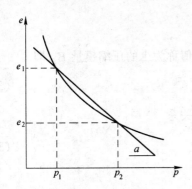

图 3-24　土的 $e\text{-}p$ 压缩曲线

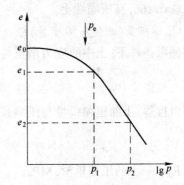

图 3-25　土的 $e\text{-}\lg p$ 压缩曲线

(三)土的压缩性指标

1. 土的压缩系数 a

通过室内土的侧限压缩试验可以得到土的 $e\text{-}p$ 曲线。$e\text{-}p$ 曲线上任意一点斜率的负值称为土的压缩系数(负号表示土的孔隙比随着压力的增大而减小),即

$$a = -\frac{\mathrm{d}e}{\mathrm{d}p} \tag{3-37a}$$

实用上,一般用两点的割线斜率表示土在相应压力段下的压缩系数:

$$a = -\frac{\Delta e}{\Delta p} = \frac{e_1 - e_2}{p_2 - p_1} \tag{3-37b}$$

式中 a——土的压缩系数，MPa^{-1}；

e_1、e_2——分别为相应土中应力 p_1、p_2(kPa 或 MPa)时的孔隙比。

土的压缩系数 a 越大，土的压缩性越高。为了方便比较，根据工程中常见的地基土的实际受力状态，工程上用 a_{1-2}（即 $p_1=100kPa$，$p_2=200kPa$ 相对应的压缩系数）来评价土的压缩性，$a_{1-2}=10(e_1-e_2)(MPa^{-1})$。土的压缩性工程分级结果如下：

$a_{1-2}<0.1\ MPa^{-1}$，低压缩性土；

$0.1\ MPa^{-1}\leqslant a_{1-2}<0.5\ MPa^{-1}$，中压缩性土；

$a_{1-2}\geqslant 0.5MPa^{-1}$，高压缩性土。

2. 土的压缩指数 C_c

如前所述，通过多级加载下的室内土的侧限压缩试验得到的土的 $e\text{-}\lg p$ 曲线后半段为直线，其直线段的斜率的负值称为压缩指数 C_c，即

$$C_c=\frac{e_1-e_2}{\lg p_2-\lg p_1}=\frac{e_1-e_2}{\lg\dfrac{p_2}{p_1}} \tag{3-38}$$

式中 C_c——土的压缩指数；

其余符号同前。

压缩指数 C_c 越大，土的压缩性越高。用 C_c 评价土的压缩性如下：

$C_c<0.033$，低压缩性土；

$0.033\leqslant C_c<0.166$，中压缩性土；

$C_c\geqslant 0.166$，高压缩性土。

3. 压缩模量（侧限压缩模量）E_s

在侧限条件下，土中的应力增量与应变增量的比值称为土的压缩模量 E_s，即

$$E_s=\frac{\Delta p}{\Delta H/H_1} \tag{3-39}$$

可以推得，土的压缩模量与压缩系数之间有如下关系

$$E_s=\frac{1+e_1}{a} \tag{3-40}$$

式中 E_s——土的压缩模量，MPa；

其余符号同前。

压缩模量 E_s 越小，土的压缩性越高。一般有：

$E_s\leqslant 4MPa$ 　　　　高压缩性土；

$4MPa<E_s\leqslant 15MPa$ 　　中压缩性土；

$E_s>15MPa$ 　　　　低压缩性土。

4. 变形模量 E_0

土的变形模量 E_0 是土体在无侧限条件下的应力与应变的比值，可由现场载荷试验结果反算确定。在理论上，它与压缩模量 E_s 有如下关系

$$E_0=\beta E_s$$

式中，$\beta=1-\dfrac{2\mu^2}{1-\mu}$，其中 μ 为土的泊松比。粉土、砂石类土：$\mu=0.15\sim 0.25$；粉质黏土：$\mu=$

$0.25 \sim 0.35$；黏土：$\mu = 0.25 \sim 0.42$。

(四)土层侧限压缩变形量计算

在侧限条件下，厚度为 H 的土层的压缩变形量可从式(3-36b)变化得到

$$s = \frac{e_1 - e_2}{1 + e_1}H = \frac{a(p_2 - p_1)}{1 + e_1}H = \frac{\Delta p}{E_s}H \tag{3-41}$$

式中　s——土的压缩变形量；

　　　　H——土层的厚度；

　　　　其余符号同前。

(五)考虑应力历史的土层侧限压缩变形量计算(固结变形)

土体在其成土历史过程中所经受过的最大有效应力称为先期固结压力。土体的先期固结压力与其现有作用压力的比值称为土的超固结比(一般用 OCR 表示)，OCR 等于 1.0 的土称为正常固结土，大于 1.0 的称为超固结土，小于 1.0 的成为欠固结土。

1. 正常固结土的土层侧限压缩变形量计算

根据在相同压力端土的压缩系数和压缩指数的关系不难得到，厚度为 H 的土层的变形量 s 可按下式计算

$$s = \frac{H}{1 + e_0}\left[C_c \lg\left(\frac{p_1 + \Delta p}{p_1}\right)\right] \tag{3-42}$$

式中　e_0——土的初始孔隙比；

　　　Δp——土层附加应力平均值；

　　　C_c——由土的原始压缩曲线确定的土的压缩指数；

　　　　其余符号同前。

2. 超固结土的土层侧限压缩变形量计算

超固结土在压力小于其先期固结压力之前的变形属于再压缩过程，其后才是正常的压缩过程，因此：

(1)对于 $\Delta p \leqslant (p_c - p_1)$ 的情况：

$$s = \frac{H}{1 + e_0}\left[C_e \lg\left(\frac{p_1 + \Delta p}{p_1}\right)\right] \tag{3-43a}$$

式中　C_e——土的回弹指数；

　　　p_c——土层的先(前)期固结压力；

　　　　其余符号同前。

(2)对于 $\Delta p > (p_c - p_1)$ 的情况：

$$s = \frac{H}{1 + e_0}\left[C_e \lg\left(\frac{p_c}{p_1}\right) + C_c \lg\left(\frac{p_1 + \Delta p}{p_c}\right)\right] \tag{3-43b}$$

3. 欠固结土的土层侧限压缩变形量计算

自然条件下欠固结土层在条件合适时(饱和或近饱和状态)还会发生固结变形，当先期固结压力与土体所受到的现有作用压力等值时，土样不再发生新的变形。因此对于一定作用压力下的欠固结土层，其侧限压缩变形量按下式计算

$$s = \frac{H}{1 + e_0}\left[C_c \lg\left(\frac{p_1 + \Delta p}{p_c}\right)\right] \tag{3-44}$$

三、地基最终变形量

(一)地基最终变形计算的分层总和法

所谓地基最终沉降量计算的分层总和法,就是将地基在其沉降计算深度范围内划分为若干分层,分别计算各分层的压缩量,然后求其总和。

分层总和法的基本原理可综述如下:(1)假定地基的变形发生在有限的深度范围内;(2)在自重应力作用下地基土的固结已经完成(正常固结土),地基中的变形是由附加应力引起的;(3)基底附加压力是作用于地表的局部柔性荷载;(4)地基任意深度处的附加应力相等,且等于基础中心点下该深度处的附加应力值(该假定保证了地基的变形是在侧限条件下发生的);(5)地基的最终变形等于有限深度范围内各土层压缩量的总和。

一般情况下,地基计算深度取地基附加应力等于自重应力的 20%($\sigma_z = 0.2\sigma_c$)处;在该深度以下如有高压缩性土,则应计算至 $\sigma_z = 0.1\sigma_c$ 处。计算中需要特别注意,地基附加应力是从基础底面开始进行计算,而自重应力则是从天然地面开始起算。

分层的厚度一般取 $0.4b$(b 为基础底面宽度)或 $1\sim 2m$,土层的分界面和地下水位面是当然的分层面。

各分层压缩量变形可由式(3-41)直接写出

$$s_i = \frac{e_{1i} - e_{2i}}{1 + e_{1i}}H_i = \frac{a_i(p_{2i} - p_{1i})}{1 + e_{1i}}H_i = \frac{\Delta p_i}{E_{si}}H_i \tag{3-45}$$

计算地基最终沉降量(正常固结土)s 的分层总和法公式为

$$s = \sum_{i=1}^{n} \frac{e_{1i} - e_{2i}}{1 + e_{1i}}H_i = \sum_{i=1}^{n} \frac{a_i(p_{2i} - p_{1i})}{1 + e_{1i}}H_i = \sum_{i=1}^{n} \frac{\Delta p_i}{E_{si}}H_i \tag{3-46}$$

式中 e_{1i}——第 i 层土的自重应力平均值 p_{1i} 对应的孔隙比;

      e_{2i}——第 i 层土的自重应力平均值与附加应力平均值之和(即 $p_{2i} = p_{1i} + \Delta p_i$)对应的孔隙比。

在式(3-42)~式(3-44)中引入分层符号 i 即可用来计算不同固结程度的土层压缩变形。对于正常固结土,各层压缩量的计算采用式(3-42)(也可采用式(3-45));对于超固结土,各分层压缩量的计算采用式(3-43a)和式(3-43b);对于欠固结土,除了按正常固结土进行各分层压缩量计算以外,尚应考虑先期固结压力增至现有作用压力之间的土层固结变形,其分层压缩量采用式(3-44)。

现行的很多土力学著作在论述分层总和法的基本原理时,在假定"地基任意深度处的附加应力相等,且等于基础中心点下该深度处的附加应力值"之前,先假定地基土的压缩变形是在侧限条件下发生的,其后才假定地基任意深度处的附加应力相等,且等于基础中心点下该深度处的附加应力值。虽然这和仅仅假定"地基任意深度处的附加应力相等,且等于基础中心点下该深度处的附加应力值"并不矛盾,但却在概念上有很大差别。侧限假定给人一种该假定导致计算结果偏小,因而通过应力假定对其予以修正的感觉。但最终的结果是偏大还是偏小却无从知晓。如果去掉侧限假定,由于假定"地基任意深度处的附加应力相等,且等于基础中心点下该深度处的附加应力值"就自然保证了地基土压缩变形的侧限性,则计算结果的偏差分析一目了然:根据分层总和法的基本假定,若地基压缩层厚度的选择合适且不考虑土的变异性、次固结变形等,从纯理论的角度出发,由式(3-46)计算所得的地基最终沉降量偏大。

但必须指出的是,地基土的区域特征一般比较突出,变异性也极大。有些条件下(特别是含水量较大的条件下)地基土的侧向挤出明显,次固结沉降突出,导致建筑物的实际沉降大于理论分析结果;另一些条件下(持力层含水量低、结构性好、压缩性低、土的力学性能好、地基附加应力扩散现象突出)基础下地基固结变形难以发生,建筑物的实际沉降又会小于甚至明显小于理论分析结果。工程统计资料所得的地基沉降影响系数即客观反映了工程实际与理论分析之间的差异特性。尽管如此,上述关于地基变形的理论分析结论仍具有其理论意义和价值,至少可为近一步完善地基变形计算理论奠定基础。

(二)规范推荐的方法

《建筑地基基础设计规范》(GB50007—2002)指出,计算地基变形时,传至基础底面上的荷载效应应按正常使用极限状态下荷载效应的准永久组合,不应计入风荷载和地震作用。相应的限值应为地基变形允许值。

《建筑地基基础设计规范》(GB50007—2002)推荐的地基沉降的计算方法是另一种形式的分层总和法。它的基本假定与基本原理和传统分层总和法没有任何不同。计算公式可由传统分层总和法的基本公式在引入了地基平均附加应力系数的概念后直接得出。与传统分层总和法的差别在于规范推荐方法重新规定了地基变形计算深度的确定标准;并考虑了用沉降计算经验系数对计算所得的地基变形值进行修正。其分层压缩量的计算公式推导如下:

由式(3-45)

$$s_i = \frac{e_{1i} - e_{2i}}{1 + e_{1i}} H_i = \frac{a_i (p_{2i} - p_{1i})}{1 + e_{1i}} H_i = \frac{\Delta p_i}{E_{si}} H_i$$

对式(3-45)进行变换可得

$$\frac{s_i}{H_i} = \frac{\Delta p_i}{E_{si}}$$

假定将土层取得很薄很薄,则上式可改写为

$$\varepsilon_z = \frac{\sigma_z}{E_s}$$

显然在 z_{i-1} 和 z_i(厚度为 H_i)之间(假定土的压缩模量不变)

$$s_i = \int_{z_{i-1}}^{z_i} \varepsilon_z \mathrm{d}z = \int_{z_{i-1}}^{z_i} \frac{\sigma_z}{E_{si}} \mathrm{d}z = \frac{1}{E_{si}} \left[\int_0^{z_i} \sigma_z \mathrm{d}z - \int_0^{z_{i-1}} \sigma_z \mathrm{d}z \right] = \frac{p_0}{E_{si}} \left[\int_0^{z_i} K \mathrm{d}z - \int_0^{z_{i-1}} K \mathrm{d}z \right]$$

令

$$\left[\int_0^{z_i} K \mathrm{d}z - \int_0^{z_{i-1}} K \mathrm{d}z \right] = z_i \bar{\alpha}_i - z_{i-1} \bar{\alpha}_{i-1}$$

即可得到

$$s_i = \frac{p_0}{E_{si}} (z_i \bar{\alpha}_i - z_{i-1} \bar{\alpha}_{i-1}) \tag{3-47}$$

将式(3-47)与式(3-45)进行比较可以发现,其不同之处在于在地基深度区间 $[z_{i-1}、z_i]$ 式(3-45)采用了直线法求解附加应力面积($F = \bar{\sigma}_{zi} H_i$),而式(3-47)采用了积分法求解附加应力面积($F = p_0 (z_i \bar{\alpha}_i - z_{i-1} \bar{\alpha}_{i-1})$),若土层划分得足够小,则两者之间的计算差别也可忽略不计。

引入了沉降计算经验修正系数的规范推荐方法的地基最终沉降量计算公式为

$$s = \psi_s s' = \psi_s \sum_{i=1}^{n} \frac{p_0}{E_{si}} (z_i \bar{\alpha}_i - z_{i-1} \bar{\alpha}_{i-1}) \tag{3-48}$$

式中　　s'——按分层总和法计算出的地基变形量;

　　　　ψ_s——沉降计算经验系数,根据地区沉降观测资料及经验确定,也可采用表 3-4 提供的数值。

　　　　n——地基沉降计算深度范围内所划分的土层数;

　　　　p_0——对应于荷载效应准永久组合时的基础底面处的附加应力,kPa;

　　　　E_{si}——基础底面下第 i 层土的压缩模量,MPa,应取土的自重应力至土的自重应力与附加应力之和的压力段计算;

　　z_i、z_{i-1}——分别为基础底面至第 i 层土、第 $i-1$ 层土底面的距离,m;

　$\bar{\alpha}_i$、$\bar{\alpha}_{i-1}$——分别为基础底面计算点至第 i 层土、第 $i-1$ 层土底面范围内平均附加应力系数,按规范(GB50007—2002)附录 K 采用。

表 3-4 中 $\bar{E}_s$ 为深度 z_n 范围内土的压缩模量当量值,按下式计算

$$\bar{E}_s = \sum A_i / \sum \frac{A_i}{E_{si}} \tag{3-49}$$

式中　　A_i——第 i 层附加应力系数沿土层厚度的积分值。

表 3-4　沉降计算经验系数 ϕ_s

基地附加压力	$\bar{E}_s$/MPa				
	2.5	4.0	7.0	15.0	20.0
$p_0 \geqslant f_{ak}$	1.4	1.3	1.0	0.4	0.2
$p_0 \leqslant 0.75 f_{ak}$	1.1	1.0	0.7	0.4	0.2

地基变形计算深度通过下式确定

$$\Delta s'_n \leqslant 0.025 \sum_{i=1}^{n} \Delta s'_i \tag{3-50}$$

式中　　$\Delta s_i'$——计算深度范围内第 i 层土的计算变形值;如确定的计算深度下部仍有较软土层时,应继续计算。

该公式有关问题说明如下:

(1)地基变形计算深度 z_n:由该深度处向上取按表 3-5 规定的计算厚度 Δz_n 所得的计算沉降量 $\Delta s'_n$ 应满足式(3-50)的要求。

表 3-5　计算厚度值

b/m	$b \leqslant 2$	$2 < b \leqslant 4$	$4 < b \leqslant 8$	$b > 8$
Δz	0.3	0.6	0.8	1.0

当无相邻荷载影响,基础宽度在 $1 \sim 30$m 范围内时,基础中点的地基变形计算深度也可按下式简化计算

$$z_n = b(2.5 - 0.4 \ln b) \tag{3-51}$$

式中　　b——基础宽度。

在计算深度范围内存在基岩时,z_n 可计算至基岩表面;当存在较厚的坚硬黏性土层,其孔隙比小于 0.5、压缩模量大于 50MPa,或存在较厚的密实砂卵石层,其压缩模量大于 80MPa 时,z_n 可取至该层土表面。

表 3-6　矩形面积均布荷载中心点下的平均附加应力系数 $\bar{\alpha}$

z/b \ l/b	1.0	1.2	1.4	1.6	1.8	2.0	2.4	2.8	3.2	3.6	4.0	5.0	10.0
0.0	0.2500	0.2500	0.2500	0.2500	0.2500	0.2500	0.2500	0.2500	0.2500	0.2500	0.2500	0.2500	0.2500
0.2	0.2496	0.2497	0.2497	0.2498	0.2498	0.2498	0.2498	0.2498	0.2498	0.2498	0.2498	0.2498	0.2498
0.4	0.2474	0.2479	0.2481	0.2483	0.2483	0.2484	0.2485	0.2485	0.2485	0.2485	0.2485	0.2485	0.2485
0.6	0.2423	0.2437	0.2444	0.2448	0.2451	0.2452	0.2454	0.2455	0.2455	0.2455	0.2455	0.2455	0.2456
0.8	0.2346	0.2372	0.2387	0.2395	0.2400	0.2403	0.2407	0.2408	0.2409	0.2409	0.2410	0.2410	0.2410
1.0	0.2252	0.2291	0.2313	0.2326	0.2335	0.2340	0.2346	0.2349	0.2351	0.2352	0.2352	0.2353	0.2353
1.2	0.2149	0.2199	0.2229	0.2248	0.2260	0.2268	0.2278	0.2282	0.2285	0.2286	0.2287	0.2288	0.2289
1.4	0.2043	0.2102	0.2140	0.2164	0.2180	0.2191	0.2204	0.2211	0.2215	0.2217	0.2218	0.2220	0.2221
1.6	0.1939	0.2006	0.2049	0.2079	0.2099	0.2113	0.2130	0.2138	0.2143	0.2146	0.2148	0.2150	0.2152
1.8	0.1840	0.1912	0.1960	0.1994	0.2018	0.2034	0.2055	0.2066	0.2073	0.2077	0.2079	0.2082	0.2084
2.0	0.1746	0.1822	0.1875	0.1912	0.1938	0.1958	0.1982	0.1996	0.2004	0.2009	0.2012	0.2015	0.2018
2.2	0.1659	0.1737	0.1793	0.1833	0.1862	0.1883	0.1911	0.1927	0.1937	0.1943	0.1947	0.1952	0.1955
2.4	0.1578	0.1657	0.1715	0.1757	0.1789	0.1812	0.1843	0.1862	0.1873	0.1880	0.1885	0.1890	0.1895
2.6	0.1503	0.1583	0.1642	0.1686	0.1719	0.1745	0.1779	0.1799	0.1812	0.1820	0.1825	0.1832	0.1838
2.8	0.1433	0.1514	0.1574	0.1619	0.1654	0.1680	0.1717	0.1739	0.1753	0.1763	0.1769	0.1777	0.1784
3.0	0.1369	0.1449	0.1510	0.1556	0.1592	0.1619	0.1658	0.1682	0.1698	0.1708	0.1715	0.1725	0.1733
3.2	0.1310	0.1390	0.1450	0.1497	0.1533	0.1562	0.1602	0.1628	0.1645	0.1657	0.1664	0.1675	0.1685
3.4	0.1256	0.1334	0.1394	0.1441	0.1478	0.1508	0.1550	0.1577	0.1595	0.1607	0.1616	0.1628	0.1639
3.6	0.1205	0.1282	0.1342	0.1389	0.1427	0.1456	0.1500	0.1528	0.1548	0.1561	0.1570	0.1583	0.1595
3.8	0.1158	0.1234	0.1293	0.1340	0.1378	0.1408	0.1452	0.1482	0.1502	0.1516	0.1526	0.1541	0.1554
4.0	0.1114	0.1189	0.1248	0.1294	0.1332	0.1362	0.1408	0.1438	0.1459	0.1474	0.1485	0.1500	0.1516
4.2	0.1073	0.1147	0.1205	0.1251	0.1289	0.1319	0.1365	0.1396	0.1418	0.1434	0.1445	0.1462	0.1479
4.4	0.1035	0.1107	0.1164	0.1210	0.1248	0.1279	0.1325	0.1357	0.1379	0.1396	0.1407	0.1425	0.1444
4.6	0.1000	0.1070	0.1127	0.1172	0.1209	0.1240	0.1287	0.1319	0.1342	0.1359	0.1371	0.1390	0.1410
4.8	0.0967	0.1036	0.1091	0.1136	0.1173	0.1204	0.1250	0.1283	0.1307	0.1324	0.1337	0.1357	0.1379
5.0	0.0935	0.1003	0.1057	0.1102	0.1139	0.1169	0.1216	0.1249	0.1273	0.1291	0.1304	0.1325	0.1348
5.2	0.0906	0.0972	0.1026	0.1070	0.1106	0.1136	0.1183	0.1217	0.1241	0.1259	0.1273	0.1295	0.1320
5.4	0.0878	0.0943	0.0996	0.1039	0.1075	0.1105	0.1152	0.1186	0.1211	0.1229	0.1243	0.1265	0.1292
5.6	0.0852	0.0916	0.0968	0.1010	0.1046	0.1076	0.1122	0.1156	0.1181	0.1200	0.1215	0.1238	0.1266
5.8	0.0828	0.0890	0.0941	0.0983	0.1018	0.1047	0.1094	0.1128	0.1153	0.1172	0.1187	0.1211	0.1240
6.0	0.0805	0.0866	0.0916	0.0957	0.0991	0.1021	0.1067	0.1101	0.1126	0.1146	0.1161	0.1185	0.1216
6.2	0.0783	0.0842	0.0891	0.0932	0.0966	0.0995	0.1041	0.1075	0.1101	0.1120	0.1136	0.1161	0.1193
6.4	0.0762	0.0820	0.0869	0.0909	0.0942	0.0971	0.1016	0.1050	0.1076	0.1096	0.1111	0.1137	0.1171
6.6	0.0742	0.0799	0.0847	0.0886	0.0919	0.0948	0.0993	0.1027	0.1053	0.1073	0.1088	0.1114	0.1149
6.8	0.0723	0.0779	0.0826	0.0865	0.0898	0.0926	0.0970	0.1004	0.1030	0.1050	0.1066	0.1092	0.1129
7.0	0.0705	0.0761	0.0806	0.0844	0.0877	0.0904	0.0949	0.0982	0.1008	0.1028	0.1044	0.1071	0.1109
7.2	0.0688	0.0742	0.0787	0.0825	0.0857	0.0884	0.0928	0.0962	0.0987	0.1008	0.1023	0.1051	0.1090
7.4	0.0672	0.0725	0.0769	0.0806	0.0838	0.0865	0.0908	0.0942	0.0967	0.0988	0.1004	0.1031	0.1071
7.6	0.0656	0.0709	0.0752	0.0789	0.0820	0.0846	0.0889	0.0922	0.0948	0.0968	0.0984	0.1012	0.1054
7.8	0.0642	0.0693	0.0736	0.0771	0.0802	0.0828	0.0871	0.0904	0.0929	0.0950	0.0966	0.0994	0.1036

（2）地基变形计算深度范围内分层问题：规范推荐的地基变形计算方法是在分层总和法原理的基础上发展的一种方法，它用积分的方法求得应力面积和平均附加应力系数，计算时，可直接按自然土层分层，但在地下水位处应划出层面。

（3）平均附加应力系数为基础底面计算点（中心点）至第 i 层土底面范围土层的附加应力平均值。

矩形面积均布荷载中心点下的平均附加应力系数见表 3-6。

第六节　饱和土的有效应力和一维渗透固结

一、饱和土的排水固结和有效应力原理

如前所述，在常规工程压力作用下，地基土的颗粒和土中水的压缩量极小，可予以忽略，因此地基土的压缩变形就是由于土的孔隙被压缩而造成的。在一般情况下，土孔隙中含有水和空气，空气和水的界面既非液相，也非气相，使得外力作用下的土体内部应力状态变得极为复杂。对于饱和土体，外加应力则由固体颗粒和孔隙水共同承受。

土体是由土的颗粒骨架和颗粒骨架间的孔隙构成的，在外加应力 σ 的作用下，土体中会产生两种不同性质的应力，一种是通过土颗粒骨架传递的应力，另一种则是作用在土孔隙上并由其中的气体和孔隙水所承受的孔隙应力。由第一章第七节"渗透作用下土的应力状态"可知

$$\sigma = \sigma' + u \tag{3-52}$$

式（3-52）亦即饱和土的有效应力公式。土中任意点的孔隙压力对各个方向作用是相等的，因此它只能使土粒产生压缩（由于土颗粒的压缩量是很微小的，在土力学中均不考虑），并促使孔隙水沿土体的孔隙发生渗流，而不能使土颗粒产生位移。由土颗粒传递的有效应力才会引起土颗粒的位移，使土体发生体积变化和压缩变形。由颗粒承受（传递）的折算到单位土体截面面积上的那一部分应力称为有效应力；而由孔隙水承受的那一部分折算到单位土体截面面积上的应力称为超静水压力或简称孔隙水压力，用 u 表示。与土体压缩和强度有关的是土粒接触面上的应力亦即土的有效应力；孔隙水压力将促使土体发生渗透排水。

设在某 t 时刻作用于土体上的瞬时应力为 σ。由于土体来不及变形，由颗粒传递的有效应力为零，总应力等于孔隙水压力，用公式可表示为

$$\sigma = u, \sigma' = 0 \qquad (t = 0) \tag{3-53}$$

在 t 不等于零的任意时刻：

$$\sigma = \sigma' + u \qquad (t \neq 0) \tag{3-54}$$

当 t 趋向于无穷大时：

$$\sigma = \sigma', u = 0 \qquad (t \Rightarrow \infty) \tag{3-55}$$

此时作用于土体上的总应力全部转化为由土中固体颗粒所承受的有效应力，土体不再发生进一步的渗透排水，固结变形随之结束。

饱和土体在外力作用下其孔隙水压力逐渐消散、有效应力同步增长、体积压缩不断发生的过程称为饱和土体的排水固结过程。由此可定义一点的固结度为

$$U(t) = \frac{\sigma'(t)}{\sigma} = \frac{\sigma - u(t)}{\sigma} = 1 - \frac{u(t)}{\sigma} \tag{3-56}$$

二、饱和土的一维渗透固结(太沙基一维固结理论)

(一)基本假设

为求饱和土层在渗透固结过程中任意时间的变形,通常采用 K. 太沙基(Terzaghi,1925)提出的一维固结理论进行计算。太沙基一维固结理论适用于荷载面积远大于压缩土层的厚度,地基中孔隙水主要沿竖向渗流的情况,例如大面积荷载作用下的地基固结、大范围的地下水下降引起的地面下沉等。对于堤坝及其地基,孔隙水主要沿两个方向渗流,属于二维固结问题;对于房屋地基,通常应属于三维固结问题。

图 3-26 所示的是一维单向固结的情况,其中厚度为 H 的饱和土层的顶面是透水的,而其底面则不透水。假设该土层在自重作用下的固结已经完成,只是由于透水面上一次施加了连续均布荷载 p_0 才引起土层的固结。此情况下的太沙基一维固结理论的基本假设如下:

(1)土是均质、各向同性和完全饱和的;

(2)土粒和孔隙水都是不可压缩的;

(3)土中附加应力沿水平面是无限均匀分布的,因此土层的压缩和土中水的渗流都是一维的;

(4)土中水的渗流服从于达西定律;

(5)在渗透固结中,土的渗透系数和压缩系数都是不变的常数;

(6)外荷载是一次骤然施加的。

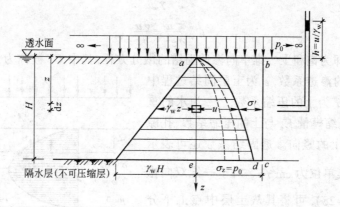

图 3-26 一维单向固结时土体应力随时间变化图

(二)一维固结微分方程

设在饱和土层顶面下 z 深度处的一个微元体(如图 3-27 所示),由于渗流只能是自下而上发生,在外荷一次施加后 t 时刻微元体上下表面的渗透速度分别为 v 和 $v + \dfrac{\partial v}{\partial z}\mathrm{d}z$,在 $\mathrm{d}t$ 时段内微元体顶、底面间的渗流量变化值为

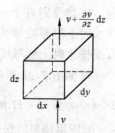

图 3-27 微元体渗透
速度变化图

$$\mathrm{d}Q = (v + \frac{\partial v}{\partial z}\mathrm{d}z - v)\mathrm{d}x\mathrm{d}y\mathrm{d}t = \frac{\partial v}{\partial z}\mathrm{d}x\mathrm{d}y\mathrm{d}z\mathrm{d}t$$

$$= k\frac{\partial}{\partial z}(\frac{\partial h}{\partial z})\mathrm{d}x\mathrm{d}y\mathrm{d}z\mathrm{d}t = k\frac{\partial^2 h}{\partial z^2}\mathrm{d}x\mathrm{d}y\mathrm{d}z\mathrm{d}t$$

在 $\mathrm{d}t$ 时段内微元体的体积变化为

$$dV = d(V_v) = d(eV_s) = V_s de = \frac{V}{1+e} de dt = \frac{de}{1+e} dx dy dz$$

式中 $de = -a d\sigma' = -a d(\sigma - u) = a du = a \frac{\partial u}{\partial t} dt$，将该式代入上式可得

$$dV = \frac{de}{1+e} dx dy dz = \frac{a}{1+e} \frac{\partial u}{\partial t} dx dy dz dt$$

因为在 dt 时段内微元体顶、底面间的渗流量变化值即为 dt 时段内微元体的体积变化值，亦即 $dQ = dV$，由此可得

$$k \frac{\partial^2 h}{\partial z^2} = \frac{a}{1+e} \frac{\partial u}{\partial t} \tag{3-57}$$

再将 $\dfrac{\partial h}{\partial z} = \dfrac{\partial \frac{u}{\gamma_w}}{\partial z} = \dfrac{1}{\gamma_w} \dfrac{\partial u}{\partial z}$ 代入式(3-57)可得

$$\frac{k}{\gamma_w} \frac{\partial^2 u}{\partial z^2} = \frac{a}{1+e} \frac{\partial u}{\partial t} \tag{3-58a}$$

整理得

$$\frac{k(1+e)}{\gamma_w a} \frac{\partial^2 u}{\partial z^2} = \frac{\partial u}{\partial t} \tag{3-58b}$$

令

$$C_v = \frac{k(1+e)}{\gamma_w a}$$

可得

$$C_v \frac{\partial^2 u}{\partial z^2} = \frac{\partial u}{\partial t} \tag{3-58c}$$

式(3-58c)即为饱和土一维单向渗透固结的微分方程，其中 C_v 被称为土的竖向渗透固结系数，k 为土的渗透系数，e 为土层固结过程中的平均孔隙比，a 为土的压缩系数，γ_w 为水的重度。根据土的压缩模量 E_s 与土的压缩系数、孔隙比之间的关系，土的竖向渗透固结系数还可表示为 $C_v = \dfrac{k}{\gamma_w E_s}$，其单位为 cm^2/a。对于一维双向排

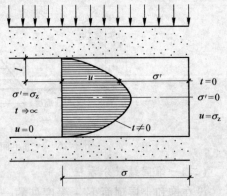

水的情况（图 3-28），可将其从土层中点上下分开，认为上半层单向向上排水，下半层单向向下排水，其任一半都恰好为一个一维单向渗透固结问题。由此得到对于一维渗透固结，当土层为单面排水时土层厚度即为固结计算层厚度，当土层为双面排水时土层厚度一半为固结计算层厚度。

图 3-28 一维双向固结时土体
应力随时间变化图

根据图 3-28 所示的应力初始条件和边界条件可得，当 $t=0$ 和 $0 \leqslant z \leqslant H$ 时，$u = \sigma_z$；当 $0 < t < \infty$ 和 $z = H$ 时，$\dfrac{\partial u}{\partial z} = 0$；当 $0 < t < \infty$ 和 $z = 0$ 时，$u = 0$；当 $t = \infty$ 和 $0 \leqslant z \leqslant H$ 时，$u = 0$。应用傅里叶级数可以求得式(3-58c)的解为

$$u(z, t) = \frac{4\sigma_z}{\pi} \sum_{m=1}^{\infty} \frac{1}{m} \sin \frac{m\pi z}{2h} \exp\left(-\frac{m^2 \pi^2}{4} T_v\right) \tag{3-59}$$

式中　　m——正奇整数($1、3、5、\cdots$)；

$T_{\mathrm{v}} = \dfrac{C_{\mathrm{v}}}{H^2}t$，称为时间因子；

H——土层的最大排水距离亦即固结计算层厚度。

根据一点的固结度的数学表达式(3-56)不难得到整个固结土层的平均固结度表达式为

$$U(t) = \frac{\overline{\sigma'(t)}}{\overline{\sigma}} = 1 - \frac{\displaystyle\int_0^H u(z,t)\mathrm{d}z}{\displaystyle\int_0^H \sigma_z \mathrm{d}z} \tag{3-60}$$

将式(3-59)代入式(3-60)可得

$$U(t) = 1 - \frac{8}{\pi}\sum_{m=1}^{\infty}\frac{1}{m^2}\exp\left(-\frac{m^2\pi^2 T_{\mathrm{v}}}{4}\right) \tag{3-61}$$

式(3-61)为一收敛很快的级数，当 $U(t) > 30\%$ 时，可近似取其中的第一项，即

$$U(t) = 1 - \frac{8}{\pi}\exp\left(-\frac{\pi^2 T_{\mathrm{v}}}{4}\right) \tag{3-62}$$

三、土的先(前)期固结压力

由于土体的最终状态是由有效应力的作用历史所决定，而非由总应力的作用历史所决定，所以我们可以根据具体的自然土体来确定其有效应力的作用变化过程。

土的先(前)期固结压力是指土体在其成土历史中所经受过的最大有效应力。土的先期固结压力与土的现有作用压力的比值被称为土的"超固结比(OCR)"。按超固结比(OCR)大于零、等于零或小于零，可将土划分为超固结土、正常固结土和欠固结土。如前所述，土的固结类型不同，其变形特性亦不同。

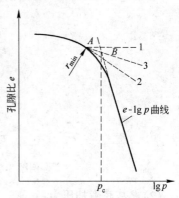

图 3-29　确定先期固结压力的
卡萨格兰德法

确定前期固结压力 p_{c} 最常用的方法是卡萨格兰德(A. Casagrande, 1936)建议的经验作图法。其作图步骤如下(图 3-29)：

(1)从 e-$\lg p$ 曲线上找出曲率半径最小的一点 A，过 A 点作水平线 $A1$ 和切线 $A2$；

(2)作角 $1A2$ 的平分线 $A3$，与 e-$\lg p$ 曲线中直线段的延长线相交于 B 点；

(3)B 点所对应的有效应力就是先期固结压力 p_{c}。

实验研究表明，土的压缩曲线和回弹曲线、回弹曲线和再压缩曲线是不同的，图 3-30 所示为 e-p 曲线和 e-$\lg p$ 曲线上的压缩曲线、回弹曲线和再压缩曲线。

【例 3-7】　某独立柱基础的底面为 $3.0\mathrm{m}\times 3.0\mathrm{m}$ 的正方形。上部结构传至基础顶面的荷载(准永久组合值) $F = 1600\mathrm{kN}$，基础埋深 $d = 2.0\mathrm{m}$，其他资料见例图 3-4，按规范方法计算柱基础中点的沉降量。

解：(1) 地基变形计算深度 z_{n}：

$$z_{\mathrm{n}} = b(2.5 - 0.4\ln b) = 3.0\times(2.5 - 0.4\times\ln 3.0)$$

$$= 6.18\mathrm{m}$$

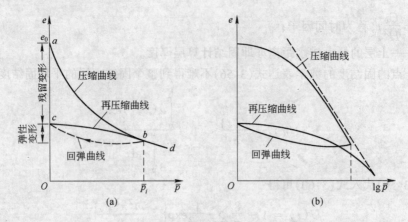

图 3-30　图的压缩曲线、回弹曲线和再压缩曲线

(a)e-p 曲线；(b)e-$\lg p$ 曲线

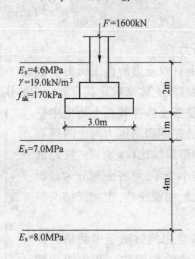

例图 3-4　底面为 3.0m×3.0m 的独立柱基础

(2)求基底附加压力：

$$p_0 = \frac{F+G}{A} - \gamma d = \frac{1600 + 3 \times 3 \times 2 \times 20}{3 \times 3} - 19.0 \times 2$$

$$= 179.78 \text{kPa} \approx 180 \text{kPa}$$

(3)计算地基变形计算深度范围内土层的压缩量：如例表 3-1 所示。

例表 3-1　土层压缩量计算

z/m	l/b	z/b	$\bar{\alpha}_i$	$\bar{\alpha}_i z_i$	$\bar{\alpha}_i z_i - \bar{\alpha}_{i-1} z_{i-1}$	E_{si}/kPa	$\Delta s' = \frac{4p_0}{E_{si}}(\bar{\alpha}_i z_i - \bar{\alpha}_{i-1} z_{i-1})/\text{m}$	$s' = \sum \Delta s_i/\text{mm}$
0	1	0	0.25	0				
1.0	1	0.67	0.2397	0.2397	0.2397	4600	3.75×10^{-2}	37.5
5.0	1	3.33	0.1275	0.6375	0.3978	7000	4.09×10^{-2}	78.4
6.18	1	4.12	0.1089	0.6732	0.0357	8000	3.2×10^{-3}	81.6

(4)计算最终沉降量 s：

计算深度范围内土层压缩模量的当量值 $\bar{E}_s$

$$\overline{E}_s = \sum A_i / \sum \frac{A_i}{E_{si}} = \frac{0.2397 + 0.3978 + 0.0357}{0.2397/4.6 + 0.3978/7.0 + 0.0357/8.0} = 5.94\text{MPa}$$

沉降计算经验系数 ψ_s：$\overline{E}_s = 5.94\text{MPa}$，$p_0 = 180\text{kPa} > f_{ak} = 170\text{kPa}$，查表 3-4，有

$$\psi_s = 1.106$$

则地基最终沉降量 s

$$s = \psi_s s' = 1.106 \times 81.6 = 90.2\text{mm}$$

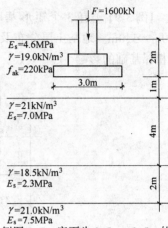

例图 3-5　底面为 $2.5\text{m} \times 2.5\text{m}$ 的独立柱基础

【例 3-8】　某柱下独立基础的底面积为 $2.5\text{m} \times 2.5\text{m}$，基础埋深 2.0m，上部结构传至基础顶面的荷载（准永久组合值）$F = 1600\text{kN}$。地基土层分布及相关指标见例图 3-5。按规范方法计算柱基中点的最终沉降量。

解：（1）地基变形计算深度 z_n：

$$z_n = b(2.5 - 0.4\ln b) = 2.5 \times (2.5 - 0.4 \times \ln 2.5)$$
$$= 5.33\text{m}$$

但第三层土的压缩模量较小，应继续向下计算。按表 3-5，$\Delta z = 0.6\text{m}$，向下取 $2\Delta z$，沉降计算深度取 $z_n = 7.6\text{m}$。

（2）求基底附加压力：

$$p_0 = \frac{F + G}{A} - \gamma d = \frac{1600 + 2.5 \times 2.5 \times 2 \times 20}{2.5 \times 2.5} - 19.0 \times 2 = 260\text{kPa}$$

（3）计算地基变形计算深度范围内土层的压缩量：如例表 3-2 所示。

例表 3-2　土层的压缩量计算

z/m	l/b	z/b	$\overline{\alpha}_i$	$\overline{\alpha}_i z_i$	$\overline{\alpha}_i z_i - \overline{\alpha}_{i-1} z_{i-1}$	E_{si}/kPa	$\Delta s' = \frac{4p_0}{E_{si}}(\overline{\alpha}_i z_i - \overline{\alpha}_{i-1} z_{i-1})/\text{mm}$	$s' = \sum \Delta s_i/\text{mm}$
0	1	0	0.25	0				
1.0	1	0.8	0.2346	0.2346	0.2346	4600	53.04	53.04
5.0	1	4.0	0.1114	0.557	0.3224	7000	47.9	100.94
5.6	1	4.48	0.1021	0.5717	0.0147	2300	6.65	107.59
7.0	1	5.6	0.857	0.5994	0.0273	2300	12.34	119.93
7.6	1	6.08	0.0797	0.6057	0.0067	7500	0.93	120.86

（4）复核计算深度：

$z_n = 5.0 \sim 5.6\text{m}$，$\Delta z = 0.6\text{m}$；

$\Delta s_n' = 6.65\text{mm} > 0.025\sum \Delta s_i' = 0.025 \times 107.59 = 2.69\text{mm}$，应再往下计算。

$$z_n = 7.0 \sim 7.6\text{m}, \Delta z = 0.6\text{m};$$

$\Delta s_n' = 0.93\text{mm} < 0.025\sum \Delta s_i' = 0.025 \times 120.86 = 3.02\text{mm}$，满足规范的计算要求。

（5）计算最终沉降量 s：

计算深度范围内土层压缩模量的当量值 $\overline{E}_s$

$$\overline{E}_s = \sum A_i / \sum \frac{A_i}{E_{si}}$$

$$= \frac{0.2346 + 0.3224 + 0.0147 + 0.0273 + 0.0067}{0.2346/4600 + 0.3224/7000 + 0.0147/2300 + 0.0273/2300 + 0.0067/7500}$$

$$= 5360\text{kPa} = 5.36\text{MPa}$$

沉降计算经验系数 ψ_s：$\overline{E}_s = 5.36\text{MPa}$，$p_0 = 260\text{ kPa} > f_{ak} = 220\text{kPa}$，查表 3-4，有：

$$\psi_s = 1.164$$

则地基最终沉降量 s：

$$s = \psi_s s' = 1.164 \times 120.86 = 140.68\text{mm}$$

【例 3-9】 有 3 个矩形基础布置如例图 3-6 所示，基础埋深 1.5m，每个基础底面积 4.0m×5.0m。地基土层分布及相关指标见图。按规范方法计算基础甲的最终沉降量，考虑相邻基础的影响。

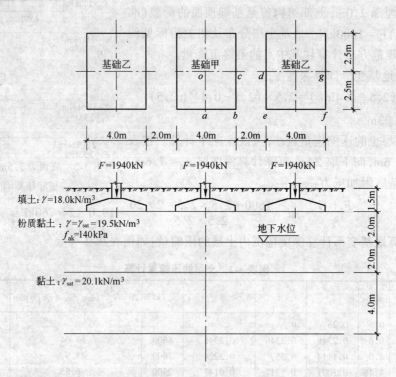

例图 3-6 矩形基础布置及地基土层分布图

解：(1) 计算基底附加压力 p_0：

$$p_0 = \frac{F+G}{A} - \gamma d = \frac{1940 + 4.0 \times 5.0 \times 1.5 \times 20}{4.0 \times 5.0} - 18.0 \times 1.5 = 100\text{kPa}$$

(2)计算地基变形计算深度范围内土层的压缩量，分层厚度取 2m。

a.计算 $\overline{\alpha}_i$（以 $z = 2\text{m}$ 为例，其余类似）：

基础甲（只计算荷载面积 $oabc$ 的 $\overline{\alpha}_i$）：$l/b = 2.5/2 = 1.25$，$z/b = 2/2 = 1$，则查表 3-6，有 $\overline{\alpha}_i = 0.2297$（内插法）。

两相邻基础乙的影响（荷载面积为 $oafg - oaed$）：

对 $oafg$：$l/b = 8/2.5 = 3.2$，$z/b = 2/2.5 = 0.8$，则查表 3-6，有 $\overline{\alpha}_i = 0.2409$；

对 $oaed$：$l/b = 4/2.5 = 1.6$，$z/b = 2/2.5 = 0.8$，则查表 3-6，有 $\overline{\alpha}_i = 0.2395$；

在 $z = 2\text{m}$ 范围内，两相邻基础乙影响的 $\overline{\alpha}_i = 0.2409 - 0.2395 = 0.0014$。

考虑两相邻基础乙影响后，基础甲在 $z = 2\text{m}$ 范围内的 $\overline{\alpha}_i = 0.2297 + 0.0014 = 0.2311$。

b.分层：由表 3-5，变形计算深度处向上取计算厚度 $\Delta z = 0.6\text{m}$，分层厚度取 2m，则分别

计算 $z=4$、6、8、8.4、9m 深度范围内的 $\bar{a}_i$ 值,见例表 3-3。

例表 3-3　$\bar{a}_i$ 值的计算

z/m	基础甲			两相邻基础乙对基础甲的影响			考虑影响后的基础甲	$z\bar{a}_i$	$z\bar{a}_i - z_{i-1}\bar{a}_{i-1}$	E_{si}/kPa	$\Delta s'_i$/mm
	l/b	z/b	$\bar{a}_i$	l/b	z/b	$\bar{a}_i$	$\bar{a}_i$				
0	1.25	0	0.25	3.2 / 1.6	0 / 0	$0.2500-0.2500$ $=0$	0	0			
2.0	1.25	1.0	0.2297	3.2 / 1.6	0.8 / 0.8	$0.2409-0.2395$ $=0.0014$	0.2311	0.4622	0.4622	2820	65.6
4.0	1.25	2.0	0.1835	3.2 / 1.6	1.6 / 1.6	$0.2143-0.2079$ $=0.0064$	0.1899	0.7596	0.2974	2980	39.9
6.0	1.25	3.0	0.1464	3.2 / 1.6	2.4 / 2.4	$0.1873-0.1757$ $=0.0116$	0.1580	0.9480	0.1884	2700	27.9
8.0	1.25	4.0	0.1204	3.2 / 1.6	3.2 / 3.2	$0.1645-0.1497$ $=0.0148$	0.1352	1.0816	0.1336	3180	16.8
8.4	1.25	4.2	0.1162	3.2 / 1.6	3.36 / 3.36	$0.1605-0.1452$ $=0.0153$	0.1315	1.1046	0.0230	3100	3.0
9.0	1.25	4.5	0.1102	3.2 / 1.6	3.6 / 3.6	$0.1548-0.1389$ $=0.0159$	0.1261	1.1349	0.0303	3100	3.9

(3)各计算点的 E_{si} 值:由各分层中点的自重应力和附加应力(考虑相邻基础影响)值,根据压缩曲线查得相应的压缩系数,从而计算求得相应压力段的压缩模量值,本例题中没有给出压缩曲线和具体计算过程,只给出最后的计算结果,见例表 3-3。

(4)计算 $\Delta s'_i$:

在 $z=0\sim2$m 深度段:

$$\Delta s'_i = \frac{4p_0}{E_{si}}(\bar{a}_i z_i - \bar{a}_{i-1} z_{i-1}) = 4\times100\times0.4622/2820 = 65.6\text{mm}$$

其余见例表 3-3。

(5)确定地基变形计算深度 z_z:

例表 3-3 中,$z=9$m 深度范围内,$\sum\Delta s'_i = 157.1$mm,相应于 $z=8.4$m 至 $z=9$m 土层的计算沉降量,$\Delta s'_i = 3.9$mm $<0.025\sum\Delta s'_i = 0.025\times157.1 = 3.93$mm,满足要求,故地基计算深度 $z_z = 9$m。

(6)确定沉降计算经验系数 ψ_s:

计算深度范围内压缩模量当量值:

$$\bar{E}_s = \sum A_i / \sum \frac{A_i}{E_{si}}$$

$$= \frac{0.4622+0.2974+0.1884+0.1336+0.023+0.0303}{0.4622/2820+0.2974/2980+0.1884/2700+0.1336/3180+0.023/3100+0.0303/3100}$$

$$= 2890\text{kPa} = 2.89\text{MPa}$$

$\bar{E}_s = 2.89$MPa,$p_0 = 100$ kPa $<0.75f_{ak} = 0.75\times140$kPa $= 105$ kPa,查表 3-4,有

$\psi_s = 1.065$

(7)计算最终沉降量 s:

$$s = \psi_s s' = 1.065 \times 157.1 = 167.3\text{mm}$$

【例3-10】 某建筑物独立基础平面尺寸为 $4\text{m} \times 6\text{m}$，基础埋深 $d = 1.5\text{m}$，拟建场地的地下水位距地表 1.0m，地基土层分布及主要物理性质指标如例表3-4所示。

例表3-4 地基土层分布及主要物理性质

层序	土名	层底深度/m	水的质量分数/%	天然重度/kN·m⁻³	孔隙比	液性指数	压缩模量/MPa	有效重度/kN·m⁻³
1	填土	1		18.00				18.00
2	粉质黏土	3.5	30.50	18.70	0.7	0.7	7.5000	8.70
3	淤泥质黏土	7.9	48.00	17.00	1.38	1.2	2.4000	7.00
4	黏土	15	22.50	19.70	0.68	0.35	9.9000	9.70

试用规范推荐的方法和传统的分层总和法计算第2、3、4层的压缩量(规范推荐的方法其沉降计算经验系数假定为1.0)，并按相同的标准计算地基的沉降量(基础底面处的有效附加压力 $p_0 = 100\text{kPa}$)。

解：(1)传统分层总和法：$z_n = (2.5 - 0.4\ln b)b = 7.782$，按题中条件取 $z_n = 8.0\text{m}$，$\Delta z = 0.6\text{m}$。

a. 不同深度处的地基附加应力：

根据附加应力计算的电子表格法可得：

		z	Es	hi
$z = 0.0\text{m}$(基底)	100	0.0000		
$z = 1.0\text{m}$	95.13	1.0000	7.5	1
$z = 2.0\text{m}$(1层底)	77.46	2.0000	7.5	1
$z = 3.0\text{m}$	58.03	3.0000	2.4	1
$z = 4.0\text{m}$	42.83	4.0000	2.4	1
$z = 5.0\text{m}$	32.04	5.0000	2.4	1
$z = 6.0\text{m}$	24.49	6.0000	2.4	1
$z = 6.4\text{m}$(2层底)	22.14	6.4000	2.4	0.4
$z_n - 0.6 = 7.4\text{m}$	17.48	7.4000	9.9	1
$z_n = 8.0\text{m}$	15.32	8.0000	9.9	0.6
$z = 14\text{m}$(3层底)	5.54	14.0000	9.9	6

b. 计算分层的附加应力平均值：

1	97.565	6	28.265
2	86.295	7	23.315
3	67.745	8	19.81
4	50.43	9	16.4
5	37.435	10	10.43

c. 计算分层的压缩量：

根据地基压缩量计算公式可得：

分层序号	s_i	分层序号	s_i
1	13.01	6	11.78
2	11.51	7	3.89
3	28.23	8	2.00
4	21.01	9	0.99
5	15.60	10	6.32

d. 各层的压缩量计算:

1层	24.51
2层	80.50
3层	9.32

e. 地基沉降量计算:

$$s_9/\mathrm{sum}(s_1 + s_2 + \cdots + s_9) = 0.009202288 \quad 小于 2.5\%$$

$$s = \mathrm{sum}(s_1 + s_2 + \cdots + s_9) = 108.01$$

(2)规范推荐的分层总和法:$z_n = (2.5 - 0.4\ln b)b = 7.782$,按题中条件取 $z_n = 8.0\mathrm{m}$,$\Delta z = 0.6\mathrm{m}$。

a. 不同深度处的地基平均附加应力系数:

根据规范附录 K 可得:

	l/b	z/b	z	Es	hi
z=0.0m(基底)	1		0.0000	7.5	
z=2.0m(1层底)	0.9278	1.5	1	2.0000	7.5	2
z=6.4m(2层底)	0.5894	1.5	3.2	6.4000	2.4	4.4
$z_n-0.6=7.4\mathrm{m}$	0.5364	1.5	3.7	7.4000	9.9	1
$z_n=8.0\mathrm{m}$	0.5084	1.5	4	8.0000	9.9	0.6
z=14m(3层底)	0.3300	1.5	7	14.0000	9.9	6.0

b. 计算分层的压缩量:

根据地基压缩量计算公式可得:

分层序号	s_i
1	24.74
2	79.86
3	1.99
4	0.99
5	5.58

c. 各层的压缩量计算:

1层	24.74
2层	79.86
3层	8.56

d. 地基沉降量计算:

$$s_4/(s_1 + s_2 + s_3 + s_4) = 0.009186646 \qquad 小于\ 2.5\%$$

$$s = 107.58$$

通过例题 3-10 可以看出:(1)在地基深度相同的条件下,通过传统分层总和法和规范推荐的分层总和法所得的地基变形计算结果一致(传统分层总和法 $s = 108.01$mm,规范推荐的分层总和法 $s = 107.58$mm,两者的相对误差为 0.48%)。(2)当采用传统分层总和法时,分层厚度不能过大,否则将产生较大的计算误差(例如上述计算结果中,用传统分层总和法计算所得的黏土层的累计压缩量为 9.32mm,而用规范推荐的分层总和法所得的黏土层的累计压缩量为 8.56mm,两者出现相对较大的计算误差。但若在传统分层总和法中,将 z_n 之下的黏土每 2.0m 划分为一层,则黏土层的累计压缩量为 8.69mm,两者的计算结果又趋于一致)。(3)当地基土的压缩性随深度变化较小,而又采用目前仍普遍使用的查表法计算地基变形时,规范推荐的分层总和法和传统的分层总和法相比,计算工作量更少一些(分层可少一些)。

给出土层的压缩模量时,用传统分层总和法计算正常固结土地基变形的 Excel 表格法计算方法总结如下:

(1)在表格中输入计算所需的基本土性参数;

(2)按 $z_n = (2.5 - 0.4\ln b)b$,确定地基变形计算深度;

(3)分层(自然土层界面、地下水位面或 $h_i = 0.4b$ 或 1.0m),并分别输入 z、E_s、h_i,最后一个分层厚度直接按规范中的 Δz 输入;

(4)利用 Excel 电子表格法计算各分界面上的地基附加应力;

(5)利用 Excel 电子表格法计算各分层的平均附加应力(按"$\dfrac{\sigma_{zi} + \sigma_{zi-1}}{2}$"输入后拖动鼠标即可得到各分层的平均附加应力),其中 σ_{zi} 和 σ_{zi-1} 为对应附加应力的表格号;

(6)利用 Excel 电子表格法计算各分层的压缩量(按"$= \dfrac{\bar{\sigma}_{zi}}{E_{si}} h_i$"输入后拖动鼠标即可得到各分层的压缩量),输入方法同(5);

(7)计算地基沉降量 $= \mathrm{sum}(s_1 + s_2 + \cdots)$,输入方法同上;

(8)按"$\dfrac{s_n}{\mathrm{sum}(s_1 + s_2 + \cdots)}$"判断是否满足规范公式,满足时停止计算,不满足时继续增加分层直至满足规范要求;

(9)用沉降计算经验系数对计算结果进行校正。

当原始数据以如下形式给出时:

p/kPa	0	50	100	150	200
e	1.03	0.96	0.90	0.87	0.855

根据泰勒级数法,令 $e = e_0 + A_1 p^1 + A_2 p^2 + A_3 p^3 + A_4 p^4$,分别将 50、100、150、200 代入式中,利用 Excel 电子表格求解以系数为未知数的线性代数方程组,得到 $e\text{-}p$ 关系式;在上述步骤(1)~(5)的基础上,计算地基各分层界面处的自重应力,并进而计算各分层的平均自重应力;在此基础上计算各分层的平均总应力($\bar{\sigma}_i^{"} = \bar{\sigma}_{zi} + \bar{\sigma}_{czi}$");将各分层的平均总应力和平均自重应力代入 $e\text{-}p$ 关系式,并利用 Excel 电子表格求解 e_{1i}、e_{2i},按 $s_i = \dfrac{e_{1i} - e_{2i}}{1 + e_{1i}} h_i$,利

用 Excel 电子表格求解各分层的压缩量,按上述步骤(7)~(9)计算地基沉降量。该方法既可用于计算正常固结土的地基变形,也可以用于计算超固结土的地基变形。在确定了先期固结压力的情况下,还可以用于计算欠固结的土地基变形。

思考题及习题

3-1　地基中的两种应力是什么? 饱和黏性土中的两种应力是什么? 简述饱和土的有效应力原理及应力计算公式。

3-2　土体中的自重应力如何计算? 地下水位的升降对土中的自重应力和工程有何影响? 为什么说土体中的自重应力与 x、y 轴无关? 自重应力是否就是土体中的原有应力?

3-3　在正常固结的黏土层中,如果地下水位先下降 15.0m。5 年之后,地下水位又回到下降前的位置。问水位回升后,与地下水位下降前相比,地面标高有没有变化? 是升高了还是降低了? 为什么?

3-4　土的自重应力在什么情况下不产生沉降,什么情况下产生沉降,为什么? 试各举一例说明。

3-5　写出地基附加应力计算的最基本公式(布辛奈斯克解)及各种情况下的基底压力计算公式;大面积填土下的地基应力变化如何计算?

3-6　何谓基底压力、基底附加压力、地基附加应力? 中心和偏心荷载作用下的基底压力如何计算? 偏心距对基底压力的分布有何影响?

3-7　何谓理想弹性体、半无限空间体和直线变形体? 如何判断空间和平面问题?

3-8　简述地基附加应力的分布规律。

3-9　在基础地面以下,自重应力 σ_{cz} 的分布是随深度增大而增大,附加压力 σ_z 的分布则随深度的增加而减小。试对这一规律加以解释。

3-10　在土质相同的同一场地上,甲、乙两基础的宽度、埋深及基底附加压力均相同,长度不同,其各自地基附加应力是否相同? 为什么?

3-11　如题图 3-1 所示 A、B 两个地基,土性相同,压缩层厚度相同,$p_{0A} = p_{0B}$,A 地基表面作用荷载面积为无限大,B 地基表面作用荷载为方形。试问两地基土中的附加应力分布是否相同? 为什么?

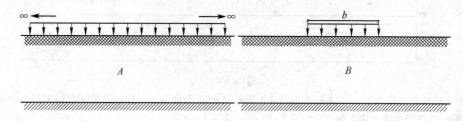

题图 3-1

与均质土体相比较,在上软下硬或上硬下软的非均质地基中附加应力有何变化?

3-12　简述地基变形计算的分层总和法(基本方法和规范推荐方法)。

3-13　什么是前期固结压力、超固结比、固结度、欠固结土、正常固结土和超固结土? 考虑应力历史的地基变形计算方法和一般的分层总和法有何异同?

3-14　何谓地基土的压缩性? 土为什么会发生压缩变形? 土的压缩性指标有哪些? 各是在什么条件下求得的? 它们之间有何关系?

3-15　何谓侧限压缩试验? 如何以压缩曲线来判断土的压缩性高低? 压缩模量和变形模量的主要区别是什么? 什么叫压缩系数? 为什么压缩系数 a 要带角标,如"$a_{1\text{-}2}$"? 而压缩指数 C_c 却不带?

3-16　建筑物的沉降观测表明:沉降计算值与沉降观测值之间往往存在一定的差距,有时差距甚至很大,试简要分析其原因。

3-17　已知 3 个方形基础尺寸相同,埋深和受到的荷载如题图 3-2 所示(后两个基础埋深相同),场地土条件相同。试对 3 个基础的沉降大小进行比较,并简述其理由。

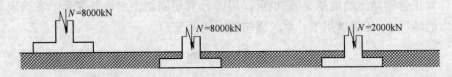

题图 3-2

3-18 已知甲、乙、丙 3 个基础,基础底面尺寸、结构、基底附加压力、基础埋深均相同。地基条件如题图 3-3 所示(均不相同)。问哪种基础沉降得快?哪种沉降最慢?试简述理由。

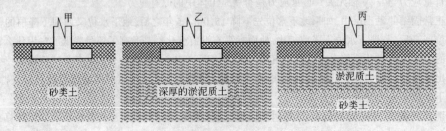

题图 3-3

3-19 在天然地面上回填有 4.0m 厚的大面积素填土,填土重度为 18kN/m³,试求如题图 3-4 所示地层中 A、B、C、D 各点的自重应力及附加应力,并绘制应力分布曲线;若因大量抽用地下水使水位下降 5.0m,天然土层中的应力变化如何(水位下降后,粉砂的 $\gamma = 18.1$kN/m³)?

▽ 天然地面	4.0m	回填土	$\gamma = 18$kN/m³
A			
▽ 地下水位面	2.0m	粉砂	$\gamma = 18.1$kN/m³
B			
	3.0m		$\gamma = 18.5$kN/m³
C			
	5.0m	粉质黏土	$\gamma = 18.4$kN/m³
D			

题图 3-4

3-20 某矩形受荷面积为 10m×14m,求题图 3-5 所示 A 点下深度为 5m、10m 处的竖向附加应力为同样深度处 O 点竖向附加应力的百分之几?

3-21 如题图 3-6 所示一条形基础宽 6m,线性分布荷载 $p = 2400$kN/m,偏心距 $e = 0.25$m,求 A 点的附加应力。

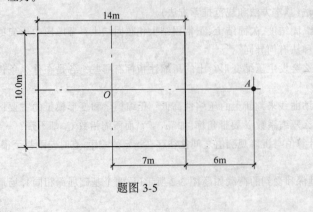

题图 3-5

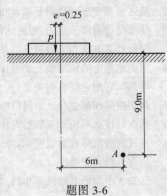

题图 3-6

3-22 某建筑场地土层水平,分布均匀,第一层为杂填土,厚 2.1m, $\gamma = 16.8$ kN/m³;第二层为粉质黏土,厚 4m, $\gamma = 19$ kN/m³(水位上下近似相等),地下水距地表 2.9m;第三层为中砂,厚 3.7m, $\gamma = 17.8$ kN/m³;第四层为砾砂,厚 3.5m, $\gamma = 18.2$kN/m³;第五层为砂岩,未钻透。试计算砂岩(不透水)顶面及上覆土层中的竖向自重应力,并绘制 σ_{cz} 的分布图;在上述条件下,土中的总应力、有效应力和空隙水压力情况如何?

3-23 某地基表面作用有大面积的垂直分布荷载 $q = 20$kPa,绘出和 σ_z 沿深度的分布。

3-24 某构筑物基础如题图 3-7 所示,在设计地面标高处作用有偏心荷载 680kN,荷载作用在长边所在的中心线上,偏离基础中心 1.31m,基础埋深 2m,底面尺寸为 4m×2m。试求基础底面最大压力值,绘出沿偏心方向的基础压力分布图。

3-25 一土堤的截面如题图 3-8 所示。堤身土料重度 $\gamma = 18.0$ kN/m³,计算土堤轴线上黏土层中 A、B、C 三点的竖向附加应力值,画出该土层的 σ_z 分布曲线。

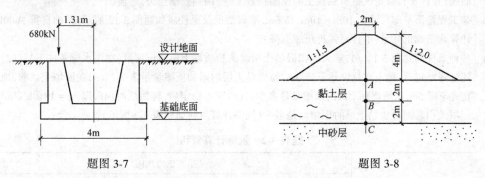

题图 3-7   题图 3-8

3-26 某条形基础的宽度为 2m,基底附加应力呈梯形分布,边缘 $p_{0max} = 300$kPa, $p_{0min} = 100$kPa。试求基底中心点下和边缘两点下各 3m 和 6m 深度处的 σ_z 值。

3-27 半无限弹性介质表面作用有集中力 $N = 1000$kN,求荷载轴线下:(1)$r = 0$, z 分别为 1.0、2.0、3.0、4.0、5.0、6.0m 下的 σ_z;(2)r 分别为 1、2、3、4m, z 分别为 1.0、2.0、3.0、4.0、5.0、6.0m 下的 σ_z;(3)绘出等应力线分布图。

3-28 长条形基础上作用着梯形分布的垂直荷载和水平均布荷载,如题图 3-9 所示,求 A 点下 3.75、7.5、15、18.75m 深度处的 σ_z。

3-29 均布荷载 $p = 250$kPa,作用于题图 3-10 中的阴影部分,求 A 点以下 3m 深度处的 σ_z。

3-30 圆形基础上作用着均布荷载 $q = 40$kPa,如题图 3-11 所示,求基础中点 O 下 2、4、6 和 10m 深度处的 σ_z。并绘出 σ_z 沿其深度的分布图。

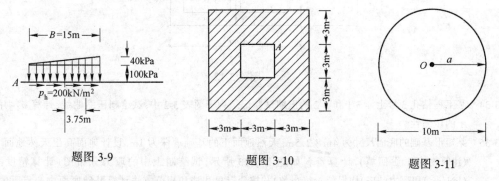

题图 3-9   题图 3-10   题图 3-11

3-31 某饱和黏土的固结试验成果如题表 3-1 所示。

题表 3-1 固结试验成果

压力/kPa	试样压缩稳定后的高度/mm
0	20.00
50	19.70
100	19.60
200	19.34
400	18.77
800	18.20

试验后测得含水量 $w = 33.1\%$，比重 $d_s = 2.72$。计算每级荷载下土样的 e 值，绘出 e-p 曲线和 e-$\lg p$ 曲线；并计算和确定该饱和黏性土的压缩指数 C_c 和前期固结压力 p_c 值。

3-32 某工程箱形基础尺寸为 10m×10m，高 6m，荷载情况及土性质如题图 3-12 所示(基础自重 3600kN)，计算此基础沉降量(不计回弹再压缩沉降)。

3-33 各种条件同题图 3-1。(1)求大面积回填土引起的粉质黏土层的压缩量(在原水位条件下)。(2)当上述沉降稳定后，地下水位突然下降 5m，粉质黏土层的附加压缩量是多少？(3)在回填土以前，地下水位先下降 5m，求粉质黏土层的压缩量是多少？(4)变形稳定后，再回填时(4m 厚，$\gamma = 18.0\text{kN/m}^3$)，由回填土引起的粉质黏土层的压缩量是多少(沉降计算资料如题表 3-2 所示)？

题表 3-2 沉降计算资料

土 样 编 号	垂直压力/kPa					
	0	50	100	200	300	400
	孔隙比					
3-1(粉质黏土)	0.866	0.799	0.770	0.736	0.721	0.714
3-2(淤泥质黏土)	1.085	0.960	0.890	0.803	0.748	0.707

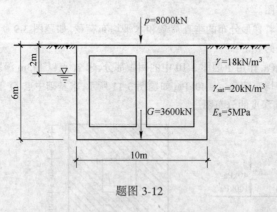

题图 3-12

3-34 某工程钻孔 3 号土样 3-1 和 3-2 的压缩试验记录列于题表 3-2 中，试绘制压缩曲线，计算 $a_{1\text{-}2}$ 并评定土的压缩性。

3-35 某矩形基础的底面尺寸为 4m×2.5m，天然地面下的基础埋深为 1m，设计地面高出天然地面 0.4m(建筑物完工后回填)，计算资料如题图 3-13 所示，试绘制土中的应力分布图(计算精度：重度(kN/m³)和应力(kPa)均保留一位小数)并按分层总和法和规范方法计算基础底面中心点下的沉降量。

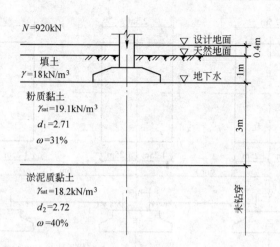

题图 3-13

3-36 如题图 3-14 所示地层剖面,因 20 年前整平地面时挖去 2m(假定挖方后,现在地面下的土体发生充分回弹),现在又在地面上大面积堆料,其压力为 150kPa,经测定黏土层中点处的初始孔隙比 $e_0 = 0.95$、$C_e = 0.05$、$C_c = 0.35$。试问黏土层将产生多少压缩量?

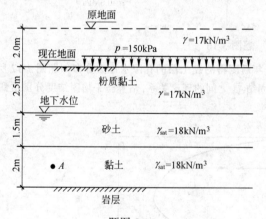

题图 3-14

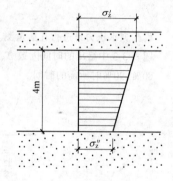

题图 3-15

3-37 由于建筑物传来的荷载,地基中某一饱和黏土层产生梯形分布的竖向附加应力,该层顶面和底面的附加应力分别为 $\sigma_z' = 240\text{kPa}$ 和 $\sigma_z'' = 160\text{kPa}$,顶底面透水(如题图 3-15 所示),土的平均 $k = 0.2\text{cm/}a$,$e = 0.88$,$a = 0.39\text{MPa}^{-1}$,$E_s = 4.82\text{MPa}$。试求:(1)该土层的最终沉降量;(2)当达到最终沉降量之半所需的时间;(3)当达到 120mm 沉降所需的时间;(4)如果该饱和黏土下卧层为不透水层,求达到 12mm 沉降所需的时间。

3-38 厂房车间边柱底面尺寸为 $3.5\text{m} \times 2.5\text{m}$,埋深 $D = 1.5\text{m}$,柱子传到底面标高处的荷载 $F = 900\text{kN}$、$M = 80\text{kN·m}$。相邻基础对地基应力有影响,地基土的性质如题图 3-16 所示。试计算甲基础的沉降量(假设土的压缩系数不随应力变化)。

3-39 某建筑场地土性均匀,地基土的重度为 17.68kN/cm^3,用 $1.0\text{m} \times 1.0\text{m}$ 的方形压板进行地基载荷试验得到压力为 180kPa 时的地基沉降量为 9.69mm。已知拟建建筑物的某基础底面尺寸为 $10\text{m} \times 10\text{m}$,试估算该基础的沉降量(假定载荷板的刚度可忽略不计,地基计算深度按 $\sigma_{z_n} = 0.2\sigma_{cz_n}$ 确定)。

3-40 有一土坝地基中的黏土层厚 10.0m,其上下皆为砂层,地下水位在黏土层之上。若将修建大坝的全过程近似看做是在整个黏土层上瞬时一次施加均匀分布荷载 200kPa,与此同时在饱和黏土层中埋

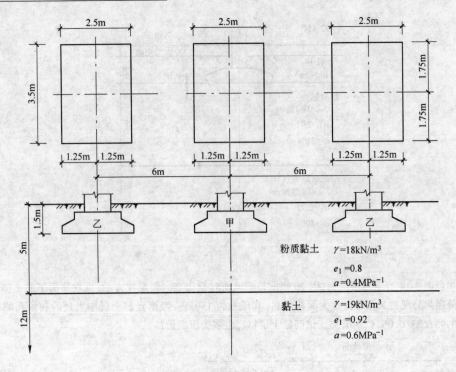

题图 3-16

设孔隙水压力计进行孔压量测。加载一年后测得的黏土层的孔隙水压力分布如题图 3-17 所示,用题表 3-3 中给出的时间因数 T_v 和平均固结 $\overline{U}$ 之间的理论关系,估算当平均固结度分别达到 70%、80%、90% 时所需的时间。

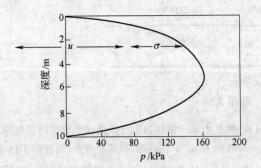

题图 3-17

题表 3-3 T_v 和 $\overline{U}$ 之间的关系

T_v	0.008	0.031	0.071	0.126	0.197	0.287	0.403	0.567	0.848
$\overline{U}/\%$	10	20	30	40	50	60	70	80	90

第四章　土的抗剪强度

第一节　概　　述

土的抗剪强度是指在一定的应力状态下,土体能够抵抗剪切破坏的极限能力。土体发生剪切破坏时,土体中的剪应力达到其抗剪强度。通常工程条件下,土体的破坏都可归为剪切破坏。例如边坡的滑动、地基的整体剪切破坏、道路路基的滑移、水坝的溃决等,都是土体发生剪切破坏的结果。由此可见,土的抗剪强度是土体最主要力学特性之一。

土的抗剪强度取决于土的组成、结构、含水量、孔隙比以及土体所受的应力状态等多种因素。当土体中的应力组合满足一定关系时,土体就会发生破坏,这种应力组合即为破坏准则,亦即判定土体是否破坏的标准。土的抗剪强度主要通过室内试验和原位测试确定,试验仪器的种类和试验方法对确定强度值有很大的影响。

本章主要介绍土体的破坏准则和试验方法,并就饱和黏性土和无黏性土的抗剪强度特征进行阐述。

第二节　土的破坏准则

一、库仑公式

土的破坏准则确定是一个十分复杂的问题,目前已有多个关于土的破坏准则,但还没有一个被认为是能完满适用于土的理想的破坏准则。目前在工程实践中广泛采用的破坏准则是莫尔—库仑破坏准则,这一准则被普遍认为是适合岩土体的。

1776 年库仑总结土的破坏现象,提出土的抗剪强度公式为

$$\tau_f = \sigma \cdot \tan\varphi \tag{4-1a}$$

$$\tau_f = c + \sigma \cdot \tan\varphi \tag{4-1b}$$

式中　τ_f——土的抗剪强度;

　　　σ——剪切面上的法向应力;

　　　c——土的黏聚力,

　　　φ——土的内摩擦角。

c 和 φ 被称为抗剪强度指标或抗剪强度参数。式(4-1a)适用于碎石土、砂土等无黏性土,式(4-1b)适用于黏性土。

根据有效应力原理,只有有效应力的变化才能引起土体的强度的变化,土体内的剪应力仅能由土骨架承担,土的抗剪强度应表示为剪切破坏面上法向有效应力的函数,因此式(4-1a)、式(4-1b)应修改为:

$$\tau_f = \sigma' \cdot \tan\varphi' \tag{4-2a}$$

$$\tau_f = c' + \sigma' \cdot \tan\varphi' \tag{4-2b}$$

式中　σ'——剪切面上的法向有效应力；

$\quad\quad$ c'——土的有效黏聚力；

$\quad\quad$ φ'——土的有效内摩擦角。

因此,目前土的抗剪强度有两种表达方法:一种是以总应力 σ 表示的抗剪强度,表达式采用式(4-1a)、(4-1b),称为总应力法的抗剪强度,相应的抗剪强度指标 c、φ 称为总应力抗剪强度指标或总应力抗剪强度参数;另一种则是以有效应力 σ' 表示的抗剪强度,表达式采用式(4-2a)、(4-2b),称为有效应力法的抗剪强度,相应的抗剪强度指标 c'、φ' 称为有效应力抗剪强度指标或有效应力抗剪强度参数。

式(4-1)和式(4-2)表明,土的抗剪强度由两部分组成:摩擦强度 $\sigma\tan\varphi$(或 $\sigma'\tan\varphi'$)和黏结强度 c(或 c')。摩擦强度来源于两部分:一是颗粒之间因剪切滑动时产生的滑动摩擦,另一是因剪切使颗粒之间脱离咬合状态而移动所产生的咬合摩擦。摩擦强度取决于剪切面上的正应力和土的内摩擦角。内摩擦角是度量滑动难易程度和咬合作用强弱的参数,其正切值为摩擦系数。影响土内摩擦角的主要因素有密度、颗粒级配、颗粒形状、矿物成分、含水量等,对细粒土而言,还受到颗粒表面的物理化学作用的影响。通常认为粗粒土的黏结强度 c 等于零。细粒土的黏结强度 c 由两部分组成:原始黏结力和固化黏结力。原始黏结力来源于颗粒间的静电力和范德华力,固化黏结力来源于颗粒间的胶结物质的胶结作用。

二、莫尔-库仑强度理论的要点

1910 年莫尔(Mohr)提出材料的破坏是剪切破坏,并提出破坏面上的剪切应力 τ_f 是该面上法向应力 σ 的函数:

$$\tau_f = f(\sigma) \tag{4-3}$$

根据一系列的三轴试验,莫尔提出材料的强度函数在 τ_f-σ 坐标中是一条曲线。这条曲线即是一系列极限应力莫尔圆的外包线,也称为莫尔包线或抗剪强度包线。莫尔包线表示材料剪切破坏时破坏面上法向应力与剪切应力的关系。理论分析和实验证明,莫尔理论对土是比较适宜的。为了应用的方便,土的莫尔包线通常近似用直线代替,该直线方程就是库仑公式表示的方程。由库仑公式表示莫尔包线的强度理论称为莫尔-库仑强度理论,其要点包括:(1)材料的破坏是剪切破坏;(2)破坏面上的剪切应力 τ_f 是该面上法向应力 σ 的函数 $(\tau_f = f(\sigma))$;(3)材料的强度和中间主应力无关(限于当时的实验水平);(4)材料的强度曲线是一系列极限应力莫尔圆的外包线;(5)土体材料的强度符合库仑公式;(6)根据莫尔-库仑强度理论,土体的破坏发生在与最大主应力面夹角为 $45° + \dfrac{\varphi}{2}$ 的平面上。

三、土的极限平衡分析

如果可能发生剪切破坏的平面位置已经预先确定,只要算出作用于该面上的剪应力和正应力,就可判别土体是否发生剪切破坏。但在实际问题中,可能发生剪切破坏的平面一般不能预先确定,土体中的应力分析只能计算各点垂直于坐标轴平面上的剪应力和正应力或各点的主应力,故尚无法直接判定土体单元体是否破坏。因此,需要进一步研究莫尔-库仑破坏理论如何直接应用于土体的破坏分析,这就是土的极限平衡分析。

当土体中任意一点在某一特定平面上的剪应力达到土的抗剪强度时,土体发生剪切破坏,我们称该点处于极限平衡状态或该点土体已经发生破坏。根据莫尔-库仑理论和一点的应力条件,可得到土体中一点的剪切破坏条件,即土的极限平衡条件。

对于平面问题,在土体中取一微元体(如图 4-1 所示),设作用在该微小单元上的两个主应力为 σ_1 和 σ_3,在微元体内与大主应力 σ_1 作用平面成任意角 α 的 mn 平面上有正应力 σ 和剪应力 τ。为了建立 σ、τ 与 σ_1、σ_3 之间的关系,取微体 abc 为隔离体(图 4-1b),将各力分别在水平和垂直方向投影,根据静力平衡条件可得:

$$\sigma_3 \cdot ds \cdot \sin\alpha - \sigma \cdot ds \cdot \sin\alpha + \tau \cdot ds \cdot \cos\alpha = 0$$

$$\sigma_1 \cdot ds \cdot \cos\alpha - \sigma \cdot ds \cdot \cos\alpha - \tau \cdot ds \cdot \sin\alpha = 0$$

联立求解,得

$$\sigma_\alpha = \frac{\sigma_1 + \sigma_3}{2} + \frac{\sigma_1 - \sigma_3}{2}\cos 2\alpha$$

$$\tau_\alpha = \frac{\sigma_1 - \sigma_3}{2}\sin 2\alpha$$

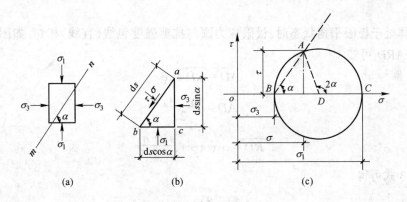

图 4-1 土体中任意点的应力

σ_α、τ_α 与 σ_1、σ_3 之间的关系也可以用莫尔应力圆表示(图 4-1c),即在 σ-τ 直角坐标系中,按一定的比例尺,沿 σ 轴截取 OB 和 OC 分别表示 σ_3 和 σ_1,以 $D = \dfrac{\sigma_1 + \sigma_3}{2}$ 为圆心,$\sigma_1 - \sigma_3$ 为直径做一圆,该圆与一点的应力状态具有一一对应的关系。圆上从 DC 开始逆时针旋转 2α 角,使 DA 线与圆周交于 A 点,可以证明,A 点的横坐标即为斜面 mn 上的正应力 σ_α,纵坐标即为剪应力 τ_α。该圆也称应力莫尔圆。应力莫尔圆圆周上各点的坐标就表示该点在相应平面上(在圆上旋转 2α 角对应着在微元体上旋转 α 角)的正应力和剪应力。

如果给定了土的抗剪强度参数 c、φ(或 c'、φ')以及土中某点的应力状态,则可将抗剪强度包线与莫尔应力圆绘制在同一张坐标图上(图 4-2)。它们之间可能存在的关系有以下三种情况:(1)整个应力莫尔圆(圆 Ⅰ)位于抗剪强度包线的下方,说明该点在任何平面上的剪应力都小于土所能发挥的抗剪强度($\tau < \tau_f$),因此土体不会发生剪切破坏;(2)抗剪强度包线是应力莫尔圆(圆 Ⅲ)的一条割线,这种情况显示在一些方向上,土体中的剪应力超过了土的抗剪强度,这与土体的抗剪强度是土体在一定正应力下所能抵抗剪切破坏的极限能力的定义相矛盾。显然,这种情况实际上是不可能存在的,因为一点任何方向上的剪应力都不可能超过土的抗剪强度(不存在 $\tau < \tau_f$ 的情况);(3)应力莫尔圆(圆 Ⅱ)与抗剪强度包线相切,切点为 A,即在 A 点所代表的平面上,剪应力正好等于抗剪强度($\tau = \tau_f$),说明该点处于极

限平衡状态。圆Ⅱ称为极限应力莫尔圆。根据极限应力莫尔圆与抗剪强度包线相切的几何关系,通过下列推导过程可建立土的极限平衡条件(破坏准则)。

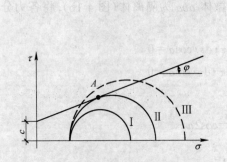

图 4-2 抗剪强度包线与莫尔圆间的关系

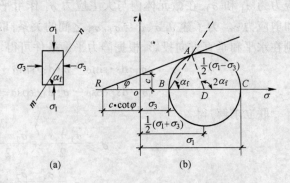

图 4-3 土体中一点达到极限平衡状态的莫尔圆

当土体处于极限平衡状态时,极限应力圆与抗剪强度包线(直线)相切,如图 4-3 所示,由三角形 ARD 可知

$$\overline{AD} = \overline{RD}\sin\varphi$$

$$\overline{AD} = \frac{\sigma_1 - \sigma_3}{2}$$

$$\overline{RD} = c \cdot \cot\varphi + \frac{\sigma_1 + \sigma_3}{2}$$

综合上列 3 式可得

黏性土
$$\frac{\sigma_1 - \sigma_3}{\sigma_1 + \sigma_3 + 2c \cdot \cot\varphi} = \sin\varphi \tag{4-4a}$$

无黏性土,$c = 0$
$$\frac{\sigma_1 - \sigma_3}{\sigma_1 + \sigma_3} = \sin\varphi \tag{4-4b}$$

对式(4-4a)进行变化可得

$$\sigma_1 = \sigma_3 \frac{1 + \sin\varphi}{1 - \sin\varphi} + 2c\sqrt{\frac{1 + \sin\varphi}{1 - \sin\varphi}}$$

因
$$\frac{1 + \sin\varphi}{1 - \sin\varphi} = \tan^2\left(45° + \frac{\varphi}{2}\right)$$

代入前式得

$$\sigma_1 = \sigma_3 \tan^2\left(45° + \frac{\varphi}{2}\right) + 2c \cdot \tan\left(45° + \frac{\varphi}{2}\right) \tag{4-5a}$$

或者

$$\sigma_3 = \sigma_1 \tan^2\left(45° - \frac{\varphi}{2}\right) - 2c \cdot \tan\left(45° - \frac{\varphi}{2}\right) \tag{4-5b}$$

对于无黏性土,若 $c = 0$(干燥状态),其极限平衡条件可简化为

$$\sigma_1 = \sigma_3 \tan^2\left(45° + \frac{\varphi}{2}\right) \tag{4-6a}$$

或者

$$\sigma_3 = \sigma_1 \tan^2\left(45° - \frac{\varphi}{2}\right) \tag{4-6b}$$

图 4-3 所示极限应力圆与抗剪强度线的切点 A 所代表的平面为破裂面,由图 4-3 可知,破裂面与大主应力作用面的夹角 α_f 为:

$$\alpha_f = 45° + \frac{\varphi}{2} \tag{4-7}$$

利用上述破坏准则或直接应用库仑公式,知道土体单元实际上所受的应力和土的抗剪强度指标 c、φ,即可容易判断该单元体是否产生剪切破坏。例如已知土体内某一点的主应力为 σ_{11}、σ_{33},土的抗剪强度指标为 c,φ,要判断该点土体是否破坏,可以利用式(4-6),将大主应力 σ_{11} 代入式(4-6b)计算与其处于极限平衡状态的小主应力 σ_3,或将小主应力 σ_{33} 代入式(4-6a)计算与其处于极限平衡状态的大主应力 σ_1。根据计算结果判定如下:若 $\sigma_3 > \sigma_{33}$ 或 $\sigma_1 < \sigma_{11}$,莫尔圆位于抗剪强度线的下方,土体是安全的;若 $\sigma_3 = \sigma_{33}$ 或 $\sigma_1 = \sigma_{11}$,莫尔圆与抗剪强度线相切,该点土体处于极限平衡状态;若 $\sigma_3 < \sigma_{33}$ 或 $\sigma_1 > \sigma_{11}$,抗剪强度线与莫尔圆相割,该点土体已经破坏,实际上这种情况是不可能存在的。如采用有效应力进行分析,仍然适用,不过式中的应力应采用有效应力,对应的抗剪强度指标应采用有效应力法的抗剪强度指标 c'、φ'。

第三节 土的抗剪强度试验方法

土的抗剪强度试验方法主要有:直接剪切试验,三轴压缩试验,无侧限抗压试验,十字板剪切试验等。本节就这些方法做一简要介绍。

一、直接剪切试验

直接剪切试验的试验设备采用直接剪切仪。直接剪切仪分为应变控制式和应力控制式两种。前者是等速推动试样产生位移,测定相应的剪应力。后者则是对试件分级施加水平剪应力测定相应的位移。目前我国普遍采用的是应变控制式直剪仪,如图 4-4 所示。该仪器的主要部件由固定的上盒和活动的下盒组成。试样放在盒内上下两块透水石之间。试验时,由杠杆系统通过加压活塞和透水石对试件施加某一垂直压力,然后等速转动手轮对下盒施加水平推力,使试样在上下盒的水平接触面上产生剪切变形直至破坏,剪应力的大小可借助与上盒接触的量力环的变形值计算确定。在剪切过程中,随着上下盒相对剪切变形的发展,土样中的抗剪强度逐渐发挥出来,直到剪应力等于土的抗剪强度时,土样剪切破坏。所以土样的抗剪强度可用剪切破坏时的剪应力来度量。图 4-5a 表示剪切过程中剪应力与剪切位移之间关系。通常可取峰值或稳定值作为破坏点,如图中箭头所示。

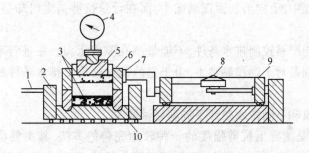

图 4-4 应变控制式直剪仪

1—轮轴;2—底座;3—透水石;4、8—测微表;5—活塞;6—上盒;7—土样;9—量力环;10—下盒

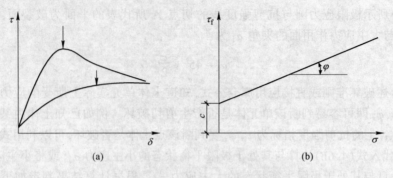

图 4-5 直接剪切试验结果

(a)$\delta - \tau$ 曲线；(b)$\sigma - \tau_f$ 曲线

对同一种土至少取 4 个重度和含水量相同的试样,分别在不同垂直压力下剪切破坏。一般可取垂直压力为 100、200、300、400kPa,将垂直压力 σ 和试验测得的各自抗剪强度 τ_f 绘制在图 4-5b 所示 $\sigma - \tau_f$ 坐标中。结果表明,$\sigma - \tau_f$ 基本上呈直线关系,该直线与横坐标轴的夹角为内摩擦角 φ,在纵坐标轴上的截距为土的黏聚力 c,直线方程可用库仑公式表示。对于无黏性土,直线一般通过原点,在纵轴上的截距(黏聚力 c)等于零。

实验研究和工程实践均表明,排水条件对土的抗剪强度有很大影响。直剪试验中可模拟三轴仪,对照土体在现场受到的排水条件,通过控制加荷和剪切的速度,将直接剪切试验分为快剪、固结快剪和慢剪三种方法。快剪试验是在试样施加竖向压力后,立即快速施加水平应力使试样剪切破坏(剪切速率 0.8mm/min)。固结快剪是允许试样在竖向压力下充分排水,待固结稳定后,再快速施加水平剪应力使试样剪切破坏。慢剪试验是允许试样在竖向压力下排水,待固结稳定后,再缓慢地施加水平剪应力(一般将应变速率控制在 0.02mm/min)使试样在排水条件下最终发生剪切破坏。

直接仪的优点是设备构造简单,操作方便,试件厚度薄,固结速度快等,故在一般工程广泛采用。它的缺点主要有:

(1)剪切面限定为上下盒之间的平面,由于土往往是不均匀的,限定平面可能并不是土体中最薄弱的面,这将导致得到偏大的结果。

(2)试件内的应力状态复杂,剪切破坏先从边缘开始,在试样的边缘发生应力集中现象。在剪切过程中,特别在剪切破坏时,试件内的应力和应变是不均匀的,剪切面上的应力分布不均匀,这与试验资料分析中假定剪切面上的剪应力均匀分布是矛盾的。

(3)在剪切过程中,土样剪切面逐渐缩小,而在计算抗剪强度时却是按土样的原截面面积计算。

(4)试验时不能严格控制排水条件,不能量测孔隙水压力。在进行不排水剪切时,试件仍有可能排水,特别是对于饱和黏性土,由于它的抗剪强度受排水条件的影响显著,故试验结果不够理想。

二、三轴压缩仪和不同排水条件下的剪切试验

三轴压缩试验是测定土抗剪强度的一种较为完善的方法,其主要设备为三轴压缩仪。三轴压缩仪由压力室、轴向加荷系统、施加周围压力系统、孔隙水压力量测系统等组成。实验时,将土切成圆柱体套在橡胶膜内,放在密封的压力室中,然后向压力室内加压,使试件在

各向受到均值压力 σ_3，这时试件内各向的三个主应力都相等，因此不产生剪应力(图 4-6a)。然后对试件施加竖向压力，当竖向主应力逐渐增大并达到一定值时，试件因受剪而破坏(图 4-6b)。假设剪切破坏时竖向压应力的增量为 $\Delta\sigma_1$，则试件上的大主应力为 $\sigma_1 = \sigma_3 + \Delta\sigma_1$，而小主应力始终为 σ_3，根据破坏时的 σ_1 和 σ_3 可画出极限应力圆，如图 4-6c 中的圆 I。用同一种土样的若干个试件(3 个以上)按以上所述方法分别进行试验，每个试件施加不同的周围压力 σ_3，可分别得出各自在剪切破坏时的大主应力 σ_1。根据试样破坏时的若干个 σ_1 和 σ_3 组合可绘成若干极限应力圆，如图 4-6c 中的圆 I、圆 II 和圆 III。根据莫尔-库仑理论，做这些极限应力莫尔圆的公共切线，即为土的抗剪强度包线，通常可近似为一条直线。该直线与横坐标的夹角即为土的内摩擦角，直线在纵坐标的截距即为土的黏聚力。

对应于直接剪切试验的快剪、固结快剪和慢剪试验，三轴压缩试验按剪切前的固结程度和剪切时的排水条件，可分为以下 3 种试验方法：

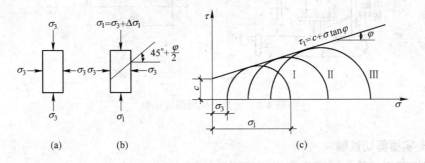

图 4-6　三轴压缩试验

(1)不固结不排水剪切试验：试样在施加周围压力和随后施加竖向压力直至剪切破坏的整个过程中都不允许土中水排出，试验自始至终关闭排水阀门。

(2)固结不排水剪切试验：在施加周围压力的过程中，打开排水阀门，允许土样排水固结，待土样的排水固结完成后再关闭排水阀门，施加竖向压力，直至试样在不排水条件下发生剪切破坏。

(3)固结排水剪切试验：试样在施加周围压力时允许土样排水固结，待土样固结稳定后，再在排水条件下缓慢施加竖向压力(在施加轴向压力的过程中使试样的孔隙压力始终保持为零)，直至试件剪切破坏。

三轴压缩仪的突出优点是能较为严格地控制排水条件以及可以测量试件中孔隙水压力的变化，而且，试件中的应力状态比较明确，也不像直接剪切试验那样限定剪切面。一般说来，三轴压缩剪切试验的结果比较可靠，对那些重要的工程项目，必须用三轴剪切试验测定土的强度指标。三轴压缩仪还用于测定土的其他力学性质，因此，它是土工试验不可缺少的设备。目前通用的三轴压缩试验的缺点是试件的中主应力 $\sigma_2 = \sigma_3$，而实际土体的受力状态未必都属于这类轴对称情况。

三、无侧限抗压强度试验

无侧限抗压强度试验相当于围压为零的三轴试验，其设备如图 4-7a 所示。试验时将圆柱形试样放在底座上，在不加任何侧向压力的情况下施加垂直压力，直至试件剪切破坏。剪切破坏时试样所能承受的最大轴向压力 q_u 称为土的无侧限抗压强度。由于侧向压力等于零，只能得到一个极限应力圆(图 4-7b)，因此就难以做出破坏包线，而对于正常固结的饱和黏性土,根据其三轴不固结不排水试验的结果,其破坏包线近于一条水平线,在这种情况下,就可以根据无侧限抗压强度 q_u 得到土的不固结不排水强度 c_u:

$$c_u = \tau_f = \frac{q_u}{2} \tag{4-8}$$

无侧限抗压强度还常用来测定土的灵敏度。

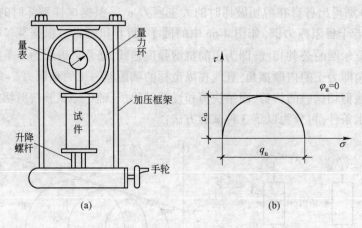

图 4-7　无侧限抗压强度试验

四、十字板剪切试验

　　十字板剪切仪是一种工程应用比较广泛且使用方便的原位测试仪器,通常用于测定饱和黏性土的原位不排水强度,特别适用于均匀饱和软黏土。因为这种土在取样和制作试件过程中不可避免地会受到扰动而破坏其天然结构,致使室内试验测得的强度值明显地低于原位土强度。十字板剪切仪的构造如图 4-8 所示。试验时先将套管打到预定的深度,并将套管内的土清除,然后将十字板装在钻杆的下端,通过套管压入土中,压入深度为 750mm,再由地面上的扭力设备对钻杆施加扭矩,使埋在土中的十字板扭转,直至土样剪切破坏。破坏体为十字板旋转所形成的圆柱体。

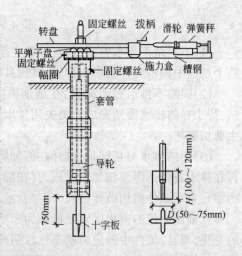

图 4-8　十字板剪切仪

　　若剪切破坏时所施加的扭矩为 M,则它应该与剪切破坏圆柱面(包括侧面和上下面)上土的抗剪强度所产生的抵抗力矩相等。根据这一关系,可得土的抗剪强度 τ_f(假定侧面和上下顶面的抗剪强度值相等)

$$\tau_f = \frac{2M}{\pi D^2 \left(H + \dfrac{D}{3}\right)} \tag{4-9}$$

式中　H, D——分别为十字板的高度和直径。

第四节　饱和黏性土的抗剪强度

一、饱和土中的孔隙压力系数

有效应力与土的工程表现密切相关,为了得到有效应力,必须先求得孔隙水压力。斯肯普顿根据三轴试验结果,给出了孔隙水压力与周围压力和偏应力的关系式,并提出孔隙压力系数 A 和 B。

图 4-9 表示单元土体中孔隙水压力的发展。饱和土体单元在各向等压作用下,土体单元中孔隙水压力 u_3 为正值,有效应力为:

$$\sigma_3' = \sigma_3 - u_3$$

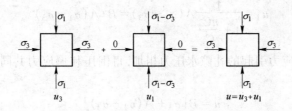

图 4-9　单元土体中孔隙水压力的变化

根据弹性理论,若土体的弹性模量和泊松比分别为 E 和 μ,土体体积为 V,在各向等压力 σ_3 作用下,土体体积变化为

$$\Delta V = \frac{3(1 - 2\mu)}{E} V \sigma_3' = C_s V (\sigma_3 - u_3) \tag{4-10}$$

式中　C_s——土的体积压缩系数。

对于孔隙而言,由于存在孔隙压力,在该压力作用下土体中的孔隙体积的压缩量为

$$\Delta V_v = C_v \cdot n \cdot V \cdot u_3 \tag{4-11}$$

式中　C_v——孔隙的体积压缩系数;

　　　n——土的孔隙度。

由于土固体颗粒在工程常见应力范围内认为是不可压缩的,土体的体积变化应该等于孔隙体积的变化,即

$$\Delta V_v = \Delta V \tag{4-12}$$

将式(4-10)和式(4-11)代入式(4-12),整理可得

$$u_3 = \frac{1}{1 + \dfrac{nC_v}{C_s}} \sigma_3 = B \sigma_3 \tag{4-13}$$

式中　B——在各向等压条件下的孔隙压力系数,$B = \dfrac{1}{1 + \dfrac{nC_v}{C_s}}$。

对于孔隙中充满水的完全饱和土,由于孔隙水的压缩性比土体的压缩性小得多,C_v / C_s 近似可取为零,故 $B = 1$,$u_3 = \sigma_3$,表明各向等压在土体中只产生孔隙水压力,不产生有效应力;对于干土,由于孔隙气体的压缩性很大,C_v / C_s 可取为无穷大,则 $B = 0$;对于非饱和土,$0 < B < 1$,土的饱和度越大,B 值越大。

施加围压后,再施加偏应力 $\sigma_1 - \sigma_3$,在偏应力 $\sigma_1 - \sigma_3$ 作用下,土体中产生孔隙水压力 u_1,则由偏压引起的有效应力增量为

$$\Delta\sigma_1' = \sigma_1 - \sigma_3 - u_1$$

$$\Delta\sigma_3' = -u_1$$

根据弹性理论,同样可得因施加偏应力产生的土体和孔隙体积变化为

$$\Delta V = C_s V \frac{1}{3}(\Delta\sigma_1' + 2\Delta\sigma_3') = C_s V \cdot \frac{1}{3} \cdot (\sigma_1 - \sigma_3 - 3u_1)$$

$$\Delta V_v = C_v \cdot n \cdot V \cdot u_1$$

因为土体并非理想的弹性体,式中系数 1/3 是不适合的,以 A 代替,则由 $\Delta V_v = \Delta V$ 得:

$$u_1 = \frac{1}{1 + \dfrac{nC_v}{C_s}} A(\sigma_1 - \sigma_3) = B \cdot A(\sigma_1 - \sigma_3) \tag{4-14}$$

将上述围压和偏应力引起的孔隙水压力相加,得围压和偏应力共同作用引起的孔隙水压力

$$u = B[\sigma_3 + A(\sigma_1 - \sigma_3)] \tag{4-15}$$

式中,A 为在偏应力作用下的孔隙压力系数,对于饱和土 $B = 1$,在不固结不排水试验中,孔隙水压力为

$$u = \sigma_3 + A(\sigma_1 - \sigma_3)$$

在固结不排水试验中,由于试样在 σ_3 作用下完成排水固结,则 $u_3 = 0$,于是

$$u = A(\sigma_1 - \sigma_3)$$

在固结排水试验中,从始至终孔隙水压力等于零。

A 值的大小受很多因素影响,高压缩性土的 A 值比较大,超固结黏土在偏应力作用下将发生体积膨胀,产生负的孔降压力,故 A 是负值。A 受土的成因、类别、应变大小、初始应力状态和应力历史等因素影响。各类土的孔隙压力系数 A 值应根据实际的应力和应变条件,通过三轴压缩试验直接测定。

二、不固结不排水抗剪强度

对于正常固结的饱和黏性土,在不排水条件下对土样施加不同的周围压力,然后在不排水条件下施加轴向应力至剪切破坏,试验结果如图 4-10 所示。图中 3 个实线圆 A、B、C 分别表示 3 个试件在不同的 σ_3 作用下破坏时的总应力圆,虚线是有效应力图。试验结果表明,虽然 3 个试件的周围压力 σ_3 不同,但剪切破坏时的主应力差相等,表现为 3 个总应力圆直径相同,因而破坏包线是一条水平线,由此可得抗剪强度指标

$$\varphi_u = 0$$

$$c_u = \tau_f = \frac{\sigma_1 - \sigma_3}{2}$$

式中　φ_u——不排水内摩擦角;

　　　c_u——不排水抗剪强度,亦即不排水试验得到的黏聚力。

在试验中如分别量测试样破坏时的孔隙水压力,试验结果用有效应力整理,可以发现 3 个试件只能得到同一个有效应力圆,并且有效应力圆的直径与3个总应力圆直径相等。这是

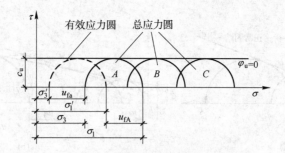

图 4-10 不固结不排水试验结果

由于在不排水条件下,饱和黏性土的孔隙压力系数 $B=1$,改变周围压力只能引起孔隙水压力的变化,并不会改变试样中的有效应力,各试件在剪切前的有效应力相等,周围压力的差异并未引起土结构和组成等方面的变化,因此抗剪强度不变。不排水抗剪强度主要取决于土的原有强度。

三、固结不排水抗剪强度

饱和黏性土的固结不排水抗剪强度受应力历史的影响,因此,在研究黏性土的固结不排水强度时,要区别试样是正常固结还是超固结。如果试样所受到的周围固结压力 σ_3 大于它曾受到的最大固结压力 p_c,该土样属于正常固结试样;如果 $\sigma_3 < p_c$,则属于超固结试样。试验结果证明,这两种不同固结状态的试样,其抗剪强度性状是不同的。试验时,饱和黏性土试样先在 σ_3 作用下充分排水固结,$u_3=0$,然后在不排水条件下施加偏应力剪切,试样中的孔隙水压力 $u_1=A(\sigma_1-\sigma_3)$。正常固结状态土样因剪切破坏过程体积有减少的趋势,其孔隙水压力为正;而超固结试样在剪切破坏过程体积有增加的趋势,其孔隙水压力为负。

正常固结的饱和黏性土的固结不排水剪切试验结果如图 4-11 所示,图中以实线表示总应力圆和总应力破坏包线,虚线表示有效应力圆和有效应力破坏包线,u_f 为剪切破坏时的孔隙水压力。由于孔隙水压力沿各个方向是相等的,有效应力圆与总应力圆直径相等,但位置显然不同。因 u_f 为正,有效应力圆总在总应力圆的左方,两者相距 u_f。总应力破坏包线和有效应力破坏包线都通过原点,说明未受任何固结压力的土(如泥浆状土)

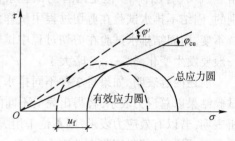

图 4-11 正常固结饱和黏性土的固结
不排水试验结果

不会具有抗剪强度。总应力破坏包线的倾角为固结不排水试验内摩擦角 φ_{cu},有效应力破坏包线的倾角为固结不排水试验有效内摩擦角 φ',显然,φ' 大于 φ_{cu}。但需要特别指出的是,如果用总应力法判定土样破坏,用有效应力法判断时,土样也一定破坏。

超固结土的固结不排水试验结果如图 4-12a 所示,破坏线(ab)相对正常固结土的破坏线(bc)比较平缓,实用上将 abc 折线取为一条直线,如图 4-12b 所示,总应力强度指标为 c_{cu} 和 φ_{cu}。有效应力圆和有效应力破坏包线如图中虚线所示,由于超固结土在剪切破坏时,产生负的孔隙水压力,有效应力圆在总应力圆的右方,而正常固结土有效应力圆在总应力圆的左方。根据有效应力强度包线可以确定有效内摩擦角 φ' 和有效黏聚力 c'。抗剪强度指标确定后,根据莫尔-库仑公式即可确定土的抗剪强度。

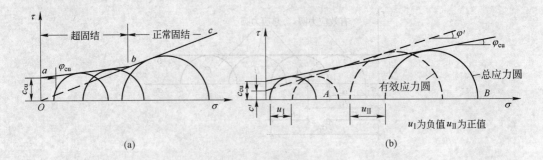

图 4-12　超固结饱和黏性土的固结不排水试验结果

四、固结排水抗剪强度

固结排水试验在整个试验过程中,孔隙水压力始终为零,总应力等于有效应力,所以总应力圆就是有效应力圆,总应力破坏包线就是有效应力破坏包线。图 4-13 为固结排水试验结果。正常固结土的破坏包线通过原点,如图 4-13a 所示,固结排水黏聚力 c_d 等于零,固结排水内摩擦角为 φ_d。超固结土的破坏包线略弯曲,实用上近似取为一条直线代替,如图 4-13b 所示,可以确定其 c_d 和 φ_d。试验证明,c_d、φ_d 与固结不排水试验得到的 c'、φ' 很接近,由于固结排水试验所需的时间太长,故实用上用 c'、φ' 代替 c_d、φ_d。但是两者的试验条件是有差别的,固结不排水试验在剪切过程中试样的体积保持不变,而固结排水试验在剪切过程中试样的体积一般要发生变化,故 c_d、φ_d 略大于 c'、φ'。

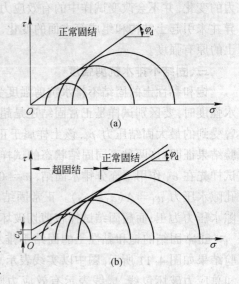

图 4-13　固结排水试验结果

前述内容表明,如果将 3 种不同排水条件下的试验结果以总应力表示,将得出完全不同的破坏包线和抗剪强度指标。但对试验结果的分析表明,若以有效应力表示,则不论采用哪种试验方法,都得到近乎同一条有效应力破坏包线。因此说,抗剪强度与有效应力有惟一的对应关系。

五、抗剪强度指标的选择

首先根据工程问题的性质确定分析方法,进而决定采用总应力或有效应力强度指标,然后选择测试方法。一般认为,有效应力强度指标宜用于分析地基的长期稳定性,而对于饱和软黏土的短期稳定问题,则宜采用不固结不排水试验或快剪试验的强度指标。一般工程问题多采用总应力分析法,其指标和测试方法的选择大致如下:若建筑物施工速度较快,而地基土的透水性和排水条件不良时,可采用不固结不排水试验或快剪试验的结果;如果地基荷载增长速率较慢,地基土的透水性不太小(如低塑性的黏土)且排水条件又较佳时(如黏土层中夹砂层),则可以采用固结排水试验和慢剪试验指标;如果介于以上两种情况之间,可用固结不排水或固结快剪试验结果。由于实际加荷情况和土的性质是复杂的,而且在建筑物的施工和使用过程中都要经历不同的固结状态,因此,在确定强度指标时还应结合工程经验。

【例 4-1】 某正常固结饱和黏性土试样,进行不固结不排水试验得 $\varphi_u = 0$, $c_u = 15\text{kPa}$,对同样的土进行固结不排水试验得有效应力抗剪强度指标 $c' = 0$, $\varphi' = 30°$。问:(1)如果试样在不排水条件下剪切破坏,破坏时的有效大主应力和小主应力是多少? (2)如果试样某一面上的法向应力突然增加到 200kPa,法向应力刚增加时沿这个面的抗剪强度是多少? 经很长时间后沿这个面的抗剪强度又是多少?

解: (1)设破坏时的有效大主应力和小主应力分别是 σ'_1, σ'_3,则在不排水条件下必然满足:

$$c_u = \frac{\sigma'_1 - \sigma'_3}{2} = 15\text{kPa} \tag{例 3-1}$$

又破坏时 σ'_1、σ'_3 处于极限平衡状态,则有

$$\sigma'_3 = \sigma'_1 \tan^2\left(45° - \frac{\varphi'}{2}\right) - 2c' \cdot \tan\left(45° - \frac{\varphi'}{2}\right) = \sigma'_1 \tan^2 30° \tag{例 3-2}$$

联立求解式(例 3-1),式(例 3-2),得:$\sigma'_1 = 44.8\text{kPa}$,$\sigma'_3 = 14.8\text{kPa}$。

(2) 法向应力刚增加时,孔隙水来不及排出,属不排水条件,采用不固结不排水试验指标,得此时的抗剪强度为 $\qquad \tau_f = c_u + \sigma \tan\varphi_u = 15\text{kPa}$

经很长时间后,土样完成排水固结,采用有效应力抗剪强度指标,得此时抗剪强度为

$$\tau_f = c' + \sigma \tan\varphi' = 200\tan 30° = 115.5\text{kPa}$$

第五节　无黏性土的抗剪强度

无黏性土的抗剪强度取决于有效法向应力和土的内摩擦角。密实砂土的内摩擦角与初始孔隙比、土粒表面的粗糙度以及颗粒级配等因素有关,初始孔降比小,土粒表面粗糙,级配良好的砂土,其内摩擦角较大。松砂的内摩擦角大致与干砂的天然休止角相等(天然休止角是指干燥砂土自然堆积所能形成的最大坡角)。近年来的研究表明,无黏性土的强度性状还受各向异性、试样的沉积方法、应力历史等因素影响。

密实度对无黏性土抗剪强度的表现特性有显著的影响。图 4-14 表示用密实度不同的砂在相同围压 σ_3 作用下的主应力-应变关系和应变-体变关系。由图可知,密砂在剪切过程出现明显的强度峰值,体积变化表现出明显的剪胀特性,在饱和不排水条件下产生负的孔隙压力。强度在峰值之后呈应变软化特性,最后趋于其残余强度。该残余强度在工程中有重要意义,如对初显滑动特征的边坡,要防止继续其滑动,对其进行处理和稳定性分析时不能使用峰值强度,而需要采用残余强度作为处理加固的基础。

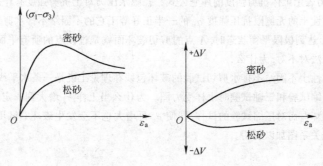

图 4-14　砂土的应力-应变和应变-体变曲线

松砂的抗剪强度则随轴向应变的增加而增大,强度呈应变硬化型。更需特别指出,不论其初始孔隙比如何,在周围压力相同的条件下,同一种类的松砂、密砂的最终强度将趋于相同。松砂在整个剪切过程中表现明显的剪缩特征。

当周围压力低于某一值(该种砂的破碎压力)时,不同初始孔隙比的试样在同一周围压力下进行剪切试验,可以得出初始孔隙比与体积变化 $\dfrac{\Delta V}{V}$ 之间的关系,如图 4-15 所示,相应于体积变化为零的初始孔降比称为临界孔隙比

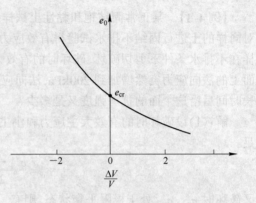

图 4-15 砂土的临界孔隙比

e_{cr}。临界孔隙比 e_{cr} 与围压大小有关,围压越大,e_{cr} 越小;围压越小,e_{cr} 越大。砂土的天然孔隙比 e_0 若大于 e_{cr} 就是松砂,若小于 e_{cr} 就是密砂。

如果饱和砂土的初始孔降比 e_0 大于临界孔隙比 e_{cr},属饱和松砂,其在剪应力作用下由于剪缩必然使孔隙水压力增高,而有效应力降低,致使砂土的抗剪强度降低。当饱和松砂受到动荷载作用(例如地震)时,由于孔隙水来不及排出,孔隙水压力不断增加,就有可能使有效应力降低到零,致使砂像流体那样完全失去抗剪强度,这种现象称为砂土的液化。从中可以看出,临界孔隙比对研究砂土液化具有重要意义。

思考题及习题

4-1 简述下列基本概念:抗剪强度,应力状态,极限应力莫尔圆,快剪、固结快剪、慢剪,不固结不排水剪、固结不排水剪、固结排水剪,极限平衡状态,一点的破坏面和破坏方向。

4-2 什么是土的抗剪强度?土的抗剪强度是如何构成的?土抗剪强度的库仑公式是如何建立和表达的?

4-3 何谓土的极限平衡?土体的极限平衡条件有哪些表达形式?

4-4 土的常见抗剪强度测定方法有哪些?排水条件对正常固结的饱和黏性土的抗剪强度指标有什么影响?试用有效应力原理及应力路径加以简单解释。

4-5 简述不固结不排水剪、固结不排水剪、固结排水剪条件下正常固结土的强度特点。

4-6 简述莫尔-库仑强度理论的要点。

4-7 简述三轴压缩试验、直接剪切试验及十字板剪切试验。比较直剪仪与三轴仪的优缺点。比较抗剪强度总应力表示法与有效应力表示法的优缺点。

4-8 砂土没有黏聚力,因而其抗剪强度低、砂土地基的承载力也肯定较黏土或粉质黏土低。这种论断是否正确,试加以分析。

4-9 什么是以有效力表示土体抗剪强度的库仑公式?孔隙水压力对土抗剪强度有什么影响?

4-10 为什么饱和黏性土的无侧限抗压强度 q_u 的一半正好等于它的不固结不排水剪切强度 c_u?

4-11 土体中某点 A 达到极限平衡状态时,A 点的剪切破坏面就是过该点的所有平面中剪应力最大的那个面。这种说法对不对,为什么?

4-12 为什么饱和黏性土不固结不排水剪切试验的破坏包线在理论上说是一条水平线?

4-13 题图 4-1 是压缩试验和三轴试验时土样受力图。为什么当土样 σ_z 增大到一定的数值时,三轴试验的试样出现破坏?而对压缩试验的试样,即使 σ_z 再增大也不会发生破坏?试用应力莫尔圆和土的抗剪强度曲线关系图加以说明。

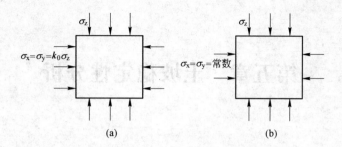

题图 4-1

(a)压缩试验;(b)三轴试验

4-14 对某土样进行直剪试验,在法向应力为 50、100、200、300kPa 时,分别测得土样的抗剪强度为 23.4、36.7、63.9、90.8kPa。试确定该土样的抗剪强度指标? 当土样某平面上的法向应力为 280 kPa,剪应力为 80kPa 时,沿此平面是否会发生剪切破坏?

4-15 对某干砂土样进行直剪试验,在法向应力为 100 kPa,剪应力为 60kPa 时发生剪切破坏,问:当法向应力增加到 280 kPa 时,土样抗剪强度是多少?

4-16 某饱和黏性土无侧限抗压强度试验得出不排水抗剪强度 $c_u = 70$kPa,如果对同一土样进行三轴不固结不排水试验,施加围压为 150kPa,问土样在多大轴向压力作用下发生破坏?

4-17 某饱和黏性土土样的有效应力抗剪强度指标为 $c' = 0$,$\varphi' = 30°$,若该土样受到的大小主应力分别为 200 kPa 和 150 kPa,测得的孔隙水压力为 100 kPa,问该土样是否发生剪切破坏?

4-18 某饱和黏性土土样的有效应力抗剪强度指标为 $c' = 80$kPa,$\varphi' = 24°$,若对该土样进行三轴固结不排水试验,施加围压为 200kPa,土样破坏时的主应力差为 280 kPa,破坏时的孔隙水压力为 180kPa,求破坏面上的法向应力和剪应力以及试件中的最大剪应力。并说明为什么破坏面不是最大剪应力作用面。

4-19 某饱和黏性土土样的有效应力抗剪强度指标为 $c' = 25$kPa,$\varphi' = 24°$,若对该土样进行三轴固结排水试验,施加围压为 200kPa,求破坏时的大主应力?

第五章 土坡稳定性分析

第一节 概 述

在地表标高发生突变处,较高的一侧被称为边坡。按其成因,边坡可分为天然边坡和人工边坡,前者也称为自然山体边坡,而后者又称为工程边坡。按构成介质,边坡又可分为石质边坡和土质边坡(即土坡)。

自然界中大、中型边坡的滑动或崩塌是人类经常遇到的自然地质灾害之一,目前人们还难以完全控制它们。边坡的破坏常是各种地质因素长期综合作用的结果,整个作用过程是一个缓慢、渐进的过程,但其最后的破坏却具有突发的特点,并常具有很大的灾难性。边坡的最后破坏常是由其他因素触发引起的,如暴雨、地震及人类的不当工程活动等。

在道路、桥梁及土建工程中,人们还常常会遇到工程土坡(填筑堤坝、开挖路堑以及土木建筑工程中的基坑开挖等都会形成人工工程土坡)的稳定性问题。土坡的简单外形和各部位名称如图 5-1 所示。当土坡堆积或开挖高度过大、坡顶荷载增加、坡脚受到不合理的切削及地震等突发荷载作用时,土体内部的剪应力就有可能超过其抗剪强度;而当土体受到雨水的渗入、地震及车辆运行产生的动荷载作用时,土的抗剪强度又有可能降低至其所受的剪应力之下。上述两种情况中的任意一种出现时,土坡就会失稳破坏。这种破坏可能表现为小型的滑移或局部的坍塌,也可能表现为大规模的滑动,如果治理不当,不仅会影响工程的正常进展,而且可能造成交通中断、河流阻塞、厂矿摧毁等工程事故,给人民生命财产造成重大损失。造成土坡失稳的常见原因有:人工切坡或基坑的开挖;土坡作用力发生变化;降雨引起的土抗剪强度的降低;渗流及水压力的作用;地震等。

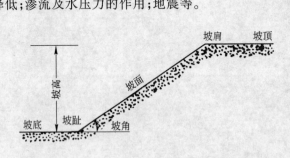

图 5-1 简单土坡的外形和各部位名称

在工程实践中,分析土坡稳定性的目的是检验所设计的土坡断面是否安全与合理,边坡坡度设计过陡时,极易发生坍滑,很不安全;而坡度设计过缓时,则会大大增加土方工程量,加大占地面积,浪费建设资金。因此,要想使土坡设计既经济又安全,就必须进行土坡的稳定性分析计算。

土坡失稳的根本原因在于土体内的剪应力大于其抗剪强度。土坡的稳定安全度用稳定

安全系数 K 来表示,它是指土的极限抗剪能力与土坡中可能存在的滑动面上的剪切破坏能力的比值。

土坡失稳滑动时其滑裂面的形式多种多样。无黏性土坡失稳滑动时,其滑动面多呈平面;而黏性土坡的滑动面则多为曲面。土坡体中存在软弱面或土坡体由成层岩、土组成时,滑动破坏多沿软弱结构面发生;土坡体下存在倾伏的基岩面时,滑动常常沿着基岩面发生。

土坡稳定性分析是一个比较复杂的问题,直至目前仍有一些不定因素有待研究。如滑动面形式的确定;土抗剪强度参数的合理选取;土的非均匀性及土中水的渗流对土坡稳定性的影响等。本章主要介绍土坡稳定性分析的基本原理。

第二节 土坡稳定性分析的平面滑动法

一、无黏性土坡的稳定性分析

工程实践表明,由无黏性土如砂、圆砾以及风化角砾等组成的土坡,其滑动面近似于平面。因此,常用平面滑动面的假定对其进行稳定性分析。土坡稳定性分析的另一常见假定为:土坡沿其轴线是无限长的,即土坡稳定性问题为平面应变问题。基于此,可将土坡沿轴线投影,并随意截取一延米来考察其平衡。此时,前述的平面破坏面在投影面上反映为一直线,所以平面滑动法也常称直线滑动法。

1. 无渗流作用的无黏性土坡

均质无黏性土的颗粒间无黏聚力作用,其抗剪强度的库仑公式为:$\tau_f = \sigma \tan\varphi$。式中 τ_f 为土的抗剪强度;σ 为破坏面上的正应力;φ 为土的内摩擦角。因此,只要坡面上的土粒能够保持稳定,整个土坡便处于稳定状态。图 5-2a 为一均质无黏性土坡,坡角为 β。现从坡面上任取一小块土体来考察其平衡条件。设土块的重量为 W,它在坡面方向上的下滑力 $T = W\sin\beta$;阻止该土块下滑的力是小块土体与坡面间的摩擦力 T_f。根据关于土抗剪强度的库仑公式不难得知:$T_f = N\tan\varphi$。其中 $N = W\cos\beta$ 为土块重量在坡面法线方向的分力。

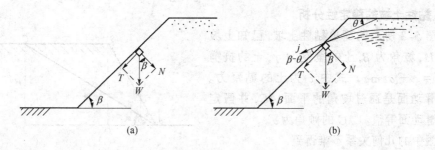

图 5-2 无黏性土坡的稳定性

如果该土块处于极限平衡状态则存在

$$\frac{抗滑力\ T_f}{滑动力\ T} = \frac{W\cos\beta\tan\varphi}{W\sin\beta} = \frac{\tan\varphi}{\tan\beta} = 1 \tag{5-1}$$

由式(5-1)可知,当无黏性土坡的坡角与土的内摩擦角相等时,作用于土坡坡面上任意质点的抗滑力等于滑动力,即土坡处于极限平衡状态。换句话说,无黏性土坡稳定的极限坡角等于土的内摩擦角,并称其为无黏性土坡的自然休止角。从式(5-1)还可以看出,无黏性土坡的稳定性与土坡的高度及其他土性指标无关,仅取决于土坡坡角和土的内摩擦角大小。为了保证土坡的稳定性和安全度,设计均质无黏性简单土坡时,必须使稳定安全系数 K 大于 1,K 的具体取值可参照有关规范进行,一般要求 $K = 1.1 \sim 1.5$。这样一来,式(5-1)可改写为

$$\frac{抗滑力\ T_f}{滑动力\ T} = \frac{W\cos\beta\tan\varphi}{W\sin\beta} = \frac{\tan\varphi}{\tan\beta} \geqslant K \tag{5-2}$$

2. 有渗流作用的无黏性土坡

假定无黏性土坡中有渗流发生(如图 5-2b 所示),沿渗流出逸方向的动水力 $G_D = i \cdot \gamma_w$,此时,坡面上的小土块(设其体积为 V)除受到自身重力作用外,尚受到动水力 G_D 的作用。动水力的介入不仅增大了该土块的滑动力,同时减少了其抗滑力。设渗流方向与水平面的夹角为 θ,则不难证明,渗流方向与坡面的夹角为 $\beta - \theta$;小土块的有效重量为 $W = V\gamma'$;渗流作用于该土块的总动水力 $F = Vi\gamma_w$,该力在坡面法线方向上的分量为 $F_N = -Vi\gamma_w\sin(\beta - \theta)$;在坡面切线方向上的分力为 $F_T = Vi\gamma_w\cos(\beta - \theta)$。由式(5-2)可得:

$$\frac{抗滑力}{滑动力} = \frac{[V\gamma'\cos\beta - Vi\gamma_w\sin(\beta-\theta)]\tan\varphi}{V\gamma'\sin\beta + Vi\gamma_w\cos(\beta-\theta)} \geqslant K \tag{5-3}$$

式中 γ'——土的有效重度;

γ_w——水的重度。

当渗流方向与坡面方向一致(渗流顺坡面流出)时,$\theta = \beta$。按水力学原理,此时 $i = \sin\beta$。将 $\theta = \beta$ 及 $i = \sin\beta$ 代入式(5-3)得:

$$\frac{抗滑力}{滑动力} = \frac{(V\gamma'\cos\beta)\tan\varphi}{V\gamma'\sin\beta + V\gamma'_w\sin\beta} = \frac{\gamma'\tan\varphi}{(\gamma' + \gamma_w)\tan\beta} \geqslant K \tag{5-4}$$

通过上述分析可知,在渗流情况下,无黏性土坡的稳定性要比无渗流情况差很多,其安全系数降低了约二分之一。也就是说,无渗流时,无黏性土坡的极限坡角等于土的内摩擦角时,土坡是稳定的;有渗流作用时,其坡角 $\beta \leqslant \tan^{-1}(\frac{1}{2}\tan\varphi)$ 才能保持土坡的稳定。

二、黏性土坡的稳定性分析

如图 5-3 所示的简单黏性土坡,已知土坡高度为 H,坡角为 β,土的重度为 γ,土的抗剪强度 $\tau_f = c + \sigma\tan\varphi$。式中 c 为土的黏聚力。现假定滑动面是通过坡角的平面 AC,并假定应力沿滑动面等值。AC 的倾角为 α。

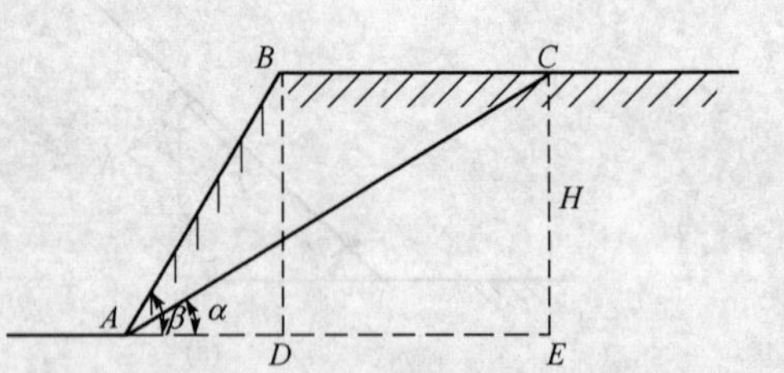

由图中的几何关系不难得到,

$\overline{AC} = H/\sin\alpha$;$\overline{AB} = H/\sin\beta$;

$\overline{AE} = H\cot\alpha$;$\overline{AD} = H\cot\beta$;

$\overline{BC} = \overline{AE} - \overline{AD} = H(\cot\alpha - \cot\beta)$;

$\triangle ABC = \triangle ABD + 矩形\ BCED - \triangle ACE$;$\triangle ABD = \frac{1}{2}H \cdot \frac{H}{\sin\beta}\cos\beta$;

$\triangle ACE = \frac{1}{2}H \cdot \frac{H}{\sin\alpha}\cos\alpha$;矩形 $BCED = \overline{BC} \times \overline{CE} = H^2(\cot\alpha - \cot\beta)$。综合上述结果可得滑动体的重量为

图 5-3 黏性土坡的稳定性计算

$$W = \gamma \cdot \triangle ABC = \gamma \left[\frac{1}{2} H^2 \cot\beta + H^2 (\cot\alpha - \cot\beta) - \frac{1}{2} H^2 \cot\alpha \right]$$

经整理后可改写为

$$W = \frac{\gamma H^2}{2} (\cot\alpha - \cot\beta) \tag{5-5}$$

按与无黏性土坡相同的分析思路,沿土坡轴线(长度)方向截取单位长度土坡,进行平面应变问题分析。根据前述已知条件及各种假设可得,极限平衡体 ABC 的重力沿 AC 法线方向上的分量为 $N = W\cos\alpha$;而其沿着 AC 切线方向的分量(下滑力)为 $T = W\sin\alpha$;AC 面上的正应力 $\sigma = N / \overline{AC} = W\cos\alpha / \overline{AC}$。引入土抗剪强度的库仑公式可得

$$T_f = \tau_f \cdot \overline{AC} = c \cdot \overline{AC} + W\cos\alpha \tan\varphi$$

式中　T_f——AC 面上的极限抗滑力。

根据滑动极限体 ABC 沿破坏面切线方向的静力平衡得:

$$\frac{T_f}{T} = \frac{c \cdot \overline{AC} + W\cos\alpha \tan\varphi}{W\sin\alpha} = 1 \tag{5-6}$$

考虑稳定安全度令

$$K \leqslant \frac{T_f}{T} = \frac{c \cdot \overline{AC} + W\cos\alpha \tan\varphi}{W\sin\alpha} \tag{5-7}$$

将 $\overline{AC} = H / \sin\alpha$ 及式(5-5)代入式(5-6)可得

$$\frac{T_f}{T} = \frac{c \cdot \overline{AC} + W\cos\alpha \tan\varphi}{W\sin\alpha} \tag{5-8a}$$

$$= \frac{2c \cdot H + \gamma H^2 (\cot\alpha - \cot\beta) \cos\alpha \sin\alpha \tan\varphi}{\gamma H^2 (\cot\alpha - \cot\beta) \sin^2\alpha} = 1$$

稍作变化后得:

$$\frac{2c}{\gamma H} = \left(\frac{\cos\alpha}{\sin\alpha} - \frac{\cos\beta}{\sin\beta} \right) \sin\alpha \left(\sin\alpha - \cos\alpha \frac{\sin\varphi}{\cos\varphi} \right)$$

$$= \frac{1}{\sin\beta\cos\varphi} (\cos\alpha \sin\beta - \cos\beta \sin\alpha)(\sin\alpha \cos\varphi - \cos\alpha \sin\varphi)$$

$$= \frac{\sin(\beta - \alpha) \sin(\alpha - \varphi)}{\sin\beta\cos\varphi}$$

经进一步整理后可得

$$H = \frac{2c}{\gamma} \frac{\sin\beta\cos\varphi}{\sin(\beta - \alpha)\sin(\alpha - \varphi)} \tag{5-8b}$$

分析式(5-8b)可知,当土坡中确有 AC 滑动面存在时,式(5-8b)中的 H 即为此条件下的极限坡高 H_{max}。有下伏基岩面的土坡就属于这种情况,即有平面式的下伏基岩面存在时,黏性土坡的极限坡高为

$$H_{max} = \frac{2c}{\gamma} \frac{\sin\beta\cos\varphi}{\sin(\beta - \alpha)\sin(\alpha - \varphi)} \tag{5-8c}$$

进一步分析式(5-8b)及式(5-8c)还可发现,当 $\alpha = \varphi$ 时,等式的右端趋于无穷大。这并不说明自然界存在极限坡高无穷大的黏性土坡,而是证明下伏基岩面的倾角 $\alpha = \varphi$ 时,土坡不会沿该面破坏。工程上常称这样的土坡为深层土坡。

对于深层土坡真正的滑动面一定使式(5-8b)取得最小值,亦即用式(5-8b)对 α 求导时

必然有: $\dfrac{dH}{d\alpha}=0$, 由此可得, $\alpha=\dfrac{\beta+\varphi}{2}$。将这一结果代入式(5-8), 即可得到无下伏基岩面或下伏基岩面的倾角 $\alpha\leqslant\varphi$ 的深层黏性土坡的极限坡高

$$H_{\max}=\frac{2c}{\gamma}\frac{\sin\beta\cos\varphi}{\sin^2\left(\dfrac{\beta-\varphi}{2}\right)} \tag{5-9}$$

对直立的深层黏性土坡, 将 $\beta=\pi/2$ 代入式(5-9)得

$$H_{\max}=\frac{2c}{\gamma}\frac{\sin\dfrac{\pi}{2}\cos\varphi}{\sin^2\left(45°-\dfrac{\varphi}{2}\right)}=\frac{2c}{\gamma}\frac{\cos\varphi}{\dfrac{1-\cos(90°-\varphi)}{2}}=\frac{4c}{\gamma}\frac{\cos\varphi}{1-\sin\varphi}$$

即

$$H_{\max}=\frac{4c}{\gamma}\tan\left(45°+\frac{\varphi}{2}\right) \tag{5-10}$$

若土体处于最不利的受力状态(土体饱和且处于不固结不排水剪切状态), 其内摩擦角 $\varphi=0$, 则极限坡高为:

$$H_{\max}=\frac{4c}{\gamma} \tag{5-11}$$

式(5-11)可用于雨季施工的基坑黏性土直立边坡稳定性分析。

黏性土坡极限坡高的上述公式应用于实际工程时, 尚需给方程左边乘以安全系数 K (或者给右边的 c 除以安全系数)。

第三节 黏性土坡圆弧滑动体的整体稳定分析

工程实践表明, 黏性土坡的滑动面形状和当地的工程地质条件密切相关。在非均质土层中, 当土坡体下面有软弱土层时, 滑动面常常通过软弱土层, 形成复杂的复合滑动面, 如图5-4所示。如果土坡位于倾斜的岩层面上, 则如前节所述, 土坡的破坏往往会沿着岩层面发生。

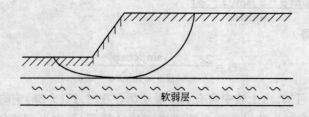

图 5-4 土坡滑动面通过软弱层

边坡破坏实例还表明, 均质黏性土坡失稳破坏时, 其滑动面常常是一曲面。对黏性土坡进行理论分析时, 为了简化问题, 通常近似地假定其破坏滑动面为圆柱面。即在分析黏性土坡的稳定性时, 不考虑滑坡体两端的抗滑力, 将土坡体的滑动按平面应变问题来处理(其计算结果偏于安全)。取单位长度的土坡体进行滑动分析时, 滑动面在土坡轴线方向上的投影为一圆弧线, 圆柱破坏面假定的分析方法也因此被称为圆弧滑动法或圆弧法。

一、整体稳定分析的基本概念

黏性土坡圆弧滑动体整体稳定分析的计算图如图 5-5 所示，$\overparen{ADC}$ 为一假定的滑弧，其圆心在 O 点，半径为 R。单位长度的滑动土体 $ABCDA$ 在重力 W 作用下处于极限平衡状态，滑动体具有绕圆心 O 旋转而下滑的趋势。根据图示情况不难得知，使滑动体绕圆心 O 下滑的滑动力矩为 $M_s = Wd$。阻止土体滑动的力是滑弧上的抗滑力，其值等于土的抗剪强度 τ_f 与滑弧 $\overparen{ADC}$ 长度 $\overparen{L}$ 的乘积，故阻止滑动体 ADC 向下滑动的抗滑力矩（对 O 点）为 $M_R = \tau_f \overparen{L} R$。抗滑力矩与滑动力矩的比值即为该土坡在给定滑动面上的安全系数 K。

$$K \leqslant \frac{M_R}{M_s} = \frac{\tau_f \overparen{L} R}{Wd} \tag{5-12}$$

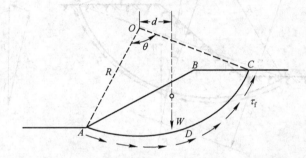

图 5-5　土坡滑动计算图

如果土坡内的土体湿软，应按不固结不排水剪进行强度分析。此时，由于 $\varphi = 0$，土的抗剪强度可表示为 $\tau_f = c_u$，则式(5-12)可改写为

$$K \leqslant \frac{M_R}{M_s} = \frac{c_u \overparen{L} R}{Wd} \tag{5-13}$$

由于实际存在的土坡一般并未处于极限状态，加之图式中的滑弧为任意画出，因此按式(5-12)或式(5-13)计算得到的 K 一定大于 1.0。验算一个已知土坡的稳定性时，必须先假定有多个不同的滑弧，通过试算得出多个相应的 K 值，与所有 K 中的最小值 K_{min} 相对应的滑弧即为该土坡的最危险滑弧，也称临界滑弧或临界滑动面。评价一个土坡的稳定性时，与临界滑弧相对应的这个最小的安全系数值 K_{min}，应不小于有关规范所要求的数值。

二、摩擦圆法

摩擦圆法由泰勒(D.W.Taylor,1948)提出，他认为如图 5-6 所示滑动面 AD 上的抗力包括土的摩擦力及黏聚力两部分，它们的合力分别为 F 及 C。泰勒假定滑动面上摩擦力首先得到充分的发挥，然后才由土的黏聚力补充。下面分别讨论作用在滑动体 $ABCDA$ 上的 3 个力：

第一个力为滑动体的重力 W，它等于滑动体 $ABCDA$ 的面积与土重度 γ 的乘积，其作用点位置在滑动体面积 $ABCDA$ 的形心处。因此，W 的大小、作用点和方向都是已知的。

第二个力是作用在滑动面 AD 弧（弧长 $\overparen{L}$）上的黏聚力合力 C。沿滑动面 AD 上分布的需要发挥的黏聚力为 c_1，可以求得黏聚力的合力 C 及其对圆心 O 的力矩臂 x 分别为：

$$C = c_1 \cdot \overline{AD} \tag{5-14}$$

因为 $c_1 \cdot \overline{AD} \cdot x = c_1 \cdot R \cdot \overset{\frown}{L}$，所以

$$x = \frac{\overset{\frown}{L}}{\overline{AD}} \cdot R \tag{5-15}$$

式中 $\overline{AD}$ 为 AD 弧的弦长。上述分析表明，C 的方向和作用线位置是已知的，但其大小为未知(因为 c_1 是未知量)。

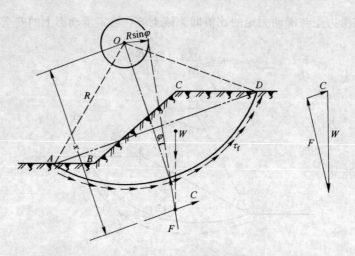

图 5-6 摩擦圆法

第三个力是作用在滑动面 AD 上的法向力及摩擦力的合力，用 F 表示。泰勒假定 F 的作用线与圆弧 AD 的法线成 φ 角，亦即 F 与圆心 O 点处半径为 $r = R\sin\varphi$ 的圆(也称摩擦圆)相切，同时 F 还一定通过 W 与 C 的交点。因此，F 的作用线是已知的，其大小也未知。

根据滑动土体 $ABCDA$ 上的 3 个作用力 W、F、C 的静力平衡条件，可以从图 5-6 所示的力的封闭三角形中，通过几何学的正弦定理求得 C 值，再由式(5-14)求得维持土坡平衡时滑动面上所需发挥的黏聚力 c_1 值。这时土坡的稳定安全系数为

$$K = \frac{c}{c_1} \tag{5-16}$$

式中 c——土的实际黏聚力。

W 与 F 的夹角为 $\alpha - \varphi$；W 与 C 的夹角为 $90° - \alpha$；C 与 F 的夹角为 $90° + \varphi$；α 为 $\overline{AD}$ 弦与水平面的夹角。

与前相仿，上述计算中，滑动面 AD 是任意假定的。因此，需要计算许多个滑动面，通过对安全系数 K 的比较得出最小值 $K_{\min}$，将 $K_{\min}$ 与有关规范的给定值进行比较，确定土坡的稳定性。

通过上述论述可以看出，土坡稳定性分析的计算工作量是巨大的。为此，费连纽斯 (W.Fellenius)和泰勒对均质的简单黏性土坡做了大量的计算分析工作，提出了确定最危险滑动面的经验方法，给出了计算土坡稳定性的成果图表。

三、确定最危险滑动面圆心的方法

通过大量的土坡稳定性计算后，费连纽斯提出，土的内摩擦角 $\varphi = 0$ 时，简单黏性土坡

的最危险滑动面通过坡脚点(坡趾点),其圆心 O 位于图 5-7a 中 AO 与 BO 的交点,AO 线与坡面、BO 线与水平面的夹角分别为 β_1 和 β_2。图中 β_1 和 β_2 角的取值和坡脚 β 有关,可按表 5-1 查取。

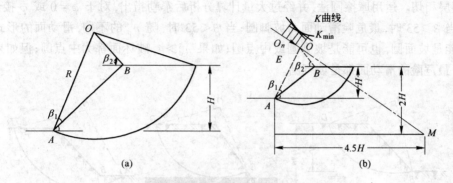

图 5-7　最危险滑动圆心位置的确定

表 5-1　β_1 和 β_2 的数值表

坡脚 β	坡度 1:n(垂直:水平)	β_1	β_2
60°	(1:0.85)	29°	40°
45°	(1:1.00)	28°	37°
33°47′	(1:1.50)	26°	35°
26°34′	(1:2.00)	25°	35°
18°26′	(1:3.00)	25°	35°
11°19′	(1:5.00)	25°	37°

当土的内摩擦角 $\varphi>0$ 时,费连纽斯指出这时最危险滑动面仍然通过坡脚处,但滑动面的圆心将沿图 5-7b 中的 MO 线向左上方移动。M 点位于坡顶之下 $2H$ 深处,距坡脚点的水平距离为 $4.5H$。具体计算时沿 MO 的延长线上取 O_1、O_2、O_3、$\cdots$、O_m 分别作为圆心,求得与其对应的安全系数 K_1、K_2、K_3、$\cdots$、K_n。通过绘制 K_i 的曲线确定该线上安全系数最小的滑弧圆心 O_n,过 O_n 作 MO 的垂直线,再在 MO 的垂直线上取点 O_{m+1}、O_{m+2}、O_{m+3}、$\cdots$ 分别作为圆心,求出各滑弧所对应的安全系数,用同样的方法确定出最小的安全系数 K_{min},此即该土坡的最小安全系数。与其相对应的是该土坡的临界滑动面。K_{min} 的大小决定着该土坡的安全程度。

四、泰勒图表法

由于前述方法的计算工作量较大。因此,有不少人寻求简化的土坡稳定性分析方法。图表法就是其中的一种。这种方法的思路是:前人通过极大量的计算后,将各种可能存在的简单黏性土坡的稳定情况绘制成图表,后人遇到实际土坡稳定分析问题时,只需计算出该土坡的一些参数,再对照已有的图表,通过极简单的运算来分析所遇土坡的稳定性。下面介绍其中的一种,称为泰勒(1937 年)图表法。

泰勒指出,分析土坡稳定性时,常常会遇到在土坡顶下 n_dH 深度处存在硬层的情况(如图 5-8 所示)。显然,滑动面不可能穿过硬层,这时,就必须考虑硬层对滑动面的影响。泰勒同时指出,圆弧滑动面的形式除与土坡中硬层的相对位置有关外,还与土的内摩擦角 φ 及

土坡坡度 β 等有关。泰勒认为土坡滑动面的可能形式有 3 种:(1)坡脚圆,也称坡趾圆(滑动面过坡脚 B 点(见图 5-8a));(2)坡面圆,也称坡身圆或斜坡圆,其圆弧滑动面和硬层相切,穿过坡面上 E 点(见图 5-8b);(3)中点圆,圆弧滑动面发生在坡脚以外的 A 点(见图 5-8c)并与硬层相切。运用摩擦圆法,并经过大量计算分析后泰勒指出,对于 $\varphi = 0$ 或 φ 接近于 0 的土,当 $\beta \geqslant 53°$ 时,最危险滑动面为坡脚圆;当 $\beta < 53°$ 时,随 n_d 的不同,滑动面的形式也不同,可能是坡面圆,也可能是坡脚圆或中点圆;如果 $n_d > 4$,破坏面都为中点圆;但如果土的 $\varphi > 3°$,最危险的滑动面都是坡脚圆。

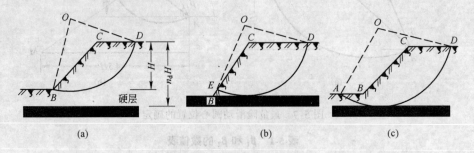

(a)　　　　　　　　　(b)　　　　　　　　　(c)

图 5-8　均质黏性土坡的 3 种圆弧滑动面

前述关于黏性土坡的稳定性分析过程表明,黏性土坡的稳定性共和 5 个计算参数有关,它们是:土的重度 γ;土坡高度 H;坡角 β 以及土的抗剪强度指标 c、φ。若已知其中的 4 个参数就可以求出第 5 个参数值。为了简化计算,泰勒把其中的 3 个参数 c、γ 和 H 组成一个新的参数 N_s,并称其为稳定因数。组成方法如下

$$N_s = \frac{\gamma H}{c} \tag{5-17}$$

当土坡处于极限平衡状态时,稳定因数 N_s 和土坡坡角 β 及土的内摩擦角 φ 将保持一定的关系。泰勒根据自己对黏性土坡所做的稳定性计算结果,给出了稳定因数 N_s、土坡的坡角 β 及土的内摩擦角 φ 之间的关系如图 5-9 所示,并以此图作为土坡稳定分析的基础。具体分析时,根据泰勒的思想,假定滑动面上的摩擦力先得到充分的发挥,然后才由土的黏聚力来补充。因此在求得满足土坡稳定时滑动面上所需的黏聚力 c_1 后,再与土的黏聚力 c 进行比较,即可求得土坡的稳定安全系数(见式(5-16))。

【例 5-1】 已知某简单土坡,坡高 $H = 8\text{m}$,坡角 $\beta = 45°$,土的重度 $\gamma = 19.4\text{kN/m}^3$,$\varphi = 10°$,$c = 25\text{kPa}$。试用泰勒稳定因数曲线计算土坡的安全系数(土坡中无硬层,$K = c/c_1$)。

解: 根据泰勒关于滑动面形式的论断此土坡的破坏面为坡脚圆。

由 $\beta = 45°$,$\varphi = 10°$,在图 5-9 中查得 $N_s = 9.25$。由式(5-17)可以算出,该土坡处于极限平衡状态时的黏聚力 c_1 为:

$$c_1 = \frac{\gamma H}{N_s} = \frac{19.4 \times 8}{9.25} = 16.78\text{kPa}$$

由式(5-16)可得,土坡稳定安全系数 K 为

$$K = \frac{c}{c_1} = \frac{25}{16.78} = 1.49$$

运用泰勒图表法,还可以进行如下的人工土坡设计:

(1) 已知坡角 β、土的内摩擦角 φ、土的黏聚力 c 和土的重度 γ,确定安全的土坡高度 H

(如基坑开挖时需确定安全的基坑开挖深度):由 β、φ 查图 5-9 得 N_s,再由式(5-17)计算出极限坡高 H_{max},给其除以安全系数 K 即得设计的土坡高度 H。

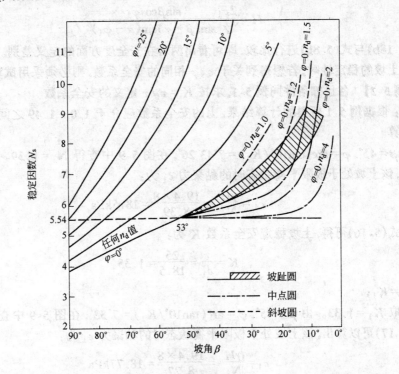

图 5-9　泰勒稳定因数图

(2)在路堑开挖时,已知土的内摩擦角 φ、土的黏聚力 c、土的重度 γ 和工程要求的土坡高度 H,确定安全的放坡坡度:先给黏聚力 c 以安全系数 K 得 c_1,由式(5-17)计算出 N_s,再由稳定因数 N_s 及土的内摩擦角 φ 查图 5-9 即可得到坡角 β,按 $\frac{1}{n} = \tan\beta$(竖向比水平)进行放坡即可。

应该指出,式(5-16)所定义的安全系数与一般的定义意义不同,一般定义的实质应是土的抗剪强度与破坏面上的剪应力之比,即 $K = \tau_f / \tau$,或抗滑力矩与滑动力矩之比。按此定义,如果土坡要满足安全系数为 K 的安全度要求,在土坡稳定性分析的公式中,不仅应给土的黏聚力 c 除以安全系数 K,而且应同时给土内摩擦角的正切值 $\tan\varphi$ 也除以 K。而式(5-16)的定义仅是给 c 除以了安全系数 K。这一点从例 5-1 中就可以清楚地看到:在例 5-1 中对土的黏聚力而言,安全系数是 1.49,但对土的内摩擦角而言,其安全系数仅是 1.0。同样的问题还存在于式(5-8)至式(5-11)中,因为这些公式都是从式(5-8a)推导而出。如果从式(5-8a)引入安全系数,则该式可改写为

$$\frac{T_f}{T} = \frac{c \cdot \overline{AC} + W\cos\alpha \cdot \tan\varphi}{W\sin\alpha} = \frac{2c \cdot H + \gamma H^2 (\cot\alpha - \cot\beta)\cos\alpha\sin\alpha\tan\varphi}{\gamma H^2 (\cot\alpha - \cot\beta)\sin^2\alpha} = K$$

按上式进行推导时有

$$\frac{2c}{\gamma H} = \left(\frac{\cos\alpha}{\sin\alpha} - \frac{\cos\beta}{\sin\beta}\right)\sin\alpha\left(K\sin\alpha - \cos\alpha\tan\varphi\right) \tag{5-18a}$$

引入　　　　　　　　$K = c/c_1$ 　　　　　　　　$K = \tan\varphi/\tan\varphi_1$

亦即：
$$c = Kc_1 \qquad\qquad \tan\varphi = K\tan\varphi_1$$

将其代入式(5-18a)可得

$$H = \frac{2c_1}{\gamma} \frac{\sin\beta\cos\varphi_1}{\sin(\beta-\alpha)\sin(\alpha-\varphi_1)} \tag{5-18b}$$

将式(5-18b)与式(5-8b)进行比较，即可看出两者在安全度方面的定义差别。应用泰勒图表法分析土坡的稳定性时，若想得到关于 c、φ 相同的安全系数，则必须采用试算法确定。

【例5-2】 各已知条件同例5-1，求按 $K = \tau_f/\tau$ 定义的安全系数。

解：根据例5-1所得的计算结果，土的安全系数应介于 $1.0\sim1.49$ 之间，取 $K_1 = 1.30$ 进行试算

由 $\beta = 45°$，$\varphi = \mathrm{arc}(\tan10°/K_1) = 7°43'26''$，在图5-9中查得 $N_s = 8.39$。由式(5-17)可以算出，该土坡处于极限平衡状态时的黏聚力 c_1 为：

$$c_1 = \frac{\gamma H}{N_s} = \frac{19.4\times8}{8.39} = 18.5\mathrm{kPa}$$

由式(5-16)可得，土坡稳定安全系数 K 为：

$$K = \frac{c}{c_1} = \frac{25}{18.5} = 1.35$$

$K \neq K_1$；

再取 $K_1 = 1.33$。由 $\beta = 45°$，$\varphi = \mathrm{arc}(\tan10°/K_1) = 7°33'$，在图5-9中查得 $N_s = 8.27$。由式(5-17)可以算出，该土坡处于极限平衡状态时的黏聚力 c_1 为：

$$c_1 = \frac{\gamma H}{N_s} = \frac{19.4\times8}{8.27} = 18.77\mathrm{kPa}$$

由式(5-16)可得，土坡稳定安全系数 K 为：

$$K = \frac{c}{c_1} = \frac{25}{18.77} \approx 1.33$$

$K = K_1$，故该土坡按 $K = \tau_f/\tau$ 定义的安全系数为1.33。

第四节 费连纽斯条分法

从前一节的分析过程知晓，由于圆弧滑动面上各点的法向应力不同，各点土的抗剪强度也因此不同，这样就无法直接应用式(5-12)计算土坡的安全系数。泰勒的摩擦圆法是在对滑动面上的抵抗力大小及方向作了一些假定的基础上得到的，它仅适用于均质简单的土坡问题。而对于由多层土构成的非均质土坡、外形比较复杂的土坡、有荷载作用的土坡以及有渗流存在的土坡等均不适用。

费连纽斯条分法是对整体稳定分析法的一种重要改进，因为它能比较准确地计算出沿滑动面的应力变化情况，是解决前述摩擦圆法等整体稳定分析法无法解决的一类问题的基本方法，至今仍得到广泛应用。费连纽斯条分法的概念是在1916年首先由瑞典人彼得森(K.E.Petterson)提出的，后经费连纽斯、泰勒等人不断改进和完善。所以费连纽斯条分法也称瑞典条分法或瑞典法。

一、基本原理

同黏性土坡整体稳定分析法一样，费连纽斯条分法也假定黏性土坡的破坏滑动面是圆

弧(柱)面;可按平面应变问题处理。考虑图5-10所示土坡,并假定其中存在一圆弧滑动面 AD,其圆心位于 O 点,半径为 R,滑动面之上的土体 $ABCDA$ 具有向下滑动的趋势而处在极限平衡状态。

现将滑动土体 $ABCDA$ 分成若干个竖向土条。分条宽度可以是任意的,但采用下述分条方法可适当减少计算工作量。即取分条宽度 $b = R/10$,取编号为0的土条中心线与圆心的铅垂线相重合,然后向上、下对称编号。向下(坡脚方向)的土条编号为 -1, -2, -3, ……;向上的编号为正号。这样一来,各土条底面倾角的正弦值 $\sin\alpha_i$(即 x_i/R)就分别等于 $0, \pm 0.1, \pm 0.2, \pm 0.3,$ ……。随着计算机技术的提高和工程对计算精度要求的提高,分条的宽度还可以划分得更细(如取 $b = R/100$),以简化计算工作。

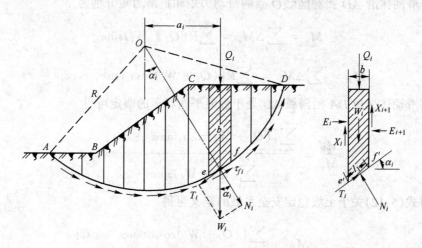

图 5-10　土坡稳定性分析的条分法

从划分的土条中任取一土条 i(见图5-10),作用在土条上的力包括:

(1)土条表面的竖向作用力 Q_i,作用在土条的中心线上,大小已知;

(2)土条的重力 W_i,其大小、方向、作用点位置均已知;

(3)滑动面 ef 上的法向反力 N_i 及切向反力 T_i,假定它们都作用在滑动面 ef 的中点,其大小未知;

(4)土条两侧面的法向力 E_i、E_{i+1} 及竖向剪切力 X_i、X_{i+1},其中 E_i 和 X_i 可由前一个土条的平衡条件求得,而 E_{i+1} 和 X_{i+1} 的大小未知,E_{i+1} 的作用点位置也未知。

由上可知,土条的作用力中共有5个未知量:N_i、T_i、E_{i+1}、X_{i+1} 的大小和 E_{i+1} 的方向,但通过静力平衡和力矩平衡条件只能建立3个方程。为了求得 N_i、T_i 值的大小,必须作出某些适当的假定以简化问题。费连纽斯条分法的假定是在讨论滑动体 $ABCDA$ 的整体稳定时不考虑土条两侧力的作用,亦即假设 E_i 和 X_i 的合力与 E_{i+1} 和 X_{i+1} 的合力大小相等、方向相反且作用线重合,因此土条两侧的作用力相互抵消。这时土条 i 仅有力 Q_i、W_i、N_i、T_i 作用其上。设该土条的底面弧长为 l_i,根据平衡条件可得

$$N_i = (Q_i + W_i)\cos\alpha_i$$

$$T_i = (Q_i + W_i)\sin\alpha_i$$

若假定在短的滑弧段 l_i 上应力等值,则可求得该滑弧段上土的抗剪强度如下:

$$\tau_{fi} = \sigma_i \tan\varphi_i + c_i = \frac{1}{l_i}(N_i \tan\varphi_i + c_i l_i) = \frac{1}{l_i}[(Q_i + W_i)\cos\alpha_i \tan\varphi_i + c_i l_i]$$

式中　α_i——土条 i 底面的法线(亦即半径)与竖直线的夹角,此夹角也等于土条 i 底面的倾角;

　　　l_i——滑弧段 ef 的弧长;

c_i、φ_i——ef 上土的黏聚力和内摩擦角;

土条 i 上的作用力对圆心 O 产生的下滑力矩 ΔM_s 和抗滑力矩 ΔM_R 分别为

$$\Delta M_s = T_i R = R(Q_i + W_i)\sin\alpha_i$$

$$\Delta M_R = \tau_{fi} l_i R = R[(Q_i + W_i)\cos\alpha_i \tan\varphi_i + c_i l_i]$$

整个滑动体沿 AD 弧对圆心 O 点的滑动力矩和抗滑力矩分别为

$$M_s = \sum_{i=-k}^{n} \Delta M_s = \sum_{i=-k}^{n} R(Q_i + W_i)\sin\alpha_i$$

$$M_R = \sum_{i=-k}^{n} \Delta M_R = \sum_{i=-k}^{n} R[(Q_i + W_i)\cos\alpha_i \tan\varphi_i + c_i l_i]$$

根据滑动体 $ABCDA$ 沿滑弧 AD 处于极限平衡状态的假定可得

$$\frac{M_R}{M_s} = \frac{\sum_{i=-k}^{n}[(Q_i + W_i)\cos\alpha_i \tan\varphi_i + c_i l_i]}{\sum_{i=-k}^{n}(Q_i + W_i)\sin\alpha_i} = 1 \tag{5-19}$$

应用式(5-12)关于土坡稳定安全系数的定义可得

$$K \leqslant \frac{M_R}{M_s} = \frac{\sum_{i=-k}^{n}[(Q_i + W_i)\cos\alpha_i \tan\varphi_i + c_i l_i]}{\sum_{i=-k}^{n}(Q_i + W_i)\sin\alpha_i} \tag{5-20}$$

对于均质土坡,$\varphi_i = \varphi$,$c_i = c$,所以有

$$K \leqslant \frac{\tan\varphi \sum_{i=-k}^{n}(Q_i + W_i)\cos\alpha_i + c\,\widehat{L}}{\sum_{i=-k}^{n}(Q_i + W_i)\sin\alpha_i} \tag{5-20a}$$

式中,$\widehat{L}$ 为滑动面 AD 的弧长;$[n-(-k)+1]$ 为土体的分条数。

按有效应力分析时,式(5-20)和式(5-21)可改写为

$$K \leqslant \frac{M_R}{M_s} = \frac{\sum_{i=-k}^{n}\{[(Q_i + W_i)\cos\alpha_i - u_i l_i]\tan\varphi'_i + c'_i l_i\}}{\sum_{i=-k}^{n}(Q_i + W_i)\sin\alpha_i} \tag{5-21}$$

$$K \leqslant \frac{\tan\varphi' \sum_{i=-k}^{n}[(Q_i + W_i)\cos\alpha_i - u_i l_i] + c\,\widehat{L}}{\sum_{i=-k}^{n}(Q_i + W_i)\sin\alpha_i} \tag{5-21a}$$

二、最危险滑动面圆心位置的确定

上述是对于某个假定的滑动面 AD 求得的稳定安全系数,同前节的整体稳定分析法一

样,条分法也需要试算许多个可能的滑动面,再从中找出与最小安全系数相对应的临界滑动面。确定临界滑动面的方法与整体稳定分析法相同。

如前所述,费连纽斯条分法在讨论滑动体的整体稳定时没有考虑土条两侧力的作用,这在其后的工程实践中曾引起不少争论。一般说来,这样假定的结果会使得到的稳定安全系数值偏小。为了改善条分法的计算精度,许多人对此进行了研究,认为应该考虑土条间的作用力,以得到更加合理的计算结果,并提出了不少计算方法。毕肖普(A.W.Bishop,1955)条分法就是其中一种比较简单而又合理的方法。

实际工程中经常会遇到一些非圆弧滑动面的土坡稳定分析问题。如土坡下面有软弱夹层存在,或者土坡下面有高低起伏的倾斜下伏基岩存在时,土坡滑动破坏时滑动面的形状受到这些夹层或基岩硬层的影响而呈现非圆弧的形状。这种条件下,圆弧滑动面的分析方法就不再适应。适用于解决这类非圆弧滑动面的土坡稳定分析是简布(N.Janbu,1954,1972)普遍条分法。

不平衡推力传递法是我国工业与民用建筑系统和铁道部门广泛采用的一种土坡稳定性计算方法。同简布条分法一样,这种方法同样适用于任意形状的滑裂面,但在实际工程中则主要用于斜坡土石体沿着坚硬的土层或岩层层面滑落时,滑动面为已知的情况(滑动面由工程地质勘察确定)。

思考题及习题

5-1　无黏性土坡的极限平衡条件是如何建立的? 条件是什么? 什么是无黏性土坡的自然休止角?

5-2　造成土坡失稳的常见原因有哪些? 影响土坡稳定性的因素有哪些?

5-3　黏性土坡稳定性分析的条分法是如何建立的? 黏性土坡的稳定性与哪些土坡和土性参数有关? 什么是黏性土坡的极限坡高?

5-4　砂土坡只要坡脚不超过其内摩擦角,坡高 H 可以不受限制,而对于 $\varphi = 0$ 的黏性土坡,坡高有一"临界高度"时土坡便可能产生滑动。试说明原因。

5-5　简述泰勒图表法的分析原理;何谓坡脚圆、中点圆及坡面圆? 其产生的条件与土坡的土质、土坡的形状及土层的构造有何关系?

5-6　简述黏性土坡整体稳定分析的基本原理;掌握不平衡推力传递法的基本原理和计算步骤。

5-7　掌握条分法的基本原理及计算步骤。试对费连纽斯条分法、毕肖普条分法的异同进行比较。

5-8　用总应力法和有效应力法分析土坡稳定性时有何不同之处? 各适用于何种情况?

5-9　如何确定土坡的临界滑动面?

5-10　已知一均质黏性土工程边坡的坡角 $\beta = 75°$,边坡的土性指标如下:压实填土的重度 $\gamma = 18.3\text{kN/m}^3$;内摩擦角 $\varphi = 22°$;黏聚力 $c = 10\text{kPa}$。试分别用平面滑动法和泰勒图表法求解该土坡的极限坡高;若取安全系数 $K = 1.15$,试分别按不同定义的安全度确定该土坡的稳定坡高,并对计算结果进行比较。

5-11　已知某均质黏性土工程边坡的设计坡高为 8m,设计要求压实填土的干密度 $\rho_d = 1.64\text{g/cm}^3$,对压实填土进行的室内试验得出,填土的平均含水量为 18.6%;平均干密度 $\overline{\rho}_d = 1.653\text{g/cm}^3$;内摩擦角 $\varphi = 24.7°$;黏聚力 $c = 12\text{kPa}$。试分别用平面滑动法和泰勒图表法求解该土坡的最大坡角;若取安全系数 $K = 1.10$,试分别按不同定义的安全度确定该土坡的设计坡角。

5-12　某工程边坡的高度 $H = 5\text{m}$,坡角 $\beta = 30°$,土的密度 $\rho = 1.90\text{g/cm}^3$,土的不固结不排水抗剪强度为 $c_u = 18\text{kPa}$。试用泰勒图表法分别计算在坡脚下 2.5、0.75、0.25m 处有硬层时,土坡的稳定安全系数以及圆弧滑动面的形式。

5-13   某建筑场地土质均匀,试验得到土的内摩擦角 $\varphi = 10°$;黏聚力 $c = 20kPa$;$\rho = 1.85g/cm^3$。该场地中的基坑设计深度 $H = 5m$,基坑的边坡放坡坡度为 $1:2$,若最危险圆弧中心 O 点距边坡肩的水平距离为 $7.0m$,最危险圆弧的半径 $R = 8.4m$,试分别按整体稳定性分析法和费连纽斯条分法计算该基坑边坡的稳定安全系数,并对计算结果进行比较。

第六章 土压力和地基承载力

第一节 概 述

当土坡有失稳的可能或其稳定性不能满足工程安全需要时,就必须对其进行防护、治理、加固或支挡。挡土墙就是用来支撑天然或人工边坡不致坍塌,以保持土坡体稳定的一种特殊结构,它在水利、铁路、公路、桥梁、港口、房屋建筑等各类工程中得到广泛应用,如房屋地下室外墙、支撑建筑物周围填土的挡土墙、桥台、用于基坑支护的各种支挡结构等,如图6-1。挡土墙常用砖石、混凝土、钢筋混凝土等材料建成。按其结构特点,可分为重力式、钢筋混凝土悬臂式和扶壁式、桩板式、锚杆式、锚定板式、加筋土轻型式及垛式等类型。其中重力式挡土墙最为常见。重力式挡土墙是靠自身重量来保持墙后土体和墙体本身的稳定性的一类挡土墙,主要由块石、条石砌筑而成。

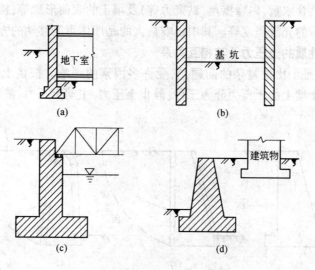

图 6-1 挡土墙工程实例
(a)地下室侧墙;(b)基坑支护结构;(c)桥台;(d)支撑建筑物周围填土的挡土墙

作为一种挡土结构,挡土墙需要保持墙后土体的稳定,因而其自身必然受到墙后土体和外荷载引起的侧向压力,即土压力的作用。对土压力的研究包括土压力性质(土压力的大小、方向、作用点),土压力的影响因素等。

地基基础设计对地基的最基本要求之一是地基在上部结构荷载作用下必须具有足够的承载能力并满足一定的安全度。地基承载力是指地基土单位面积上所能承受或允许承受的荷载,以 kPa 计。在实际工程中,首先要确保不发生建筑物地基失稳,即基底压力不超过地基承载力,否则建筑物会因地基的破坏、沉降或不均匀沉降而下沉、倾斜甚至倒塌。因此在进行建筑物基础设计时,首先需要确定地基的承载力大小。

地基承载力问题的实质还是地基土的强度问题,是土的强度理论在地基设计计算中的具体应用。

本章主要研究内容包括土压力、重力式挡土墙的设计原理和地基的承载力。

第二节 土压力的概念和挡土墙上的静止土压力计算

一、土压力的定义

挡土墙后的填土因自身重力或外荷载作用在墙背上产生的侧向压力称为土压力。从土压力与挡土墙之间的关系可以看出,要保证设计的挡土墙安全、可靠,首先要研究墙后的土压力。必须特别指出,挡土墙后的土压力不同于我们学过的其他压力的概念。其他压力的概念是指单位面积上的力,而土力学中的土压力则特指每延米范围内墙后填土在墙背上产生的侧向集中力,其单位为 kN/m。这一概念是由法国学者库仑首先建立的。由于土压力是指每延米范围内墙后填土在墙背上产生的侧向集中力,因此其要素包括性质、大小、方向和作用点。

二、影响土压力性质、大小及分布的因素

影响土压力性质、大小及分布的因素主要包括墙体可能移动的方向和位移量;墙后填土的种类、性质(重度、含水量、内摩擦角、黏聚力等)及填土的表面形状等;挡土墙背的形状、高度、结构形式和墙背的光滑程度等。其中影响最大的是墙体可能移动的方向和位移量。

三、几种不同性质的土压力及其相互关系

土压力的计算是个比较复杂的问题,它受许多因素的影响。按挡土墙位移的方向、大小,可将作用在挡土墙上的土压力分为三种:静止土压力、主动土压力、被动土压力,如图6-2所示。

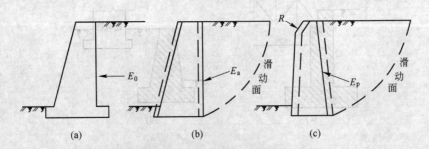

图 6-2 挡土墙的三种土压力

(a)静止土压力;(b)主动土压力;(c)被动土压力

(一)静止土压力(E_0)

挡土墙既不向前也不向后发生移动或转动时,墙后土体也不会发生侧向变形和位移而处于弹性平衡状态,这时作用在挡土墙上的土压力称为静止土压力。

(二)主动土压力(E_a)

挡土墙在土压力作用下向前(离开墙后土体的方向)产生移动或转动,并使墙后土体处于极限平衡状态时,作用在挡土墙背上的土压力称为主动土压力。从静止土压力状态开始,

随着墙体土压力作用下向前产生移动或转动,作用在挡土墙上的土压力逐渐减小,当位移达到一定程度时,墙后土体处于主动极限平衡状态,这时挡土墙上出现主动土压力。

(三)被动土压力(E_p)

挡土墙在荷载作用下向墙后土体内部(方向)移动或转动并挤压土体,作用在挡土墙上的土压力由静止土压力开始逐渐增大,当位移达到一定程度时,墙后土体处于被动极限平衡状态,这时作用在挡土墙上的土压力称为被动土压力。

以上3种土压力中,主动土压力值最小,被动土压力值最大,静止土压力居于两者之间,它们与挡土墙墙身的位移关系见图6-3。在相同条件下,3种不同性质的土压力之间有如下关系:

$$E_a < E_0 < E_p \qquad (6\text{-}1)$$

土压力计算实质是土体强度理论的一种应用。静止土压力的计算用弹性理论和经验方法;主动土压力和被动土压力则应用土体极限平衡理论,主要有朗肯土压力理论和库仑土压力理论。在此基础上,还有一些经验土压力公式用以解决不同的工程实际问题。

在挡土墙后水平填土表面下,任意深度 z 处取一微单元体,作用在此微单元体上的竖向力为土的自重应力 γz,则该处水平方向作用的应力即为静止土压力强度

$$\sigma_0 = K_0 \gamma z \qquad (6\text{-}2)$$

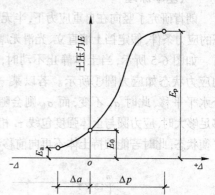

图 6-3 挡土墙位移与土压力关系

式中　σ_0——静止土压力强度,kPa;

　　K_0——静止土压力系数,或土的侧压力系数;

　　γ——土的重度,kN/m^3。

静止土压力系数 K_0 一般可按经验公式 $K_0 = 1 - \sin\varphi'$(φ' 为土的有效内摩擦角)计算。对于砂土和黏性土,K_0 一般在 $0.34 \sim 0.45$ 和 $0.5 \sim 0.7$ 之间。

由式(6-2)可知,静止土压力沿墙高为三角形分布,如图6-4所示。若取单位墙长,则作用在墙上的静止土压力 E_0 即为此三角形的面积,即

$$E_0 = \frac{1}{2} \gamma H^2 K_0 \qquad (6\text{-}3)$$

E_0 的作用点在距离墙底 $H/3$ 处。

【例 6-1】 一地下室外墙高 $H = 6\text{m}$,墙后填土的重度 $\gamma = 18.5\text{kN/m}^3$,土的有效内摩擦角 $\varphi' = 30°$,黏聚力为零。试计算作用在挡土墙上的土压力。

解:对地下室外墙,可按静止土压力公式计算其单位长度墙体上的土压力

图 6-4 静止土压力的分布

$$E_0 = \frac{1}{2} \gamma H^2 K_0 = \frac{1}{2} \times 18.5 \times 6^2 \times (1 - \sin 30°)$$

$$= 166.5 \text{ kN/m}$$

该静止土压力作用点位于距墙底 $H/3 = 2\text{m}$ 的高度处。

第三节 朗肯土压力理论

朗肯土压力理论是由英国学者朗肯(Rankine.W.J.M, 1857)提出的,是土压力计算中两个著名的古典土压力理论之一,另一个是库仑(Coulomb.C.A, 1776)土压力理论。由于朗肯土压力理论概念明确、方便简捷,故在土压力计算中得到广泛应用。

朗肯土压力理论是根据半空间应力状态和土的极限平衡条件得出的一种土压力计算方法。

一、基本原理

朗肯研究了竖向在自重应力下,半无限土体内各点应力从弹性平衡状态发展为极限平衡状态的应力条件,假定挡土墙直立、光滑无摩擦,在此基础上提出了计算挡土墙土压力的理论。

如图 6-5 所示,当土体静止不动时,深度 z 处应力状态为 $\sigma_v = \sigma_z = \gamma z$,$\sigma_h = K_0 \gamma z$,该点的应力状态如应力圆①所示。若以某一竖直光滑面 mn 代替挡土墙墙背,并假定 mn 面向外水平平移,此时 σ_v 不变,而 σ_h 则会随着水平位移的不断发生而逐渐减小。当 mn 的水平位移足够大时,应力圆与土体强度包线 τ_f 相切,应力状态如应力圆②所示,表示土体达到主动极限平衡状态,此时若能维持土体不再向前移动,σ_h 减小至最小值,此即为主动土压力强度 σ_a。

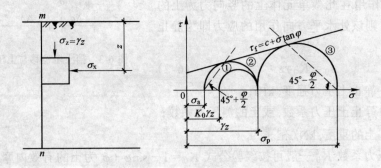

图 6-5 朗肯土压力极限平衡状态

相反,若 mn 面在外力作用下向填土方向水平移动,挤压土体,则 σ_h 会随着水平位移的不断发生而逐渐增加,土中剪应力最初减小,后来又逐渐反向增加,直至剪应力达到土的抗剪强度时,应力圆与土体强度包线相切(如应力圆③所示)而达到被动极限平衡状态,作用在 mn 面上的压力达到最大值,此即为被动土压力强度 σ_p。

由上述分析过程不难看出,朗肯土压力理论有以下假设:(1)挡土墙的墙背竖直、光滑无摩擦;(2)挡土墙后填土表面水平。朗肯主动土压力和被动土压力计算公式可根据前面所学的土体极限平衡条件

$$\sigma_3 = \gamma z \ \tan^2\left(45° - \frac{\varphi}{2}\right) - 2c \tan\left(45° - \frac{\varphi}{2}\right)$$

$$\sigma_1 = \gamma z \ \tan^2\left(45° + \frac{\varphi}{2}\right) + 2c \tan\left(45° + \frac{\varphi}{2}\right)$$

推导获得。

二、主动土压力

当土体处于朗肯主动极限平衡状态时，$\sigma_v = \gamma z = \sigma_1$，$\sigma_h = \sigma_3$，即主动土压力强度 σ_a。由上述分析和土的强度理论中土体极限平衡条件可知

无黏性土
$$\sigma_h = \sigma_3 = \sigma_a = \gamma z \tan^2(45° - \frac{\varphi}{2})$$
$$= \gamma z K_a \tag{6-4}$$

黏性土
$$\sigma_h = \sigma_3 = \gamma z \tan^2(45° - \frac{\varphi}{2}) - 2c \tan(45° - \frac{\varphi}{2})$$
$$= \gamma z K_a - 2c \sqrt{K_a} \tag{6-4a}$$

式中　K_a——主动土压力系数，$K_a = \tan^2(45° - \frac{\varphi}{2})$；

　　　γ——墙后填土的重度，kN/m^3，地下水位以下用有效重度；

　　c, φ——分别为填土的抗剪强度指标黏聚力，kPa；内摩擦角，(°)。

由式(6-4)可见，无黏性土主动土压力沿墙高为直线分布，即与深度 z 成正比，如图 6-6b 所示。若取单位墙长计算，则主动土压力 E_a 为

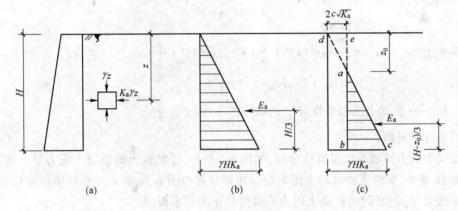

图 6-6　主动土压力沿墙高的分布
(a)主动土压力的计算；(b)无黏性土；(c)黏性土

$$E_a = \frac{1}{2}\gamma H^2 \tan^2(45° - \frac{\varphi}{2})$$
$$= \frac{1}{2}\gamma H^2 K_a \tag{6-5}$$

E_a 通过三角形的形心，即作用在距墙底 $H/3$ 处。

对于黏性土的式(6-4a)，令 $z=0$ 时，$\sigma_h = \sigma_3 = -2c\sqrt{K_a}$，这显然与挡土墙背直立、光滑无摩擦相矛盾，为此，需要对土压力强度表达式进行修正，令

$$\sigma_a = z_0 \gamma K_a - 2c\sqrt{K_a} = 0$$

由此可得

$$z_0 = \frac{2c}{\gamma\sqrt{K_a}} \tag{6-6}$$

修正后的土压力强度表达式为

$$\sigma_a = \begin{cases} 0 & \left(z \leqslant z_0 = \dfrac{2c}{\gamma} \dfrac{1}{\sqrt{K_a}} \right) \\ z\gamma K_a - 2c \sqrt{K_a} & (z > z_0) \end{cases} \tag{6-6a}$$

土压力分布如图 6-6c 所示,黏性土的土压力分布只有 abc 部分。

若取单位墙长计算,则黏性土主动土压力 E_a 为三角形 abc 的面积,即有

$$E_a = \frac{1}{2}(H - z_0)(\gamma H K_a - 2c \sqrt{K_a})$$

$$= \frac{1}{2}\gamma H^2 K_a - 2cH \sqrt{K_a} + \frac{2c^2}{\gamma} \tag{6-7}$$

主动土压力强度沿墙高也呈直线分布,E_a 通过三角形 abc 的形心,即作用点距墙底 $(H - z_0)/3$ 处。

三、被动土压力

与主动土压力分析过程一样,当土体处于朗肯被动极限平衡状态时,$\sigma_v = \gamma z = \sigma_3$,$\sigma_h = \sigma_1$,即被动土压力强度 σ_p。即有

无黏性土
$$\sigma_p = \gamma z \tan^2\left(45° + \frac{\varphi}{2}\right)$$
$$= \gamma z K_p \tag{6-8}$$

黏性土
$$\sigma_p = \gamma z \tan^2\left(45° + \frac{\varphi}{2}\right) + 2c\tan\left(45° + \frac{\varphi}{2}\right)$$
$$= \gamma z K_p + 2c\sqrt{K_p} \tag{6-9}$$

式中 K_p——被动土压力系数,$K_p = \tan^2\left(45° + \dfrac{\varphi}{2}\right)$;

其余符号同前。

被动土压力沿墙高也呈直线分布,如图 6-7 所示,无黏性土的被动土压力呈三角形分布如图 6-7b 所示,黏性土的被动土压力则呈梯形分布如图 6-7c 所示。若取单位墙长计算,则被动土压力 E_p 同样可由被动土压力强度的分布面积求得,即

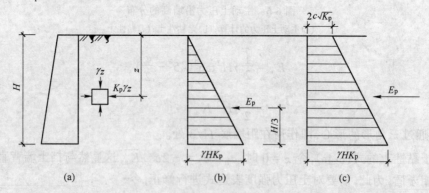

图 6-7 被动土压力沿墙高的分布

(a)被动土压力的计算;(b)无黏性土;(c)黏性土

无黏性土
$$E_p = \frac{1}{2}\gamma H^2 K_p \tag{6-10}$$

黏性土
$$E_p = \frac{1}{2}\gamma H^2 K_p + 2cH \sqrt{K_p} \tag{6-11}$$

无黏性土中被动土压力作用点距墙底 $H/3$ 处，而在黏性土中，被动土压力作用点通过梯形形心，可将梯形分为矩形和三角形两部分求得。

【例 6-2】　已知例图6-1所示一挡土墙高度 $H = 6.0\text{m}$，墙背直立、光滑，墙后填土表面水平，填土为黏性土，重度 $\gamma = 18\text{kN/m}^3$，内摩擦角 $\varphi = 30°$，黏聚力 $c = 10\text{kPa}$。求主动土压力及其沿墙高的分布。

解：　$K_a = \tan^2(45° - \dfrac{\varphi}{2})$

$$= \tan^2(45° - \dfrac{30°}{2})$$

$$= 0.333$$

$$\sqrt{K_a} = 0.577$$

临界深度 $z_0 = \dfrac{2c}{\gamma}\dfrac{}{\sqrt{K_a}}$

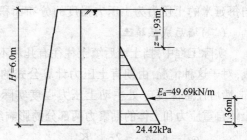

例图 6-1　挡土墙示意图

$$= \dfrac{2 \times 10}{18 \times 0.577} = 1.93\text{m}$$

墙底处主动土压力强度为

$$\sigma_a = \gamma H K_a - 2c\sqrt{K_a}$$

$$= 18 \times 6 \times 0.333 - 2 \times 10 \times 0.577 = 24.42\ \text{kPa}$$

或　　　$\sigma_a = \gamma(H - z_0)K_a = 18 \times (6 - 1.93) \times 0.333 = 24.42\text{kPa}$

主动土压力

$$E_a = \dfrac{1}{2}\sigma_a(H - z_0) = \dfrac{1}{2} \times 24.42 \times (6 - 1.93) = 49.69\text{kN/m}$$

主动土压力 E_a 作用点离墙底的距离为

$$(H - z_0)/3 = (6 - 1.93)/3 = 1.36\text{m}$$

四、几种常见情况下的土压力

(一)墙后填土面作用有均布荷载

当墙后填土表面作用有均布荷载 $q(\text{kPa})$ 时，可把荷载 q 视为由高度 $h = q/\gamma$ 的等效填土所产生，由此等效厚度填土对墙背产生土压力。实际上，根据朗肯土压力理论基本原理的分析过程，在图 6-5 中，当土体静止不动时，深度 z 处应力状态应考虑 q 的影响，竖向应力为 $\sigma_v = \gamma z + q$，$\sigma_h = K_0\sigma_v = K_0(\gamma z + q)$。当达到主动极限平衡状态时，大主应力不变，即 $\sigma_1 = \sigma_v = \gamma z + q$，小主应力减小至主动土压力，即 $\sigma_a = \sigma_3$。

无黏性土　　　$\sigma_a = \sigma_3 = \sigma_1 \tan^2(45° + \dfrac{\varphi}{2})$

$$= (\gamma z + q)\tan^2(45° + \dfrac{\varphi}{2})$$

$$= (\gamma z + q)K_a \tag{6-12}$$

黏性土　　　$\sigma_a = \sigma_3 = \sigma_1 \tan^2(45° + \dfrac{\varphi}{2}) - 2c\tan(45° + \dfrac{\varphi}{2})$

$$= (\gamma z + q)\tan^2(45° + \dfrac{\varphi}{2}) - 2c\tan(45° + \dfrac{\varphi}{2})$$

$$= (\gamma z + q)K_a - 2c\sqrt{K_a} \tag{6-13}$$

可见,对于无黏性土,主动土压力沿墙高分布呈梯形,作用点在梯形的形心,如图 6-8 所示;对于黏性土,临界深度 $z_0 = \dfrac{2c\sqrt{K_a} - qK_a}{\gamma K_a}$。当 $z_0 < 0$ 时,土压力为梯形分布;$z_0 \geqslant 0$ 时,土压力为三角形分布。沿挡土墙长度方向每延米的土压力为土压力强度的分布面积。

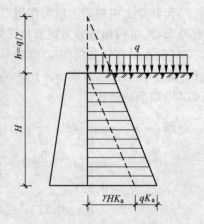

图 6-8 墙后填土面有均布荷载的土压力计算

(二)墙后成层填土

实际工程中,挡土墙后填土往往有几种不同的土层组成,对于这种情况,由朗肯土压力计算公式的推导过程可知,墙后任意深度 z 处主动土压力强度实际上是该点处土体自重应力和土体的黏聚力两部分的影响组成,即:

$$
\begin{aligned}
\sigma_{ai} &= K_{ai}\sigma_{vi} - 2c_i\sqrt{K_{ai}} \\
&= K_{ai}\sum\gamma_i z_i - 2c_i\sqrt{K_{ai}}
\end{aligned} \tag{6-14}
$$

其中 K_{ai} 为由计算点处土层的内摩擦角 φ_i 确定的主动土压力系数。

由此可见,对墙后填土成层的情况,土压力分布线可能出现两种情况:各层土的土压力线斜率(γK_a)发生变化,或者在土层交界面处土压力线发生突变,这是由于各层土的主动土压力系数、土的重度以及土的黏聚力不同所致。如图 6-9 中,在上下两层土交界面 B 点处,其主动土压力分别为

$$
\sigma_{aB\text{上}} = \gamma_1 h_1 K_{a1} - 2c_1\sqrt{K_{a1}}
$$
$$
\sigma_{aB\text{下}} = \gamma_1 h_1 K_{a2} - 2c_2\sqrt{K_{a2}}
$$

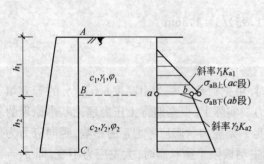

图 6-9 成层填土的土压力计算

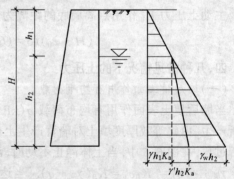

图 6-10 填土中有地下水时土压力的计算

一般来说,$\sigma_{aB\text{上}} \neq \sigma_{aB\text{下}}$,故在土层交界面上会有土压力的突变;而由于 $\gamma_1 K_{a1} \neq \gamma_2 K_{a2}$,上下两层土中土压力分布线的斜率也不同。

(三)墙后填土有地下水

当墙后填土中有地下水时,作用在挡土墙上的侧压力包括土压力和水压力两部分,如图 6-10 所示。

地下水位以下部分自重应力计算应采用土的有效重度 γ',故土压力按前述方法计算,相应的采用有效重度 γ' 即可。

水对墙背产生的侧压力,取侧压力系数为 1。

在土压力计算时,假设地下水位上下土的内摩擦角没有变化。但实际上,地下水的存在会使土的含水量增加,抗剪强度降低,而使土压力增加。因此,挡土墙应有良好的排水措施。

【例 6-3】 一挡土墙如例图6-2所示,$q = 20\text{kPa}$,挡土墙后填土的有关指标为:$c = 0$,$\varphi = 30°$,$\gamma = 17.8\text{kN/m}^3$,地下水位与地面下 2.0m 处,$\gamma_{sat} = 18.9\text{kN/m}^3$,求挡土墙所受到的土压力和水压力。

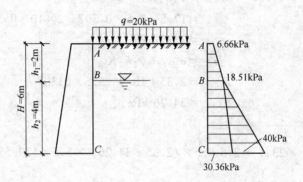

例图 6-2 挡土墙示意图

解: $K_a = \tan^2(45° - \dfrac{\varphi}{2}) = \tan^2(45° - \dfrac{30°}{2}) = 0.333$

主动土压力强度

$$\sigma_{aA} = qK_a = 20 \times 0.333 = 6.66 \text{ kPa}$$

$$\sigma_{aB} = \sigma_{aA} + \gamma h_1 K_a = 6.66 + 17.8 \times 2 \times 0.333 = 18.51 \text{ kPa}$$

$$\sigma_{aC} = \sigma_{aB} + \gamma' h_2 K_a = 18.51 + (18.9 - 10) \times 4 \times 0.333 = 30.36\text{kPa}$$

$$\sigma_w = \gamma_w h_2 = 10 \times 4 = 40 \text{ kPa}$$

总土压力

$$E_a = \frac{1}{2} \times (6.66 + 18.51) \times 2 + \frac{1}{2} \times (18.51 + 30.36) \times 4 = 122.91\text{kN/m}$$

水压力

$$E_w = \frac{1}{2} \times 40 \times 4 = 80 \text{ kN/m}$$

【例 6-4】 挡土墙高8m,墙后填土分两层,各层土的有关指标见例图 6-3,求主动土压力。

解: $K_{a1} = \tan^2\left(45° - \dfrac{\varphi_1}{2}\right)$

$\quad = \tan^2(45° - \dfrac{18°}{2})$

$\quad = 0.528$

$K_{a2} = \tan^2\left(45° - \dfrac{\varphi_2}{2}\right)$

$\quad = \tan^2(45° - \dfrac{32°}{2})$

$\quad = 0.307$

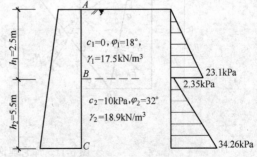

例图 6-3 挡土墙各层土的有关指标

$$\sqrt{K_{a2}} = 0.554$$

各点的主动土压力强度分别为：

$$\sigma_{aA} = 0$$

$$\sigma_{aB\perp} = \gamma_1 h_1 K_{a1} = 17.5 \times 2.5 \times 0.528 = 23.1 \text{ kPa}$$

$$\sigma_{aB\top} = \gamma_1 h_1 K_{a2} - 2c \sqrt{K_{a2}}$$

$$= 17.5 \times 2.5 \times 0.307 - 2 \times 10 \times 0.554$$

$$= 2.35 \text{ kPa}$$

$$\sigma_{aC} = \sigma_{aB\top} + \gamma_2 h_2 K_{a2}$$

$$= 2.35 + 18.9 \times 5.5 \times 0.307$$

$$= 34.26 \text{ kPa}$$

总主动土压力

$$E_a = \frac{1}{2} \times 23.1 \times 2.5 + \frac{1}{2} \times (2.35 + 34.26) \times 5.5 = 129.55 \text{kN/m}$$

第四节 库仑土压力理论

库仑于 1776 年提出了用于挡土墙设计的库仑土压力理论。库仑假定墙后土体为理想的散体,并假定产生主动和被动土压力时,墙后土体中会出现一个沿墙背和土中某平面具有向上或向下滑动趋势的土楔体,通过对处于极限平衡状态时的滑动楔体进行静力平衡分析,库仑给出了作用于墙背的土压力计算公式。由于库仑土压力理论是按滑动楔体的静力平衡分析来求解墙后土压力,因此所求的土压力为每延米挡土墙背上的一个侧向集中力,土压力的这一概念一直被延续至今。相对于朗肯土压力理论,库仑土压力理论限制条件较少,因而具有更多的适用范围。

库仑理论研究的挡土墙(图 6-11)墙背可倾斜,倾斜角为 α(俯斜时取正号,仰斜时取负号),墙背可光滑、可粗糙,墙背与土的摩擦角为 δ,墙后填土表面可水平、可倾斜,坡角为 β,并有如下基本假设:

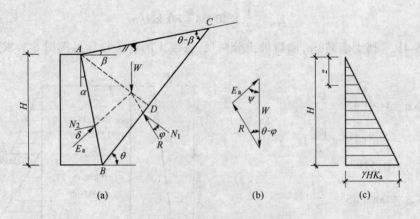

图 6-11 库仑理论中的主动土压力

(a)土楔 ABC 上的作用力;(b)力矢三角形;(c)主动土压力分布图

(1)墙后填土为无黏性土,即黏聚力 $c = 0$。

(2)墙后填土沿一平面滑动,即平面滑裂面假设,它使计算大大简化,且能满足一般工程的精度要求。

(3)滑动楔体处于极限平衡状态,在滑裂面上,抗剪强度 τ_f 充分发挥。

当挡土墙向前移动或转动,土楔体向下滑移而处于主动极限平衡状态时,此时土楔体对墙背推力即为主动土压力 E_a;反之,当墙受外力作用推动填土,土楔体向下滑移而处于被动极限平衡状态时,土楔体对墙背的推力即为被动土压力 E_p。

一、主动土压力

若墙后滑动楔体 ABC 处于主动极限平衡状态,如图 6-11 所示,取此土楔体作为脱离体,分析其受力(一般挡土墙均为平面问题,故在下面讨论中均沿墙长度方向取 1m 进行分析)。任意假设一滑动面 BC,其倾角为 θ,则作用在土楔体 ABC 上的力有:

(1)滑动土楔体自重 $W = \triangle ABC \cdot \gamma$,$\gamma$ 为土的重度:

$$W = \triangle ABC \cdot \gamma = \frac{\gamma H^2}{2} \cdot \frac{\cos(\alpha - \beta) \cdot \cos(\theta - \alpha)}{\cos^2 \alpha \cdot \sin(\theta - \beta)}$$

(2)填土中滑动面上,作用着滑动面下方不动土体对滑动楔体的反力 R。R 的大小与 BC 的法线 N_1 的夹角等于土的内摩擦角 φ,在主动极限状态下位于 N_1 的下侧。

(3)墙背 AB 给滑动楔体的反力 E,它就是作用于墙背上的土压力的反力。E 的方向与墙背法线 N_2 成 δ 角(墙背与填土的摩擦角)。当土楔体下滑时,墙对土楔的阻力向上,故反力 E 在 N_2 的下侧。若墙背光滑,没有剪力,则 E 与墙背 AB 垂直。

滑动土楔体在上述 3 个力的作用下处于静力平衡状态,因此,这 3 个力构成一闭合三角形,如图 6-11b 所示。在这个三角形中,运用正弦定律有

$$\frac{E}{\sin(\theta - \varphi)} = \frac{W}{\sin[180° - (\theta - \varphi + \psi)]} = \frac{W}{\sin(\theta - \varphi + \psi)}$$

即
$$E = W \frac{\sin(\theta - \varphi)}{\sin(\theta - \varphi + \psi)} \tag{6-15}$$

式中,ψ 为 W 与 E 的夹角,$\psi = 90° - \alpha - \delta$。

在式(6-15)中,对于给定问题,H、α、β 和 γ、φ、δ 是挡土墙的几何尺寸或填土的物理及力学性质指标,所以是已知的,只有滑动面的倾角 θ 是任意假定的。假定不同的 θ 值,对应有不同的 E 值,即 E 是 θ 的函数,$E = E(\theta)$。我们关心的是,当 θ 为某一值时,即在某一滑动面(最危险滑动面)的情况下,墙后土体对墙背产生的土压力最大值 E_{max},即主动土压力 E_a。为此,根据数学中求极值的方法,令 $\frac{dE}{d\theta} = 0$,可解得真正的滑裂面的倾角 θ_{cr}。将此 θ_{cr} 代入式(6-15)中经整理即可得到库仑主动土压力的一般表达式

$$E_a = \frac{1}{2} \gamma H^2 \cdot \frac{\cos^2(\varphi - \alpha)}{\cos^2 \alpha \cdot \sin(\alpha + \delta) \cdot \left[1 + \sqrt{\frac{\sin(\varphi + \delta) \cdot \sin(\varphi - \beta)}{\cos(\alpha + \delta) \cdot \cos(\alpha - \beta)}}\right]^2}$$

$$= \frac{1}{2} \gamma H^2 K_a \tag{6-16}$$

式中
$$K_a = \frac{\cos^2(\varphi - \alpha)}{\cos^2 \alpha \cdot \sin(\alpha + \delta) \cdot \left[1 + \sqrt{\frac{\sin(\varphi + \delta) \cdot \sin(\varphi - \beta)}{\cos(\alpha + \delta) \cdot \cos(\alpha - \beta)}}\right]^2} \tag{6-17}$$

为库仑主动土压力系数,也可由表6-1查得。

δ——墙背与墙后填土的摩擦角,可查表6-2确定。

表 6-1　库仑主动土压力系数 K_a 值

δ	α	β＼φ	15°	20°	25°	30°	35°	40°	45°	50°
0°	0°	0°	0.589	0.490	0.406	0.333	0.271	0.217	0.172	0.132
		10°	0.704	0.569	0.462	0.374	0.300	0.238	0.186	0.142
		20°		0.883	0.573	0.441	0.344	0.267	0.204	0.154
		30°			0.750	0.436	0.318	0.235	0.172	
	10°	0°	0.652	0.560	0.478	0.407	0.343	0.288	0.238	0.194
		10°	0.784	0.655	0.550	0.461	0.384	0.318	0.261	0.211
		20°		1.015	0.685	0.548	0.444	0.360	0.291	0.231
		30°			0.925	0.566	0.433	0.337	0.262	
	20°	0°	0.736	0.648	0.569	0.498	0.434	0.375	0.322	0.274
		10°	0.896	0.768	0.663	0.572	0.492	0.421	0.358	0.302
		20°		1.205	2.834	0.688	0.576	0.484	0.405	0.337
		30°			1.169	0.740	0.586	0.474	0.385	
	-10°	0°	0.540	0.433	0.344	0.270	0.209	0.158	0.117	0.083
		10°	0.644	0.500	0.389	0.301	0.229	0.171	0.125	0.088
		20°		0.785	0.482	0.353	0.261	0.190	0.136	0.094
		30°			0.614	0.331	0.226	0.155	0.104	
	-20°	10°	0.497	0.380	0.287	0.212	0.153	0.106	0.070	0.043
		20°	0.595	0.439	0.323	0.234	0.166	0.114	0.074	0.045
		30°		0.707	0.401	0.274	0.188	0.125	0.080	0.047
					0.498	0.239	0.147	0.090	0.051	
10°	0°	0°	0.533	0.447	0.373	0.309	0.253	0.204	0.163	0.127
		10°	0.664	0.531	0.431	0.350	0.282	0.225	0.177	0.136
		20°		0.897	0.549	0.420	0.326	0.254	0.195	0.148
		30°			0.762	0.423	0.306	0.226	0.166	
	10°	0°	0.603	0.520	0.448	0.384	0.326	0.275	0.230	0.189
		10°	0.759	0.626	0.524	0.440	0.369	0.307	0.253	0.206
		20°		1.064	0.674	0.534	0.432	0.351	0.284	0.227
		30°			0.969	0.564	0.427	0.332	0.258	
	20°	0°	0.695	0.615	0.543	0.478	0.419	0.365	0.316	0.271
		10°	0.890	0.752	0.646	0.558	0.482	0.414	0.354	0.300
		20°		1.308	0.844	0.687	0.573	0.481	0.403	0.337
		30°			1.268	0.758	0.594	0.478	0.388	
	-10°	0°	0.477	0.385	0.309	0.245	0.191	0.146	0.109	0.078
		10°	0.590	0.455	0.354	0.275	0.211	0.159	0.116	0.082
		20°		0.773	0.450	0.328	0.242	0.177	0.127	0.088
		30°			0.605	0.313	0.212	0.146	0.098	
	-20°	0°	0.427	0.330	0.252	0.188	0.137	0.096	0.064	0.039
		10°	0.529	0.388	0.286	0.209	0.149	0.103	0.068	0.041
		20°		0.675	0.364	0.248	0.170	0.114	0.073	0.044
		30°				0.475	0.220	0.135	0.082	0.047

δ	α	φ\β	15°	20°	25°	30°	35°	40°	45°	50°
15°	0°	0°	0.518	0.434	0.363	0.301	0.248	0.201	0.160	0.125
		10°	0.656	0.522	0.423	0.343	0.277	0.222	0.174	0.135
		20°		0.914	0.546	0.415	0.323	0.251	0.194	0.147
		30°				0.777	0.422	0.305	0.225	0.165
	10°	0°	0.592	0.511	0.441	0.378	0.323	0.273	0.228	0.189
		10°	0.760	0.623	0.520	0.437	0.366	0.305	0.252	0.206
		20°		1.103	0.679	0.535	0.432	0.351	0.284	0.228
		30°				1.005	0.571	0.430	0.334	0.260
	20°	0°	0.690	0.611	0.540	0.476	0.419	0.366	0.317	0.273
		10°	0.904	0.757	0.649	0.560	0.484	0.416	0.357	0.303
		20°		1.383	0.862	0.697	0.579	0.486	0.408	0.341
		30°				1.341	0.778	0.606	0.487	0.395
	−10°	0°	0.458	0.371	0.298	0.237	0.186	0.142	0.106	0.076
		10°	0.576	0.442	0.344	0.267	0.205	0.155	0.114	0.081
		20°		0.776	0.441	0.320	0.237	0.174	0.125	0.087
		30°				0.607	0.308	0.209	0.143	0.097
	−20°	0°	0.405	0.314	0.240	0.180	0.132	0.093	0.062	0.038
		10°	0.509	0.372	0.275	0.201	0.144	0.100	0.066	0.040
		20°		0.667	0.352	0.239	0.164	0.110	0.071	0.042
		30°				0.470	0.214	0.131	0.080	0.046
20°	0°	0°			0.357	0.297	0.245	0.199	0.160	0.125
		10°			0.419	0.340	0.275	0.220	0.174	0.135
		20°			0.547	0.414	0.322	0.251	0.193	0.147
		30°				0.798	0.425	0.306	0.225	0.166
	10°	0°			0.438	0.377	0.322	0.273	0.229	0.019
		10°			0.521	0.438	0.367	0.306	0.254	0.208
		20°			0.690	0.540	0.436	0.354	0.286	0.230
		30°				1.051	0.582	0.437	0.338	0.264
	20°	0°			0.543	0.479	0.422	0.370	0.321	0.277
		10°			0.659	0.568	0.490	0.423	0.363	0.309
		20°			0.891	0.715	0.592	0.496	0.417	0.349
		30°				1.434	0.807	0.624	0.501	0.406
	−10°	0°			0.291	0.232	0.182	0.140	0.105	0.076
		10°			0.337	0.262	0.202	0.153	0.113	0.080
		20°			0.437	0.316	0.233	0.171	0.124	0.086
		30°				0.614	0.306	0.207	0.142	0.096
	−20°	0°			0.231	0.174	0.128	0.090	0.061	0.038
		10°			0.266	0.195	0.140	0.097	0.064	0.039
		20°			0.344	0.233	0.160	0.108	0.069	0.042
		30°				0.468	0.210	0.129	0.079	0.045

表 6-2 土对挡土墙墙背的摩擦角

挡土墙情况	摩擦角 δ	挡土墙情况	摩擦角 δ
墙背平滑，排水不良	$(0\sim0.33)\varphi$	墙背很粗糙，排水良好	$(0.5\sim0.67)\varphi$
墙背粗糙，排水良好	$(0.33\sim0.5)\varphi$	墙背与填土间不可能滑动	$(0.67\sim1.0)\varphi$

在库仑主动土压力式(6-16)中，当墙背直立、光滑，填土面水平，即取 $\alpha=0$、$\delta=0$、$\beta=0$ 时，则有

$$E_a = \frac{1}{2}\gamma H^2 \tan^2\left(45° - \frac{\varphi}{2}\right)$$

该式与朗肯主动土压力完全一致，说明无黏性土的朗肯土压力是库仑土压力的一种特例。

库仑主动土压力沿墙高也是三角形分布，作用点在距墙底 $H/3$ 处，方向与墙背法线夹角为 δ，如图 6-11c 所示。

二、被动土压力

若墙后滑动楔体 ABC 处于被动极限平衡状态，如图 6-12 所示，与主动土压力的分析过程类似，区别在于此时的滑动楔体向上滑动，破坏面 BC 上的反力 R 和墙背对土楔体的反力 E 分别位于法线 N_1 和 N_2 线的上方。按上述求解主动土压力同样的原理可求得库仑被动土压力的公式为

$$E_p = \frac{1}{2}\gamma H^2 \cdot \frac{\cos^2(\varphi + \alpha)}{\cos^2\alpha \cdot \sin(\alpha - \delta)\cdot\left[1 - \sqrt{\dfrac{\sin(\varphi+\delta)\cdot\sin(\varphi+\beta)}{\cos(\alpha-\varphi)\cdot\cos(\alpha-\beta)}}\right]^2}$$

$$= \frac{1}{2}\gamma H^2 K_p \tag{6-18}$$

式中 K_p——库仑被动土压力系数。

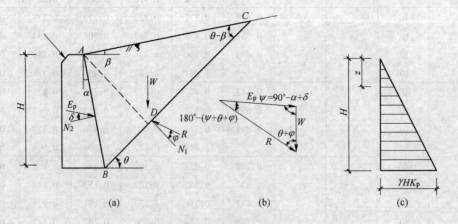

图 6-12 库仑理论中的被动土压力
(a)土楔 ABC 上的作用力；(b)力矢三角形；(c)被动土压力分布图

同样，对与墙背直立（$\alpha=0$）、光滑（$\delta=0$）、墙后填土面水平（$\beta=0$）的情况，式(6-18)变为

$$E_p = \frac{1}{2}\gamma H^2 \tan^2(45° - \frac{\varphi}{2}) \qquad (6-19)$$

由此可见,在上述条件下,库仑被动土压力公式也与朗肯公式相同。

【例6-5】 已知例图6-4所示的某挡土墙高 $H = 6.0$m,墙背倾角 $\alpha = 10°$,墙后填土倾角 $\beta = 30°$,墙背与填土摩擦角 $\delta = 20°$。墙后填土为中砂,其重度 $\gamma = 19.0$kN/m³,内摩擦角 $\varphi = 30°$。计算作用在此挡土墙上的主动土压力。

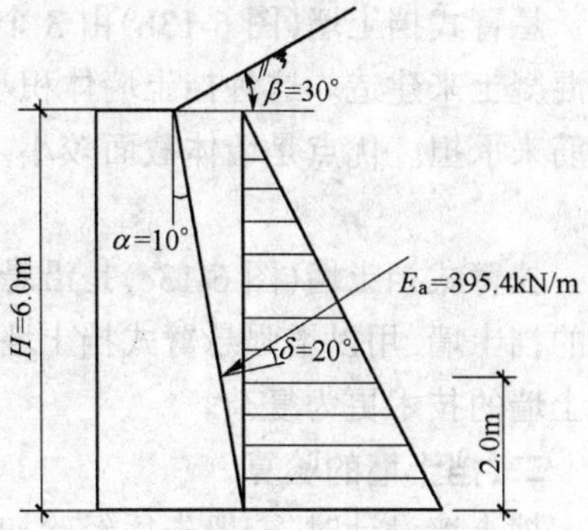

解:根据题中给出的条件,采用库仑土压力理论计算。由 $\alpha = 10°$, $\beta = 30°$, $\delta = 20°$ 及 $\varphi = 30°$,可查表6-1或由式(6-17)计算得到库仑主动土压力系数 $K_a = 1.051$,将 $K_a = 1.051$ 及 $H = 6.0$m, $\gamma = 19.0$kN/m³ 代入式(6-16)计算主动土压力

$$E_a = \frac{1}{2}\gamma H^2 K_a = \frac{1}{2}\times 19.0\times 6^2 \times 1.051$$
$$= 359.4\text{kN/m}$$

土压力作用点在距墙底 $H/3 = 2$m 处。

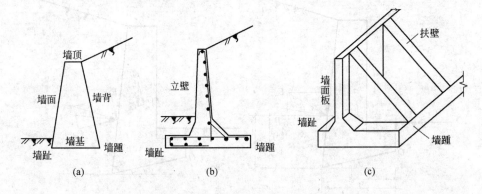

例图6-4　挡土墙示意图

第五节　挡土墙设计

一、挡土墙的常见结构类型

如前所述,挡土墙的常见结构类型有:重力式、钢筋混凝土悬臂式和扶壁式、桩板式、锚杆式、锚定板式、加筋土轻型式及垛式等。其中最为常见的有重力式、钢筋混凝土悬臂式和扶壁式挡土墙如图6-13所示。

图6-13　挡土墙的常见结构类型图
(a)重力式挡土墙;(b)悬臂式挡土墙;(c)扶壁式挡土墙

在进行挡土墙型式选择时,应考虑以下原则:挡土墙的用途、高度与重要性;场地的地形与地质条件;尽量就地取材、因地制宜;安全、经济。

重力式挡土墙(图6-13a)的特点是体积大,通常由砖、石、素混凝土等材料砌筑而成,作用于墙背上的土压力引起的倾覆力矩靠自重产生的抗倾覆力矩来平衡而保持稳定,因此墙身断面较大。其优点是结构简单,施工方便,可就地取材,故应用较广。其缺点是工程量大,沉降也较大。重力式挡土墙一般适用于小型工程,挡土墙高度一般不大于 5m。

悬臂式挡土墙(图 6-13b)由 3 个悬臂板组成(即立臂、墙趾拖板和墙踵拖板),一般用钢筋混凝土来建造。这种挡土墙体积小,利用墙踵拖板上的土重保持稳定,墙体内的拉力则由钢筋来承担。优点是墙体截面较小,工程量小,缺点是废钢材,技术复杂。一般用于重要工程。

扶臂式挡土墙(图 6-13c)是沿悬臂式挡墙纵向每隔一定距离设置一道扶臂(肋板)而形成的挡土墙,用以增强悬臂式挡土墙的抗弯能力及整体刚度。与重力式挡土墙相比较,这种挡土墙的技术更为复杂。

二、挡土墙的验算

挡土墙设计时,一般先凭经验初步拟定挡土墙的类型和尺寸,然后进行挡土墙的验算。如不满足要求,则改变截面尺寸或采取其他措施,仍不能满足要求时,可考虑改变其结构类型。

挡土墙在墙后主动土压力作用下的可能破坏形式包括:倾覆失稳、滑移失稳、地基承载力失稳和墙身强度破坏。因此,挡土墙的验算也应包括这几个方面的内容,即:

(1)稳定性验算,包括抗倾覆和抗滑移的稳定性验算;

(2)地基的承载力验算;

(3)墙身强度验算。

在上述 3 项验算内容中,地基承载力验算与偏心荷载下的墙下条形基础的计算方法一样。墙身强度验算则应根据墙身材料的不同而采用砌体结构或混凝土结构的有关方法进行计算。以下讨论抗倾覆和抗滑移的稳定性验算。

如图 6-14 所示,作用在挡土墙上的力有墙身自重、墙后土压力和基底反力。

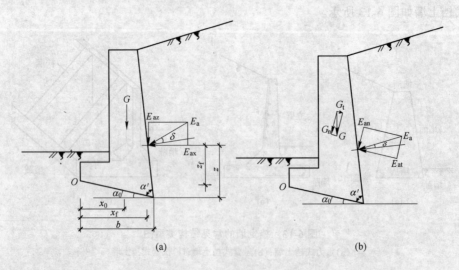

图 6-14 挡土墙稳定性验算

(a)倾覆稳定性验算;(b)滑动稳定性验算

（一）抗倾覆稳定验算

在以上诸力的作用下，挡土墙可能绕墙趾 O 点倾覆，因此抗倾覆稳定验算取 O 点进行计算。挡土墙的抗倾覆力矩与倾覆力矩之比称为抗倾覆安全系数，以 K_t 表示。K_t 应符合下式要求：

$$K_t = \frac{Gx_0 + E_{az}x_f}{E_{ax}z_f} \geqslant 1.6$$

其中

$$E_{az} = E_a\cos(\alpha' - \delta)$$
$$E_{ax} = E_a\sin(\alpha' - \delta)$$
$$x_f = b - z\cot\alpha'$$
$$z_f = z - b\tan\alpha_0$$

其他符号见图 6-14a。

（二）抗滑稳定验算

在抗滑稳定验算中，将 G 和 E_a 分解为垂直和平行于基底的分力，抗滑力与滑动力之比称为抗滑安全系数 K_s，K_s 应符合下式要求

$$K_s = \frac{(G_n + E_{an})\mu}{E_{at} - G_t} \geqslant 1.3$$

式中　　μ——土对挡土墙基底的摩擦系数，按表 6-3 取值；

G_n、G_t——分别为挡土墙自重在基底垂直方向和平行方向的分力；

E_{an}、E_{at}——分别为主动土压力在基底垂直方向和平行方向的分力。

其余符号的意义见图 6-14b。

表 6-3　土对挡土墙基底的摩擦系数

土的类别		摩擦系数 μ	土的类别	摩擦系数 μ
黏性土	可塑	0.25~0.30	中砂、粗砂、砾砂	0.40~0.50
	硬塑	0.30~0.35	碎石土	0.40~0.60
	坚硬	0.35~0.45	软质岩石	0.40~0.80
粉土		0.30~0.40	表面粗糙的硬质岩石	0.65~0.75

三、挡土墙的构造措施

挡土墙的主要荷载是墙后土压力和水压力，因此，除了挡土墙本身类型和形式外，挡土墙后的填土质量和排水措施对挡土墙的稳定性和安全使用具有重要影响。

作用在挡土墙上土压力的产生、大小与墙后土的种类和性质密切相关，因此，挡土墙后填土应作为挡土墙工程的组成部分进行选择、设计与施工。

挡土墙后填土应尽量选取抗剪强度稳定且易于排水的卵石、砾石、粗砂、中砂等土类。这类土的内摩擦角大，主动土压力系数小，易于保持稳定，节省工程量，是理想的墙后填土材料。细砂、粉砂、含水量接近最优含水量的粉土、粉质黏土和低塑性黏土也可用作回填土。而软黏土、成块的硬黏土、膨胀土和耕植土因性质不稳定，在冬季冰冻或雨季遇水膨胀时会产生较大侧压力，对挡土墙稳定性有不利影响，不能用作墙后回填土。

填土压实质量是挡土墙施工中的一个关键因素。填土应分层夯实。

若挡土墙后填土中有大量雨水渗入，会使填土重度增加，抗剪强度降低，导致填土对挡

土墙的土压力增大,同时墙后积水,增加的水压力也会对墙的稳定性产生不利影响。因此,挡土墙设计中必须考虑排水措施。

若挡土墙后有较大面积或用以阻挡山坡滑动,则应在填土顶面离挡土墙适当的距离处设置截水沟,将径流截断排出。截水沟的截面尺寸应根据径流积水面积计算确定,并应用混凝土衬砌,防止沟中积水下渗。

为使渗入墙后填土中的积水易于排出,通常在墙身不同部位应布置适当的泄水孔。泄水孔入口处应用易于渗水的粗颗粒材料(卵、碎石等)做滤水层以免淤塞,并在泄水孔入口处下方铺设黏土夯实层,防止积水渗入挡土墙地基。

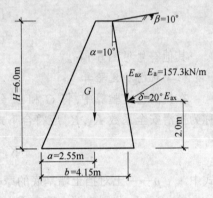

图题 6-5 图

【例 6-6】 已知例图6-5所示某挡土墙高 $H = 6.0$ m,墙背倾角 $\alpha = 10°$,墙后填土倾角 $\beta = 10°$,墙背与填土摩擦角 $\delta = 20°$。墙后填土为中砂,其重度 $\gamma = 19.0\text{kN/m}^3$,内摩擦角 $\varphi = 30°$。中砂地基承载力 $f = 170\text{kPa}$。设计此挡土墙。

解:(1)挡土墙断面尺寸的初步选择:

挡土墙顶宽 0.8m,底宽 4.5m。则挡土墙自重

$$G = \frac{(0.8 + 4.5) \times H\gamma_{混}}{2} = 2.65 \times 6 \times 24 = 381.6\text{kN/m}$$

(2)土压力计算:

用库仑理论计算作用在墙上的主动土压力。由 $\alpha = 10°$,$\beta = 10°$,$\delta = 20°$,$\varphi = 30°$可得 $K_a = 0.438$,则

$$E_a = \frac{1}{2}\gamma H^2 K_a = \frac{1}{2} \times 19.0 \times 6^2 \times 0.438 = 149.80\text{kN/m}$$

土压力的竖向分力

$$E_{az} = E_a\sin(\alpha + \delta) = 149.8 \times \sin30° = 74.9\text{kN/m}$$

土压力的水平向分力

$$E_{ax} = E_a\cos(\alpha + \delta) = 149.8 \times \cos30° = 129.7\text{kN/m}$$

(3)抗滑稳定性验算:

墙底对地基中砂的摩擦系数 $\mu = 0.4$。则抗滑稳定安全系数

$$K_a = \frac{(G + E_{az})\mu}{E_{ax}} = \frac{(381.6 + 74.9) \times 0.4}{129.7} = 1.41 > 1.3,安全。$$

(4)抗倾覆验算:

作用在挡土墙上的诸力对墙趾的力臂

自重 G 的力臂:$a = 2.55\text{m}$;

E_{az}的力臂:$b = 4.15\text{m}$;

E_{ax}的力臂:$h = 2.0\text{m}$。

则抗倾覆安全系数为

$$K_t = \frac{Ga + E_{az}b}{E_{ax}h} = \frac{381.6 \times 2.55 + 74.9 \times 4.15}{129.7 \times 2} = 4.95 > 1.6,安全。$$

(5)地基承载力验算:

a. 作用在基底的总垂直压力

$$N = G + E_{az} = 381.6 + 74.9 = 456.5 \text{kN/m}$$

b. 合力对墙趾的总力矩

$$M = Ga + E_{az}b - E_{ax}h = 381.6 \times 2.55 + 74.9 \times 4.15 - 129.7 \times 2 = 1024.5 \text{kN} \cdot \text{m/m}$$

则偏心距 e 为

$$e = \frac{4.5}{2} - \frac{M}{N} = 2.25 - \frac{1024.5}{456.5} = 0.0058\text{m} < \frac{B}{6} = 0.75\text{m}$$

c. 承载力验算

$$p_{max} = \frac{N}{A}\left(1 + \frac{6e}{B}\right) = \frac{456.5}{4.5}\left(1 + \frac{6 \times 0.0058}{4.5}\right) = 102.2\text{kPa} < 1.2f = 204\text{kPa}$$

$$p_{min} = \frac{N}{A}\left(1 - \frac{6e}{B}\right) = \frac{456.5}{4.5}\left(1 - \frac{6 \times 0.0058}{4.5}\right) = 100.7\text{kPa}$$

$$p = \frac{1}{2}(p_{max} + p_{min}) = 101.5\text{kPa} < f = 170 \text{ kPa}$$

均满足要求(墙身强度验算略)。

第六节　地基的承载力

在地基上建造建筑物后,地基表面受荷,其内部应力也随之发生变化,一方面附加应力引起地基内土体变形,造成建筑物沉降;另一方面,内部应力变化引起地基内土体剪应力增加。当某一点剪应力达到土的抗剪强度时,该点即处于极限平衡状态或破坏状态。若土体中某一区域内各点都达到极限平衡状态,就形成极限平衡区,或称塑性区。若荷载继续增加,地基内极限平衡区的发展范围随之不断扩大,局部塑性区发展为连续贯穿到地表的整体滑动面,这时,地基会整体失稳破坏。

一、地基的破坏形式

地基的承载性状可通过载荷试验来研究。载荷试验实际上是一种基础受荷的模型试验,载荷板面积一般约为 $0.25 \sim 1.0 \text{m}^2$,在载荷板上逐渐分级加荷,同时测读在各级荷载下载荷板的沉降量,从而得到载荷板各级压力 p 与相应沉降量 s 之间的关系曲线,即 p-s 曲线。不同的地基土,会表现出不同的 p-s 曲线特性,如图 6-15 所示。通过对 p-s 曲线特性的研究分析,可了解地基的承载性状。

研究及工程实践均表明地基的破坏形式有 3 种:整体剪切破坏,局部剪切破坏和冲剪破坏。

(1)整体剪切破坏:在载荷试验的 p-s 曲线中有较明显的直线段与曲线段,如图 6-15a 中的曲线 a。随着荷载增加,剪切破坏区不断增大,最终在地基中形成一贯通地面的连续滑动面,基础急剧下沉或向一侧倾斜,与此同时基础四周地面隆起。

(2)局部剪切破坏: p-s 曲线从　开始就呈非线性变化,且随着 p 的增加,变形继续发展,直至地基无法满足上部结构的要求时(此种情况下地基一般先不能满足建筑物的变形要求),仍不会出现曲线 a 那样明显的突然急剧增加的现象,如图 6-15a 中的曲线 b。相应地,荷载下土体的剪切破坏也是从基础边缘开始,随着 p 的增加,极限平衡区相应扩大,加荷终了时,极限平衡区发展到基底下一定范围内,但尚未形成贯通至地面的连续破裂面。地基破坏时,荷载板两侧地面只略微隆起,但变形速率增大,总变形量很大。局部剪切破坏是渐进的,即破坏面上土的抗剪强度未能完全发挥出来。

(3)冲剪破坏:其 p-s 曲线如图 6-15a 中的曲线 c,曲线基本形式与 b 类似,但变形发展速率更快。试验中,荷载板几乎是垂直下切,两侧不发生土体隆起,地基土沿荷载板侧发生垂直剪切破坏面。

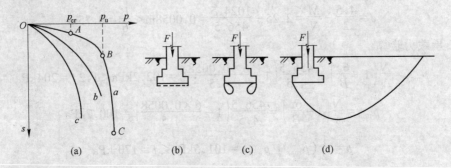

图 6-15 地基载荷试验的压力-沉降曲线和地基破坏的 3 个阶段

(a)p-s 曲线;(b)压密阶段;(c)局部剪切阶段;(d)整体破坏阶段

具体在实际工程中到底发生哪种形式的破坏取决于许多因素。其中主要是地基土的特性和基础的埋置深度。一般而言,土质较坚硬、密实,基础埋深不大时,通常会出现整体剪切破坏;如地基土质较松软,则容易出现局部剪切破坏和冲切破坏。随着埋深增加,局部剪切破坏和冲切破坏更为常见。

但需要特别指出的是,如不考虑建筑物的变形要求,不断增加地表作用荷载,局部剪切破坏和冲切破坏一般最终也会发展到整体剪切破坏阶段。

目前的地基承载力理论基本上都是建立在第一种地基破坏形式下,而第二种破坏形式的地基承载力计算多是在第一种的基础上做一些修正。第三种破坏形式在工程中很少遇到。

二、地基承载力的概念

根据地基载荷试验的 p-s 曲线(图 6-15a)的特点,可将整体剪切破坏的变形分为三个阶段:相应于直线变形段(OA 段)的压密变形阶段,如图 6-15b 所示;荷载与沉降呈非直线关系的塑性变形阶段,或称局部剪损阶段(AB 段),如图 6-15c 所示;荷载增加到一定程度后,变形随荷载增大而急剧增加,形成地基的整体剪切破坏阶段(BC 段),如图 6-15d 所示。

整体剪切破坏的 p-s 曲线有两个转折点 A 和 B,相应于 A 点的荷载称为临塑荷载,指地基土开始出现剪切破坏(基础边缘处的土开始发生剪切破坏)时的基底压力,用 p_{cr} 表示;相应于 B 点的基底压力称为地基极限承载力,是地基所能承受的极限压力,用 p_u 表示。当基底压力达到 p_u 时,地基将开始发生整体剪切破坏。

在工程设计时,要求基底压力 $p \leqslant f_a$,其中 f_a 称为地基承载力的特征值(《建筑地基基础设计规范 GB50007—2002》)。显然,若取 $f_a = p_u$,则地基没有丝毫的安全储备,随时都可能受外界因素干扰而发生整体剪切破坏,但若取 $f_a = p_{cr}$,则一般情况下又太过保守、浪费。地基承载力的特征值(包括特征值的修正值)是一种人为规定的地基既能满足承载力要求(有时候还能同时满足变形要求)又有一定的安全储备的基础底面允许作用压力。

地基承载力的确定方法主要有理论公式计算、现场原位试验和经验方法,本章主要介绍地基极限承载力的理论计算方法。

第七节 地基的塑性区理论和临塑荷载

地基临塑荷载 p_{cr} 是在整体剪切破坏的模式下,按条形基础受均布荷载作用推导出来的。假设基础底面的附加应力为 p_0,基础底面下深度 z 处土的自重应力为 γz,基础埋深为 d。为简化计算,假定土的侧压力系数 $K_0 = 1$,则土的自重和基础埋深引起的超载在地基中任意点 M 处产生的应力各向相等,因而,M 点的最大主应力和最小主应力分别为(如图 6-16 所示)

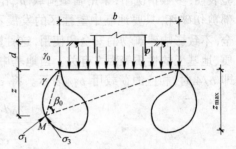

图 6-16 均布条形荷载下
基底边缘的塑性区

$$\sigma_1 = \frac{p_0}{\pi}(\beta_0 + \sin\beta_0) + \gamma_0 d + \gamma z$$

$$\sigma_3 = \frac{p_0}{\pi}(\beta_0 - \sin\beta_0) + \gamma_0 d + \gamma z \quad (6\text{-}20)$$

式中　　p_0——基底附加压力, $p_0 = p - \gamma_0 d$, kPa;

　　　　p——基底压力, kPa;

　　　　β_0—— M 点到条形基础均布荷载两端点的夹角, rad。

当 M 点达到极限平衡状态时,应满足极限平衡方程

$$\frac{1}{2}(\sigma_1 - \sigma_3) = \left[c \cdot \cot\varphi + \frac{1}{2}(\sigma_1 + \sigma_3) \right] \sin\varphi \quad (6\text{-}21)$$

将式(6-20)代入式(6-21),整理后得

$$z = \frac{p - \gamma_0 d}{\pi\gamma} \left(\frac{\sin\beta_0}{\sin\varphi} - \beta_0 \right) - \frac{c}{\gamma\tan\varphi} - \frac{\gamma_0 d}{\gamma} \quad (6\text{-}22)$$

式(6-22)为基础边缘下塑性区的边界方程,表示塑性区边界上任意一点的深度 z 与夹角 β_0 的关系。若已知基础的埋置深度 d、基底压力 p 以及土的 γ、c、φ,则可根据式(6-22)绘出塑性区的边界线,如图 6-16 所示。

根据临塑荷载的概念,在外荷作用下地基中刚要出现塑性区时,塑性区的最大深度 z_{max} = 0。而塑性区最大深度 z_{max} 则可由 $\frac{dz}{d\beta_0} = 0$ 求得,为此,令

$$\frac{dz}{d\beta_0} = \frac{p - \gamma_0 d}{\pi\gamma} \left(\frac{\cos\beta_0}{\sin\varphi} - 1 \right) = 0$$

则有　　　　　　　　　　$\cos\beta_0 = \sin\varphi$

即　　　　　　　　　　　$\beta_0 = \pi/2 - \varphi \quad (6\text{-}23)$

将式(6-23)代入式(6-22)即可得到 z_{max} 的表达式

$$z_{max} = \frac{p - \gamma_0 d}{\pi\gamma} \left(\cot\varphi - \left(\frac{\pi}{2} - \varphi\right) \right) - \frac{c}{\gamma\tan\varphi} - \frac{\gamma_0 d}{\gamma} \quad (6\text{-}24)$$

令 $z_{max} = 0$,即得临塑荷载的计算公式

$$p_{cr} = \frac{\pi(\gamma_0 d + c \cdot \cot\varphi)}{\cot\varphi + \varphi - \dfrac{\pi}{2}} + \gamma_0 d \tag{6-25}$$

公式(6-25)计算所得的临塑荷载,如果不允许地基进入局部剪切破坏阶段,p_{cr}即可作为地基承载力。我国早期许多建筑将p_{cr}作为地基承载力,工程均很安全。但大量的工程经验表明,多数情况下,采用临塑荷载p_{cr}作为地基承载力,过于保守,亦即地基即使出现了局部剪切破坏,只要地基中塑性区的发展不超过一定范围,往往也并不会危及地基的整体安全,不致影响建筑物的安全和使用,这种塑性区的允许范围与建筑物的性质、荷载大小和性质、地基土的性质等因素有关。当地基中塑性区的最大深度z_{max}控制在基础宽度b的$1/4$,即$b/4$时,相应的荷载用$p_{1/4}$表示。将$z_{max} = b/4$代入式(6-24)可得

$$p_{1/4} = \frac{\pi\left(\gamma_0 d + c \cdot \cot\varphi + \dfrac{1}{4}\gamma b\right)}{\cot\varphi - \dfrac{\pi}{2} + \varphi} + \gamma_0 d \tag{6-26}$$

一般$p_{1/4}$用于中心荷载的情况。

应该指出,上述公式是由条形基础均布荷载推导而来,当用于圆形基础和矩形基础时,结果偏于安全。另外,公式应用弹性理论推导,对于已出现塑性区情况的临塑荷载来说,不够严密,但尚能为工程所允许。

【例6-7】 某条形基础承受中心荷载。基础埋深1.6m。地基土分为三层:表层为素填土,天然重度$\gamma_1 = 18.2 \text{kN/m}^3$,层厚$h_1 = 1.6\text{m}$;第二层为粉土,$\gamma_2 = 19.0 \text{kN/m}^3$,内摩擦角$\varphi_2 = 20°$,黏聚力$c_2 = 12\text{kPa}$,层厚$h_1 = 6.0\text{m}$;第三层为粉质黏土,$\gamma_3 = 19.5 \text{kN/m}^3$,$\varphi_3 = 18°$,$c_3 = 22\text{kPa}$,层厚$h_3 = 5.0\text{m}$。试计算此基础下地基的临塑荷载。

解:应用式(6-25),即

$$p_{cr} = \frac{\pi(\gamma_0 d + c \cdot \cot\varphi)}{\cot\varphi + \varphi - \dfrac{\pi}{2}} + \gamma_0 d$$

式中　γ_0——基础埋深范围内土的重度,此处应取$\gamma_0 = 18.2 \text{kN/m}^3$;

　　　d——基础埋深,取$d = 1.6\text{m}$;

　c,φ——分别为地基土持力层的黏聚力、内摩擦角,取$c = 12\text{kPa}$,$\varphi = 20°$。

将这些数据代入公式,即可得临塑荷载为

$$p_{cr} = \frac{\pi(18.2 \times 1.6 + 12 \times \cot 20°)}{\cot 20° + \dfrac{20}{180} \times \pi - \dfrac{\pi}{2}} + 18.2 \times 1.6 = 156.9 \text{ kPa}$$

【例6-8】 条形基础的宽度$b = 2.0\text{m}$,其余条件同例题6-7,试计算其$p_{1/4}$。

解:将$b = 2.0\text{m}$,$\gamma = 19.0 \text{kN/m}^3$及$\gamma_0 = 18.2 \text{kN/m}^3$,$d = 1.6\text{m}$,$c = 12\text{kPa}$,$\varphi = 20°$代入$p_{1/4}$的表达式(6-26)中,即有

$$p_{1/4} = \frac{\pi\left(\gamma_0 d + c \cdot \cot\varphi + \dfrac{1}{4}\gamma b\right)}{\cot\varphi - \dfrac{\pi}{2} + \varphi} + \gamma_0 d$$

$$= \frac{\pi\left(18.2 \times 1.6 + 12 \times \cot 20° + \dfrac{1}{4} \times 19.0 \times 2.0\right)}{\cot 20° + \dfrac{20}{180} \times \pi - \dfrac{\pi}{2}} + 18.2 \times 1.6 = 176.5\text{kPa}$$

第八节　地基的极限承载力

地基极限承载力是地基单位面积上所能承受的最大荷载,其理论表达式有许多种,其中有代表性的包括普朗德尔(Prandtl)、太沙基(Terzaghi)、迈耶霍夫(Meyerhof)、汉森(Hansen)和魏锡克(Vesic)公式等。它们都是采用假定滑动面的方法并根据塑性体的静力平衡条件,分别求出由黏聚力 c、超载 q 和土的自重所产生的承载力,然后叠加而得到极限承载力公式的。

一、普朗德尔公式

普朗德尔为使复杂问题简单化,假设条形基础置于地基表面($d = 0$)、地基土为无重介质($\gamma = 0$)、基础底面光滑。在此假设下,基础下土体形成连续的塑性区而处于极限平衡状态,根据塑性理论得到基础下地基土中塑性区边界,它将地基土极限平衡区分为三个部分(如图 6-17 所示):朗肯主动区(Ⅰ区),朗肯被动区(Ⅲ区)和过渡区(Ⅱ区)。Ⅰ区在基底下,因为假定基底光滑无摩擦,故基底平面是最大主应力面,基底竖向应力是大主应力,两组滑动面与水平面呈 $45° + \varphi/2$ 角;随着基础的沉降,Ⅰ区土楔向两侧挤压,使Ⅲ区水平向应力成为大主应力,两组滑动面与水平面呈 $45° - \varphi/2$ 角;Ⅱ区处于Ⅰ区和Ⅲ区之间,一组滑动线是辐射线,另一组是对数螺旋线,其方程可表示为:

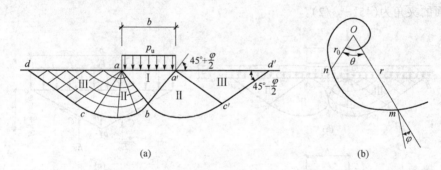

图 6-17　普朗德尔极限承载力理论的滑动面
(a)普朗德尔理论滑动面形状;(b)对数螺旋线

$$r = r_0 e^{\theta \tan\varphi} \tag{6-27}$$

式中　　r——从起点 O 到任意点 m 的距离;

　　　　r_0——沿任一所选择的轴线 On 的距离;

　　　　θ——On 与 Om 之间的夹角,任一点 m 的半径与该点的法线成 φ 角。

在以上情况下,得到地基极限承载力的理论公式为

$$p_u = cN_c \tag{6-28}$$

式中, $N_c = \cot\varphi \left[e^{\pi\tan\varphi} \tan^2 \left(45° + \dfrac{\varphi}{2} \right) - 1 \right]$,称为承载力因数,是仅与土的内摩擦角 φ 有关的无量纲系数, c 为土的黏聚力。

一般基础都有埋深,这部分土体限制了塑性区的滑动,使地基承载力得到了提高。瑞斯诺(Reissner)在普朗德尔研究的基础上,把基础两侧埋置深度内的土重用连续均布的超载 $q = \gamma d$ 来代替,得到基础有埋深时地基极限承载力的表达式为

$$p_u = cN_c + qN_q \tag{6-29}$$

式中 $N_q = e^{\pi\tan\varphi}\tan^2\left(45° + \dfrac{\varphi}{2}\right)$，是仅与 φ 有关的另一承载力因数。

由于式(6-28)和式(6-29)均没有考虑地基土的重量和基底摩擦的影响,在某些情况下会得到不合理的结果。如对于放置在砂土地基表面上($c=0, d=0$)的基础,按以上两式计算其地基极限承载力为零。为弥补这些缺陷,以后的不少学者根据普朗德尔和瑞斯诺的基本原理,进行了许多研究工作,得到了不同条件下各种地基极限承载力的计算方法。其中影响较大的有:20 世纪 40 年代太沙基提出了考虑地基土重量的极限承载力计算公式;50 年代迈耶霍夫提出了考虑基底以上两侧土体抗剪强度影响的极限承载力计算公式;60 年代汉森提出了中心倾斜荷载和其他一些影响因素的极限承载力公式;70 年代魏锡克又引入一些修正系数。

二、太沙基公式

太沙基假定基础底面粗糙,地基滑动面形状如图 6-18a 所示,也可分为三个区。基础底面与地基土之间的摩擦力阻止了基底处剪切位移的发生,基底以下一部分土体将随基础一起移动而始终处于弹性平衡状态,这部分弹性楔体 aba' 即 I 区,aa' 面不再是大主应力面,I 区内土体也不再处于朗肯主动状态,而是处于弹性压密状态;II 区的滑动面由两组曲面组成,一组有对数螺旋线形成,另一组是辐射向的曲面;III 区是被动朗肯区,滑动面是平面,它与水平面的夹角为($45° - \varphi/2$)。

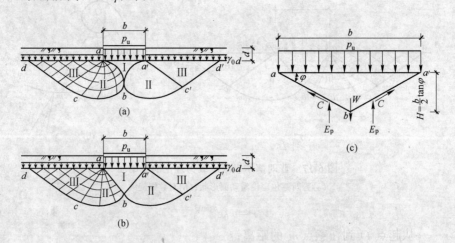

图 6-18 太沙基极限承载力公式滑动面形状
(a)太沙基理论滑动面;(b)太沙基简化滑动面;(c)弹性楔体受力分析

为使问题简化而便于推导,将曲面 ab 和 $a'b$ 用平面代替,并假定它们与水平面成 φ 角,II 区假定与普朗德尔理论中一样,见图 6-18b 所示。假设在基底的极限荷载为 p_u 作用下发生整体剪切破坏,及地下弹性压密区(II区)将贯入土中,向两侧挤压土体 $abcd$ 和 $a'bc'd'$。因此,作用在 ab 和 $a'b$ 面上的力是被动力 E_p,E_p 与作用面法线成 $\delta = \varphi$ 角,故 E_p 是竖直向上的。取脱离体 $aa'b$,如图 6-18c 所示,根据其竖直向的静力平衡条件(考虑单位长基础),有

$$p_u b = 2C \cdot \sin\varphi + 2E_p - W$$

式中 C——ab 与 $a'b$ 上黏聚力的合力,$C = cb/2\cos\varphi$;

W——土楔体 $aa'b$ 的自重，$W = \dfrac{1}{2}\gamma Hb = \dfrac{1}{4}\gamma b^2 \tan\varphi$。

根据上式，可有

$$p_u = c \cdot \tan\varphi + \frac{2E_p}{b} - \frac{1}{4}\gamma b \tan\varphi \tag{6-30}$$

被动力 E_p 与土的重度、黏聚力和超载有关，求取比较困难。对于所有一般情况，太沙基认为浅基础的地基承载力可近似假设为分别有以下三种情况计算结果的总和：(1) 土无质量，但有黏聚力和内摩擦角，没有超载，即 $\gamma = 0$，$c \neq 0$，$\varphi \neq 0$，$q = 0$；(2) 土无质量，土无黏聚力，有内摩擦角和超载，即 $\gamma = 0$，$c = 0$，$\varphi \neq 0$，$q \neq 0$；(3) 土有质量，没有黏聚力，但有内

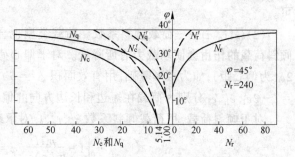

图 6-19　太沙基公式的承载力因数值

摩擦角，没有超载，即 $\gamma \neq 0$，$c = 0$，$\varphi \neq 0$，$q = 0$。则由式(6-30)可得太沙基极限承载力的表达式为

$$p_u = \frac{1}{2}\gamma b N_r + q N_q + c N_c \tag{6-31}$$

式中　N_c，N_q，N_r——均为无量纲的承载力因数，仅与土的内摩擦角 φ 有关，可由图 6-17 查得。

以上是在按条形基础的条件下得出的，对于方形和圆形基础，太沙基根据一些试验资料建议按以下半经验公式计算：

圆形基础：　　　　　　$p_u = 1.2cN_c + qN_q + 0.6\gamma b N_r \tag{6-32}$

方形基础：　　　　　　$p_u = 1.2cN_c + qN_q + 0.4\gamma b N_r \tag{6-33}$

以上太沙基公式只适用于地基土是整体剪切破坏的情况，即地基土较密实，其 p-s 曲线有明显转折点，破坏前沉降不大等情况。对于局部剪切破坏(土质松软，沉降较大)的情况，其极限承载力较小，太沙基建议用经验的方法调整抗剪强度指标 $\bar{c} = \dfrac{2}{3}c$ 和 $\bar{\varphi} = \arctan\left(\dfrac{2}{3}\tan\varphi\right)$代替式(6-31)中的 c 和 φ。

三、魏锡克公式

前面介绍的几个地基极限承载力公式，只适合于中心荷载作用的条形基础，同时不考虑基底以上侧土的抗剪强度对承载力的提高作用。为了使极限承载力公式适合于更广泛的情况，汉森和魏锡克分别给出了考虑荷载类型、基础形状和基础两侧土体抗剪强度等因素情况下的地基极限承载力表达式。下面就魏锡克公式做一介绍。

魏锡克公式可表示为

$$p_u = cN_cS_ci_cd_c + qN_qS_qi_qd_q + \frac{1}{2}\gamma b N_rS_ri_rd_r \tag{6-34}$$

(1) S_c、S_q、S_r——基础形状系数，按以下各式计算

$$S_c = 1 + \frac{b}{l}\frac{N_q}{N_c}$$

$$S_q = 1 + \frac{b}{l} \tan\varphi$$

$$S_r = 1 - 0.4 \frac{b}{l} \tag{6-35}$$

式中 b 和 l 分别为矩形基础的宽度和长度,对于圆形和方形基础,在上式中取 $b = l$ 代入即可。

(2) i_c、i_q、i_r——荷载倾斜系数。荷载类型也会影响地基的承载力。研究表明,偏心和倾斜荷载的作用会使承载力有所降低。对于偏心荷载,如为条形基础,用有效宽度 $b' = b - 2e$(为偏心距);如为矩形基础,用有效面积 $A' = b'l'$ 代替原来的面积 A,其中 $b' = b - 2e_b$,$l' = l - 2e_l$,e_b、e_l 分别为荷载在短边和长边方向的偏心距。

对于倾斜荷载,用荷载倾斜系数 i_c、i_q、i_r 对承载力公式进行修正:

$$i_c = \begin{cases} 1 - \dfrac{mH}{b'l'cN_c}, & \varphi = 0 \\[2mm] i_q - \dfrac{1 - i_q}{N_c \tan\varphi}, & \varphi > 0 \end{cases}$$

$$i_q = \left(1 - \frac{H}{Q + b'l'c \cdot \cot\varphi}\right)^m$$

$$i_r = \left(1 - \frac{H}{Q + b'l'c \cdot \cot\varphi}\right)^{m+1}$$

以上各式中,Q、H 为倾斜荷载基底上的垂直分力和水平分力,m 为系数,由下列各式确定

当荷载在短边方向倾斜时,$m_b = \dfrac{2 + (b/l)}{1 + (b/l)}$

当荷载在长边方向倾斜时,$m_l = \dfrac{2 + (l/b)}{1 + (l/b)}$

对条形基础,$m = 2$

当荷载在任意方向倾斜时

$$m_n = m_l \cos^2\theta_n + m_b \sin^2\theta_n$$

式中 θ_n——荷载在任意方向的倾角。

(3) d_c、d_q、d_r——基础埋深修正系数,按以下各式确定

$$d_q = \begin{cases} 1 + 2\tan\varphi(1 - \sin\varphi)^2 \dfrac{d}{b}, & (d \leqslant b) \\[2mm] 1 + 2\tan\varphi(1 - \sin\varphi)^2 \tan^{-1}(d/b), & (d > b) \end{cases}$$

$$d_c = \begin{cases} 1 + 0.4 \dfrac{d}{b}, & (\varphi = 0, d \leqslant b) \\[2mm] 1 + 0.4 \tan^{-1}(d/b), & (\varphi = 0, d > b) \\[2mm] d_q - \dfrac{1 - d_q}{N_c \tan\varphi}, & (\varphi > 0) \end{cases}$$

$$d_r = 1$$

【例 6-9】 某砖混结构住宅楼采用条形基础,基础宽度 $b = 1.5$m,基础埋深 $d = 1.4$m。地基为粉土,内摩擦角 $\varphi = 30°$,黏聚力 $c = 20$kPa,天然重度 $\gamma = 18.8$kN/m³。用太沙基公式

计算此建筑物地基的极限承载力。

解:应用太沙基极限承载力公式(6-31)

$$p_u = \frac{1}{2}\gamma b N_r + q N_q + c N_c$$

其中的承载力因数查图6-17中实线有

$$N_r = 19, N_c = 35, N_q = 18$$

将这些数据代入公式

$$\begin{aligned}
p_u &= \frac{1}{2}\gamma b N_r + q N_q + c N_c \\
&= \frac{1}{2} \times 18.8 \times 1.5 \times 19 + 18.8 \times 1.4 \times 18 + 20 \times 35 \\
&= 1441.66 \text{kPa}
\end{aligned}$$

若取安全系数 $K = 3.0$,则有地基承载力

$$f = \frac{p_u}{K} = \frac{1441.66}{3} = 480.5 \text{kPa}$$

思考题及习题

6-1 简述下列基本概念:土压力、主动土压力、被动土压力和静止土压力,仰斜式和俯斜式挡土墙,土压力的三要素。

6-2 影响土压力性质和大小的因素有哪些? 哪种因素影响最大?

6-3 简述朗肯和库仑土压力理论的基本原理;两种理论各自的适用范围如何?

6-4 挡土墙的设计计算内容有哪些? 常见结构类型有哪些?

6-5 写出不同条件下朗肯土压力的计算公式;在什么条件下朗肯和库仑土压力理论所得的计算公式完全相同? 为什么说按朗肯土压力的计算公式所得的主动土压力的值偏大而被动土压力的值又偏小?

6-6 何谓重力式挡土墙? 以墙背的倾斜方式如何定名? 作用在重力式挡土墙上的力系有哪些?

6-7 如何验算挡土墙的抗倾覆和抗滑移稳定性?

6-8 朗肯土压力强度公式 $\sigma_a = \gamma \cdot z \tan^2(45° - \frac{\varphi}{2})$ 的推导前提是什么?

6-9 在应用朗肯土压力理论时,为什么要假定墙面垂直、光滑、填土水平? 这一假定在推导公式时起什么作用?

6-10 地下室顶板完工后进行填土的地下室侧墙计算宜采用主动土压力、静止土压力还是被动土压力? 根据是什么?

6-11 (1)用库仑滑楔的静力平衡,说明当 $\delta > 0$ 时用朗肯公式 $E_a = \frac{1}{2}\gamma \cdot H^2 \tan^2(45° - \frac{\varphi}{2})$ 计算所得的土压力总要比库仑公式 $E_a = \frac{1}{2}\gamma \cdot K_a \cdot H^2$ 所得的大些(δ 为挡土墙与填土之间的摩擦角)?

(2)当土性相同,墙高相同,为什么墙后填土的倾角 β 愈大,则库仑土压力 $E_a = \frac{1}{2}\gamma \cdot K_a \cdot H^2$ 中的 K_a 愈大。试用土楔理论说明。

6-12 如题图6-1所示挡土墙,当不存在填土表面的均布荷载时,应用朗肯主动土压力公式,可得 $E_a = \frac{1}{2}\gamma$ $\cdot K_a \cdot H^2 - 2cH \sqrt{K_a} + \frac{2c^2}{\gamma}$ 表示;若墙后填土面上有地面均布荷载存在,则据此推论土压力可用公式 $E_a = \frac{1}{2}\gamma \cdot K_a \cdot H^2 - 2cH \sqrt{K_a} + \frac{2c^2}{\gamma} + qK_aH$ 表示。(1)上述推论是否正确? 为什么? (2)计算图示

挡土墙上的土压力。

6-13 按题图6-2所给资料计算并绘出由土颗粒传递的静止土压力、主动土压力、被动土压力和总主动土压力，绘制压力强度分布图，计算主动状态下墙的稳定性(墙体材料重度为23kN/m³)。题图6-2所示挡土墙，在墙身上设与不设排水孔，对墙身侧压力有何影响？为什么？

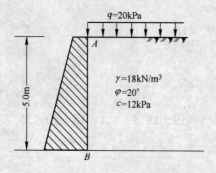

题图 6-1   题图 6-2

6-14 某路堤式道路工程，在挡土墙后铺完混凝土路面。结果在使用初期，路面即出现两条纵向裂缝，宽2～3mm，长10m。有人认为应追究挡土墙设计者和施工者的技术责任，但他们不服。试列出不服的理论根据。

6-15 一挡土墙墙背填土为粗砂，因粗砂浸水后其内摩擦角值基本不变，由朗肯主动土压力公式 $E_a = \dfrac{1}{2}\gamma$ $\cdot H^2 \tan^2\left(45° - \dfrac{\varphi}{2}\right)$ 可知，当挡土墙背后填土不浸于水中时，式中 γ 为填土容重；当其浸于水中时，γ 改为浮容重 $\gamma' = \gamma_{sat} - 10$。因此可以说，对于这种填土的挡土墙来说，最好不设置排水孔，以减少墙所受的推力。这种说法对吗？为什么？

6-16 为什么外荷加在距墙顶 $x = H\tan\varphi$ 的水平距离之外时。外荷不会使挡土墙的主动土压力增加。

6-17 高度为 H 的挡土墙，当墙背垂直地面，墙背光滑且填土水平时，主动土压力所产生的倾覆力矩 $M = \dfrac{1}{6}\gamma \cdot H^3 \tan^2\left(45° - \dfrac{\varphi}{2}\right)$，试予以推导证明。

6-18 题图 6-3 所示挡土墙，墙高 $H = 4.0\text{m}$，求主动土压力及作用点位置 $\left(K_a = \dfrac{\cos^2(\varphi - \alpha)}{\cos^2\alpha\cos(\alpha + \delta)}\right.$ $\left.\left[1 + \sqrt{\dfrac{\sin(\varphi + \delta)\sin(\varphi - \beta)}{\cos(\alpha + \delta)\cos(\alpha - \beta)}}\right]^2\right)$。

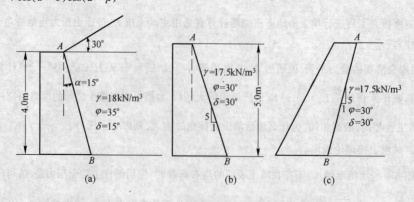

题图 6-3

6-19 题图 6-4 所示挡土墙，墙体材料重度为 23kN/m³，墙高 6m，墙顶宽 0.8m，墙底宽 2.4m，墙背垂直光滑,填土水平。绘出 σ_a 的分布图并验算挡土墙的抗倾覆稳定性。

6-20 题图 6-5 所示挡土墙,求作用于墙背上的主动土压力,并绘出 σ_a 的分布图,指出土压力方向及合力作用点。

6-21 地基变形通常分为哪三个阶段? 地基破坏模式有哪几种,在各模式中地基土如何破坏?

6-22 什么是地基的临塑荷载、$p_{1/4}$ 荷载和极限承载力,它们都是如何计算和求得的?

6-23 太沙基地极限承载力公式如何表达,地基承载力与哪些因素有关?

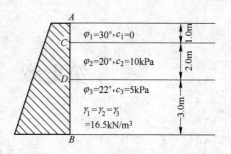

题图 6-4

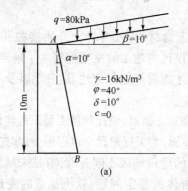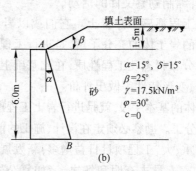

题图 6-5

6-24 条形基础宽 $b=3.0\mathrm{m}$,基础最小埋置深度 $d=2.5\mathrm{m}$,基础持力层土的重度 $\gamma=18.5\mathrm{kN/m^3}$,黏聚力 $c=15\mathrm{kPa}$,内摩擦角 $\varphi=18°$,试按太沙基承载力理论计算地基的极限承载力。

6-25 同一场地上有三种形状的基础,A 基础为条形基础,宽 $b=3.0\mathrm{m}$,基础埋置深度 $d=2.5\mathrm{m}$;B 基础为圆形基础,直径 $b=3.0\mathrm{m}$,基础埋置深度 $d=2.5\mathrm{m}$;C 基础为方形基础,基础边长 $b=3.0\mathrm{m}$,基础埋置深度 $d=2.5\mathrm{m}$。基础持力层土的重度 $\gamma=18.5\mathrm{kN/m^3}$,黏聚力 $c=15\mathrm{kPa}$,内摩擦角 $\varphi=18°$,试按魏锡克承载力公式计算三种形状基础的地基极限承载力。

第七章 岩土工程勘察

第一节 概　述

岩土工程勘察是指根据建设工程的要求,查明、分析、评价建设场地的地质环境特征和岩土工程条件,编制勘察文件的活动。

各类建筑工程都离不开岩土。它们或以岩土为材料,或与岩土介质接触并相互作用。对与工程有关的岩土体的充分了解,是进行工程设计与施工的重要前提。了解岩土体,首先是查明其空间分布状态及工程性质,在此基础上才能对场地稳定性、适宜性以及不同地段地基的承载能力、变形特性等做出评价。

了解岩土体的基本手段,就是进行岩土工程勘察。勘察、设计和施工是工程建设的三个主要程序和专业分工。勘察必须走在设计、施工的前面,为工程建设全过程服务,起先导作用。

当前"高、重、大"工程项目日益增多,新发展的建设地区不断开辟,有越来越多的工程地质问题需要勘察人员去查明和解决,诸如复杂岩体的稳定问题;软土地基的变形和强度问题;砂土振动液化问题;黄土湿陷问题;膨胀土的胀缩性问题;地基土的动力特性问题;超长桩、大型沉井的变形与强度问题;场地水、土的腐蚀性问题;场地和地基的地震效应以及影响场地和地基稳定性的各种物理地质作用等等。而勘察工作需为建筑场地的选择、工程总体规划直至施工完毕提供各种必需的工程地质资料。

一、岩土工程勘察的目的和任务

1. 目的

岩土工程勘察的目的是为了查明场地工程地质条件,综合评价场地和地基安全稳定性,为工程设计、施工提供准确可靠的计算指标和实施方案。

2. 任务

建筑场地和地基的岩土工程勘察是一项综合性的地质调查工作,其基本任务包括:(1)查明建筑地区的地形、地貌以及水文、气象等自然条件;(2)研究地区内的地震、崩塌、滑坡、岩溶、岸边冲刷等物理地质现象,判断其对建筑场地稳定性的危害程度;(3)查明地基岩土层的岩性、构造、形成年代、成因、类型及其埋藏分布情况;(4)测定地基岩土层的物理力学性质,并研究在建筑物建造和使用期可能发生的变化;(5)查明场地地下水的类型、水质及其埋藏、分布与变化情况;(6)按照设计和施工要求,对场地和地基的工程地质条件进行综合评价;(7)对不符合建筑物安全稳定性要求的不利地质条件,拟定采取的措施及处理方案。

在岩土工程勘察任务中,内容的增减及研究详细程度,不仅取决于建筑物的类别、规模和不同设计阶段,而且还取决于场地及地基的复杂程度以及对场地地质条件的已有研究程度和当地的建筑经验等。

二、岩土工程勘察的基本程序

岩土工程勘察的基本程序包括编制勘察大纲、制定勘察任务书;测绘与调查;勘探工作;测试工作;长期观测和编写报告书等 6 个方面。由于勘察场地及地基的复杂程度、建筑物的类别、规模、设计阶段等不同,相应的勘察任务和内容也有差异,勘察内容亦有所增减。

三、岩土工程勘察分级

岩土工程勘察分级依据《岩土工程勘察规范》(GB50021—2001)进行。

(一)工程重要性等级

根据工程的规模和特征,以及由于岩土工程问题造成工程破坏或影响正常使用的后果,可分为三个工程重要性等级:

一级工程:重要工程,后果很严重;

二级工程:一般工程,后果严重;

三级工程:次要工程,后果不严重。

(二)场地等级

根据场地的复杂程度,可分为三个场地等级。

1．一级场地

符合下列条件之一者为一级场地(复杂场地):

(1)对建筑抗震危险的地段。

(2)不良地质作用强烈发育的地段。

(3)地质环境已经或可能受到强烈破坏的地段。

(4)地形地貌复杂的地段。

(5)有影响工程的多层地下水、岩溶裂隙水或其他水文地质条件复杂,需要进行专门研究的场地。

2．二级场地

符合下列条件之一者为二级场地(中等复杂场地):

(1)对建筑抗震不利的地段。

(2)不良地质作用一般发育的地段。

(3)地质环境已经或可能受到一般破坏的地段。

(4)地形地貌较复杂的地段。

(5)基础位于地下水位以下的场地。

3．三级场地

符合下列条件者为三级场地(简单场地):

(1)抗震设防烈度等于或小于 6 度,或对建筑抗震有利的地段。

(2)不良地质作用不发育的地段。

(3)地质环境基本未受破坏的地段。

(4)地形地貌简单的地段。

(5)地下水对工程无影响的场地。

(三)地基等级

根据地基的复杂程度,可分为三个地基等级。

1．一级地基

符合下列条件之一者为一级地基(复杂地基):

(1)岩土种类多,很不均匀,性质变化大,需特殊处理。

(2)严重湿陷、膨胀、盐渍、污染的特殊性岩土,以及其他情况复杂,需作专门处理的岩土。

2.二级地基

符合下列条件之一者为二级地基(中等复杂地基):

(1)岩土种类较多,不均匀,性质变化较大。

(2)除本条每1款规定以外的特殊性岩土。

3.三级地基

符合下列条件之一者为三级地基(简单地基):

(1)岩土种类单一,均匀,性质变化不大。

(2)无特殊性岩土。

注意:从一级开始,向二级、三级推定,以最先满足的为准,对建筑抗震有利、不利和危险地段的划分,应按现行国家标准《建筑抗震设计规范》(GB50011)的规定确定。

(四)岩土工程勘察等级

根据工程重要性等级、场地复杂程度等级和地基复杂程度等级,可按下列条件划分岩土工程勘察等级:

甲级:在工程重要性、场地复杂程度和地基复杂程度等级中,有一项或多项为一级。

乙级:除勘察等级为甲级和丙级以外的勘察项目。

丙级:工程重要性、场地复杂程度和地基复杂程度等级均为三级。

对于建筑在岩质地基上的一级工程,当场地复杂程度等级和地基复杂程度等级均为三级时,岩土工程勘察等级可定为乙级。

四、野外勘察的准备工作

在勘察工作开始以前,由设计单位会同建设单位提出"岩土工程勘察任务书",其中应说明工程意图以及设计阶段要求提交的勘察资料内容,并提供勘察工作所必需的各种图表资料(场地地形图、建筑物平面布置图以及建筑物结构类型与荷载情况表等)。勘察单位即以此为根据,搜集场地范围附近已有的地质、水文、气象以及当地的建筑经验等资料。勘察大纲通常由该项勘察工作的项目负责人编制,经审核人与审定人,通过领导部门签字而实施。

1.收集资料

收集岩土工程勘察有关资料极为重要,第一需要建筑场地的地形图;第二需要建筑规划的平面图与建筑物层数,包括建筑场地环境与工程地质、水文地质概况,尤其对不良地质现象及地下隐蔽工程各类管线的位置与走向都需要查明。

资料包括:①地形图,建筑物总平面布置图(带坐标);②建筑物性质、用途、层数、高度、结构型式、荷载大小,有无地下室及深度,以及可能采取的基础形式、尺寸、埋深及特殊要求等;③原有资料,地质、地形、地貌、地震、矿产、地下水及建筑经验等。

2.现场踏勘

对拟建筑物场地进行野外调查研究访问,了解历史变迁,故河道、塘、沟、井、坟、填土、地下设施及邻近建筑物概况、不良地质现象等。

3.编制勘察纲要

岩土工程勘察大纲的内容取决于设计阶段、工程重要性和场地的地质条件等,其基本内容包括以下几个方面:(1)工程名称、建设单位及建设地点;(2)勘察阶段及勘察的目的和任务;(3)建筑场地自然条件及其研究程度的简要说明;(4)勘察工作的方法和工作量布置,包括尚需继续搜集的各种资料以及工程地质测绘、勘探、原位测试、室内试验、长期观测等各项工作的内容、方法、数量以及对各项工作的要求;(5)资料整理及报告书编写的内容和要求;(6)勘察工作进行中可能遇到的问题及措施;(7)附件内容,包括勘察技术要求表、勘探试验点布置图及勘察工作进度计划表等。

岩土工程勘察工程项目负责人根据收集的资料和勘察纲要,结合当地条件,建筑物的平面图、地形图、勘察纲要,布设勘探孔位、间距、标明孔深、技术孔、鉴别孔、取样部位、原位测试孔、点数量、土工试验与水工试验内容及要求等。

勘察纲要中,要注明施工机具,原位测试设备,原状土样取土规格及人员配备、交通运输、进度计划、安全措施,做到岩土工程师负责制,确保工程质量。

4. 组织实施

岩土工程勘察纲要是勘察工作的设计书,是工程乙方实施勘察工作的依据,也是工程甲方验收勘察成果的标准。施工前由项目负责人召集讲解细要,机具检验,人员落实,经讨论通过后执行。

五、岩土工程勘察总则

各项工程建设在设计施工之前,必须按基本建设程序进行岩土工程勘察。按工程建设各勘察阶段的要求,正确反映工程地质条件,查明不良地质作用和地质灾害,精心勘察,精心分析,提出资料完整,评价正确的勘察报告,贯彻执行有关技术经济政策,做到技术先进,经济合理,确保工程质量,提高投资效益,尚应符合国家现行有关标准、规范的规定。

第二节　勘察阶段

一个大型工程建设项目的设计需要经历三个阶段,即建设项目论证阶段、总体规划设计阶段和施工图设计阶段。与之相适应,工程地质勘察也宜分阶段进行,一般可分为选址勘察(可行性研究勘察)、初步勘察、详细勘察,重要工程或场地条件复杂时尚需进行施工勘察。各级岩土工程在已有较充分的工程地质资料或工程经验前提下,可简化勘察阶段或勘察工作的内容,以提出必要的数据,做出充分而有效的设计论证为原则。

一、选址勘察

选址勘察应根据建设条件进行技术经济论证,提出设计比较方案。该阶段勘察应通过下列工作对拟建场址稳定性和适宜性作出评价:

(1)搜集区域地质、地形地貌、地震、矿产、采矿活动和附近地区的工程地质与岩土工程资料和当地的建筑经验。

(2)通过踏勘,初步了解场地的主要地层、构造、岩土性质,不良地质现象及地下水情况。

(3)对工程地质与岩土条件较复杂,已有资料及踏勘尚不能满足要求的场地,应进行工程地质测绘及必要的勘探工作。

对场地进行比选时,应作技术经济分析。一般情况下,应避开下列地段:

(1)不良地质现象发育,对场地的稳定性有直接危害或潜在威胁的地段。

(2)地基土性质严重不良的地段。

(3)对建筑抗震不利的地段。

(4)洪水或地下水对建筑场地有严重威胁或不良影响的地段。

(5)地下有未开采的有价值矿藏或不稳定的地下采空区的地段。

当有两个或两个以上拟选场地时,应进行比较分析。

二、初步勘察

初步勘察应密切结合初步设计,对场地内各建筑地段(分区段)的稳定性作出评价,为确定建筑物总平面布置,选择主要建筑物地基基础方案和不良地质现象的防治对策提供所需的工程地质资料。

1.初步勘察的工作

初步勘察应进行下列工作:

(1)搜集本项目的可行性研究报告、场址地形图、拟建工程的性质、规模等文件资料。

(2)初步查明地层、构造、岩土性质、地下水埋藏条件、冻结深度、不良地质现象的成因、分布及其对场地稳定性的影响程度和发展趋势。当场地条件较复杂,尚应进行必要的工程地质测绘与调查。

(3)对抗震设防烈度等于或大于 6 度的场地,应初步判定场地和地基的地震效应。

(4)初步判定地下水和土对建筑材料的腐蚀性。

(5)高层建筑初步勘察时,应对可能采取的地基基础类型、基础开挖与支护方式和工程降水方案进行初步评价。

2.勘探点、线的布置

勘探点、线应按下列要求布置:

(1)勘探线应垂直地貌单元边界线、地质构造线及地层界线布置。

(2)每个地貌单元和地貌交接部位均应布置勘探点,同时在微地貌和地层变化较大的地段应予以适当加密。

(3)在地形平坦地区,勘探点可按网格形式布置。

(4)对岩质地基、勘探线和勘探点的布置,勘探孔的深度,应根据地质构造、岩体特性、风化情况等,按地方标准或当地经验确定;对土质地基,应符合规范规定。

3.勘探线、勘探点间距

初步勘察时,勘探线、勘探点间距可按表 7-1 确定,局部异常地段应予适当加密。

表 7-1　初步勘察勘探线、勘探点间距

地基复杂程度等级	勘探线间距/m	勘探点间距/m
一级(复杂)	50～100	30～50
二级(中等复杂)	75～150	40～100
三级(简单)	150～300	75～200

注:1.表中间距不适用于地球物理勘探;
　　2.控制性勘探点宜占勘探点总数的 1/5～1/3,且每个地貌单元均应有控制性勘探点。

4.勘探孔的深度

初步勘察时,勘探孔的深度可按表 7-2 确定。

5.增减勘探孔深度

当遇下列情形之一时,应适当增减勘探孔深度:

表 7-2　初步勘察勘探孔(井)深度(m)

工程重要性等级	一般性勘探孔	控制性勘探孔
一级(重要工程)	≥15	≥30
二级(一般工程)	10~15	15~30
三级(次要工程)	6~10	10~20

注:1. 勘探孔包括钻孔、探井和原位测试孔等。

2. 特殊用途的钻孔除外。

(1)当勘探孔的地面标高与预计整平地面标高相差较大时,应按其差值调整勘探孔深度。

(2)在预定深度内遇基岩时,除控制性勘探孔仍应钻入基岩适当深度外,其他勘探孔达到确认的基岩后即可终止钻进。

(3)在预定深度内有厚度较大,且分布均匀的坚实土层(如碎石土、密实砂、老沉积土等)时,除控制性勘探孔应达到规定深度外,一般性勘探孔的深度可适当减小。

(4)当预定深度内有软弱土层时,勘探孔深度应适当增加,部分控制性勘探孔应穿透软弱土层或达到预计控制深度。

(5)对重型工业建筑应根据结构特点及荷载条件适当增加勘探孔深度。

6. 采取土试样和进行原位测试

初步勘察采取土试样和进行原位测试应符合下列要求:

(1)采取土试样和进行原位测试的勘探点应结合地貌单元、地层结构和土的工程性质布置,其数量可占勘探点总数的 1/4~1/2。

(2)采取土试样的数量和孔内原位测试的竖向间距,应按地层特点和土的均匀程度确定;每层土均应采取土试样或进行原位测试,其数量不宜少于 6 个。

7. 水文地质工作

初步勘察应进行下列水文地质工作:

(1)调查含水层的埋藏条件,地下水类型、补给排泄条件,各层地下水位,调查其变化幅度,必要时应设置长期观测孔,监测水位变化。

(2)当需绘制地下水等水位线图时,应根据地下水的埋藏条件和层位,统一量测地下水位。

(3)当地下水可能浸湿基础时,应采取水试样进行腐蚀性评价。

三、详细勘察

详细勘察应密切结合技术设计或施工图设计进行,按单体建筑物或建筑群提交详细的工程地质资料和设计、施工所需的岩土技术参数,对建筑地基做出岩土工程评价,并对基础设计、地基处理、基坑支护、工程降水和不良地质作用的防治等提出具体方案、结论和建议。

(1)主要工作内容:

a. 搜集附有坐标和地形的建筑总平面图,场区的地面整平标高,建筑物的性质、规模、荷载、结构特点、基础形式、埋置深度,地基允许变形等资料。

b. 查明不良地质作用的类型、成因、分布范围、发展趋势和危害程度,提出整治方案的建议。

c. 查明建筑范围内岩土层的类型、深度、分布、工程特性,分析和评价地基的稳定性、均匀性和承载力。

d. 对需进行沉降计算的建筑物,提供地基变形计算参数,预测建筑物的变形特征。

e. 查明埋藏的河道、沟浜、墓穴、防空洞、孤石等对工程不利的埋藏物。

f. 查明地下水的埋藏条件,提供地下水位及其变化幅度。

g. 在季节性冻土地区,提供场地土的标准冻结深度。

h. 判定水和土对建筑材料的腐蚀性。

(2)对抗震设防烈度等于或大于 6 度的场地,当建筑物采用桩基础时,当需进行基坑开挖、支护和降水设计时,应按规范执行。

(3)工程需要时,详细勘察应论证地基土和地下水在建筑施工和使用期间可能产生的变化及其对工程和环境的影响,提出防治方案、防水设计水位和抗浮设计水位的建议。

(4)详细勘察勘探点布置和勘探孔深度,应根据建筑物特性和岩土工程条件确定。对岩质地基,应根据地质构造、岩体特性、风化情况等,结合建筑物对地基的要求,按地方标准或当地经验确定;对土质地基,应符合规范规定。

(5)详细勘察勘探点的间距可按表 7-3 确定。

表 7-3　详细勘察勘探点间距

地基复杂程度等级	勘探点间距/m	地基复杂程度等级	勘探点间距/m
一级(复杂)	10～15	三级(简单)	30～50
二级(中等复杂)	15～30		

(6)详细勘察的勘探点布置,应符合下列规定:

a. 勘探点宜按建筑物周边线和角点布置,对无特殊要求的其他建筑物可按建筑物或建筑群的范围布置。

b. 同一建筑范围内的主要受力层或有影响的下卧层起伏较大时,应加密勘探点,查明其变化。

c. 重大设备基础应单独布置勘探点;重大的动力机器基础和高耸构筑物,勘探点不宜少于 3 个。

d. 勘探手段宜采用钻探与触探相配合,在复杂地质条件、湿陷性土、膨胀岩土、风化岩和残积土地区,宜布置适量探井。

(7)详细勘察的单栋高层建筑勘探点的布置,应满足对地基均匀性评价的要求,且不应少于 4 个;对密集的高层建筑群,勘探点可适当减少,但每栋建筑物至少应有 1 个控制性勘探点。

(8)详细勘察的勘探深度自基础底面算起,应符合下列规定:

a. 勘探孔深度应控制地基主要受力层,当基础底面宽度不大于 5m 时,勘探孔的深度对条形基础不应小于基础底面宽度的 3 倍,对单独柱基不应小于 1.5 倍,且不应小于 5m。

b. 对高层建筑和需做变形计算的地基,控制性勘探孔的深度应超过地基变形计算深度;高层建筑的一般性勘探孔应达到基底下 0.5～1.0 倍的基础宽度,并深入稳定分布的地层。

c. 对仅有地下室的建筑或高层建筑的裙房,当不能满足抗浮设计要求,需设置抗浮桩或锚杆时,勘探孔深度应满足抗拔承载力评价的要求。

d. 当有大面积地面堆载或软弱下卧层时,应适当加深控制性勘探孔的深度。

e. 在上述规定深度内遇基岩或厚层碎石土等稳定地层时,勘探孔深度应根据情况进行调整。

(9)详细勘察的勘探孔深度,除应符合上述第(8)条的要求外,尚应符合下列规定:

a. 地基变形计算深度,对中、低压缩性土可取附加压力等于上覆土层有效自重压力20％的深度;对于高压缩性土层可取附加压力等于上覆土层有效自重压力10％的深度。

b. 建筑总平面内的裙房或仅有地下室部分(或当基底附加压力 $p_0 \leqslant 0$ 时)的控制性勘探孔的深度可适当减小,但应深入稳定分布土层,且根据荷载和土质条件不宜小于基底下0.5~1.0倍基础宽度。

c. 当需进行地基整体稳定性验算时,控制性勘探孔深度应根据具体条件满足验算要求。

d. 当需确定场地抗震类别而邻近无可靠的覆盖层厚度资料时,应布置波速测试孔,其深度应满足确定覆盖层厚度的要求。

e. 大型设备基础勘探孔深度不宜小于基础底面宽度的2倍。

f. 当需进行地基处理时,勘探孔的深度应满足地基处理设计与施工要求;当采用桩基时,勘探孔的深度应满足撞击出设计的有关要求。

(10)详细勘察采取土试样和进行原位测试应符合下列要求:

a. 采取土试样和进行原位测试的勘探点数量,应根据地层结构、地基土的均匀性和设计要求确定,对地基基础设计等级为甲级的建筑物每栋不应少于3个。

b. 每个场地每一主要土层的原状土试样或原位测试数据不应少于6件(组)。

c. 在地基主要受力层内,对厚度大于0.5m的夹层或透镜体,应采取土试样或进行原位测试。

d. 当土层性质不均匀时,应增加取土数量或原位测试工作量。

(11)基坑或基槽开挖后,岩土条件与勘察资料不符或发现必须查明的异常情况时,应进行施工勘察;在工程施工或使用期间,当地基土、边坡体、地下水等发生未曾估计到的变化时,应进行监测,并对工程和环境的影响进行分析评价。

(12)室内土工试验为基坑工程设计进行的土的抗剪强度试验,应满足勘察规范的规定。

(13)地基变形计算应按现行国家标准《建筑地基基础设计规范》(GB50007)或其他有关标准的规定执行。

(14)地基承载力应结合地区经验按有关标准综合确定。有不良地质作用的场地,建在坡上或坡顶的建筑物,以及基础侧旁开挖的建筑物,应评价其稳定性。

四、施工勘察

施工勘察主要是与设计、施工单位相结合进行的地基验槽,桩基工程与地基处理的质量、效果检验,施工中的岩土工程监测和必要的补充勘察,解决与施工有关的岩土工程问题,并为施工阶段地基基础的设计变更提出相应的地基资料。具体内容应据不同建筑具体情况与工程要求而定。

上述各勘察阶段的勘察目的与主要任务都不相同。若为单项工程或中小型工程,则往往简化勘察阶段,一次完成详细勘察,以节省时间与费用。

第三节 岩土工程勘察方法

一、工程地质测绘与调查

当地质条件复杂或有特殊要求的工程项目，在可行性研究选址或初勘阶段，应先进行工程地质测绘，其目的在于查明拟建场地的工程地质条件及工程活动对场地稳定性的影响等，为确定勘探、测试工作以及对场地进行工程地质分区与评价提供依据。对地质条件简单的场地，可以以调查代替工程地质测绘，在详细勘察阶段可对某些专门地质问题做补充调查。

工程地质测绘与调查的内容包括：(1)查明地形、地貌特征，地貌单元形成过程及其与地层、构造、不良地质现象之间的关系，并划分地貌单元。(2)岩土层的性质、成因、年代、厚度和分布，对岩层还应查明风化程度，对土层则应区分新近堆积土、特殊性土的分布及其工程地质条件。(3)查明岩层的产状及构造类型、软弱结构面的产状及其性质，包括断层的位置、类型、产状、断距、破碎带的宽度及充填胶结情况；岩、土层接触面及软弱夹层的特性等；第四纪构造活动的形迹、特点及与地震活动的关系。(4)查明地下水的类型、补给来源、排汇条件，井、泉的位置，含水层的岩性特征、埋藏深度、水位变化、污染情况及其与地表水体的关系等。(5)搜集气象、水文、植被、土的最大冻结深度等资料，调查最高洪水位及其发生时间、淹没范围。(6)查明岩溶、土洞、滑坡、泥石流、崩塌、冲沟、地震灾害和岸边冲刷等不良地质现象的形成、分布、形态、规模、发育程度及其对工程建设的影响。(7)调查人类工程活动对场地稳定性的影响，包括人工洞穴、地下采空、大挖大填、抽水排水以及人工诱发地震等。(8)建筑物的变形和工程经验。

工程地质测绘与调查的范围应包括场地及其附近地段，测绘的比例尺和精度应符合下列要求：(1)测绘所用地形图的比例尺，可行性研究勘察阶段可选用1：5000～1：50,000；初步勘察阶段可选用1：2000～1：10,000；详细勘察阶段可选用1：200～1：2000。工程地质条件复杂时，比例尺可适当放大。(2)对工程有重要影响的地质单元体(滑坡、断层、软弱夹层、洞穴等)，必要时可采用扩大比例尺表示。(3)建筑地段的地质界线、地质观测点测绘精度在图上的误差不应低于3mm。

二、勘探方法

(一)勘探方法分类

勘探方法可划分为直接、半直接和间接三大类。

直接勘探指用人工或机械开挖的探井、探槽、竖井、平硐以及大口径钻孔。这类勘探工程断面尺寸大，工作人员可进入其中，在较大的暴露面上对岩土层进行观察、取样或原位试验。因此是最直接的勘探。

半直接勘探包括各类较小口径的取样钻探。从钻孔中采取的岩土样品可能是连续完整的岩芯，也可能是分段的受扰动的土样，甚至是由钻探循环液携带出地面的岩土粉屑，根据这些样品来了解地层的性质、分布和变化情况。在钻孔中还可以采取室内试验样品，或进行各种孔内原位试验。

间接勘探包括触探和地球物理勘探等。其中触探是将某种形状的探头以某种方式贯入地层之中，凭借贯入时的感触，贯入的难易，即某种贯入指标来判断地层的变化及其性质。地球物理勘探则是以研究地下物理场(如电场、磁场、重力场)为基础的勘探方法，用于岩土工程勘察中称为工程地球物理勘探,简称工程物探。不同地质体物理性质上的差异直接影响地下物理场的分布规律。通过观测、分析和研究这些物理场并结合有关地质资料,可判断地层的分布与变化情况,解决地质构造、地下埋藏物以及地下水分布规律等方面的一些问题。

勘探是勘察工作中重要的手段,在工程地质测绘和调查所取得的各项定性资料基础上,勘探可以直接深入地下岩层,取得所需的工程地质和水文地质资料,进一步对场地条件进行定量的评价。

一般勘探工作包括坑探、钻探、触探和地球物理勘探等。

(二)坑探

坑探是用锹镐或机械来挖掘坑槽、直接观察岩土层的天然状态以及各地层之间的接触关系,并能取出原状土样。

1. 坑探的类型

当需要直接了解地表下土层情况时,或者了解基岩地质时,可采用坑探。坑探的种类有探槽、探井、探硐。

(1)探槽:探槽是从地表挖掘的长条形且两壁常为上宽下窄的用于观察岩土层的天然状态以及各地层之间的接触关系及取出原状土样的地槽,其断面有梯形和阶梯形。

开挖探槽一般用于了解构造线、破碎带宽度、地层分界线、岩脉宽度及其延伸方向等。受坑壁稳定性影响,探槽的挖掘深度较浅,一般在覆盖层厚度小于 3m 时使用,其长度可根据所了解的地质条件和需要决定,宽度和深度则根据覆盖层的性质和厚度决定。当覆盖层较厚,土质较软、易塌时,挖掘宽度需适当加大,侧壁可挖成斜坡形;当覆盖层较薄、土质密实时,宽度只需便于工作即可。探槽多以人力开挖为主,当遇到大块孤石、坚硬土层或风化岩时,亦可采用爆破。

(2)探井:探井是利用人工在需要勘探的地层中开挖的用于观察岩土层的天然状态以及各地层之间的接触关系及取出原状土样的圆形、椭圆形、方形和长方形竖直孔洞。井探法在地质条件复杂的地区常采用,但探井的深度不宜超过地下水位。

在疏松、软弱土层中或无黏性的砂、卵石中开挖探井时必须支护,支护材料可用木料或钢板。

(3)探硐:在坝址、大型地下工程、大型边坡的勘察中,为详细查清深部的地层和构造,一般需布置竖井或平硐。在坡度较陡的坝址两岸、地下硐室的进出口、基岩塌滑体以及地下厂房轴线或拱坝坝肩抗力岩体的部位,往往均布置有大量断面尺寸为 2m×2m 的水平探硐(平硐),就地探查地层岩性、地质构造、卸荷裂隙、滑动面、软弱夹层、风化及裂隙水的特性等由岸坡向深部的变化。在硐中还可以进行取样,或做岩体力学野外试验、波速测试等。在岩溶地区往往沿着防渗帷幕线路布置平硐,以便在硐中进行水文地质钻探,了解防渗帷幕线路上的岩溶发育程度和水文地质条件。

(三)钻探法

钻探是指在地表下用钻头钻进地层的勘探法,获取地表下地质资料,并通过钻探的钻孔采取原状岩土样和做现场力学试验,它是岩土工程勘察的最主要、最有效的手段之一。

1. 钻探的目的和作用

(1)通过取出的岩芯或土样可直观地揭露并划分土层,进行岩性成分和结构等描述。

(2)确定地质构造、岩石风化特性以及不良地质现象的分布范围及形态特征等。

(3)选取岩土试样,做室内分析试验,以确定地基土的物理力学性质。

(4)揭露并量测地下水的埋藏深度,了解地下水的类型,采取水试样,分析地下水的物理化学性质。

(5)利用钻孔进行孔内原位测试,水文地质试验及岩土体长期观测等。

2.钻探方法分类

钻探过程的基本程序为:破碎岩土、采取岩土、保全护壁。钻探的钻进方式有回转、冲击、振动、冲洗4种。

(1)回转钻进:通过钻杆将旋转力矩传递至孔底钻头,同时施加一定的轴向力实现钻进。产生旋转力矩的动力源可以是人力或机械,轴向压力则依靠钻机的加压系统以及钻具自重。在土质地层中钻进,可完整地揭露标准地层,采用回转钻头或提土钻头钻进,岩芯钻进采用合金钻头或金刚石钻头。

(2)冲击钻进。利用钻具自重冲击破碎孔底实现钻进,破碎后的岩粉、岩屑由循环液冲出地面,也可用带活门的抽筒拖出地面,使岩土达到破碎之目的而加深钻孔。例如:湿陷性黄土中采用薄壁钻头冲击钻进是一种较好的钻进方法。

(3)振动钻进:采用机械动力所产生的振动力,通过钻杆和钻具传递到孔底管状钻头周围的土中,使土的抗剪阻力急剧降低,同时在一定轴向压力下,使钻头贯入土层之中。这种钻进方式能取得较有代表性的鉴别土样,且钻进效率高,能应用于黏性土层、砂层及粒径较小的卵石、碎石层。

(4)冲洗钻进:通过高压射水破坏孔底土层,实现钻进,土层被破碎后由水流冲出地面。该方法适用于砂层、粉土层和不太坚硬的黏土层。

3.钻探机具

据地层特点和勘察要求来选择适当的钻机,国内常使用的工程勘探钻机有以下几种:

(1)人力钻:一是土钻(即小螺钻),属人力钻探的一种,适用于钻进松软黏性土或具有塑性的土层。钻进时,双手握住手把两端,顺时针旋转并向下加压,使麻花钻头逐渐钻入地层,钻进20~40cm提钻一次,将钻头上的土掏掉后,再继续钻进。可接长钻杆,最大钻进深度3~5m。二是带有三角架和人力绞车的手摇钻,兼有回转、冲击功能。钻头有螺旋钻头、砸石器、砂筒等,适用于土层和基岩强风化层钻进。除上述人力钻外,洛阳铲也在工程地质钻探活动中被经常采用。

(2)机械钻探:钻机一般分回转或冲击式两种。适用于建筑工程地基勘探的常用钻机有:SH-30-2A型(见图7-1),汽车钻GYC-J50型,DPP-100型(见图7-2)等。

(四)触探法

触探法是通过探杆用静力或动力将金属探头贯入土层,由探头所受阻力的大小探测土的工程性质的一种间接

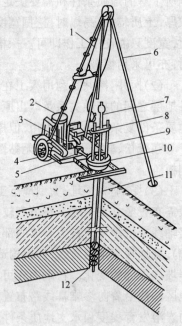

图7-1 SH-30-2A型钻机
1—钢丝绳;2—汽油机(4.41kW)(或电动机4.5kW);3—卷扬机;4—车轮;5—变速箱及操纵把;6—四腿支架(高6m);7—钻杆;8—钻杆夹;9—拔棍;10—转盘;11—钻孔(φ114mm);12—钻头

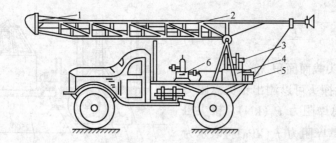

图 7-2　DPP-100 型钻机外貌图

1—天车;2—活动钻塔;3—卷扬;4—减速箱;5—转盘;6—水泵

勘探方法,主要用于划分土层,了解地层的均匀性,估计地基承载力和土的变形指标等。

根据探头结构和入土方法的不同,触探可分为动力触探与静力触探两大类。

1. 静力触探

静力触探试验(CPT)借静压力将探头压入土层,利用电测技术测得贯入阻力来判断土的力学性质。

静力触探的主要优点是连续、快速、精确,可以在现场直接测得各土层的贯入阻力指标,掌握各土层原始状态下有关的物理力学性质。这对于地基土层的竖向变化比较复杂,而其他常规勘探手段不可能大密度取土或测试来查明的土层变化;对于饱和砂土、砂质粉土以及高灵敏度软黏土层中钻探取样往往不易达到技术要求,或者无法取样的情况,用静力触探连续压入测试,则显示其独特的优越性。但是,静力触探的不足之处是不能对土层进行直接的观察、鉴别;由于稳固的反力问题没有解决,测试深度不能超过80m;对于含碎石、砾石的土层和很密实的砂层一般不适合应用等。

(1)静力触探试验主要技术要求:静力触探的仪器设备包括探杆、探头、压入主机和数据采集记录仪器(目前广泛采用的静力触探车集全套设备为一体)。探杆一般由高强度的钢材制成,每根 1m 长,用以把探头贯入到所需的深度。

静力触探仪按动力方式分为人力式,如压入式或链条手摇式,见图 7-3;液压式,常用双缸液压式,如图 7-4 所示;机械式,采用滑动丝杆或滚珠丝杆。

探头是量测地基土贯入阻力的关键部件,其标准外形为圆柱形,底端为圆锥体,锥尖角 60°,顶端与探杆连接,国内常用的有单桥和双桥探头两种,其结构如图 7-5 所示。

国内目前使用的电测静力触探探头都是电阻应变式的。可采用的量测记录仪器有:电阻应变仪(或数字应变仪),电子电位差计(即自动记录仪)和数据采集处理系统。

(2)成果应用:

a. 单桥探头(图 7-5a)所测到的是包括锥尖阻力和侧壁摩阻力在内的总贯入阻力 P(kN)。通常用比贯入阻力 p_s(kPa)

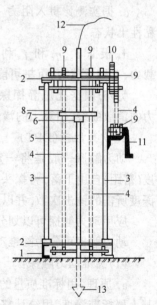

图 7-3　手摇链式静力触探仪

1—槽钢;2—面板;3—立柱;4—链条;5—探杆;6—锚夹具;7—"山"字板;8—长轴销;9—链轮;10—齿轴;11—手柄;12—电缆;13—探头

表示,即

$$p_s = \frac{P}{A} \qquad (7\text{-}1)$$

式中 A——探头截面面积,m^2。

b. 利用双桥探头可以测出锥尖总阻力 Q_c(kN)和侧壁总摩阻力 P_t(kN)。锥尖阻力 q_c(kPa)和侧壁摩阻力 f_s(kPa)可表示为

$$q_c = \frac{Q_c}{A} \qquad (7\text{-}2)$$

$$f_s = \frac{P_f}{F_s} \qquad (7\text{-}3)$$

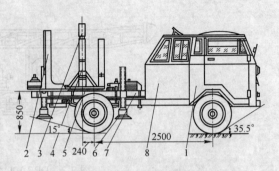

图 7-4 液压连续贯入静力触探车
1—汽车驾驶室;2—悬臂;3—卡孔组;4—贯入油缸;
5—回转油缸;6—支腿;7—附加大梁;8—操纵室

式中 F_s——外套筒的总表面积,m^2。

根据锥尖阻力 q_c 和侧壁摩阻力 f_s 可计算同一深度处的摩阻比 R_s 如下

$$R_s = \frac{f_s}{q_c} \times 100\% \qquad (7\text{-}4)$$

在现场实测以后进行触探资料整理工作。为了直观地反映勘探深度范围内土层的力学性质,可绘制深度与各种阻力的关系曲线(包括 $p_s - h$、$q_c - h$、$f_s - h$ 和 $R_s - h$),如图 7-6 所示。

c. 据实测比贯入阻力 p_s,可判别砂土密度也可判别黏性土状态。

d. 根据 p_s,q_c 和 f_s 利用地区经验关系,估算地基承载力、单桩承载力、沉桩可能性和判定液化势等。

另外,根据孔压静探探头在停止贯入时的孔隙水压力的消散曲线,估算土的渗透系数和固结系数。

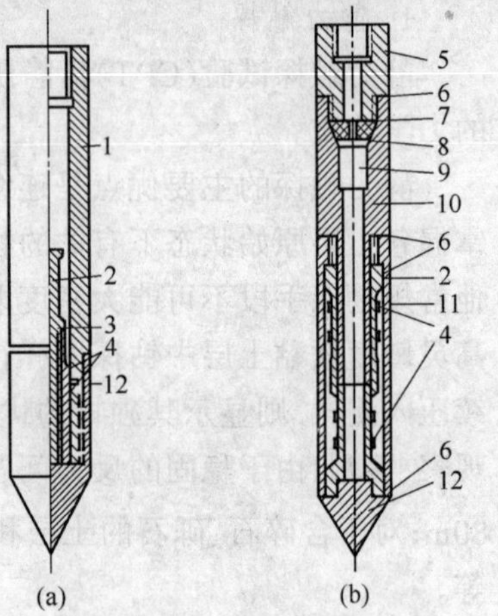

图 7-5 静力触探探头结构
(a)单桥探头;(b)双桥探头
1—探头管;2—变形柱;3—柱;4—电阻应变片;5—接头;6—密封圈;7—密封塞;8—垫圈;9—接线仓;10—加强筒;11—摩擦筒;12—锥尖头

2. 动力触探(DPT)

动力触探一般是将一定质量的穿心锤,以一定的高度(落距)自由下落,将探头贯入土中,然后记录贯入一定深度所需的锤击次数,并以此判断土的性质。

应用动力触探可以划分不同性质的土层,确定土的物理力学性质。

动力触探可分为圆锥动力触探和标准贯入试验,其适用范围如图 7-7 所示。

(1)圆锥动力触探:

a. 原理:用标准质量的穿心锤提升到标准高度后自由下落,将特制的圆锥探头贯入地基土层标准深度,用统计整理的锤击数 N 值的大小来判定土的工程性质。N 值越大,表明贯入阻力越大,土质越密实。

b. 类型:分轻型、中型、重型和超重型 4 种,其中轻型和重型动力触探在生产中广泛应用,中型动力触探使用较少。

轻型圆锥动力触探:轻型动力触探与手钻北京铲配套使用。当地层土质变化后,将北京

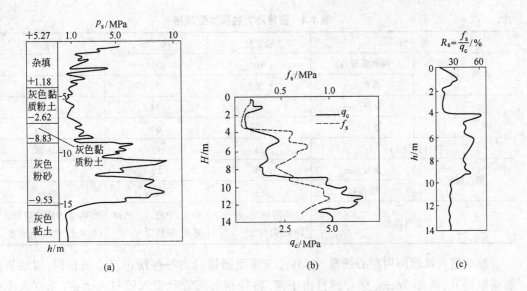

图 7-6 静力触探曲线

(a) 静力触探 p_s-h 曲线；(b) 静力触探 q_c-h、f_s-h 曲线；(c) 静力触探 R_s-h

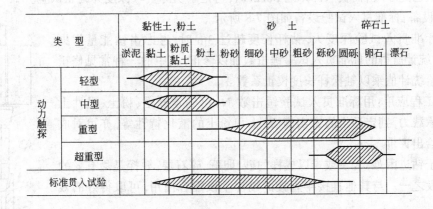

图 7-7 动力触探、标准贯入试验适用土层示意图

铲的铲头卸下，换上轻型圆锥头，在钻杆上端装上导杆、锤垫和 10kg 穿心锤（落距 50cm），即可进行贯入试验。这种方法适用于黏性土、粉土、素填土和砂土。

重型圆锥动力触探：重型动力触探与机钻配套使用。锤重 63.5kg，落距 76cm，用钻机的卷扬机来提升。该方法适用于砂土与稍密碎石土，通常用以确定地基承载力等。

超重型圆锥动力触探：超重型动力触探也与机钻配套使用。锤重 120kg，落距 100cm。这种方法适用于密实碎石土和漂石土、杂填土等，可确定粗粒土的密度与地基承载力。

各类型动力触探规格见表 7-4。

c. 工程应用：根据圆锥动力触探试验结果和地区经验，可进行土的力学分层，评定土的均匀性和物理性质及土的强度、变形参数、地基承载力，估算单桩承载力，查明土洞、滑动面、软硬土层界面，检测地基处理效果等。

（2）标准贯入试验：

a. 原理：与圆锥动力触探相同。

表 7-4 圆锥动力触探类型规格

类　型		轻　型	重　型	超重型
落　锤	锤的质量/kg	10	63.5	120
	落距/cm	50	76	100
探　头	直径/mm	40	74	74
	锥角/(°)	60	60	60
探杆直径/cm		25	42	50~60
贯入指标	深度/cm	30	10	10
	锤击数	N_{10}	$N_{63.5}$	N_{120}
主要适用岩土		浅部的填土、粉土、砂土、黏性土	砂土、中密以下的碎石土、极软层	密实度很高的碎石土、杂填土、软岩、极软岩

标准贯入试验所用穿心锤重 63.5kg,与重型圆锥动力触探所用穿心锤相同,用钻机的卷扬机提升,落距 76cm,穿心锤自由下落,将特制的圆管状贯入器贯入土中,先打入土中 15cm 不计数,以后累计打入到 30cm 的锤击数,经统计整理后即为标准贯入试验锤击数 N。当锤击数已达 50 击而贯入深未达 30cm 时,可记录实际贯入深度并终止试验。

b. 设备:标准贯入试验设备如图 7-8 所示。

当标准贯入试验深度大,钻杆长度超过 3m 时,考虑击锤能量损失等,需对统计所得的标准贯入试验锤击数加以修正,其中的一种常见修正方法是给统计值乘以触探杆长度校正系数 a。

c. 工程应用:用标准贯入试验锤击数 N,可确定砂土、粉土、黏性土的地基承载力,判定砂土的密实度,砂土和粉土的液化特性等,亦可对成桩条件给出评价。

对于钻进困难,无法或难以成样的砂、卵石、碎石层,触探是最有效的勘测手段之一。与其他直接半直接的勘探手段配合使用,可取得好的效果。

三、现场原位测试

现场原位测试是用来确定场地岩土在保持其天然结构性状、天然含水状态以及天然应力状态等条件下某些特定性质的现场试验和手段。

常用的原位测试方法包括:载荷试验(平板载荷试验 PLT 和螺旋板载荷试验 SPLT)静力触探(圆锥静力触探 CPT 和孔压静力触探 CPTU);动力触探(圆锥动力触探 DPT,标准贯入试验 SPT);十字板剪切试验(VST);旁压试验(预钻旁压试验 PMT 和自钻旁压试验 SBP);现场剪切试验(SST);波速试验(单孔检层法:包括上孔或下孔法 UHSW、DHSW;跨孔法 CHSW;面波法 SRW)等。

由于原位测试不进行钻探取样,而是直接在现场对天然状态下的岩土体在其生成的原有位置上进行测试、试验,因而比室内土工试验更能真实反映岩土体的固有应力和结构构造特性。但是至少在现有科学发展条件下,原位测试仍然不可能完全替代室内实验。首先是由于原位测试不

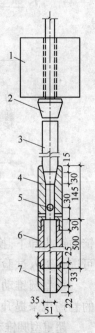

图 7-8　标准贯入试验设备

1—穿心锤;2—锤垫;3—钻杆;4—贯入器头;5—出水孔;6—由两半圆形管并合而成的贯入器身;7—贯入器靴

能像室内实验那样灵活地改变应力条件,以测求不同应力状态下岩土介质的力学特性;其次,对于位于地下深处的深层岩土体,原位测试的工作能力极其有限,很多岩土特性还无法通过现场试验获得;另一方面,受场地条件、设备条件等限制,当原位试验的布置密度和试验数量与室内试验相同时,其所占用的工期、花费的费用也通常是工程建设所无法接受的。

根据所要求得到的土性指标的差别,原位试验有很多种,总体上可划分为两大类,一类是直接或定量的方法,另一类是间接或半定量的方法。静力载荷试验(平板载荷试验和螺旋板载荷试验)大型现场直接剪切试验、旁压试验、扁铲侧胀试验、十字板剪切试验、动力参数试验、岩体应力原位测试、渗透试验等属于直接或定量测试方法,而土氡测试、用作测试方法的静力触探、动力触探以及一些地球物理测试方法则属于间接的半定量测试方法。用半经验的方法来确定某些土性指标时,需要借助于这些试验和另外一些直接测试结果的相关关系才能得出所需成果。本书受篇幅限制,不可能对所有的原位测试方法一一详细论述,以下仅介绍其中最为常用的平板静力载荷试验,其他的原位测试技术可参见有关的原位测试著作。

平板静力载荷试验是一种模拟实体基础受荷工作的原位试验,除可直接用以确定地基岩土的承载能力外,还可用来计算确定地基土的变形模量和建筑物的沉降量。平板静力载荷试验加载装置如图7-9所示。

进行静力载荷试验时,在待测岩土体的表面上放置一个一定尺寸的圆形或方形(有时也可是其他规则形状)承压板,压板面积宜大不宜小。通常通过地锚、斜撑、平台堆重来提供荷重,用液压千斤顶加载,试验施加压力用标准压力表或压力传感器进行试验压力量测,也可将已知重量的铁块等重物分级直接加在承压板上。采用千斤顶加载时,试验前必须对测试仪器设备进行标定。试验中一般用4个百分表来观察承压板在不同级别荷载作用下、不同时刻的沉降量,安装在基准梁上的百分表两两正交地对称设置在承压板周边,与承压板中心等距。基准梁的支承点应尽量远离承压板和堆重的作用影响区域,基准梁必须固定牢靠、不动,且应注意消除日照等各种外部因素对梁变形的影响。

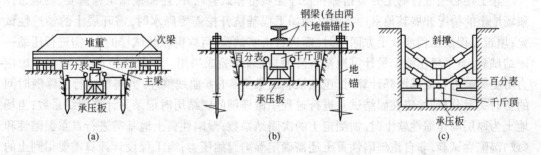

图 7-9 平板静力载荷试验加载装置示意图

(a)平台堆重法;(b)地锚法;(c)斜撑法

平板静力载荷试验多采用慢速维持荷载法,具体实施方法如下:

(1)加载分级:第一级荷载可为加载分级值的两倍。加载分级不应小于8级。对于较硬的黏性土或者较密实的砂类土,每级荷载可取大一些的值,而对于较软弱的土,则需根据情况取小一些的值,具体取值除应考虑设计要求外,还须根据经验确定。

(2)沉降观测:每级加载后,间隔5、10、15min各测读百分表一次,以后每间隔15min测读一次,测读时间满一小时后,每间隔半小时测读一次。也可在加载后按间隔 10、10、10、15、15min 测读百分表读数,以后每间隔半小时测读一次。

(3)稳定标准:当每小时内沉降增量小于 0.1mm 时,则认为该级荷载下的地基沉降已趋于稳定,可施加下一级荷载。

(4)终止加载条件:当出现下列情况之一时,即可终止加载:

a. 承压板周围的土明显发生侧向挤出(砂土)或产生裂纹(黏性土和粉土);

b. 承压板沉降 s 急剧增大,荷载-沉降(p-s)曲线出现陡降段;

c. 在某一级荷载作用下,承压板 24h 内沉降速率不能达到稳定标准;

d. $s \geqslant 0.06$ 倍的承压板宽度或直径。

e. 最大加载值大于或等于工程设计需要承载力 2 倍。

根据各级累计荷载值大小及其与对应的稳定沉降观测值,即可绘制 p-s 关系曲线,并通过该曲线来确定地基承载力的大小,通过一定的公式来计算地基土的变形模量和地基沉降。

四、室内土工试验

工程地质勘察中开展的室内土工试验项目和内容应根据工程需要和场地岩土体的性质来确定,试验方法则需根据《土工试验方法标准》进行。各类工程均需进行土的分类指标和物理性质指标试验。

当场地土为砂土时,需要进行的土物理性质试验包括比重试验、天然含水量试验、密度试验和密实度试验(确定砂类土的最大干密度和最小干密度,并进而计算确定土的最大孔隙比、最小孔隙比和相对密度),此外还需进行土的颗粒分析试验以确定土的颗粒组成情况和级配好坏(个别难以取样的砂类土可只进行颗粒分析试验);当场地土为粉土时,需进行比重试验、含水量试验、密度试验、稠度试验(进行土的塑限和液限试验,计算土的塑性指数和液性指数),同时需要进行土的颗粒级配分析,有必要时还需进行有机质含量分析;除无需进行颗粒分析外,黏性土场地的其他分类指标和物理性质指标试验与粉土相同,亦即为液限、塑限、比重、含水量、密度和有机质含量。

除上述必须进行的土分类指标和物理性质指标试验以外,还需根据工程需要、场地条件和场地土的情况开展其他室内实验。例如工程基坑开挖需要降水时,需开展土的渗透性试验;填筑工程或工程涉及土方回填时,需进行击实试验;可取得原状试样的土,需进行压缩—固结试验,当采用压缩模量计算地基沉降时,压缩试验成果用 e-p 曲线整理,当需要考虑应力历史影响进行地基沉降计算时,压缩试验成果用 e-$\lg p$ 曲线整理,当需要进行沉降随时间的历时关系分析时,需在固结试验进行过程中做详细的固结历时记录并计算固结系数;当场地土为厚层高压缩性软土时,需测定土的次固结系数;湿陷性黄土地基需进行自重湿陷性和(或)湿陷性试验,非自重湿陷性黄土还需确定湿陷起始压力;当工程设计计算需要用到土的本构关系或不同排水条件下的土的抗剪强度时,需要进行三轴试验;涉及基坑边坡稳定性分析时,需在基坑开挖深度范围内对土体进行强度试验;膨胀土、盐渍土等特殊性土,需进行与其特殊性相关的膨胀性、溶陷性等试验;当工程设计需要土的动力参数时,需进行动三轴、动单剪或共振柱试验;当没有足够经验或充分资料认定场地土或水对建筑材料不具腐蚀性时,室内试验内容中还需包括水和场地土腐蚀性试验。上述室内土工试验内容仅限于土体,对岩石类的地基,还须进行与之相关的多项专门室内试验。

第四节　岩土参数的统计整理

岩土参数是岩土工程设计的基础,可靠性和适用性是工程设计对岩土参数的基本要求。所谓可靠,是指能较有把握地确定岩土体参数真值的分布区间,选定的岩土体参数能正确反映岩土体在规定条件下的性状。所谓适用,是指选定的岩土体参数能满足岩土工程设计计算的假定条件和计算精度要求。岩土参数的可靠性和适用性首先取决于岩土结构受扰动的程度。其次,试验方法、取值标准等也对测试结果有很大影响。参数的选用应结合工程特点和地质条件进行,并按下列内容评价其可靠性和适用性:

(1) 取样方法和其他因素对实验结果的影响(扰动产生的影响)。

(2) 采用的试验方法和取值标准。

(3) 不同测试方法所得结果的分析比较。

(4) 测试结果的离散程度。

(5) 测试方法与计算模型的配套性。

不均匀性和变异性是岩土体(尤其是土体)主要特点之一,加之受取样以及运输过程中的扰动,试验仪器、试验操作方法差异等的影响,试验得到的岩土参数往往具有很大的离散性。在勘察试验中,对岩土体进行科学分层分类,取得足够多的试验数据,按工程地质单元及层次分类结果对取得的数据分别进行统计整理,求得具有代表性的岩土参数及指标是工程地质勘察工作的一项重要任务。统计整理工作应根据测试内容和项目的不同、指标参数试验次数的多少、地层的均匀性差别、建筑物的安全性等级大小等各种因素选择合理的数理统计方法。

一、一般土性指标的分析确定

土的天然密度、含水量、比重、液限、塑限、颗粒组成、有机质含量等指标,主要用于土的分类定名、自重应力计算、物理状态分析、物理化学性质确定。虽然其中的一些指标和土的强度或变形指标之间存在着某种内在联系,但毕竟这些指标不能直接反映对工程至关重要的土体强度和变形特性,因此被称为土的一般性指标。

土的一般性指标的成果整理通常只要算出多个测定值的算术平均值,并在此基础上计算出相应的标准差和变异系数即可。指标的平均值用下式确定:

$$\mu_m = \frac{\sum_{i=1}^{n} \mu_i}{n} \tag{7-5}$$

式中　μ_m——指标的平均值;

　　　μ_i——第 i 次或第 i 个试样的指标测试结果;

　　　n——测定次数或试样数量,亦即参加统计的数据数量。

被测指标的标准差通过下式确定

$$\sigma = \sqrt{\frac{\sum_{i=1}^{n}(\mu_i - \mu_m)^2}{n-1}} \tag{7-6a}$$

或者

$$\sigma = \sqrt{\frac{\sum_{i=1}^{n} \mu_i^2 - n\mu_m^2}{n-1}} \qquad (7\text{-}6\text{b})$$

式中 σ 为标准差；其余符号意义同前。式(7-6a)与式(7-6b)的关系为

$$\sigma = \sqrt{\frac{\sum_{i=1}^{n} (\mu_i - \mu_m)^2}{n-1}}$$

$$= \sqrt{\frac{\sum_{i=1}^{n} \mu_1^2 + n\mu_m^2 - 2\mu_m(\mu_1 + \mu_2 + \mu_3 + \cdots + \mu_n)}{n-1}}$$

$$= \sqrt{\frac{\sum_{i=1}^{n} \mu_i^2 + n\mu_m^2 - 2n\mu_m^2}{n-1}}$$

$$= \sqrt{\frac{\sum_{i=1}^{n} \mu_i^2 - n\mu_m^2}{n-1}}$$

也有的将式(7-6b)写成

$$\sigma = \sqrt{\frac{\sum_{i=1}^{n} \mu_i^2 - \frac{\left(\sum_{i=1}^{n} \mu_i\right)^2}{n}}{n-1}} \qquad (7\text{-}6\text{c})$$

反映被测指标的变化特性和可靠性的指标是指标的变异系数。变异系数用 δ 表示，通过下式确定

$$\delta = \frac{\sigma}{\mu_m} \qquad (7\text{-}7)$$

除变异系数外，还可用绝对误差与精度指标来反映指标的可靠性。绝对误差用式(7-8)表示；精度指标用式(7-9)表示。

$$m_\mu = \pm \frac{\sigma}{\sqrt{n}} \qquad (7\text{-}8)$$

$$P_\mu = \frac{m_\mu}{\mu_m} \qquad (7\text{-}9)$$

式中　m_μ、P_μ——分别为绝对误差和精度指标。

在对上述一般土性指标的数理统计中，有时还需要确定指标值变化范围的大小。反映指标值变化范围大小的是实测指标的最大值和最小值

$$\mu_{max} = \max(\mu_1, \mu_2, \cdots, \mu_n) \qquad (7\text{-}10)$$

$$\mu_{min} = \min(\mu_1, \mu_2, \cdots, \mu_n) \qquad (7\text{-}11)$$

式中　μ_{max}、μ_{min}——分别为指标或参数的最大、最小值。

得到岩土指标或参数的算术平均值和标准差以后，应剔除粗差数据。剔除粗差数据的常用方法之一是正负三倍标准差法。当离差满足式(7-12)时，该测试数据应予以剔出。

$$|\Delta| > 3\sigma \qquad (7\text{-}12)$$

许多岩土参数往往具有沿着深度变化的特点,因此对主要的岩土指标或参数宜绘制沿深度变化的图件,并将其按照变化特点划分为相关型和非相关型两种。对相关型参数或指标,应先确定剩余标准差 σ_r

$$\sigma_r = \sigma \sqrt{1 - r^2} \tag{7-13}$$

式中 r 为相关系数;对非相关型指标或参数,$r = 0$。确定了剩余标准差后,再根据剩余标准差来计算变异系数

$$\delta = \frac{\sigma_r}{\mu_m} \tag{7-14}$$

二、岩土强度及变形指标的分析确定

强度和变形指标是岩土最重要的工程特性指标,除应按一般性指标进行算术平均值、标准差、变异系数及分布范围的计算、分析统计外,还应按区间估值理论来估计总体平均值的单侧置信界限值。该值在工程上习惯被称为标准值,由下式给出

$$\mu_k = \gamma_s \mu_m \tag{7-15}$$

其中 γ_s 为统计修正系数,由下式确定

$$\gamma_s = 1 \pm \frac{t_\alpha}{\sqrt{n}} \delta \tag{7-16}$$

式中 t_α 为统计学中的函数的界限值,按风险率或者置信概率和样本容量 n 从有关表中查出。风险率一般取 5%（与之对应的置信概率为 95%）,通过拟合求得的近似公式为

$$\gamma_s = 1 \pm \left(\frac{1.074}{\sqrt{n}} + \frac{4.678}{n^2} \right) \delta \tag{7-17}$$

式中的正负号按不利组合考虑,例如,确定土体的强度指标 c、φ 值时,取负号;确定土的压缩系数时,取正号。统计修正系数 γ_s 也可根据经验按岩土工程的类型和重要性、参数的变异性和样本容量 n 等取值。

必须提供岩土体的抗剪强度指标时,对一级建筑物,应在基础底面以下一倍基础宽度的范围内,对同一类土至少取 $6(n)$ 组原状试样进行三轴不固结不排水试验或直接剪切快剪试验,每组中的数件(一般为 4 件)试样各在不同的应力状态下进行,直至试样破坏。岩土体的强度指标 c、φ 值确定如下:

(1)直接剪切试验:设试验所得点 (σ, τ_f) 与回归后土的抗剪强度曲线的距离为 δ,令 $\dfrac{\partial \sum\limits_{j=1}^{k} \delta_j^2}{\partial c}$ 和 $\dfrac{\partial \sum\limits_{j=1}^{k} \delta_j^2}{\partial (\tan\varphi)}$ 分别等于零（$\sum\limits_{j=1}^{k} \delta_j^2$ 为最小）,根据两个变量的线性回归统计可以得到

$$\varphi_i = \arctan \left[\frac{k \sum\limits_{j=1}^{k} \sigma_j \tau_{fj} - \sum\limits_{j=1}^{k} \sigma_j \sum\limits_{j=1}^{k} \tau_{fj}}{k \sum\limits_{j=1}^{k} \sigma_j^2 - \left(\sum\limits_{j=i}^{k} \sigma_j \right)^2} \right] \tag{7-18}$$

$$c_i = \frac{\sum\limits_{j=1}^{k} \tau_{fj}}{k} - \frac{\tan\varphi_i \sum\limits_{j=1}^{k} \sigma_j}{k} \tag{7-19}$$

式中　c_i、φ_i——通过第 i 组 k 件不同应力状态下的直接剪切试验得到的土的黏聚力和内

摩擦角；

σ_j——第 j 件试样剪切面上的正应力；

τ_{fj}——在 σ_j 作用下，第 j 件试样剪切面上的抗剪强度；

k——第 i 组的试样个数。

(2)三轴不固结不排水试验：用三轴试验确定土体的强度指标 c、φ 值时，除将 δ 定义为应力莫尔圆上与最大主应力夹角为 $90° + \varphi$ 方向上圆心与回归强度线的连线和应力莫尔圆半径的差值，基本变量由 c、$\tan\varphi$ 值改变成 $c\cos\varphi$ 和 $\sin\varphi$ 以外，线性回归统计方法与直接剪切试验完全相同。所得计算公式为

$$\varphi_i = \arcsin\left[\frac{k\sum_{j=1}^{k}\frac{\sigma_{1fj}+\sigma_{3j}}{2}\frac{\sigma_{1fj}-\sigma_{3j}}{2} - \sum_{j=1}^{k}\frac{\sigma_{1fj}+\sigma_{3j}}{2}\sum_{j=1}^{k}\frac{\sigma_{1fj}-\sigma_{3j}}{2}}{k\sum_{j=1}^{k}\left(\frac{\sigma_{1fj}+\sigma_{3j}}{2}\right)^2 - \left(\sum_{j=i}^{k}\frac{\sigma_{1fj}+\sigma_{3j}}{2}\right)^2}\right] \tag{7-20}$$

$$c_i = \frac{\sum_{j=1}^{k}\frac{\sigma_{1fj}-\sigma_{3j}}{2} - \sin\varphi_i\sum_{j=1}^{k}\frac{\sigma_{1fj}+\sigma_{3j}}{2}}{k\cos\varphi_i} \tag{7-21}$$

确定强度指标 c、φ 值时，宜配合散点图，剔除其中偏离幅度较大、有明显差异的数据后，再进行回归统计分析。得到了任一组的 c_i、φ_i 以后，将所得的 n 组指标代入式(7-5)~式(7-7)以及式(7-10)、式(7-11)，确定指标的算术平均值、标准差、变异系数、最大值和最小值；之后再应用式(7-15)和式(7-17)计算指标的标准值。

第五节 岩土工程分析评价和成果报告

在野外勘察工作和室内土样试验完成后，将岩土工程勘察纲要、勘探孔平面布置图、钻孔记录表、原位测试记录表、土的物理力学性试验成果，连同勘察任务委托书、建筑物平面布置图及地形图等有关资料汇总，并进行整理、检查、分析、鉴定，以确定无误后，编制正式的岩土工程勘察成果报告，提供给建设单位、设计单位与施工单位应用，并作为存档长期保存的技术文件。

一、岩土工程分析评价

岩土工程分析评价的一般规定如下：

(1)岩土工程分析评价在工程地质测绘、勘探、测试和搜集已有资料的基础上，结合工程特点和要求进行。

(2)岩土工程分析评价要求：

a.充分了解工程结构的类型、特点、荷载情况和变形控制要求。

b.掌握场地的地质背景，考虑岩土材料的非均质性、各向异性和随时间的变化情况，评估岩土参数的不确定性，确定其最佳估值。

c.充分考虑当地经验和类似工程的经验。

d.对于理论依据不足、实践经验不多的岩土工程问题，可通过现场模型试验或足尺试验取得实测数据进行分析评价。

e.必要时可建议通过施工监测，调整设计和施工方案。

(3)在定性分析的基础上进行定量分析。岩土体的变形、强度和稳定应定量分析;场地的适宜性、场地地质条件的稳定性,仅作定性分析。

(4)岩土工程计算要求:

a. 按承载能力极限状态计算,用于评价岩土地基承载力和边坡、挡墙、地基稳定性等问题,根据有关设计规范规定,用分项系数或总安全系数方法计算,有经验时也可用隐含安全系数的抗力容许值进行计算。

b. 按正常使用极限状态要求进行验算控制,用于评价岩土体的变形、动力反应、透水性和涌水量等。

(5)岩土工程的分析评价,是根据岩土工程勘察等级区别进行。对丙级岩土工程勘察,可根据邻近工程经验,结合触探和钻探取样试验资料进行;对乙级岩土工程勘察,在详细勘探、测试的基础上,结合邻近工程经验进行,并提供岩土的强度和变形指标;对甲级岩土工程勘察,除按乙级要求进行外,宜提供载荷试验资料,对其中的复杂问题进行专门研究,并结合监测对评价结论进行检验。

(6)任务需要时,根据工程原型或足尺试验岩土体性状的量测结果,用反分析的方法反求岩土参数,验证设计计算,查验工程效果或事故原因。

二、勘察报告书

岩土工程勘察成果报告通常包括文字部分和图表部分。报告书基本要求:岩土工程勘察报告所依据的原始资料,应进行整理、检查、分析、确认无误后方可使用;岩土工程勘察报告应资料完整、真实准确、数据无误、图表清晰、结论有据、建议合理,便于使用适宜长期保存,并应因地制宜,重点突出,有明确的工程针对性。

(一)内容(文字部分)

岩土工程勘察报告应根据任务要求、勘察阶段、工程特点和地质条件等具体情况编写,应包括下列内容:

(1)勘察目的、任务要求和依据的技术标准。

(2)拟建工程概况。

(3)勘察方法和勘察工作布置。

(4)场地地形、地貌、地层、地质构造、岩土性质及其均匀性。

(5)各项岩土性质指标,岩土的强度参数、变形参数、地基承载力的建议值。

(6)地下水埋藏情况、类型、水位及其变化。

(7)土和水对建筑材料的腐蚀性。

(8)可能影响工程稳定的不良地质作用的描述和对工程危害程度的评价。

(9)场地稳定性和适宜性的评价。

岩土工程勘察报告应对岩土利用、整治和改造的方案进行分析论证,提出建议;对工程施工和使用期间可能发生的岩土工程问题进行预测,提出监控和预防措施的建议。

对岩土的利用、整治和改造的建议,宜进行不同方案的技术经济论证,并提出对设计、施工和现场监测要求的建议。

(二)图表

成果报告应包括下列图件:

(1)勘探点平面布置图。

(2)工程地质柱状图。

(3)工程地质剖面图。

(4)原位测试成果图表。

(5)室内试验成果图表。

注意:当需要时,尚可附综合工程地质图、综合地质柱状图、地下水等水位线图、素描、照片、综合分析图表以及岩土利用、整治和改造方案的有关图表、岩土工程计算简图及计算成果图表等。

(三)专题报告

任务需要时,可提交下列专题报告:

(1)岩土工程测试报告(包含不良地质现象的调查和勘查成果)。

(2)岩土工程检验或监测报告。

(3)岩土工程事故调查与分析报告。

(4)岩土利用、整治或改造方案报告。

(5)专门岩土工程问题的技术咨询报告。

三、勘察报告书的阅读和使用

阅读勘察报告书时,应熟悉勘察报告主要内容,了解勘察结论和计算指标进而判断报告中的建议对拟建工程的适用性,做到正确使用勘察报告。对场地条件、拟建建筑物概况要进行综合分析,在设计施工中充分利用有利的工程地质条件。

具体分析有两个方面:

(1)场地稳定性评价:对地质构造及地层成层条件,不良地质现象以及分布规律,危害程度和发展趋势,特别在地质条件复杂地区更应引起高度重视。关系到建设项目可行性中的选址问题,对场地有直接危害或潜在威胁地区,如不得不在其中较为稳定的地段进行建筑时,须考虑要采取的措施。

(2)地基持力层的选择:对不发生威胁场地稳定性建筑地段,在满足地基承载力和变形两个基本要求时,从地基—基础—上部结构相互作用出发,在熟悉场地条件的基础上,经过试算和方案比较,优先采用天然地基上浅埋基础方案,合理选择地基持力层。

在阅读使用勘察报告时,最重要的是注意所提供资料的可靠性,在使用报告过程中,注意和发现问题,对有疑问的关键问题一定要查清,以便减少差错,发掘地基潜力,保证工程质量。

四、验槽

1. 验槽的目的

验槽是建筑物施工第一阶段基槽开挖后的重要工序,也是一般岩土工程勘察工作最后一个环节。当施工单位挖完基槽并普遍钎探后,由建设单位约请勘察、设计单位技术负责人和施工单位项目经理,共同到施工工地验槽。进行验槽的主要目的为:

(1)检验勘察成果是否符合实际:通常勘探孔的数量有限,一般布设在建筑物外围轮廓线的四角和长边的中点,基槽全面开挖后,地基持力层土层完全暴露出来,首先检验勘察成果与实际情况是否一致,勘察成果报告的结论与建议是否正确和切实可行。

(2)解决遗留和新发现的问题:有时勘察成果报告遗留当时无法解决的问题,进行验槽可对防止事故发生起着十分重要的作用。

2．验槽的内容

验槽的内容有：

(1)校核基槽开挖的平面位置与槽底标高是否符合勘察、设计要求。

(2)检验槽底持力层土质与勘察报告是否相同。参加验槽的四方负责人需下到槽底，依次逐段检验，发现可疑之处，用铁铲铲出新鲜土面，用野外土的鉴别方法进行鉴定。

(3)当发现基槽平面土质显著不均匀，或局部存在古井、小窑、墓穴、河沟等不良地基，可用钎探(一般用洛阳铲)查明其平面范围与深度。

(4)检查基槽钎探结果。钎探位置：条形基槽宽度小于 80cm 时，可沿中心线打一排钎探孔；槽宽大于 80cm，可打两排错开孔，钎探孔间距为 1.5～2.5m。深度每 30cm 为一组，通常为 5 组，深 1.5m。

3．验槽注意事项

验槽时应注意以下事项：

(1)验槽前应全部完成合格钎探，提供验槽的定量数据。

(2)验槽时间要抓紧，基槽挖好，突击钎探，立即组织验槽，尤其是夏季要避免下雨泡槽，冬季要防冰冻，不可拖延时间形成隐患。

(3)槽底设计标高若位于地下水位以下较深时，必须做好基槽排水，保证槽底不泡水。如槽底标高在地下水位以下不深时，可挖至地下水面验槽，验槽工作应快挖快填，做好垫层与基础。

(4)验槽时应验看新鲜土面，清除超回填的虚土。冬季冻结的表土似很坚硬，夏季日晒后干土也很坚实，都是虚假状态，应用铁铲铲去表层再检验。

(5)验槽结果应填写记录，并由参加验槽的四方负责人签字，作为施工处理的依据，验槽记录存档长期保存。若工程发生事故，验槽记录是分析事故原因的重要依据。

总之，我们要充分认识到验槽的重要性和面临问题的复杂性，而且时间紧迫，必须当场研究具体措施做出决定。若基槽中存在古井、墓穴、小窑、防空洞等以及基槽长期积水，泡软持力层土质等等各种各样意想不到的问题，只要认真妥善处理，可以转危为安，确保工程质量。

思考题及习题

7-1　简述工程地质勘察的目的及勘察工作的内容和任务。

7-2　简述岩土工程勘察等级的划分情况。

7-3　岩土工程勘察如何进行阶段划分，共划分为哪几个顺序阶段？各阶段的勘察目的和主要工作内容有哪些？

7-4　简述工程地质勘察的工作程序。

7-5　工程地质勘察的方法有哪些？常用的勘探方法是哪三种？

7-6　简述地基勘察中的原位测试主要方法和内容。

7-7　影响岩土体参数可靠性和适用性的因素有哪些？最主要的影响因素是什么？

7-8　工程地质勘察中室内试验主要包括哪些内容？

7-9　简述动力触探和静力触探试验。

7-10　标准贯入试验和圆锥重型动力触探有何异同？

7-11　什么是比贯入阻力？什么是锥尖阻力、侧壁摩阻力和土体摩阻比？

7-12 简述静力触探的技术要求。

7-13 简述标准贯入试验的技术要求。

7-14 简述静力载荷试验方法。

7-15 什么是一般土性指标？对一般土性指标进行分析确定涉及哪些内容？

7-16 岩土的强度和变形指标的分析整理与一般指标有何异同？

7-17 如何通过直接剪切试验得到土的统计分析强度指标？

7-18 如何通过三轴剪切试验得到土的统计分析强度指标？

7-19 工程地质勘察报告书文字部分主要包括哪些内容？

7-20 工程地质勘察报告书中一般包括哪些图表？试分别论述各图表的作用。

7-21 为何要进行验槽？验槽包括哪些内容？应注意些什么问题？

第八章　天然地基浅基础设计

第一节　概　述

地基基础设计必须根据建筑物的用途和安全等级、建筑布置和上部结构类型,充分考虑建筑场地和地基岩土条件,结合施工条件以及工期、造价等方面要求,合理选择地基基础方案,因地制宜、精心设计,以保证建筑物的安全和正常使用。

地基基础的设计和计算应该满足下列三项基本原则:

(1) 在防止地基土体剪切破坏和丧失稳定性方面,应具有足够的安全度;

(2) 应控制地基的特征变形量,使之不超过建筑物的地基特征变形允许值,以免引起基础和上部结构的损坏,或影响建筑物的使用功能和外观;

(3) 基础的形式、构造和尺寸,除应能适应上部结构和使用需要、满足地基承载力(稳定性)和变形要求外,还应满足对基础结构的强度、刚度和耐久性的要求。

如果地基范围土有良好土层,应尽量选取良好土层作为直接承受基础荷载的持力层,即采用天然地基方案,以降低建设成本。一般将设置在天然地基上,埋置深度小于 5m 的基础及埋置深度虽超过 5m 但小于基础宽度的基础统称为天然地基上的浅基础。

当天然地基土层较弱软(通常指承载力低于 100kPa 的土层),或具有特殊工程性质(如湿陷性黄土、膨胀土等),不适于采用天然地基方案时,可采用人工地基或采用桩基础等深基础方案,将上部结构荷载安全向深部地层传递。

如前所述,在选择地基基础方案时,通常优先考虑天然地基上的浅基础,因为这类基础具有施工简便、用料省、工期短等优点。当这类基础难以适应较差的地基条件或上部结构的荷载、构造及使用要求时,才考虑采用人工地基上的浅基础或深基础。

天然地基上浅基础设计内容与步骤:

(1)根据上部结构形式、荷载大小、工程地质及水文地质条件等选择基础的结构形式、材料并进行平面布置。

(2)确定基础的埋置深度。

(3)确定地基承载力。

(4)根据基础顶面荷载值及持力层的地基承载力,初步计算基础底面尺寸。

(5)若地基持力层下部存在软弱土层时,需验算软弱下卧层的承载力。

(6)甲级、乙级建筑物及部分丙级建筑物,尚应在承载力计算的基础上进行变形验算。

(7)基础剖面及结构设计。

(8)绘制施工图,编制施工技术说明书。

地基基础设计是一个受多因素影响的综合科学计算项目,整个设计过程是一个反复试算的过程,不满足规范要求的情况不允许出现,不科学的保守设计也绝不可取。在上述设计内容与步骤中,第(6)步以前如有不满足要求的情况,须对基础设计进行调整,如改变基础埋深、加大基础底面尺寸或改变基础类型和结构等,直至满足要求为止。

第二节 浅基础类型

一、无筋扩展基础

无筋扩展基础通常由砖、石、素混凝土、灰土和三合土等材料建成。这些材料都具有较好的抗压性能,但其抗拉、抗剪强度却较低。由于设计时必须保证基础内的拉应力和剪应力不超过基础材料的强度设计值,因此通常通过对基础构造的限制来实现这一目标,即基础的外伸宽度与基础高度的比值(称为无筋扩展基础台阶宽高比)必须小于表 8-1 所列的台阶宽高比的允许值。图 8-1 所示的 α 角常称刚性角,设计时要求刚性角小于允许值。由于受构造要求的影响,无筋扩展基础的相对高度都比较大,几乎不发生挠曲变形,所以此类基础也常被称为刚性基础或刚性扩展(大)基础。基础形式有墙下条形基础和柱下独立基础等。

表 8-1 无筋扩展基础台阶宽高比的允许值

基础材料	质 量 要 求	台阶宽高比的允许值		
		$p_k \leqslant 100$	$100 < p_k \leqslant 200$	$200 < p_k \leqslant 300$
混凝土基础	C15 混凝土	1:1.00	1:1.00	1:1.25
毛石混凝土基础	C15 混凝土	1:1.00	1:1.25	1:1.50
砖基础	砖不低于 MU10、砂浆不低于 M5	1:1.50	1:1.50	1:1.50
毛石基础	砂浆不低于 M5	1:1.25	1:1.50	—
灰土基础	体积比为 3:7 或 2:8 的灰土,其最小干密度:粉土 1.55t/m³;粉质黏土 1.50t/m³;黏土 1.45t/m³	1:1.25	1:1.50	—
三合土基础	体积比为 1:2:4～1:3:6 (石灰:砂:骨料),每层约虚铺 220mm,夯至 150mm	1:1.50	1:2.00	—

注:1. p_k 为荷载效应标准组合时基础底面处的平均压力,kPa。

2. 阶梯形毛石基础的每阶伸出宽度,不宜大于 200mm。

3. 当基础由不同材料叠合组成时,应对接触部分作抗压验算。

4. 基础底面处的平均压力值超过 300kPa 的混凝土基础,尚应进行抗剪验算。

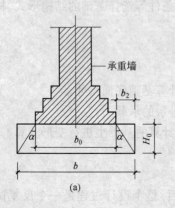
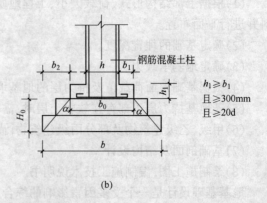

图 8-1 无筋扩展基础构造示意图

无筋扩展基础的常用材料见表 8-1。因材料特性不同,它们有不同的适用性。用砖、石砌筑及素混凝土浇筑的基础一般可用于六层及六层以下的民用建筑和砌体承重的厂房。在我国的华北和西北环境比较干燥的地区,灰土基础广泛用于五层及五层以下的民用房屋基础设计。在南方常用的三合土及四合土(水泥、石灰、砂、骨料按 1:1:5:10 或 1:1:6:12 配比)一般用于不超过四层的民用建筑。另外,石材及素混凝土常是中小型桥梁和挡土墙的刚性扩展基础的材料。

二、钢筋混凝土基础

钢筋混凝土基础具有较强的抗弯、抗剪能力,适用于荷载大,且有力矩荷载的情况或地下水位以下的基础,常做成扩展基础、柱下条形基础、交梁或联梁基础、筏形基础、箱形基础等形式。由于钢筋混凝土扩展基础有很好的抗弯能力,因此也有称为柔性基础。这种基础能发挥钢筋的高抗拉性能及混凝土抗压性能,适用范围十分宽广。

根据上部结构特点,荷载大小和地质条件不同,钢筋混凝土基础划分成如下结构形式。

1. 扩展基础

钢筋混凝土扩展基础一般指钢筋混凝土墙下条形基础和钢筋混凝土柱下独立基础。基础的高度不受台阶宽高比的限制,适宜需要"宽基浅埋"的场合下采用。例如,当软土地基表层具有一定厚度的所谓"硬壳层",并拟采用该层作为持力层时,可考虑采用这类基础形式。墙下扩展条形基础的构造如图 8-2 所示。柱下独立基础的构造如图 8-3 所示,其中 a、b 是现浇柱基础,c 是预制柱基础。为避免地基土变形对墙体的影响,或当建筑物较轻,作用在墙上的荷载不大,基础又需要做在较深的好土层上时,做条形基础不经济,可采用墙下独立基础,将墙体砌筑在基础梁上(如图 8-4 所示)。

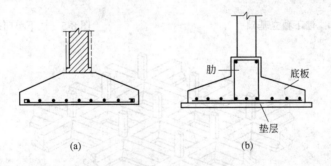

图 8-2 墙下扩展条形基础

2. 柱下条形基础及十字交叉基础

如果柱子的荷载较大而土层的承载力较低,若采用柱下独立基础,基底面积必然较大,在这种情况下可采用柱下单向条形基础(图 8-5)。如果单向条形基础的底面积已能满足地基承载力要求,只需减少基础之间的沉降差,则可在另一方向加设联梁,形成联梁式条形基础。如果柱网下的基础软弱,土的压缩性或柱荷载的分布沿两个柱列方向都很不均匀,一方面需要进一步扩大基础底面积,另一方面又要求基础具有足够的刚度以调整不均匀沉降,可沿纵横柱列设置条形基础而形成十字交叉条形基础(见图 8-6)。交叉条形基础具有较大的整体刚度,在分层厂房、荷载较大的多层及高层框架中常被采用。

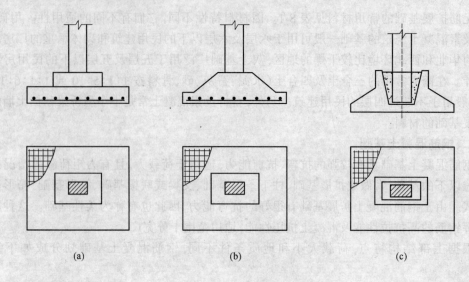

(a)   (b)   (c)

图 8-3 柱下独立基础

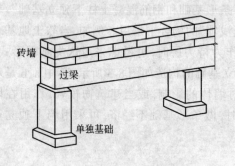

图 8-4 墙下独立基础

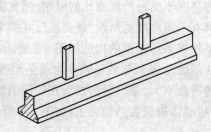

图 8-5 柱下单向条形基础

图 8-6 交叉条形基础

3. 筏形基础

　　当柱子或墙传来的荷载很大,地基土较软,或者地下水常年在地下室的地坪以上,为了防止地下水渗入室内以及有使用要求的情况下,往往需要把整个房屋(或地下室)底面做成一片连续的钢筋混凝土板作为基础。此类基础称为筏形基础或满堂基础。

　　图 8-7 为一例墙下筏形基础。柱下筏形基础常有如下两种形式,平板式和梁板式,如图8-8 所示。平板式筏形基础是在地基上做一块钢筋混凝土底板,柱子通过柱脚支承在底板上,如图8-8a所示。梁板式基础分下梁板式(图8-8b)和上梁板式(图8-8c),下梁

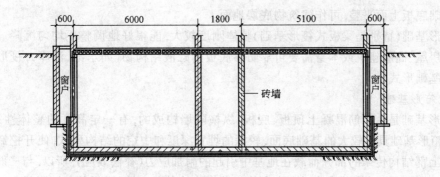

图 8-7　墙下筏形基础

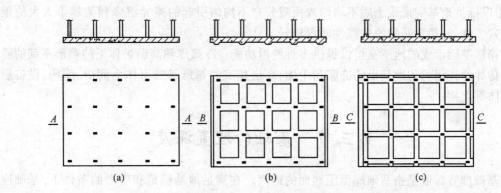

图 8-8　柱下筏形基础

(a)平板式;(b)下梁板式;(c)上梁板式

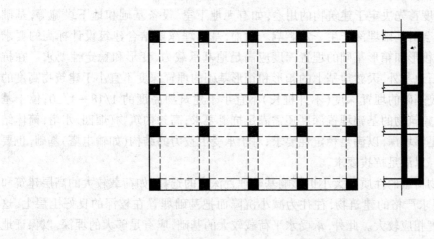

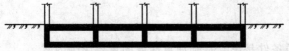

图 8-9　箱形基础

板式基础底板上面平整,可作建筑物底层地面。

筏形基础(特别是梁板式筏形基础)整体刚度较大,能很好地调整不均匀沉降。对有地下室的房屋、高层建筑或本身需要可靠防渗底板的贮液结构物(如水池、油库),筏形基础是理想的基础形式。

4.箱形基础

箱形基础是由钢筋混凝土顶板、底板、纵横隔墙构成的,有一定高度的整体性结构(图8-9)。箱形基础具有较大的基础底面,较深的埋置深度和中空的结构型式,使开挖卸去的土抵偿了上部结构传来的部分荷载在地基中引起的附加应力(补偿效应),所以,与一般实体基础(扩展基础和柱下条形基础)相比,它能显著提高地基稳定性,降低基础沉降量。

由顶板、底板和纵、横墙形成的结构整体性使箱形基础具有比筏形基础更大的空间刚度,用以抵抗地基变形或土质不均匀或荷载分布不均匀引起的差异沉降和架越不太大的地下洞穴。此外,箱形基础的抗震性能也较好。

箱形基础形成的地下室可以提供多种使用功能。冷藏库和高温炉体下的箱形基础的隔断热传导的作用可防地基土的冻胀和干缩;高层建筑的箱形基础可作为商店、库房、设备层和人防等之用。

第三节　基础的埋置深度

基础埋置深度是指基础底面距地面的距离。在满足地基稳定和变形的条件下,基础应尽量浅埋。确定基础埋置深度时应综合考虑如下因素(但对某一单项工程来说,往往只是其中一两个因素起决定作用)。

一、与建筑物有关的一些要求

基础埋置深度首先决定于建筑物的用途,如有无地下室、设备基础和地下设施等,基础的形式和构造也会对基础埋深产生一定影响。因而,基础埋深要结合建筑设计标高的要求确定。高层建筑筏形和箱形基础的埋置深度应满足地基承载力、变形和稳定性要求。在抗震设防区,除岩石地基外,天然地基上的箱形和筏形基础的埋置深度不宜小于建筑物高度的1/15;桩箱或桩筏基础的埋置深度(不计桩长)不宜小于建筑物高度的 1/18~1/20;位于基岩地基上的高层建筑物的基础埋置深度还需满足抗滑要求;高耸构筑物(烟囱,水塔,筒体结构)基础更要有足够埋深,以满足稳定性要求;对于承受上拔力的结构(如输电塔)基础,也要求有较大的埋深,以满足抗拔要求。

另外,建筑物荷载的性质和大小也影响基础埋置深度的选择,如荷载较大的高层建筑和对不均匀沉降要求严格的建筑物,往往为减小沉降而把基础埋置在较深的良好土层上,这样,基础埋置深度相应较大。此外,承受水平荷载较大的基础,应有足够大的埋深,以保证地基的稳定性。

二、工程地质条件

地基土的工程地质条件是影响基础埋置深度的重要影响因素。

在工程上,直接支承基础的土层称为持力层,其下的各土层为下卧层。当上层土的承载力高于下层土的承载力时宜取上层土作为持力层,特别是对于上层为"硬壳层"时,应尽量"宽基浅埋"。

对于上层土较软的地基土,视上层土厚度考虑是否挖除软土将基础放于好土层中,或采用人工地基,或选择其他基础形式。

当土层分布明显不均匀,建筑物各部分荷载差别较大时,同一建筑物可采用不同的基础埋深来调整不均匀沉降。对于持力层顶面倾斜的墙下条形基础可做成台阶状,如图 8-10 所示。而对修建于斜坡上的基础,基础的埋置深度及基础底面外边缘线至坡前缘的距离应满足一定要求,以保证土坡稳定。

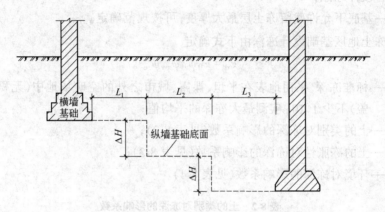

图 8-10 埋置深度不同的基础及墙下台阶条形基础

三、水文地质条件

有潜水存在时,基础底面应尽量埋置在潜水位以上。若基础底面必须埋置在水位以下时,除应考虑施工时的基坑排水,坑壁围护(地基土扰动)等问题外,还应考虑地下水对混凝土的腐蚀性,地下水的防渗以及地下水对基础底板的上浮作用。

对埋藏有承压含水层的地基(如图 8-11 所示),选择基础埋深时,应防止基底因挖土减压而隆起开裂。必须控制基坑开挖深度,使承压含水层顶部的静水压力 u 与总覆盖压力 σ 的比值 $u/\sigma < 1$,否则应降低地下承压水水头。式中静水压力 $u = \gamma_w h$,h 为承压含水层顶部压力水头高;总覆盖压力 $\sigma = \gamma_1 z_1 + \gamma_2 z_2$,$\gamma_1$、$\gamma_2$ 分别为各土层的重度,水位下取饱和重度。

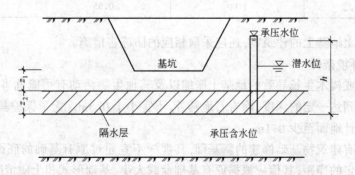

图 8-11 基坑下有承压水含水层

四、地基冻融条件

季节性冻土是冬季冻结、天暖解冻的土层。土体中水冻结后,发生体积膨胀,而产生冻胀。位于冻胀区的基础在受到大于基底压力的冻胀力作用下,会被上抬,而冻土层解冻融解时,地基土又发生融陷,建筑物随之下沉。冻胀和融陷是不均匀的,往往会造成建筑物的开裂损坏。因此为避开冻胀区土层的影响,基础底面宜设置在冻结线以下或在其下留有少量冻土层,以使其不足以给上部结构造成危害。《建筑地基基础设计规范》(GB50007—2002)规定,基础的最小埋深为

$$d_{min} = z_d - h_{max} \tag{8-1}$$

式中　z_d——设计冻深;

　　　h_{max}——基底下允许残留冻土层最大厚度,可按规范确定。

季节性冻土地区基础设计冻深由下式确定

$$z_d = z_0 \psi_{zs} \psi_{zw} \psi_{ze} \tag{8-2}$$

式中　z_0——标准冻深,采用地表在平坦、裸露、城市之外的空旷场地中(无积雪和草皮覆盖)不少于 10a 实测最大冻深的平均值;

　　　ψ_{zs}——土的类别对冻深的影响系数(见表 8-2);

　　　ψ_{zw}——土的冻胀性对冻深的影响系数(见表 8-3);

　　　ψ_{ze}——环境对冻深的影响系数(见表 8-4)。

表 8-2　土的类别对冻深的影响系数

土的类别	黏性土	细砂、粉砂、粉土	中、粗、砾砂	碎石土
影响系数 ψ_{zs}	1.0	1.2	1.3	1.4

表 8-3　土的冻胀性对冻深的影响系数

土的冻胀性	不冻胀	弱冻胀	冻胀	强冻胀	特强冻胀
影响系数 ψ_{zw}	1.00	0.95	0.90	0.85	0.80

表 8-4　环境对冻深的影响系数

周围环境	村、镇、旷野	城市近郊	城市市区
影响系数 ψ_{ze}	1.00	0.95	0.90

对于冻胀土地基上的建筑物,还应采取相应的防冻害措施。

五、场地环境条件

气候变化或树木生长导致的地基土胀缩以及其他生物活动有可能危害基础的安全,因而基础底面应到达一定的深度,除岩石地基外,不宜小于 0.5m。为了保护基础,一般要求基础顶面低于设计地面至少 0.1m。

对靠近原有建筑物基础修建的新基础,其埋深不宜超过原有基础的底面,否则新、旧基础间应保留一定的净距,其值应根据原有基础荷载大小、基础形式和土质情况确定。不能满足上述要求时,应采取分段施工,设临时加固支撑,打板桩,地下连续墙等施工措施,或加固原有建筑物地基,以保证邻近原有建筑物的安全。

如果基础邻近有管道或沟、坑等设施时,基础底面一般应低于这些设施的底面。临水建筑物,为防流水或波浪的冲刷,其基础底面应位于冲刷线以下。

第四节　地基承载力的确定

地基基础设计首先应保证在上部结构荷载作用下,地基土不至于发生剪切破坏而失效且具有一定的安全储备。因而,要求基底压力不大于地基承载力特征值,即基底尺寸应满足地基强度及安全性条件。

地基承载力特征值的确定方法可归纳为三类:(1)根据土的抗剪强度指标以理论公式计算;(2)按现场载荷试验的 p-s 曲线确定;(3)其他原位测试。这些方法各有长短,互为补充,可结合起来综合确定。当场地条件简单,又有临近成功可靠的建设经验时,也可按建设经验选取地基承载力。

一、按土的抗剪强度指标以理论公式确定

在第六章土压力和地基承载力中介绍的地基临塑荷载 p_{cr}、极限荷载 p_u 以及临界荷载 $p_{1/4}$ 均可用来确定地基承载力。若设计时不允许地基中出现局部剪切破坏,p_{cr} 就是地基的承载力特征值;但工程实践表明,对于给定的基础,地基从开始出现塑性区到整体破坏,相应的基础荷载有一个相当大的变化范围,即使地基中出现小范围的塑性区对整个建筑物上部结构的安全并无妨碍,而且相应的荷载与极限荷载 p_u 相比,一般仍有足够的安全度,因此,《建筑地基基础设计规范》推荐采用以临界荷载 $p_{1/4}$ 为基础的理论公式,结合经验给出了当偏心距 e 小于或等于 0.33 倍基础宽度时,计算地基承载力特征值的公式为

$$f_a = M_b \gamma b + M_d \gamma_m d + M_c c_k \tag{8-3}$$

式中　　　　f_a——由土的抗剪强度指标确定的地基承载力特征值,kPa;

　M_b、M_d、M_c——承载力系数,按表8-5确定;

　　　　b——基础底面宽度,m;大于 6m 时按 6m 取值,对于砂土,小于 3m 时按 3m 取值;

　　　　c_k——基底下一倍短边宽深度内土的黏聚力标准值,kPa。

式中的 f_a 与 $p_{1/4}$ 不同的是,当 $\varphi_k \geqslant 24°$ 时的 M_b 值是从砂土静载荷试验资料中取定的经验数值,它比理论值大得多,以便合理发挥砂土的承载力。当以 p_u 确定地基承载力时,是按 p_u 除以安全系数 K,或按净荷载除以安全系数 K。

二、按载荷试验确定地基的承载力

测定地基承载力最可靠的方法是在拟建场地进行载荷试验,因此,按载荷试验确定地基的承载力也是工程实践中最为常用的承载力确定方法。载荷试验是工程地质勘察工作中的一项原位测试,分为平板载荷试验及螺旋板载荷试验。螺旋板载荷试验适用于深部土层及大直径桩桩端土层的承载力的测定。浅层平板载荷试验适用于确定浅层地基的承载力。

载荷试验测试的岩土力学性质包括地基变形模量、地基承载力以及黄土的湿陷性等。试验装置一般由加荷稳压装置、反力装置及观测装置三部分组成。加荷稳压装置包括承压板、立柱、加荷千斤顶等;反力装置包括地锚系统或堆重系统;观测装置包括百分表及固定支架等。

现行《建筑地基基础设计规范》(GB50007—2002)规定承压板的面积宜为 $0.25\sim0.5\text{m}^2$,对软土不应小于 0.5m^2(正方形边长 $0.707\text{m} \times 0.707\text{m}$ 或圆形直径 0.798m)。为模拟半空

表 8-5　承载力系数 M_b、M_d、M_c

土的内摩擦角标准值 $\varphi_k/(°)$	M_b	M_d	M_c
0	0	1.00	3.14
2	0.03	1.12	3.32
4	0.06	1.25	3.51
6	0.10	1.39	3.71
8	0.14	1.55	3.93
10	0.18	1.73	4.17
12	0.23	1.94	4.42
14	0.29	2.17	4.69
16	0.36	2.43	5.00
18	0.43	2.72	5.31
20	0.51	3.06	5.66
22	0.61	3.44	6.04
24	0.80	3.87	6.45
26	1.10	4.37	6.90
28	1.40	4.93	7.40
30	1.90	5.59	7.95
32	2.60	6.35	8.55
34	3.40	7.21	9.22
36	4.20	8.25	9.97
38	5.00	9.44	10.80
40	5.80	10.84	11.73

注：φ_k—基底下一倍短边宽深度内土的内摩擦角标准值。

间地基表面的局部荷载,基坑宽度不应小于承压板宽度或直径的三倍;应保持试验土层的原状结构和天然湿度;宜在拟试压表面用粗砂或中砂找平,其厚度不超过 20mm;加荷等级不应少于 8 级,最大加载量不应小于荷载设计值的两倍。

浅层平板载荷试验的观测标准:(1)每级加荷后,按间隔 10、10、10、15、15min,以后为每隔半小时读一次沉降。当连续每小时的沉降量小于 0.1mm 时,则认为该级荷载下的地基沉降已趋稳定,可加下一级荷载。(2)当出现下列情况之一时,即可终止加载:a. 承压板的周围的土有明显的侧向挤出(砂土)或发生裂纹(黏性土或粉土);b. 沉降 s 急骤增大,荷载-沉降(p-s)曲线出现陡降段;c. 在某一荷载下,24h 内沉降速率不能达到稳定标准;d. $s/b \geqslant 0.06$(b 为承压板宽度或直径)。

满足终止加载前 3 种情况之一者,其对应的前一级荷载定为极限荷载。

根据各级荷载及其相应的稳定沉降的观测数值,即可采用适当比例尺绘制荷载 p 与稳定沉降s 的关系曲线(p-s 曲线),必要时还可绘制各级荷载下的沉降与时间(s-$\lg t$)的关系曲线。

承载力特征值按下述方法确定:

对于密实砂土、硬塑黏土等低压缩性土,其 p-s 曲线通常有比较明显的起始直线段和陡降段,即可得到极限荷载,如图 8-12a 所示。考虑到低压缩性土的承载力特征值一般由强度安全控制,故《建筑地基基础设计规范》规定取图 8-12a 中的 p_1(比例界限荷载,相当于地基临塑荷载)作为承载力特征值。此时,地基的沉降量很小,但是对于少数呈"脆性"破坏的土,

p_1 与极限荷载 p_u 很接近,当 $p_u < 2p_1$ 时,取 $p_u/2$ 作为承载力特征值。

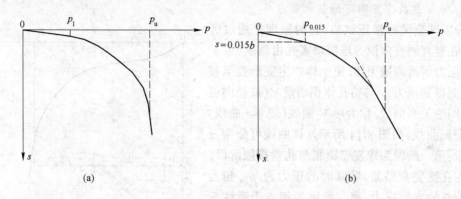

图 8-12 荷载-沉降(p-s)曲线

对于有一定强度的中、高压缩性土,如松砂、填土、可塑黏土等,p-s 曲线无明显转折点,但是曲线的斜率随荷载的增加而逐渐增大,最后稳定在某个最大值,即呈渐进破坏的"缓变型",如图 8-12b 所示。此时,极限荷载 p_u 可取曲线斜率开始到达最大值时所对应的压力。不过,要取得 p_u 值,必须把载荷试验进行到有很大的沉降才行。而实践中往往因受加荷设备的限制,或出于对安全的考虑,不能将试验进行到这种地步,因而无法取得 p_u 值。此外,土的压缩性较大,通过极限荷载确定的地基承载力,未必能满足对地基沉降的限制。

事实上,中、高压缩性土的地基承载力,往往通过相对变形来控制。规范总结了许多实测资料,当压板面积为 $0.25 \sim 0.50\mathrm{m}^2$ 时,规定取 $s = (0.010 \sim 0.015)b$ 所对应的压力作为承载力特征值,但其值不应大于最大加载量的一半。

对同一土层,试验点数不应少于 3 个,如所得试验值的极差不超过平均值 30% ,则取该平均值作为地基承载力特征值 f_{ak},然后再按式(8-4)考虑实际基础的宽度 b 和埋深 d,修正后得地基承载力特征值 f_a。

载荷板的尺寸一般比实际基础小,影响深度较小,试验只反映这个范围内土层的承载力。如果载荷板影响深度之下存在软弱下卧层,而该层又处于基础的主要受力层内,如图 8-13 所示的情况,此时除非采用大尺寸载荷板做试验,否则意义不大。

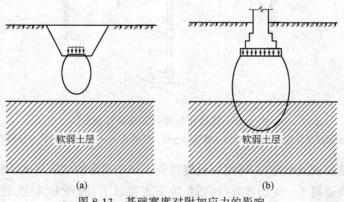

图 8-13 基础宽度对附加应力的影响

(a) 载荷试验;(b) 实际基础

三、按其他原位测试方法确定

1.旁压试验方法确定地基承载力

旁压试验又称横压试验,它的原理是通过旁压器,在竖直的孔内使旁压模膨胀并由该膜(或护套)将压力传给周围土体,使土体产生变形直至破坏,从而得到压力 p 与钻孔体积增量 V(或径向位移)之间的关系曲线,称为 p-V 曲线(或 p-s 曲线)又称旁压曲线,如图 8-14 所示。该曲线可分为三个阶段:第一阶段为橡皮膜膨胀与孔壁接触阶段,最后与孔壁完全贴紧,贴紧时的压力为 p_0,相当于原位总的水平应力;第二阶段为相当于弹性变形阶段,压力 p_f 为开始屈服的压力;第三阶段发生局部塑性流动,最后达到极限压力 p_1。

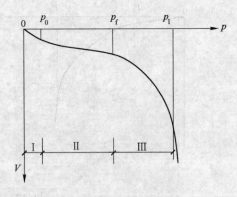

图 8-14　压力 p 与钻孔体积增量 V 的关系曲线

地基承载力的特征值可根据旁压曲线结合地区经验采用相应经验公式确定。旁压试验适合于黏性土、粉土、砂土、碎石土、残积土、极软岩和软岩等。

2.螺旋压板载荷试验确定地基承载力

螺旋压板载荷试验是 20 世纪 70 年代初发展起来的一种原位测试技术。它是借助人力或机械力将螺旋板作为承压板旋入地下预定深度,用千斤顶通过传力杆向螺旋板施加压力,反力由螺旋地锚提供。施加的压力由位于螺旋板上端的电测传感器测定,同时量测承压板的沉降。螺旋压板载荷试验装置示意图如图 8-15 所示。

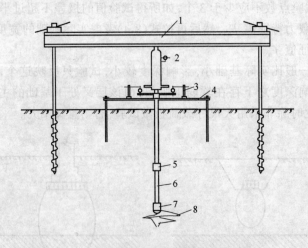

图 8-15　螺旋压板载荷试验装置示意图

1—反力装置;2—油压千斤顶;3—百分表;4—横梁;5—传力杆接头;6—传力杆;7—测力传感器;8—螺旋承压板

在某一深度的试验做完后,将螺旋板旋钻到下一个预定的试验深度,继续进行试验。螺旋压板载荷试验适用于一定深度处(特别是地下水位以下)的砂土、粉性土和黏性土层。它可以在不同深度处的原位应力条件下进行试验,扰动较小,能较好地反映地基土的性状。

由螺旋压板载荷试验资料绘制 p-s 曲线和确定地基土承载力特征值的方法与常规载荷试验基本相同。只不过在螺旋压板载荷试验中比例界限荷载 p_1 和极限荷载 p_u 中均已包含了上覆土自重压力的影响,故采用 p_1 和 p_u 确定地基土的承载力时,不必再进行深度修正。

另外,静力触探试验、标准贯入试验和十字板剪切试验等其他原位测试方法虽不能直接测定地基承载力,但可以采用与载荷试验结果对比分析的方法选择有代表性的土层同时进行载荷试验和原位测试,分别求得地基承载力和原位测试指标,积累一定数量的数据组,用回归统计的方法建立回归方程,间接地确定地基承载力。由于这些方法比较经济、简便快速,能在较短的时间内获得大量承载力资料,因而在工程建设中也得到大力推广。

我国幅员辽阔,土层分布的特点具有很强的地域性,各地区和各部门在使用各种测试仪器的过程中积累了很多地区性或行业性的经验,建立了许多地基承载力和原位测试指标之间的经验公式。因而地基承载力的确定可结合当地或部门经验综合确定。

四、地基承载力特征值的修正

理论分析和工程实践均以证明,基础的埋深、基础底面尺寸等均会对地基的承载能力产生很大影响。而上述原位测试中,地基承载力测定都是在一定条件下进行的,因此,必须考虑这两个因素影响。通常采用经验修正的方法来考虑实际基础的埋置深度和基础宽度对地基承载力的有利影响。《建筑地基基础设计规范》规定采用如下公式进行计算

$$f_a = f_{ak} + \eta_b \gamma (b - 3) + \eta_d \gamma_m (d - 0.5) \tag{8-4}$$

式中 f_a——修正后的地基承载力特征值;

$\quad f_{ak}$——地基承载力特征值,按前述方法确定;

η_b、η_d——分别为基础宽度和埋深的地基承载力修正系数,按表 8-6 查取;

$\quad \gamma$——基础底面以下土(持力层)的重度,水位以下取浮重度;

$\quad b$——基础底面宽度,m,当基宽小于 3m 按 3m 取值,大于 6m 按 6m 取值;

$\quad \gamma_m$——基础底面以上土加权平均重度,水位以下各土层 γ_i 取浮重度;

$\quad d$——基础埋置深度,m,一般自室外地面标高算起。在填方整平地区,可自填土地面标高算起,但填土在上部结构施工后完成时,应从天然地面标高算起。对于地下室,如采用箱形基础或筏基时,基础埋置深度自室外地面标高算起;当采用独立基础或条形基础时,应从室内地面标高算起。

对于主楼和群楼一体的结构,主体结构地基承载力深度修正时,宜将基础底面以上范围内的荷载,按基础两侧的超载考虑。当超载宽度大于基础宽度两倍时,可将超载折算成土层厚度作为基础埋深,基础两侧超载不等时,取小值。对于沉降已经稳定或经过预压的地基,可适当提高地基承载力的取值。

【例 8-1】 某场地土层分布及各项物理力学指标如例图 8-1 所示,若在该场地拟建下列基础:(1)柱下扩展基础,底面尺寸为 $2.6m \times 4.8m$,基础底面设置于粉质黏土层顶面;(2)高层箱形基础,底面尺寸 $12m \times 45m$,基础埋深为 $4.2m$。试确定这两种情况下持力层承载力修正特征值。

解:(1)柱下扩展基础:

$b = 2.6m < 3m$,按 3m 考虑,$d = 2.1m$。

表 8-6 承载力修正系数

土的类别		η_b	η_d
淤泥和淤泥质土		0	1.0
人工填土 e 或 I_L 大于或等于 0.85 的黏性土		0	1.0
红黏土	含水比 $\alpha_w > 0.8$	0	1.2
	含水比 $\alpha_w \leqslant 0.8$	0.15	1.4
大面积压实填土	压实系数大于 0.95、黏粒含量 $\rho_c \geqslant 10\%$ 的粉土	0	1.5
	最大干密度大于 $2.1t/m^3$ 的级配砂石	0	2.0
粉 土	黏粒含量 $\rho_c \geqslant 10\%$ 的粉土	0.3	1.5
	黏粒含量 $\rho_c < 10\%$ 的粉土	0.5	2.0
e 及 I_L 小于 0.85 的黏性土		0.3	1.6
粉砂、细砂(不包括很湿与饱和时的稍密状态)		2.0	3.0
中砂、粗砂、砾砂和碎石土		3.0	4.4

注:1. 强风化和全风化的岩石,可参照所风化的相应土类取值,其他状态下的岩石不修正。

2. 地基承载力特征值按深层平板载荷试验确定时 η_d 取 0。

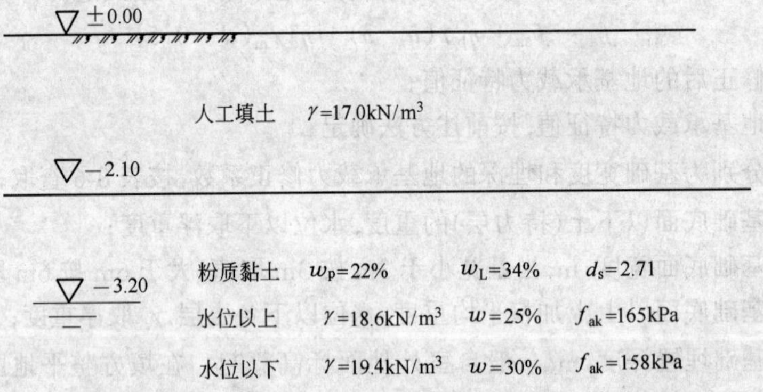

例图 8-1 土层分布及各物理力学指标

粉质黏土层水位以上 $I_L = \dfrac{w - w_p}{w_1 - w_p} = \dfrac{25 - 22}{34 - 22} = 0.25$

$$e = \frac{d_s(1 + w)\gamma_w}{\gamma} - 1 = \frac{2.71 \times (1 + 0.25) \times 10}{18.6} - 1 = 0.82$$

查表 8-6,得 $\eta_b = 0.3$,$\eta_d = 1.6$

将各指标值代入式(8-4),得

$$\begin{aligned}
f_a &= f_{ak} + \eta_b \gamma (b - 3) + \eta_d \gamma_m (d - 0.5) \\
&= 165 + 0 + 1.6 \times 17 \times (2.1 - 0.5) \\
&= 208.5 \text{kPa}
\end{aligned}$$

(2)箱形基础:

$b = 6m$,按 6m 考虑,$d = 4.2m$

基础底面位于水位以下

$$I_L = \frac{w - w_p}{w_l - w_p} = \frac{30 - 22}{34 - 22} = 0.67$$

$$e = \frac{d_s(1 + w)\gamma_w}{\gamma} - 1 = \frac{2.71 \times (1 + 0.30) \times 10}{19.4} - 1 = 0.82$$

查表 8-6,得 $\eta_b = 0.3$, $\eta_d = 1.6$。

水位以下浮重度

$$\gamma' = \frac{d_s - 1}{1 + e}\gamma_w = \frac{(2.71 - 1) \times 10}{1 + 0.82} = 9.4 \text{kN/m}^3$$

或

$$\gamma' = \gamma_{sat} - \gamma_w = 9.4 \text{ kN/m}^3$$

基底以上土的加权平均重度为

$$\gamma_m = \frac{17 \times 2.1 + 18.6 \times 1.1 + 9.4 \times 1}{4.2} = 15.6 \text{ kN/m}^3$$

将各指标代入式(8-4)

$$f_a = 158 + 0.3 \times 9.4 \times (6 - 3) + 1.6 \times 15.6 \times (4.2 - 0.5)$$
$$= 258.8 \text{kPa}$$

【例 8-2】 某柱下扩展基础($2.2\text{m} \times 3.0\text{m}$),承受中心荷载作用,场地土为粉土,水位在地表以下 2.0m,基础埋深 2.5m,水位以上土的重度为 $\gamma = 17.6\text{kN/m}^3$,水位以下饱和重度为 $\gamma_{sat} = 19\text{kN/m}^3$。土的抗剪强度指标为黏聚力 $c_k = 14\text{kPa}$,内摩擦角 $\varphi_k = 21°$,试按规范推荐的理论公式确定地基承载力特征值。

解:由 $\varphi_k = 21°$,查表 8-5 并作内插,得 $M_b = 0.56$、$M_d = 3.25$、$M_c = 5.85$。

基底以上土得加权平均重度

$$\gamma_m = \frac{17.6 \times 2.0 + (19 - 10) \times 0.5}{2.5} = 15.9 \text{ kN/m}^3$$

由式(8-3)得

$$f_a = M_b\gamma b + M_d\gamma_m d + M_c c_k$$
$$= 0.56 \times (19 - 10) \times 2.2 + 3.25 \times 15.9 \times 2.5 + 5.85 \times 14$$
$$= 222.2 \text{ kPa}$$

第五节 基础底面尺寸的确定

一、按持力层承载力初步确定基础底面尺寸

在设计浅基础时,一般先确定基础的埋置深度,选定地基持力层并求出地基承载力特征值 f_a,然后根据上部荷载,或根据构造要求确定基础底面尺寸。要求基底压力满足下列条件:

$$p_k \leqslant f_a \tag{8-5}$$

当有偏心荷载作用时,除应满足式(8-5)要求外,还需满足

$$p_{kmax} \leqslant 1.2 f_a \tag{8-6}$$

式中 p_k——相应于荷载效应标准组合时的基底平均压力;

p_{kmax}——相应于荷载效应标准组合时基底边缘最大压力值;

f_a——修正后的地基持力层承载力特征值,可按本章第四节介绍的方法确定。若 f_a 采用考虑了偏心荷载影响的汉森公式,对于偏心荷载作用时只要求满足式(8-5)。

1. 中心荷载作用下基础底面尺寸确定

中心荷载作用下,基础通常对称布置,基底压力 p_k 假定均匀分布,按下列公式计算

$$p_k = \frac{F_k + G_k}{A} = \frac{F_k}{A} + \gamma_G \bar{d} \tag{8-7}$$

式中 F_k——相应于荷载效应标准组合时,上部结构传至基础顶面处的竖向力;

G_k——基础自重和基础上土重;

A——基础底面面积;

γ_G——基础和基础上土的平均重度;

$\bar{d}$——基础的平均埋深。

由式(8-5)持力层承载力的要求,得

$$\frac{F_k}{A} + \gamma_G d \leqslant f_a$$

由此可得矩形基础底面面积为

$$A \geqslant \frac{F_k}{f_a - \gamma_G d} \tag{8-8}$$

对于条形基础,可沿基础长度的方向取单位长度进行计算,荷载同样是单位长度上的荷载,则基础宽度

$$b \geqslant \frac{F_k}{f_a - \gamma_G d} \tag{8-9}$$

式(8-8)和式(8-9)中的地基承载力特征值,在基础底面未确定以前可先只考虑深度修正,初步确定基底尺寸以后,再将宽度修正项加上,重新确定承载力特征值。直至设计出最佳基础底面尺寸。

2. 偏心荷载作用下的基础底面尺寸确定

对于偏心荷载作用下的基础底面尺寸常采用试算法确定。计算方法如下:

(1)先按中心荷载作用条件,利用式(8-8)或式(8-9)初步估算基础底面尺寸;

(2)根据偏心程度,将基础底面积扩大 $10\% \sim 40\%$,并以适当的比例确定矩形基础的长 l 和宽 b,一般取 $l/b = 1 \sim 2$;

(3)计算基底平均压力和基底最大压力,并使其满足式(8-5)和式(8-6)。

这一计算过程可能要经过几次试算方能确定合适的基础底面尺寸。另外为避免基础底面由于偏心过大而与地基土翘离,箱形基础还要求基底边缘最小压力值或偏心距满足

$$p_{kmin} \geqslant 0 \tag{8-10}$$

$$e = \frac{M_k}{F_k + G_k} \leqslant l/6 \text{ (条形基础为 } b/6) \tag{8-11}$$

式中 e——偏心距;

M_k——相应于荷载效应标准组合时,作用于基础底面的力矩值;

F_k、G_k——分别为相应于荷载效应标准组合时,上部结构传至基础顶面的竖向力值以及

基础自重和基础上的土重;

l——偏心方向的边长。

若持力层下有相对软弱的下卧土层,还须对软弱下卧层进行强度验算。如果建筑物有变形验算要求,应进行变形验算。承受水平力较大的高层建筑和不利于稳定的地基上的结构还须进行稳定性验算。

二、软弱下卧层承载力验算

当持力层下地基受力范围内存在承载力明显低于持力层承载力的高压缩性土层(如沿海沿江一些地区,地表存在一层"硬壳层",其下一般为很厚的软土层,其承载力明显低于上部"硬壳层"承载力)时,还必须对软弱下卧层的承载力进行验算。要求作用在软弱下卧层顶面处的附加应力和自重应力之和不超过下卧层顶面处的承载力经深度修正后的特征值

$$p_z + p_{cz} \leqslant f_{az} \qquad (8\text{-}12)$$

式中 p_z——相应于荷载效应标准组合时软弱下卧层顶面处的附加压力值;

p_{cz}——软弱下卧层顶面处的自重压力值;

f_{az}——软弱下卧层顶面处经深度修正后的地基承载力特征值。

关于附加压力值 p_z 的计算,《建筑地基基础设计规范》采用应力扩散简化计算方法。当持力层与下卧层的压缩模量比值 $E_{s1}/E_{s2} \geqslant 3$ 时,对于矩形或条形基础,可按压力扩散角的概念计算。如图 8-16 所示,假设基底附加压力($p_{0k} = p_k - p_c$)按某一角度 θ 向下传递。根据基底扩散面积上的总附加压力相等的条件可得软弱下卧层顶面处的附加压力:

矩形基础

$$p_z = \frac{lb(p_k - p_c)}{(b + 2z\tan\theta)(l + 2z\tan\theta)} \qquad (8\text{-}13)$$

条形基础仅考虑宽度方向的扩散,并沿基础纵向取单位长度为计算单元,于是可得

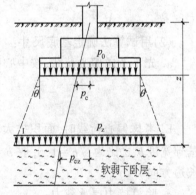

图 8-16 软弱下卧层顶面处的附加压力

$$p_z = \frac{b(p_k - p_c)}{b + 2z\tan\theta} \qquad (8\text{-}14)$$

式中 l、b——分别为矩形基础底面的长度和宽度;

p_c——基础底面处土自重压力;

z——基础底面到软弱下卧层顶面的距离;

θ——地基压力扩散线与垂直线的夹角,可按表 8-7 采用。

表 8-7 地基压力扩散角 θ 值

E_{s1}/E_{s2}	z/b	
	0.25	0.5
3	6°	23°
5	10°	25°
10	20°	30°

注:1. E_{s1} 为上层土压缩模量;E_{s2} 为下层土压缩模量;

2. $z/b < 0.25$ 时取 $\theta = 0°$,必要时,宜由试验确定;$z/b > 0.50$ 时 θ 值不变。

【例8-3】 某框架柱截面尺寸为400mm× 300mm,传至室内外平均标高位置处竖向力标准值为 $F_k = 700kN$,力矩标准值 $M_k = 80kN \cdot m$,水平剪力标准值 $V_k = 13kN$;基础底面距室外地坪为 $d = 1.0m$,基底以上填土重度 $\gamma = 17.5kN/m^3$,持力层为黏性土,重度 $\gamma = 18.5kN/m^3$,饱和重度 $\gamma_{sat} = 19.6kN/m^3$,孔隙比 $e = 0.7$,液性指数 $I_L = 0.78$,地基承载力特征值 $f_{ak} = 226kPa$,持力层下为淤泥土(见例图8-2),试确定柱基础的底面尺寸。

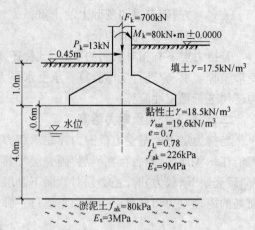

例图8-2　例8-3题各物理力学指标

解:(1)确定地基持力层承载力:先不考虑承载力宽度修正项,由 $e = 0.7$, $I_L = 0.78$,查表 8-6 得承载力修正系数 $\eta_b = 0.3$、$\eta_d = 1.6$,则

$$f_a = f_{ak} + \eta_d \gamma_m (d - 0.5)$$
$$= 226 + 1.6 \times 17.5 \times (1.0 - 0.5)$$
$$= 240kPa$$

(2)用试算法确定基底尺寸:

a. 先不考虑偏心荷载,按中心荷载作用计算

$$A_0 = \frac{F_k}{f_a - \gamma_G \bar{d}} = 3.25m^2$$

b. 考虑偏心荷载时,面积扩大为 $A = 1.2A_0 = 1.2 \times 3.25 = 3.90m^2$。取基础长度 l 和基础宽度 b 之比为 $l/b = 1.5$,取 $b = 1.6m$, $l = 2.4m$, $l \times b = 3.84m^2$。这里偏心荷载作用于长边方向。

c. 验算持力层承载力:

因 $b = 1.6m < 3m$,不考虑宽度修正, f_a 值不变。

基底压力平均值

$$p_k = \frac{F_k}{lb} + \gamma_G \bar{d} = \frac{700}{1.6 \times 2.4} + 20 \times 1.225 = 206.7kPa$$

基底压力最大值为

$$p_{max} = p_k + \frac{M_k}{W} = 206.7 + \frac{(80 + 13 \times 1.225) \times 6}{2.4^2 \times 1.6}$$
$$= 206.7 + 62.5 = 269.2kPa$$
$$1.2f_a = 288kPa$$

由结果可知 $p_k < f_a$, $p_{max} < 1.2f_a$ 满足要求。

(3)软弱下卧层承载力验算:由 $E_{s1}/E_{s2} = 3$, $z/b = 4/1.6 = 2.5 > 0.5$,查表 8-7 得 $\theta = 23°$;由表 8-6 可知,淤泥地基承载力修正系数 $\eta_b = 0$, $\eta_d = 1.0$。

软弱下卧层顶面处的附加压力为

$$p_z = \frac{lb(p_k - p_c)}{(b + 2z\tan\theta)(l + 2z\tan\theta)}$$

$$= \frac{2.4 \times 1.6 \times (206.7 - 17.5 \times 1.0)}{(1.6 + 2 \times 4 \times \tan 23°)(2.4 + 2 \times 4 \times \tan 23°)}$$

$$= 25.1 \text{ kPa}$$

软弱下卧层顶面处的自重压力为

$$p_{cz} = \gamma_1 d + \gamma_2 h_1 + \gamma' h_2$$

$$= 17.5 \times 1 + 18.5 \times 0.6 + (19.6 - 10) \times 3.4$$

$$= 61.2 \text{ kPa}$$

软弱下卧层顶面处得地基承载力修正特征值为

$$f_{az} = f_{akz} + \eta_d \gamma_m (d - 0.5)$$

$$= 80 + 1.0 \times \frac{17.5 \times 1 + 18.5 \times 0.6 + 9.6 \times 3.4}{5} \times (5 - 0.5)$$

$$= 135.1 \text{ kPa}$$

由计算结果可得 $p_{cz} + p_z = 61.2 + 25.1 = 86.3 \text{kPa} < f_{az}$，满足要求。

三、地基变形验算

按地基承载力选择了基础底面尺寸之后，一般情况下已保证建筑物防止地基剪切破坏方面具有足够的安全度。但为了防止建筑物因地基变形或不均匀沉降过大造成建筑物的开裂与损坏，保证建筑物正常使用还应对地基变形，特别是不均匀变形加以控制。

在常规设计中，一般都针对各类建筑物的结构特点、整体刚度和使用要求的不同，计算地基沉降的某一特征值 Δ，验算其是否小于允许值 $[\Delta]$，即要求满足下列条件：

$$\Delta \leqslant [\Delta] \tag{8-15}$$

式中　Δ——特征变形值，为预估值，对应于荷载准永久组合值。

变形基本计算方法见本书第三章。

1. 要求验算地基特征变形的建筑物范围

(1) 设计等级为甲级、乙级的建筑物，均应按地基变形设计。

(2) 表 8-8 所列范围外，设计等级为丙级的建筑物。

(3) 表 8-8 所列范围内，设计等级为丙级的建筑物可不做变形验算，如有下列情况之一时，仍应做变形验算：

a. 地基承载力特征值小于 130kPa，且体形复杂的建筑。

b. 在基础上及其附近有地面堆载或相邻基础荷载差异较大，可能引起地基产生过大的不均匀沉降时。

c. 软弱地基上的建筑物存在偏心荷载时。

d. 相邻建筑距离过近，可能发生倾斜时。

e. 地基内有厚度较大或厚薄不均的填土，其自重固结未完成时。

2. 地基变形特征

具体建筑物所需验算的地基变形特征取决于建筑物的结构类型、整体刚度和使用要求。地基变形特征一般分为：

沉降量——基础某点的沉降值；

沉降差——基础两点或相邻（相对）柱基中点的沉降量之差；

倾斜——基础倾斜方向两端点的沉降差与其距离的比值；

局部倾斜——砌体承重结构沿纵向 6～10m 内基础两点的沉降差与其距离的比值。

表 8-8 可不做地基变形计算设计等级为丙级的建筑物范围

<table>
<tr><td rowspan="2">地基主要受力层情况</td><td colspan="2">地基承载力特征值 f_{ak}/kPa</td><td>$60 \leqslant f_{ak}$
< 80</td><td>$80 \leqslant f_{ak}$
< 100</td><td>$100 \leqslant f_{ak}$
< 130</td><td>$130 \leqslant f_{ak}$
< 160</td><td>$160 \leqslant f_{ak}$
< 200</td><td>$200 \leqslant f_{ak}$
< 300</td></tr>
<tr><td colspan="2">各土层坡度/%</td><td>$\leqslant 5$</td><td>$\leqslant 5$</td><td>$\leqslant 10$</td><td>$\leqslant 10$</td><td>$\leqslant 10$</td><td>$\leqslant 10$</td></tr>
<tr><td rowspan="8">建筑类型</td><td colspan="2">砌体承重结构、框架结构(层数)</td><td>$\leqslant 5$</td><td>$\leqslant 5$</td><td>$\leqslant 5$</td><td>$\leqslant 6$</td><td>$\leqslant 6$</td><td>$\leqslant 7$</td></tr>
<tr><td rowspan="4">单层排架结构
(6m柱距)</td><td rowspan="2">单跨</td><td>吊车额定起重量/t</td><td>$5 \sim 10$</td><td>$10 \sim 15$</td><td>$15 \sim 20$</td><td>$20 \sim 30$</td><td>$30 \sim 50$</td><td>$50 \sim 100$</td></tr>
<tr><td>厂房跨度/m</td><td>$\leqslant 12$</td><td>$\leqslant 18$</td><td>$\leqslant 24$</td><td>$\leqslant 30$</td><td>$\leqslant 30$</td><td>$\leqslant 30$</td></tr>
<tr><td rowspan="2">多跨</td><td>吊车额定起重量/t</td><td>$3 \sim 5$</td><td>$5 \sim 10$</td><td>$10 \sim 15$</td><td>$15 \sim 20$</td><td>$20 \sim 30$</td><td>$30 \sim 75$</td></tr>
<tr><td>厂房跨度/m</td><td>$\leqslant 12$</td><td>$\leqslant 18$</td><td>$\leqslant 24$</td><td>$\leqslant 30$</td><td>$\leqslant 30$</td><td>$\leqslant 30$</td></tr>
<tr><td colspan="2">烟囱 高度/m</td><td>$\leqslant 30$</td><td>$\leqslant 40$</td><td>$\leqslant 50$</td><td colspan="2">$\leqslant 75$</td><td>$\leqslant 100$</td></tr>
<tr><td rowspan="2">水塔</td><td>高度/m</td><td>$\leqslant 15$</td><td>$\leqslant 20$</td><td>$\leqslant 30$</td><td colspan="2">$\leqslant 30$</td><td>$\leqslant 30$</td></tr>
<tr><td>容积/m³</td><td>$\leqslant 50$</td><td>$50 \sim 100$</td><td>$100 \sim 200$</td><td>$200 \sim 300$</td><td>$300 \sim 500$</td><td>$500 \sim 1000$</td></tr>
</table>

注:1. 地基主要受力层系指条形基础底面下深度为 $3b$(b 为基础底面宽度),独立基础下为 $1.5b$,且厚度均不小于 5m 范围(二层以下一般的民用建筑除外)。

2. 地基主要受力层中如有承载力特征值小于 130kPa 的土层时,表中砌体承重结构的设计,应符合《建筑地基基础设计规范》第七章的有关要求。

3. 表中砌体承重结构和框架结构均指民用建筑,对于工业建筑可按厂房高度、荷载情况折合成与其相当的民用建筑层数。

4. 表中吊车额定起重量、烟囱高度和水塔容积的数值系指最大值。

建筑物的地基变形允许值可按表 8-9 规定采用。对表中未包括的其他建筑物的地基变形允许值,可根据上部结构对地基变形的适应能力和使用上的要求确定。

表 8-9 建筑物的地基变形允许值

地 基 变 形 特 征		地基土类别	
		中低压缩性土	高压缩性土
砌体承重结构基础的局部倾斜		0.002	0.003
工业与民用建筑相邻柱基的沉降差 (1) 框架结构 (2) 砌体墙填充的边排柱 (3) 当基础不均匀沉降时不产生附加应力的结构		$0.002L$ $0.0007L$ $0.005L$	$0.003L$ $0.001L$ $0.005L$
单层排架结构(柱距为 6m)柱基的沉降量/mm		(120)	200
桥式吊车轨面的倾斜(按不调整轨道考虑) 纵向 横向		0.004 0.003	
多层和高层建筑的整体倾斜	$H_g \leqslant 24$ $24 < H_g \leqslant 60$ $60 < H_g \leqslant 100$ $H_g > 100$	0.004 0.003 0.0025 0.002	
体形简单的高层建筑基础的平均沉降量/mm		200	
高耸结构基础的倾斜	$H_g \leqslant 20$ $20 < H_g \leqslant 50$ $50 < H_g \leqslant 100$ $100 < H_g \leqslant 150$ $150 < H_g \leqslant 200$ $200 < H_g \leqslant 250$	0.008 0.006 0.005 0.004 0.003 0.002	
高耸结构基础的沉降量/mm	$H_g \leqslant 100$ $100 < H_g \leqslant 200$ $200 < H_g \leqslant 250$	400 300 200	

注:1. 本表数值为建筑物地基实际最终变形允许值。

2. 有括号者仅适用于中压缩性土。

3. L 为相邻柱基的中心距离,mm;H_g 为自室外地面起算的建筑物高度,m。

砌体承重结构出现不均匀沉降的常见情况如图 8-17 所示,图 8-17a 为两端部沉降相对较大,建筑物中部沉降较小的情况(纵墙裂缝呈现"倒八字形");图 8-17b 为建筑物中部沉降相对较大,两端沉降较小的情况(纵墙裂缝呈现"八字形")。一般砌体承重结构房屋的长高比不太大,破坏多为局部倾斜所致,所以以局部倾斜作为地基的主要特征变形,如图 8-18 所示。

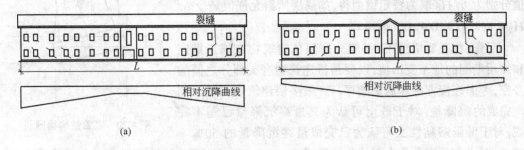

图 8-17　砌体承重结构不均匀沉降

对于框架结构和砌体墙填充的边排柱,主要是由于相邻柱基的沉降差使构件受剪扭曲而损坏,所以沉降计算应由沉降差来控制(图 8-19)。

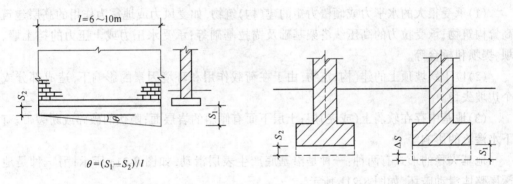

图 8-18　砌体承重结构局部倾斜　　　　图 8-19　相邻柱基的沉降差

以屋架、柱和基础为主体的木结构和排架结构,在低压缩性地基上一般不会因沉降而损坏,但在中、高压缩性地基上就应限制单层排架结构柱基的沉降量,尤其应限制多跨排架中受荷较大的中排柱基的下沉,以免支承于其上的相邻屋架发生对倾而使端部相碰。

相邻柱基的沉降差所形成的桥式吊车轨面沿纵向或横向的倾斜,会导致吊车滑行或卡轨。

对于高耸结构以及长高比很小的高层建筑,应控制基础的倾斜。地基土层的不均匀以及邻近建筑物的影响是高耸结构物产生倾斜的重要原因。这类结构物的重心高,基础倾斜使重心侧向移动引起偏心荷载,不仅使其基底边缘压力增加而影响倾覆稳定性,还会导致高烟囱等筒体的附加弯矩。因此高层、高耸结构基础的倾斜允许值随结构高度的增加而递减。

如果地基的压缩性比较均匀,且无邻近荷载影响,对高耸建筑物及体形简单的高层建筑,只验算基础中心沉降量,可不做倾斜验算。

高层高耸结构物倾斜主要取决于人们视觉的敏感程度,倾斜值达到明显可见的程度大致为 1/250,结构破坏则大致在倾斜值达到 1/150 时开始。为了使基础倾斜控制在合适的

范围内,以减小结构物附加弯矩,通过分析得出倾斜允许值
$[\theta]$为:

$$[\theta] = \frac{b}{120H_0} \qquad (8\text{-}16)$$

式中 H_0 为建筑物高度,b 为基础宽度。表 8-9 中倾斜允许
值分别为 b/H_0 取为特定值而得,如高层倾斜允许值是令 $b/H_0 = 1/2$、$1/3$、$1/4$、$1/5$ 而得到。

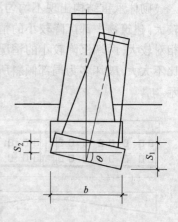

图 8-20　高耸结构物倾斜

另外,在必要情况下,需要分别预估建筑物在施工期间
和使用期间的地基变形值,以便预留建筑物有关部分之间的
净空,考虑连接方法和施工顺序。一般多层建筑物在施工期
间完成的沉降量,对于砂土可认为其最终沉降量已基本完
成,对于低压缩黏性土可认为已完成最终沉降量的 50%～80%,对于中压缩黏性土可认为已完成 20%～50%,对于高压缩黏性土可认为已完成 5%～20%。

四、地基稳定验算

下属各种情况有可能发生地基稳定性破坏:

(1)承受很大的水平力或倾覆力矩的建(构)筑物,如受风力或地震力作用的高层建筑或
高耸构筑物;承受拉力的高压线塔架基础及锚拉基础等;承受水压力或土压力的挡土墙、水
坝、堤坝和桥台等。

(2)位于斜坡顶上的建(构)筑物,由于在荷载作用和环境因素的影响下,造成部分或整
个边坡失稳。

(3)地基中存在软弱土(或夹)层;土层下面有倾斜的岩层面;隐伏的破碎或断裂带;有地
下水渗流的影响等。

地基失稳的形式有两种:一种是沿基底产生表层滑动,如图 8-21a 所示;另一种是地基
深层整体滑动破坏,如图 8-21b 所示。

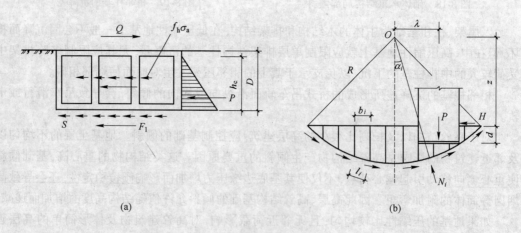

图 8-21　地基失稳的形式

表层滑动稳定安全系数 K_S 用基础底面与土之间的摩擦阻力的合力与作用于基底的水
平力的合力之比来表示,即

$$K_S = \frac{\mu_v F + \mu_h P_h + P}{Q} \geqslant (1.2 \sim 1.4) \tag{8-17}$$

式中　F——作用于基底的竖向力，kN；

　　　Q——作用于基底的水平力，kN；

　　　P_h——作用于基础两侧面的总静止土压力，kN；

　　　P——作用于与 Q 相对方向上基础侧面的总被动土压力，kN；

　μ_v、μ_h——分别为基础底面及两侧面与土的摩擦系数。

地基深层整体滑动稳定问题可用圆弧滑动法进行验算。稳定安全系数指作用于最危险的滑动面上诸力对滑动中心所产生的抗滑力矩与滑动力矩的比值，即

$$K_s = \frac{M_R}{M_S} \geqslant 1.2 \tag{8-18}$$

当滑动面为平面时，稳定安全系数应提高到 1.3。

位于稳定土坡坡顶上的建筑，当垂直于坡顶边缘线的基础底面边长 b 小于或等于 3m 时，其基础底面外边缘线至坡顶的水平距离 a（图 8-22）应符合下式要求，但不得小于 2.5m。

条形基础

$$a \geqslant 3.5b - \frac{d}{\tan\beta} \tag{8-19}$$

矩形基础

$$a \geqslant 2.5b - \frac{d}{\tan\beta} \tag{8-20}$$

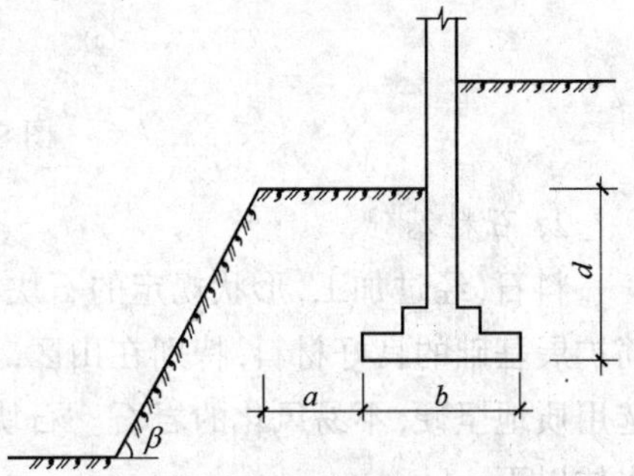

图 8-22　基础底面外边缘距
坡顶的水平距离示意图

式中　a——基础底面外边缘线至坡顶的水平距离；

　　　b——垂直于坡顶边缘线的基础底面边长；

　　　d——基础埋置深度；

　　　β——边坡坡角。

当基础底面外边缘线至坡顶的水平距离不满足式(8-19)、式(8-20)的要求时，可根据基底平均压力按式(8-18)确定基础距坡顶边缘的距离和基础埋深。

当边坡坡角大于 45°、坡高大于 8m 时，尚按式(8-18)进行坡体稳定性验算。

第六节　扩展基础设计

一、无筋扩展基础

无筋扩展基础可作为墙下条形基础梁下独立基础或柱下单独基础。其截面一般做成台阶形式，有时也可做成梯形。确定截面尺寸时，最主要一点是要满足刚性角（构造）要求，即基础的外伸宽度与基础高度的比值小于基础的允许宽高比（见表 8-1）。同时还要保证经济合理，便于施工。根据不同的材料，无筋扩展基础有如下构造要求：

1. 砖基础

砖基础所用砖强度等级不低于 MU10，砂浆不低于 M5。在砌筑基础前，一般应先做

100mm 厚的 C10 或 C7.5 的素混凝土垫层。砖基础常砌筑成大放脚形式,砌法有两种,一种是"两皮一收",砌筑方法如图 8-23a 所示,另一种是"二一隔收",砌筑方法如图 8-23b 所示,台阶宽高比分别为 1/2 和 1/1.5,均应满足规范要求。

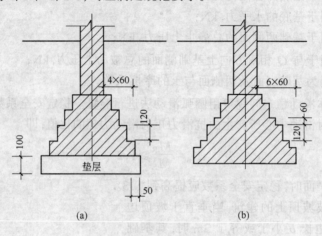

图 8-23　砖基础构造形式

2．石料基础

料石(经过加工,形状规定的石块)、毛石和大漂石有相当高的强度和抗冻性,是砌筑无筋扩展基础的良好材料,特别在山区,石料可以就地取材,应该充分利用。做基础的石料要选用质地坚硬,不易风化的岩石。石块的厚度不宜小于 15cm。石料基础一般不宜用于地下水位以下。

3．灰土基础

灰土是用石灰和土料配制而成的,在我国已有千年以上的使用历史。石灰以块状为宜,经熟化 1～2d 后用 5～10mm 筛子过筛立即使用。土料宜用塑性指数较低的粉土和黏性土,并过筛使用,粒径不得大于 15mm。石灰与土料按体积配合比 3:7 或 2:8 拌和均匀后,在基槽内分层夯实(每层虚铺 220～250mm,夯实至 150mm,称为一步灰土)。灰土基础宜在比较干燥的土层中使用,其本身具有一定抗冻性。灰土还由于其抗渗性好而在湿陷性黄土地区得以大量应用。

4．三合土基础

石灰、砂和骨料(炉渣、碎砖或碎石)加水混合而成。施工时石灰、砂、骨料按体积配合比 1:2:4 和 1:3:6 拌和均匀再分层夯实。南方有的地区习惯使用水泥、石灰、砂、骨料的四合土作为基础。所用材料体积配合比分别为 1:1:5:10 或 1:1:6:12。

5．素混凝土基础

不设钢筋的混凝土基础常称为素混凝土基础。混凝土的耐久性、抗冻性都比较好,强度较高。因此,对于同样基础宽度,用混凝土时,基础高度可以小一些。但混凝土造价稍高,耗水泥量较大,因此较多用于地下水位以下的基础或垫层。混凝土基础强度等级一般采用 C15,为节约水泥用量,可以在混凝土中掺入 20%～30% 的毛石,形成毛石混凝土。

在确定无筋扩展基础尺寸时,除应满足地基容许承载力外,基础宽度 B(或长度)还应满足

$$B \leqslant b_0 + 2h[\tan\alpha] \tag{8-21}$$

若不满足式(8-21)时,可增加基础高度,或选择强度较大的材料。如仍不满足,则需改用钢筋混凝土扩展基础。在同样荷载和基础尺寸的条件下,钢筋混凝土基础埋置深度较浅,适宜宽基浅埋的情况。

对于混凝土基础,当基础底面处的平均压力值超过 300kPa 时,应按式(8-22)验算墙(柱)边缘或变阶处的受剪承载力

$$V_S \leqslant 0.366 f_t A \tag{8-22}$$

式中 V_S——相应于荷载效应基本组合时的地基土平均净反力产生的沿墙(柱)边缘或变阶处单位长度的剪力设计值;

A——沿墙(柱)边缘或变阶处混凝土基础单位长度面积。

【例8-4】 某厂房柱断面600mm×400mm。基础受竖向荷载标准值 $F_K = 780$kN,力矩标准值 120kN·m,水平荷载标准值 $H = 40$kN,作用点位置在 ±0.000 处。地基土层剖面如例图 8-3 所示。基础埋置深度 1.8 m,试设计柱下无筋扩展基础。

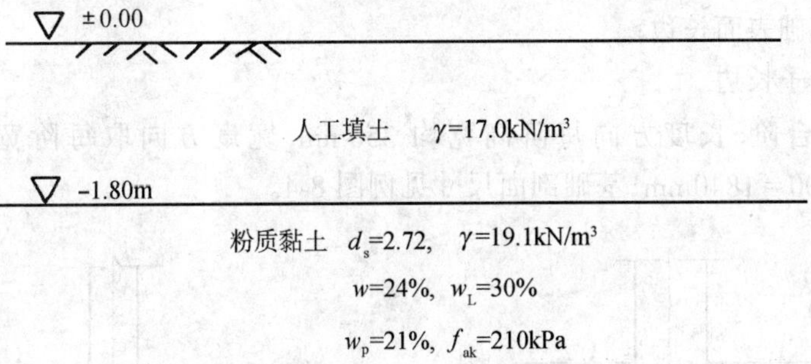

∇ ±0.00

人工填土 $\gamma = 17.0$kN/m³

∇ −1.80m

粉质黏土 $d_s = 2.72$, $\gamma = 19.1$kN/m³

$w = 24\%$, $w_L = 30\%$

$w_p = 21\%$, $f_{ak} = 210$kPa

例图 8-3 地基土层剖面图

解:(1)持力层承载力特征值深度修正:持力层为粉质黏土层,

$$I_L = \frac{w - w_p}{w_l - w_p} = \frac{24 - 21}{30 - 21} = 0.33$$

$$e = \frac{d_s(1 + w)\gamma_w}{\gamma} - 1 = \frac{2.72 \times (1 + 0.24) \times 10}{19.1} - 1 = 0.766$$

查表 8-6 得 $\eta_b = 0.3$, $\eta_d = 1.6$,先考虑深度修正

$$\begin{aligned} f_a &= f_{ak} + \eta_d \gamma_m(d - 0.5) \\ &= 210 + 1.6 \times 17 \times (1.8 - 0.5) \\ &= 245.4 \text{kPa} \end{aligned}$$

(2)按中心荷载作用计算:

$$A_0 = \frac{F_k}{f_a - \gamma_G d} = \frac{780}{245.4 - 20 \times 1.8} = 3.73 \text{m}^2$$

扩大至 $A = 1.3 A_0 = 4.85 \text{m}^2$。

取 $l = 1.5b$,则

$$b = \sqrt{\frac{A}{1.5}} = \sqrt{\frac{4.85}{1.5}} = 1.8 \text{m}$$

$$l = 2.7 \text{m}$$

(3)地基承载力验算：基础宽度小于 3m，不必再进行宽度修正。

基底压力平均值

$$p_k = \frac{F_k}{lb} + \gamma_G d = \frac{780}{2.7 \times 1.8} + 20 \times 1.8 = 196.5 \text{kPa}$$

基底压力最大值为

$$p_{kmax} = p_k + \frac{M_k}{W} = 196.5 + \frac{(120 + 40 \times 1.8) \times 6}{2.7^2 \times 1.8}$$

$$= 196.5 + 87.8 = 284.3 \text{kPa}$$

$$1.2 f_a = 294.5 \text{kPa}$$

由结果可知 $p_k < f_a$，$p_{kmax} < 1.2 f_a$ 满足要求。

(4)基础剖面设计：基础材料选用 C15 混凝土，查表 8-1，台阶宽、高比允许值 1：1.0，则基础高度

$$h = (l - l_0)/2 = (2.7 - 0.6)/2 = 1.05 \text{m} = 1050 \text{mm}$$

式中　l——基础表面长边；

　　　l_0——柱子长边。

做成 3 个台阶，长度方向每阶高宽均 350mm，宽度方向取每阶宽 240mm，则宽度 $b = 240 \times 6 + 400 = 1840 \text{mm}$；基础剖面尺寸见例图 8-4。

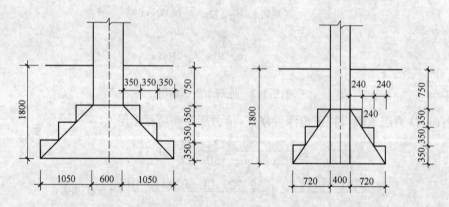

例图 8-4　基础剖面尺寸

【例 8-5】　某承重墙厚240m，地基土表层为杂填土，厚度为 0.65m，重度 17.3kN/m³，其下为粉土，重度 18.3kN/m³，黏粒含量 $\rho_c = 12.5\%$，承载力特征值 170kPa，地下水在地表下 0.8m 处，上部墙体传来荷载效应标准值为 190kN/m。试设计该墙下无筋扩展基础。

解：(1)初选基础底面在水位面处，则基础埋深 $d = 0.8 \text{m}$。

(2)确定基础宽度 b：

计算持力层承载力修正特征值：由粉土黏粒含量 $\rho_c = 12.5\%$，查表 8-6 得 $\eta_b = 0.3$，$\eta_d = 1.5$

$$f_a = f_{ak} + \eta_d \gamma_m (d - 0.5)$$

$$= 170 + 1.5 \times \frac{0.65 \times 17.3 + 0.15 \times 18.3}{0.8} \times (0.8 - 0.5)$$

$$= 177.9 \text{kPa}$$

基础宽度 $\quad b \geqslant \dfrac{F_k}{f_a - \gamma_G d} = \dfrac{190}{177.9 - 20 \times 0.8} = 1.17 \text{m}$，取 $b = 1.2 \text{m}$。

(3)确定基础剖面尺寸：

方案 I：采用 MU10 砖和 M5 砂浆，"二一隔收"砌法砌筑砖基础，砖基础的台阶允许宽高比 1:1.5，基底做 100mm 厚素混凝土垫层。则

基础高度 $\quad H \geqslant \dfrac{b - b_0}{2[\tan\alpha]} = \dfrac{(1200 - 240) \times 1.5}{2} = 720 \text{mm}$

基础顶面应有 100mm 的覆盖土，这样，基础底面最小埋置深度为

$$d_{\min} = 100 + 720 + 100 = 920 \text{mm} > 800 \text{mm}$$

不满足要求，不能采用。

方案 II：采用砖和混凝土两种材料，下部采用 300mm 厚 C15 混凝土，其上砌筑砖基础。砌法如例图 8-5 所示。

二、钢筋混凝土扩展基础

钢筋混凝土扩展基础包括钢筋混凝土柱下独立基础和墙下钢筋混凝土条形基础。这种基础通过钢筋来承受弯曲产生的拉应力，其高度不受刚性角的限制，构造高度可以较小，但需要满足抗弯、抗剪和抗冲切破坏的要求。

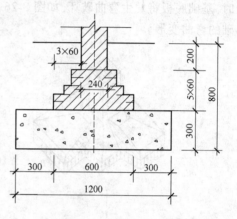

例图 8-5 承重墙无筋扩展基础

1. 墙下钢筋混凝土条形基础

(1)墙下条形基础的设计原则：墙下钢筋混凝土条形基础的内力计算一般可按平面应变问题处理，在长度方向可取单位长度计算而柱下钢筋混凝土条形基础则必须按连续梁来进行计算。墙下钢筋混凝土条形基础宽度由承载力确定，基础高度由混凝土抗剪条件确定，基础底板配筋则由验算截面的抗弯能力确定。在进行截面计算时，不计基础及其上覆土的重力作用所产生的部分地基反力，而只计算外荷载产生的地基净反力。

(2)地基净反力计算：

$$p_{j\min}^{\max} = \frac{N}{b} \pm \frac{6M}{b^2} \tag{8-23}$$

竖向荷载 $N(\text{kN/m})$、$M(\text{kN} \cdot \text{m/m})$ 为荷载效应基本组合单位长度数值。

(3)底板配筋计算：基础验算截面 I 处弯矩设计值(图 8-24)

$$M_I = \frac{1}{6}(2p_{j\max} + p_j)a_1^2 \tag{8-24}$$

式中 $p_{j\max}$，p_j——分别为相应于荷载效应基本组合时的基础底面边缘最大地基净反力设计值及验算截面 I-I 处地基净

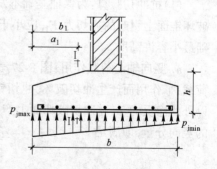

图 8-24 墙下条形基础计算简图

反力设计值；

a_1——弯矩最大截面位置距底面边缘最大地基反力处的距离；当墙体材料为混凝土时，取 $a_1 = b_1$；如为砖墙且放角不大于 1/4 砖长时，取 $a_1 = b_1 + 1/4$ 砖长。

2. 柱下独立扩展基础

当基础承受柱子传来的荷载时，若柱子周边处基础的高度不够，就会发生如图 8-25 所示的冲切破坏，即从柱子周边起，沿 45°斜面拉裂，形成冲切角锥体。在基础变阶处也可以发生同样的破坏。产生破坏的原因是由于冲切破坏面上的主拉应力超过了基础混凝土的抗拉强度。因此，钢筋混凝土柱下独立基础的高度由抗冲切验算确定。

基础底板在地基静反力作用下还会产生向上的弯曲。当弯曲应力超过基础抗弯强度时，基础底板将发生弯曲破坏，如图 8-26 所示。因此，基础底板应配置足够的钢筋以抵抗基础的弯曲变形。

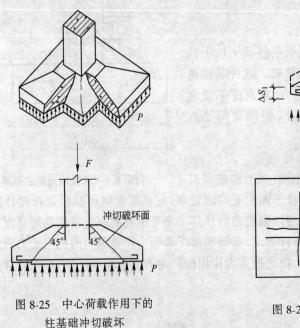

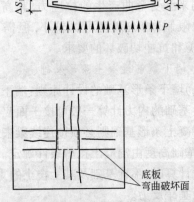

图 8-25　中心荷载作用下的
柱基础冲切破坏

图 8-26　柱基础底板弯曲破坏

(1)抗冲切验算：为保证基础不发生冲切破坏，在基础冲切锥范围以外，由地基净反力在破坏锥面上引起的冲切力 F_l，应小于基础可能冲切面上的混凝土抗冲切强度，从而确定基础最小容许高度。

a. 竖向轴心荷载作用：图 8-27 表示基础底面尺寸为 $l \times b$ 的锥形扩展基础受竖向轴心荷载 F_k 作用而产生冲切破坏，冲切锥以外的基底面积如图 8-27 的阴影所示。要求冲切锥以外的净反力 p_j 在冲切破坏面上产生的冲切荷载应不大于冲切破坏面上混凝土抗拉能力的竖向分量，即满足

$$F_l \leqslant 0.7\beta_{hp} f_t a_m h_0 \tag{8-25a}$$

$$F_l = p_j A_l \tag{8-25b}$$

式中　p_j——扣除基础自重及其上土重后相应于荷载效应基本组合时的地基土单位面积净

反力,kPa;

β_{hp}——受冲切承载力截面高度影响系数,当 h 不大于 800mm 时,取 1.0;当 h 大于或等于 2000mm 时,取 0.9,其间按线性内差法取用;

f_t——混凝土轴心抗拉强度设计值,kPa;

a_m——冲切锥破坏面上边与下边周长的平均值,$a_m = 2(l_0 + b_0 + 2h_0)$;

A_1——计算冲切荷载时取用的基底面积,为图 8-27 中阴影部分。

b. 偏心荷载作用:由于基底压力按直线分布假定计算,所以偏心荷载作用基底净反力为梯形,冲切破坏斜面位于靠近 p_{jmax} 的一侧。作用在这一斜面上的冲切应满足

$$F_1 \leqslant 0.7\beta_{hp}f_t a_m h_0$$

$$a_m = (a_t + a_b)/2 \qquad (8\text{-}26)$$

$$F_1 = p_{jmax}A_1 \qquad (8\text{-}27)$$

式中　p_{jmax}——偏心受压基础基底边缘处最大净反力,kPa;

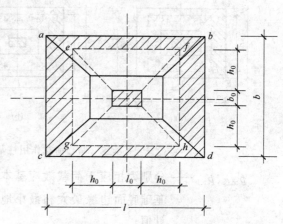

图 8-27　中心荷载作用下基础冲切计算

A_1——计算冲切荷载时取用的多边形面积,图 8-28a、b中的阴影面积 $ABCDEF$,或图 8-28c 中的阴影面积 $ABCD$;

a_m——冲切破坏锥体最不利一侧计算长度;

a_t——冲切破坏锥体最不利一侧斜截面的上边长,当计算柱与基础交接处的受冲切承载力时,取柱宽;当计算基础变阶处的受冲切承载力时,取上阶宽;

a_b——冲切破坏锥体最不利一侧斜截面与基础底面的交线,冲切破坏锥体位于基础底面范围内时,$a_b = a_t + 2h_0$;冲切破坏锥体位于基础底面范围以外时,$a_b = b$。

当式(8-24)不满足时,可适当增加基础高度再验算,直至满足要求为止。

(2) 基础底板抗弯验算:柱下扩展基础受基底反力的作用,产生双向弯曲。分析时可将基底按对角线分成 4 个区域(如图 8-29 所示)。沿柱边缘截面 I - I 处的弯矩由阴影部分的地基静反力所产生,截面 II - II 的情况与此类同。一般取柱边缘及变阶处作为验算截面。

对于中心荷载作用或偏心作用而偏心距小于或等于 1/6 倍基础偏心方向边长的情况,当台阶的宽高比小于或等于 2.5 时,任意截面的弯矩可按下式计算(图 8-29)

$$M_{\text{I}} = \frac{1}{12}a_1^2\Big[(2b+a)\big(p_{max}+p-\frac{2G}{A}\big)+(p_{max}-p)b\Big] \qquad (8\text{-}28)$$

$$M_{\text{II}} = \frac{1}{48}(b-a')^2(2l+b')\big(p_{max}+p_{min}-\frac{2G}{A}\big) \qquad (8\text{-}29)$$

式中　M_{I}、M_{II}——分别为任意截面 I - I、II - II 处的弯矩设计值;

a_1——任意截面 I - I 至基底边缘最大反力处的距离;

l、b——基础底面边长;

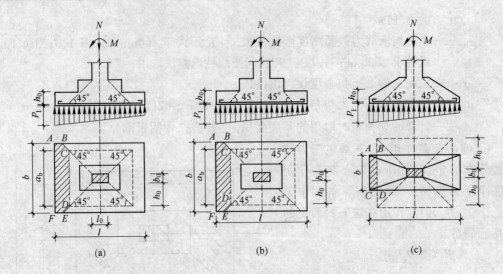

图 8-28 偏心荷载作用柱基础冲切计算简图

p_{max}、p_{min}——分别为相应于荷载效应基本组合时的
基础底面边缘最大和最小地基反力设
计值；

p——相应于荷载效应基本组合时在任意截
面 I-I 处基础底面地基反力设计值。

底板纵横向受力钢筋面积按下式计算

$$A_{sI} \geqslant \frac{M_I}{0.9f_y h_0} \qquad (8-30)$$

$$A_{sII} \geqslant \frac{M_{II}}{0.9f_y(h_0-d)} \qquad (8-31)$$

式中 d——钢筋直径。

3. 钢筋混凝土扩展基础构造要求

(1)锥形基础的边缘高度,不宜小于 200mm;阶梯形基
础的每阶高度,宜为 300~500mm。

(2)垫层的厚度不宜小于 70mm;垫层混凝土强度等级
应为 C10。

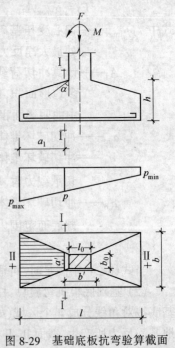

图 8-29 基础底板抗弯验算截面

(3)扩展基础底板受力钢筋的最小直径不宜小于 10
mm,间距不宜大于 200 mm 也不宜小于 100mm。墙下钢筋混凝土条形基础纵向分布钢筋
的直径不应小于 8mm;间距不应大于 300mm;每延米分布钢筋的面积应不小于受力钢筋面
积的 1/10。当有垫层时钢筋保护层的厚度不宜小于 40mm,无垫层时不宜小于 70mm。

(4)混凝土强度等级不应低于 C20。

(5)柱下钢筋混凝土独立基础的边长和墙下钢筋混凝土条形基础的宽度大于或等于
2.5m 时,底板受力钢筋的长度可取边长或宽度的 0.9 倍,并宜交错布置,如图 8-30a 所示。

(6)钢筋混凝土条形基础底板在 T 形及十字形交接处,底板横向受力钢筋仅沿一个主
要受力方向通长布置,另一方向的横向受力钢筋可布置到主要受力方向底板宽度 1/4 处(图

8-30b),在拐角处底板横向受力钢筋应沿两个方向布置(图 8-30c)。

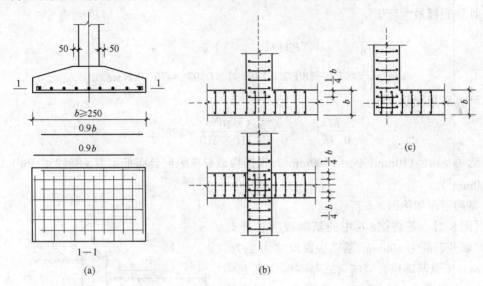

图 8-30 扩展基础底板受力钢筋布置示意图

【例 8-6】 某办公楼为砖混承重结构,拟采用钢筋混凝土墙下条形基础。外墙厚为370 mm,上部结构传至 ±0.000 处的荷载标准值为 $F_k = 220 \text{kN/m}$,$M_k = 45 \text{kN·m/m}$,荷载设计值为 $F = 250 \text{kN/m}$,$M = 63 \text{kN·m/m}$,基础埋深 1.92m(从室内地面算起,室内外高差 0.45m),地基持力层承载力特征值 $f_a = 158 \text{kPa}$。混凝土强度等级为 C20($f_c = 9.6 \text{N/mm}^2$),钢筋采用 HPB235 级钢筋($f_y = 210 \text{N/mm}^2$)。试设计该外墙基础。

解:(1)求基础底面宽度 b:

基础平均埋深 $\qquad d = (1.92 \times 2 - 0.45)/2 = 1.7 \text{m}$

基础底面宽度 $\qquad b = \dfrac{F_k}{f_a - \gamma_G d} = \dfrac{220}{158 - 20 \times 1.7} = 1.77 \text{m}$

初选 $\qquad b = 1.3 \times 1.77 = 2.3 \text{m}$

地基承载力验算

$$p_{k\max} = \frac{F_k + G_k}{b} + \frac{6M_k}{b^2} = \frac{220 + 20 \times 1.7 \times 2.3}{2.3} + \frac{6 \times 45}{2.3^2}$$

$$= 129.7 + 51.0$$

$$= 180.7 \text{ kPa} < 1.2 f_a = 189.6 \text{ kPa} \quad \text{满足要求}$$

(2)地基净反力计算

$$p_{j\max} = \frac{F}{b} + \frac{6M}{b^2} = \frac{250}{2.3} + \frac{6 \times 63}{2.3^2} = 108.7 + 71.5 = 180.2 \text{kPa}$$

$$p_{j\min} = \frac{F}{b} - \frac{6M}{b^2} = \frac{250}{2.3} - \frac{6 \times 63}{2.3^2} = 108.7 - 71.5 = 37.2 \text{kPa}$$

(3)底板配筋计算:初选基础高度 $h = 350 \text{mm}$,边缘厚取 200mm。采用 C10、100mm 厚的混凝土垫层,基础保护层厚度取 40mm,则基础有效高度 $h_0 = 310 \text{mm}$。

计算截面选在墙边缘,则 $\qquad a_1 = (2.3 - 0.37)/2 = 0.97 \text{m}$

该截面处的地基净反力 $p_{jI} = 180.2 - (180.2 - 37.2) \times 0.97/2.3 = 119.9$ kPa

计算底板最大弯矩

$$M_{max} = \frac{1}{6}(2p_{jmax} + p_{jI})a_1^2$$

$$= \frac{1}{6} \times (2 \times 180.2 + 119.9) \times 0.97^2 = 75.3 \text{kN·m/m}$$

计算底板配筋

$$\frac{M_{max}}{0.9h_0f_y} = \frac{75.3 \times 10^6}{0.9 \times 310 \times 210} = 1285 \text{mm}$$

选用 $\phi 14@110$mm($A_S = 1399$mm^2),根据构造要求纵向分布筋选取 $\phi 8@250$mm($A_S = 201.0$mm^2)。

基础剖面如例图 8-6 所示。

【例 8-7】 若将例 8-6 中的基础改为扩展基础,并取基础高为 600mm,基础底面尺寸为 2.7m ×1.8m,传至基础顶面竖向荷载基本组合值 $F = 820$kN,力矩基本组合值 $M = 150$kN·m,其余条件不变,试设计该扩展基础。

解:(1)基底净反力计算

$$p_{jmax} = \frac{F}{lb} + \frac{6M}{bl^2} = \frac{820}{1.8 \times 2.7} + \frac{6 \times 150}{1.8 \times 2.7^2}$$

$$= 168.7 + 68 \cdot 6 = 237.3 \text{kPa}$$

$$p_{jmin} = \frac{F}{lb} - \frac{6M}{bl^2} = \frac{820}{1.8 \times 2.7} - \frac{6 \times 150}{1.8 \times 2.7^2}$$

$$= 168.7 - 68.6 = 100.1 \text{kPa}$$

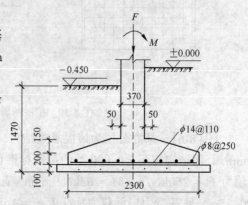

例图 8-6 例题 8-6 的基础剖面图

(2)基础厚度抗冲切验算

由冲切破坏体极限平衡条件得

$$F_1 \leqslant 0.7\beta_{hp}f_t a_m h_0$$

$$F_1 = p_{jmax}A_1$$

当 $h \leqslant 800$mm 时,取 $\beta_{hp} = 1.0$。

取保护层厚度为 80mm,则

$$h_0 = 600 - 80 = 520 \text{mm}$$

偏心荷载作用下,冲切破坏发生于最大基底反力一侧,由图 8-28a 所示

$$A_1 = (\frac{l - l_0}{2} - h_0)b - (\frac{b - b_0}{2} - h_0)^2$$

$$= [(2.7 - 0.6)/2 - 0.52] \times 1.8 - [(1.8 - 0.4)/2 - 0.52]^2$$

$$= 0.922 \text{m}^2$$

$$F_1 = p_{jmax}A_1 = 237.3 \times 0.922 = 218.8 \text{kN}$$

采用 C20 混凝土,其抗拉强度设计值 $f_t = 1.1$MPa

$$a_m = b_0 + h_0 = 400 + 520 = 920 \text{mm}$$

$$0.7\beta_{hp}f_t a_m h_0 = 0.7 \times 1.0 \times 1.1 \times 10^3 \times 0.92 \times 0.52 = 368.4 \text{kN} > F_1$$

基础高度满足要求。选用锥形基础,基础边缘厚度取 200mm,基础剖面如例图 8-7 所示。

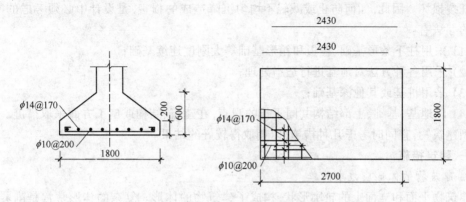

例图 8-7　例题 8-7 的基础剖面图

(3)基础底板配筋计算:由图 8-29 所示,验算截面 I - I 、II - II 均应选在柱边缘处,则
$$b' = l_0 = 600\text{mm}, \quad a' = b_0 = 400\text{mm}$$

截面 I - I 至基底边缘最大反力处的距离

$$a_1 = \frac{1}{2}(l - l_0) = (2700 - 600)/2 = 1050\text{mm}$$

I - I 截面处　$p_{jI} = p_{j\max} - \dfrac{p_{j\max} - p_{j\min}}{l}a_1 = 237.3 - (237.3 - 100.1) \times 1.05/2.7$

$$= 183.9\text{kPa}$$

$$M_I = \frac{1}{12}a_1^2[(2b + a')(p_{j\max} + p_{jI}) + (p_{j\max} - p_{jI})b]$$

$$= \frac{1}{12} \times 1.05^2 \times [(2 \times 1.8 + 0.4)(237.3 + 183.9) + (237.3 - 183.9) \times 1.8]$$

$$= 163.6\text{kN·m}$$

II - II 截面处　$M_{II} = \dfrac{1}{48}(b - a')^2(2l + b')(p_{j\max} + p_{j\min})$

$$= \frac{1}{48} \times (1.8 - 0.4)^2 \times (2 \times 2.7 + 0.6) \times (237.3 + 100.1)$$

$$= 82.7\text{kN·m}$$

选取钢筋等级为 HPB235 级,则 $f_y = 210\text{MPa}$

$$A_{sI} = \frac{163.6 \times 10^6}{0.9 \times 210 \times 520} = 1664.6\text{mm}^2$$

则基础长边方向选取 $\phi14@170\text{mm}(A_{sI} = 1692.9\text{mm}^2)$

$$A_{sII} = \frac{82.7 \times 10^6}{0.9 \times 210 \times (520 - 14)} = 864\text{mm}^2 \quad (\text{基础短边方向 } h_0 = 520 - d = 520 - 14)$$

基础短边方向由构造要求选取 $\phi10@200\text{mm}(A_{sII} = 1099\text{mm}^2)$,钢筋布置如例图 8-7 所示。

第七节　减小不均匀沉降危害的措施

地基的不均匀变形有可能导致建筑物损坏或影响其使用功能。特别是高压缩性土、膨胀土、湿陷性黄土以及软硬不均等不良地基上的建筑物,如果考虑欠周,就更易因不均匀沉降而开裂损坏。因此,如何防止或减轻不均匀沉降造成的损害,是设计中必须考虑的问题。通常的办法有:

(1) 采用柱下条形基础、筏板和箱形基础等大刚度连续基础;

(2) 采用各种方法对地基进行适当处理;

(3) 采用桩基或其他深基础;

(4) 以地基、基础、上部结构共同工作的观点,在建筑、结构或施工方面采取措施。对于中小型建筑物,宜同时考虑几种措施,以期取得较好的结果。

一、建筑措施

1.建筑物的体形应力求简单

建筑物平面和立面上的轮廓形状,构成了建筑物的体形。复杂的体形常常是削弱建筑物整体刚度和加剧不均匀沉降的重要因素。因此,地基条件不好时,在满足使用要求的条件下,应尽量采用简单的建筑体形,如长高比小的"一"字形建筑物。

平面形状复杂(如"L"、"T"、"Ⅱ"、"Ⅲ"形等)的建筑物,纵、横单元交叉处基础密集,地基中附加应力互相重叠,必然出现比别处大的沉降。加之这类建筑物的整体性差,各部分的刚度不对称,很容易遭受地基不均匀沉降的损害。

建筑物高低(或轻重)变化太大,地基各部分所受的荷载不同,也易出现过量的不均匀沉降。据调查,软土地基上紧接高差超过一层的砌体承重结构房屋,低者很易开裂(如图 8-31 所示)。因此,当高度差异或荷载差异较大时,可将两者隔开一定距离,当拉开距离后的两个单元必须连接时,应采取能自由沉降的连接构造。

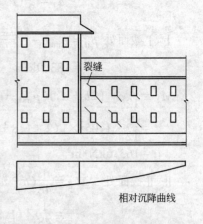

相对沉降曲线

图 8-31　相邻建筑物高差大而开裂

2.控制长高比及合理布置墙体

长高比大的砌体承重房屋,其整体刚度差,纵墙很容易因挠曲过度而开裂。根据调查认为,二层以上的砌体承重房屋,当预估的最大沉降量超过 120mm 时,长高比不宜大于 2.5;对于平面简单、内外墙贯通、横墙间隔较小的房屋,长高比的控制可适当放宽,但一般不大于3.0。不符合上述要求时,一般要设置沉降缝。

合理布置纵、横墙,是增强砌体承重结构房屋整体刚度的重要措施之一。一般房屋的纵向刚度较弱,故地基不均匀沉降的损害主要表现为纵墙的挠曲破坏。内、外纵墙的中断、转折,都会削弱建筑物的纵向刚度。地基不良时,应尽量使内、外纵墙贯通。纵横墙的联结形成了空间刚度,缩小横墙的间距,可有效地改善房屋的整体性,从而增强了调整不均匀沉降的能力。

3.设置沉降缝

用沉降缝将建筑物(包括基础)分割为两个或多个独立的沉降单元,可有效地防止不均匀沉降发生。分割出的沉降单元,原则上要求满足体形简单、长高比小、各沉降单元地基比较均匀等条件。为此,沉降缝的位置通常选择在下列部位上:

(1)建筑物平面转折部位处。

(2)长高比过大的砌体承重结构或钢筋混凝土框架结构的适当部位。

(3)地基土的压缩性有显著变化处。

(4)建筑物的高度或荷载有较大差异处。

(5)建筑物结构或基础类型不同处。

(6)分期建造房屋的交界处。

沉降缝应有足够的宽度,以防止缝两侧的结构相向倾斜而互相挤压。缝内一般不得填塞,但寒冷地区为了防寒,可填塞松散材料。沉降缝的常用宽度为:二、三层房屋缝宽 50~80mm,四、五层房屋缝宽 80~120mm,五层以上缝宽应不小于 120mm。沉降缝的一些构造参见图 8-32。

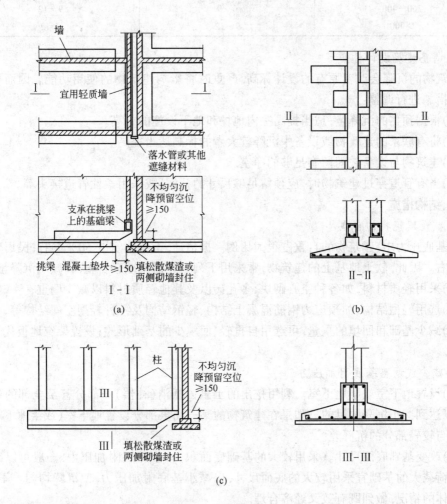

图 8-32　沉降缝构造图

4.相邻建筑物基础间的净距要求

由地基中附加应力分布规律可知:作用在地基上的荷载,会在土体中的一定宽度和一定深度范围内产生附加应力,并引起地基变形。在此范围之外,荷载对相邻建筑物的影响可忽略。如果建筑物之间的距离太近,同期修建会相互影响,特别是建筑物轻重差别太大时,轻者极易受重者的影响而发生不均匀沉降;非同期修建时,新建重型建筑物或高层建筑物会对原有建筑物产生影响,而使被影响建筑产生不均匀沉降而开裂。

相邻建筑物基础的净距按表 8-10 选用。由该表可见,决定相邻建筑物的净距的主要因素是建筑物的长高比(即建筑物的刚度)以及影响建筑的预估沉降量值。

表 8-10　相邻建筑物基础间的净距(m)

影响建筑的预估沉降量 s/mm	被影响建筑的长高比	
	$2.0 \leqslant \dfrac{L}{H_f} < 3.0$	$3.0 \leqslant \dfrac{L}{H_f} < 5.0$
70~150	2~3	3~6
160~250	3~6	6~9
260~400	6~9	9~12
>400	9~12	≥12

5. 调整建筑设计标高

建筑物的沉降会改变原有的设计标高,严重时将影响建筑物的使用功能。因而可以采取下列措施进行调整:

(1)根据预估的沉降量,适当提高室内地坪和地下设施的标高。

(2)将有联系的建筑物或设备中沉降较大者的标高适当提高。

(3)建筑物与设备之间留有足够的净空。

(4)当有管道穿过建筑物时,应预留足够尺寸的孔洞,或采用柔性管道接头等。

二、结构措施

1. 减轻建筑物的自重

在基底压力中,建筑物的自重占很大比例。据估计,工业建筑占 50% 左右;民用建筑占 60% 左右。因此,软土地基上的建筑物,常采用下列一些措施减轻自重,以减小沉降量。

(1)采用轻质材料,如各种空心砌块、多孔砖以及其他轻质材料以减少墙重;

(2)选用轻型结构,如预应力钢筋混凝土结构、轻钢结构及各种轻型空间结构等;

(3)减少基础和回填的重量,可选用自重轻、回填少的基础形式;设置架空地板代替室内回填土。

2. 减少或调整基底附加压力

(1)设置地下室或半地下室。利用挖出的土重去抵消(补偿)一部分甚至全部的建筑物重量,以达到减小沉降的目的。如果在建筑物的某一高重部分设置地下室(或半地下室),便可减少与较轻部分的沉降差。

(2)改变基础底面尺寸。采用较大的基础底面积,减小基底附加压力,一般可以减小沉降量。荷载大的基础宜采用较大的底面尺寸,以减小基底附加压力,使沉降均匀。不过,应针对具体的情况,做到既有效又经济合理。

3. 设置圈梁

对于砌体承重结构,不均匀沉降的损害突出表现为墙体的开裂。因此实践中常在墙内设置圈梁来增强其承受挠曲变形的能力。这是防止出现开裂及阻止裂缝开展的一项十分有效的措施。

当墙体挠曲时,圈梁的作用犹如钢筋混凝土梁内的受拉钢筋,主要承受拉应力,弥补了砌体抗拉强度不足的弱点。当墙体正向挠曲时,下方圈梁起作用,反向挠曲时,上方圈梁起作用。而墙体发生什么方式的挠曲变形往往不容易估计,故通常在上下方都设置圈梁。另外,圈梁必须与砌体结合为整体,否则便不能发挥应有的作用。

圈梁的布置,在多层房屋的基础和顶层处宜各设置一道圈梁,其他各层可隔层设置,必要时可层层设置。单层工业厂房、仓库,可结合基础梁、联系梁、过梁等酌情设置。

圈梁应设置在外墙、内纵墙和主要内横墙上,并宜在平面内连成封闭系统。如在墙体转角及适当部位,设置现浇钢筋混凝土构造柱(用锚筋与墙体拉结),与圈梁共同作用,可更有效地提高房屋的整体刚度。另外,墙体上开洞时,也宜在开洞部位配筋或采用构造柱及圈梁予以加强。

4. 采用连续基础或桩基础

对于建筑体形复杂、荷载差异较大的框架结构,可采用箱基、桩基、筏基等加强基础整体刚度,减少不均匀沉降。

三、施工措施

在软弱地基上开挖基坑和修建基础时,合理安排施工顺序,采用合适的施工方法,以确保工程质量和减小不均匀沉降的危害。

对于高低、轻重悬殊的建筑部位或单体建筑,在施工进度和条件允许的情况下,一般应按照先重后轻、先高后低的顺序进行施工,或在高重部位竣工并间歇一段时间后再修建轻、低部位。

带有地下室和群房的高层建筑,为减小高层部位与群房间的不均匀沉降,施工时应采用后浇带断开,待高层部分主体结构完成时再连接成整体。如采用桩基,可根据沉降情况,在高层部分主体结构未全部完成时连接成整体。

在软土地基上开挖基坑时,要尽量不扰动土的原状结构,通常可在基坑底保留大约200mm厚的原土层,待施工垫层或基础时再临时挖除。如发现坑底软土已被扰动,可挖除扰动部分,用砂石等进行回填处理。

在新建基础、建筑物侧边不宜堆放大量的建筑材料或弃土等重物,以免地面堆载引起建筑物产生附加沉降。拟建的密集建筑群内如有采用桩基础的建筑物,桩的设置应首先进行。

在需要降低地下水的场地,应密切注意降水对邻近建筑物可能产生的不利影响。

思考题及习题

8-1　简述天然地基上浅基础设计的内容和一般步骤。

8-2　天然地基上浅基础设计的原则是什么? 影响基础埋置深度的因素有哪些?

8-3　基础的结构和材料类型有哪些? 其各自适用性如何?

8-4　基础设计中刚性基础需满足的基本条件是什么? 和哪些因素有关? 如何施工砖砌大放脚基础?

8-5　地基变形验算都包括哪些具体内容? 防止地基不均匀沉降危害的措施有哪些?

8-6　西安地区常用的墙基是砖-灰土的基础剖面。试问应如何分别对灰土和天然地基的承载力进行验算?

8-7　墙下条形基础和柱下条形基础设计时的根本差别是什么?

8-8　写出地基下卧层验算的公式,并对各公式作出解释。

8-9　何谓基础的刚性角? 为什么基础的宽度要小于基础两边刚性角的范围?

8-10　两幢房屋相距很近时,新建房屋与原有房屋的基础埋深的高差应如何考虑? 如新建房屋必须埋置很深时,应采取哪些措施?

8-11　为什么在基础设计中要进行软弱下卧层验算?

8-12 设置地下室时为什么能减少基底附加压力?

8-13 某地区地下水位偏高,当地下水位为 -1.12m 和 -1.00m,基础埋深为 $D = 1.5\text{m}$,施工有一定困难,试另提出一种设计方案,使其可避免水下之苦。

8-14 某柱基工程,地基土的承载力达 300kPa,原设计基础底面 3m×3m,底下有厚 450mm 的三七灰土。施工单位提出取消灰土。问这一建议是否合理? 为什么?

8-15 有一墙下的钢筋混凝土条形基础,地基为很厚的均匀的黏土,基底压力等于地基承载力的特征值 f_{ak} = 140kPa。因缺乏钢筋拟改为 50 号沙浆砌的砖基础(台阶比为 1:1.5)。试述这一建议的可行性。如果可行,画出砖基础的剖面,标明详细尺寸,定出最小埋置深度。

8-16 为什么要设置沉降缝? 沉降缝设置在什么位置? 沉降缝和温度缝可以相互代替吗? 为什么?

8-17 墙体的八字形裂缝是怎样产生的? 什么情况下墙体上出现正八字形裂缝? 什么情况下出现倒八字形裂缝?

8-18 甲地区,地基上层软下层硬,在一幢三层楼近旁新建一幢六层住宅,建成后原有三层楼没有因新建六层楼而下沉开裂。设计者根据这一经验,在地基为上层硬下层软的乙地区,新建六层住宅(楼房、荷载、尺寸都与甲地区相同),却引起了附近三层已建住宅的开裂。问原因何在? 试加以分析。

	甲地区	乙地区
上 层	黏土、流塑 $E_s = 3\text{MPa}$	卵石 $E_s = 30\text{MPa}$
下 层	卵石 $E_s = 30\text{MPa}$	黏土、流塑 $E_s = 3\text{MPa}$

8-19 选择基础埋置深度时,应考虑哪些因素?

8-20 地基基础设计时,对地基和基础各有哪些要求?

8-21 有一地区,地面以下 2m 是粉质黏土,$\gamma = 1.9\ \text{kN/m}^3$,$d_s = 2.7$,$w = 25\%$,$f_{ak} = 160\ \text{kPa}$,其下为淤泥,$d_s = 2.7$,$w = 40\%$,$f_{ak} = 80\ \text{kPa}$,地下水位为 0.8m 深。拟建四层住宅。试拟定其基础埋深及所用材料。

8-22 按载荷试验确定的地基承载力特征值 f_{ak},当 B＞3m 和 d＞0.5m 时,为什么要修正? 怎样修正?

8-23 冻胀土地基对建筑物有何影响? 在确定基础埋深时,如何考虑地基的冻融条件?

8-24 无筋扩展基础为什么要限制台阶宽高比? 为什么说钢筋混凝土条形基础适合于宽基浅埋的场合?

8-25 在较软弱的黏性土中进行浅层平板载荷试验,承压板为正方形,面积 0.25m^2,各级荷载下的相应累计沉降如题表 8-1 所示。

题表 8-1

p/kPa	54	81	108	135	162	189	216	243
s/mm	2.15	5.05	8.95	13.90	21.50	30.55	40.35	48.50

试确定地基的承载力。

8-26 某条形基础宽 2.0m,基础底面埋深 1.50m,地下水位在地面以下 1.50m,基础底面的设计荷载为 350kN/m,土层厚度及相关试验指标见题表 8-2。

题表 8-2

土层序号	土层厚度/m	天然重度/kN·m⁻³	压缩模量/MPa
(1)	3	20	12.0
(2)	5	18	3.7

试计算扩散至下卧层顶面处的地基附加应力。

8-27 已知某场地条件同例 8-1,若在该场地上拟设置:(1)一墙下条形基础,基础宽度为 2.2m,埋深为 1.5m;(2)筏板基础,底面尺寸 18m×32m,基础埋深 3.5m。试确定各自的地基承载力。确定的地基承载力是否相等? 为什么?

8-28 某柱下扩展基础($3.0m \times 3.0m$),承受中心荷载作用,场地土为粉质黏土,水位在地表以下 $3.0m$,基础埋深 $3.5m$,水位以上土的重度为 $\gamma = 17.8kN/m^3$,水位以下饱和重度为 $\gamma_{sat} = 19.4kN/m^3$。土的抗剪强度指标为黏聚力 $c_k = 18kPa$,内摩擦角 $\varphi_k = 26°$,试按规范推荐的理论公式确定地基承载力特征值。

8-29 已知某框架柱截面尺寸为 $400mm \times 350mm$,传至室内外平均标高位置处竖向力标准值为 $F_k = 800kN$,力矩标准值 $M_k = 60kN \cdot m$,水平剪力标准值 $V_k = 20kN$;基础底面距室外地坪为 $d = 2.0m$,室内外高差 $600mm$,基底以上为杂填土,重度 $\gamma = 17.0kN/m^3$,持力层为粉质黏土,重度 $\gamma = 19.0kN/m^3$,孔隙比 $e = 0.7$,液性指数 $I_L = 0.78$,地基承载力特征值 $f_{ak} = 226kPa$,厚 $4.0m$。地下水位埋深(距室外地坪)$5.0m$。水位下的粉质黏土饱和重度 $\gamma_{sat} = 19.6kN/m^3$,持力层下为淤泥土,孔隙比 $e = 1.7$,液性指数 $I_L = 1.1$,地基承载力特征值 $f_{ak} = 70kPa$,持力层和下卧层的压缩模量值之比大于 3.0。试确定柱基础的底面尺寸。

8-30 某厂房柱断面 $500mm \times 400mm$。基础受竖向荷载标准值 $F_K = 680kN$,力矩标准值 $M_K = 120kN \cdot m$,水平荷载标准值 $H = 40kN$,作用点位置在 ± 0.000 处。地基土层剖面如例图 8-3 所示。基础埋置深度 $2.0m$,试设计柱下无筋扩展基础。

8-31 某承重墙厚 $240m$,地基土表层为杂填土,厚度为 $0.50m$,重度 $17.3kN/m^3$,其下为粉土,重度 $18.5kN/m^3$,黏粒的质量分数为 11.5%,承载力特征值 $180kPa$,无地下水影响,上部墙体传来荷载效应标准值为 $200kN/m$,试设计该墙下无筋扩展基础。

第九章 桩基础

第一节 概　述

一、桩基础的概念

桩基础由设置在土层中的杆型或柱型构件——桩体和将它们连接在一起的承台所构成。桩体的作用是将上部结构的荷载分散传递给桩体范围内的土体(纯摩擦桩)或是将上部结构的荷载分散传递给桩体范围内的土体和桩端以下土体(端承摩擦桩和摩擦端承桩)或是通过桩体将上部结构的荷载传递到桩端以下较为坚硬、密实的土层(岩层)中(端承桩)。桩基通过作用于桩端的地层阻力和桩周土层的摩阻力来支承轴向荷载,依靠桩侧土层的侧向阻力来支承水平荷载。

二、桩基础的适用性

近年来桩的种类和桩基形式、施工工艺和设备以及桩基理论和设计方法等都有了很大的发展。桩基已成为在土质不良地区修建各种建(构)筑物,特别是高层建筑、重型厂房和具有特殊要求的构筑物所广泛采用的基础形式之一。

对于下列各种情况,在基础方案选择时,可优先考虑选用桩基础方案:

(1)不允许地基有过大沉降和不均匀沉降的高层建筑或其他重要建筑物。

(2)重型工业厂房和荷重很大的建(构)筑物,如仓库、料仓等。

(3)软弱地基或某些特殊性土上的各类永久性建筑物。

(4)作用有较大水平力和力矩的高耸结构物(如烟囱、水塔、大型架线塔等)或需依靠桩体承受较大水平力或上拔力的其他情况。

(5)需要减弱动荷载振动影响的动力机器基础,或以桩基础作为地震区建筑物的抗震措施。

当地基上部土体软弱而在桩端可达的深度处埋藏有坚实地层时,最宜采用桩基础。如果地基上部极软弱土层太厚,桩端达不到坚实地层时,则应考虑桩基的沉降等问题。同建筑地基基础设计对地基的最基本要求一样,桩基设计也应注意满足承载力和变形这两项最基本要求。

三、桩基础设计的内容和步骤

桩基础设计的基本内容主要包括下列各项:

(1)选择桩的类型和几何尺寸。

(2)确定单桩竖向(和水平向)承载力设计值。

(3)确定桩的数量、间距和布置方式。

(4)验算桩基的承载力和沉降。

(5)进行桩身结构设计。

(6)进行承台设计。

(7)绘制桩基础施工图纸。

桩基础的工程质量、工期长短、投资多少主要看桩的选型是否正确。桩的选型需要考虑上部结构形式、荷载性质、穿越土层情况、桩端持力层的力学性态、场地地下水文条件、施工环境、施工设备、成桩工艺、桩材供应等各种条件和影响因素,进行综合分析和技术经济比较,选择经济合理、施工便捷、安全适用的桩型。

四、桩基础的设计原则

《建筑桩基技术规范》(JGJ94—94)规定,建筑桩基采用以概率理论为基础的极限状态设计方法,以可靠性指标衡量桩的可靠度,采用以分项系数表达的极限状态表达式进行桩的承载力计算。桩基极限承载力被分为以下两类:

(1)承载力极限状态——桩基达到极限承载力或发生整体失稳或桩基础产生了不适于继续承载的变形。

(2)正常使用极限状态——桩基达到了建筑物正常使用所规定的变形限值、承载力限值或达到了耐久性要求的某项限值。

根据桩基损坏造成的建筑物破坏后果(人身生命安全、经济损失、社会影响等)的严重性,桩基设计时应选用适当的安全等级。《建筑桩基技术规范》(JGJ94—94)规定:重要的工业与民用建筑物和对桩基变形有特殊要求的工业建筑物的桩基础属一级安全等级的建筑桩基,其损坏后造成的后果很严重;一般的工业与民用建筑物的桩基础为二级安全等级的建筑桩基,其损坏后造成的后果严重;次要建筑物下的桩基础为三级安全等级的建筑桩基,其损坏后造成的后果不严重。

根据承载能力极限状态和正常使用极限状态的要求,所有桩基均应进行承载能力极限状态的计算,计算内容包括:

(1)根据桩基的使用功能和受力特征进行桩基的竖向(抗压或抗拔)承载力计算和水平承载力计算;对于某些条件下的群桩基础宜考虑由桩群、土、承台相互作用产生的承载力群桩效应。

(2)对桩身及承台承载力进行计算;对于桩身露出地面或桩侧为可液化土、极限承载力小于 50kPa(或不排水抗剪强度小于 10kPa)土层中的细长桩尚应进行桩身压屈验算;对混凝土预制桩尚应按施工阶段的吊装、运输和锤击作用进行强度验算。

(3)当桩端平面以下存在软弱下卧层时,应验算软弱下卧层的承载力。

(4)对位于坡地、岸边的桩基应验算整体稳定性。

(5)按现行《建筑抗震设计规范》规定应进行抗震验算的桩基,应验算抗震承载力。

桩端持力层为软弱土的一、二级建筑桩基以及桩端持力层为黏性土、粉土或存在软弱下卧层的一级建筑桩基,应验算其沉降,并宜考虑上部结构与基础的共同作用;受水平荷载较大或对水平变位要求严格的一级建筑桩基应验算其水平变位。

根据使用条件要求,混凝土不得出现裂缝的桩基应进行抗裂验算,对使用上需限制裂缝宽度的桩基应进行裂缝宽度验算。

桩基承载能力极限状态的计算应采用荷载作用效应的基本组合和地震作用效应组合。当进行桩基的抗震承载能力计算时,荷载设计值和地震作用设计值应符合现行《建筑抗震设计规范》的规定。

按正常使用极限状态验算桩基沉降时应采用荷载的长期效应组合;验算桩基的水平变

位、抗裂、裂缝宽度时,根据使用要求和裂缝控制等级应分别采用作用效应的短期效应组合或短期效应组合考虑长期荷载的影响。

建于黏性土、粉土上的一级建筑桩基及软土地区的一、二级建筑桩基,在其施工过程及建成后使用期间,必须进行系统的沉降观测直至沉降稳定。

五、特殊情况下的桩基础的设计原则

桩基础设计除应满足前述基本设计原则外,在一些特殊条件下还应视具体情况满足一些各不相同的针对性设计原则。

1. 软土地区的桩基础

软土地区的桩基础应满足的针对性设计原则有:

(1)软土中的桩基宜选择中、低压缩性的黏性土、粉土、中密和密实的砂类土以及碎石类土作为桩端持力层;对于一级建筑桩基,不宜采用桩端置于软弱土层上的摩擦桩。

(2)桩周软土因自重固结、场地填土、桩周地面大面积堆载、降低地下水等原因所产生的沉降大于桩的沉降时,应视具体工程情况考虑桩侧负摩阻力对基桩承载力(及变形)的影响。

(3)采用挤土桩时应考虑沉桩(管)挤土效应对邻近桩、建(构)筑物、道路和地下管线等产生的不利影响。

(4)先沉桩后开挖基坑时,必须考虑基坑挖土顺序、坑边土体侧移对桩的影响。

(5)在高灵敏度厚层淤泥中不宜采用大片密集沉管灌注桩。

2. 湿陷性黄土地区的桩基础

湿陷性黄土地区的桩基础应满足的针对性设计原则有:

(1)基桩应穿透湿陷性黄土层,桩端应支承在压缩性较低的黏性土层或中密、密实的粉土、砂土、碎石类土层中。

(2)在自重湿陷性黄土地基中,宜采用干作业法的钻、挖孔灌注桩。

(3)非自重湿陷性黄土地基中的单桩极限承载力应按下列规定确定:

a. 对一级建筑桩基应按现场浸水载荷试验并结合地区经验确定其承载能力。

b. 对于二、三级建筑桩基,可按饱和状态下的土性指标,采用经验公式估算桩基的承载能力。

(4)确定自重湿陷性黄土地基中的单桩极限承载力时,应根据工程具体情况考虑负摩阻力的影响。

3. 季节性冻土和膨胀土地基中的桩基础

季节性冻土和膨胀土地基中的桩基础应满足的针对性设计原则有:

(1)桩端进入冻深线或膨胀土的大气影响急剧层以下的深度,应通过抗拔稳定性验算确定,且不得小于4.0倍的桩径及1.0倍的扩大端直径,最小深度应大于1.5m。

(2)为减少和消除冻胀或膨胀对建筑物桩基的作用,宜采用钻,挖孔(扩底)灌注桩。

(3)确定基桩竖向极限承载力时,除不计入冻胀、膨胀深度范围内桩侧摩阻力外,还应考虑地基土的冻胀、膨胀作用,验算桩基的抗拔稳定性和桩身受拉承载力。

(4)为消除桩基受冻胀或膨胀作用的危害,可在冻胀或膨胀深度范围内,沿桩周及承台作隔冻、隔胀处理。

4. 岩溶地区的桩基础

岩溶地区的桩基础应满足的针对性设计原则有:

(1)岩溶地区的桩基,宜采用钻、挖孔桩。当单桩荷载较大,岩层埋深较浅时,宜采用嵌岩桩。

(2)石笋密布地区的嵌岩桩,应全断面嵌入基岩。

(3)当岩面较为平整且上覆土层较厚时,嵌岩深度宜采用0.2d或不小于0.2m。

5．坡地岸边上的桩基础

坡地岸边上的桩基础应满足的针对性设计原则有:

(1)建筑场地内的边坡必须是完全稳定的边坡,如有崩塌、滑坡等不良地质现象存在时,应按照现行《建筑地基基础设计规范》有关条款进行整治。

(2)桩身的纵向主筋应通长配置。

(3)当有水平荷载时,应验算坡地在最不利荷载组合下桩基的整体稳定和基桩水平承载力。

(4)利用倾斜地层作桩端持力层时,应保证坡面的稳定性。

6．抗震设防区的桩基础

抗震设防区的桩基础应满足的针对性设计原则有:

(1)桩体进入液化层以下稳定土层中的长度(不包括桩尖部分)应按计算确定,对于黏性土和粉土,桩体进入液化层以下稳定土层中的长度不宜小于2.0d,对于砂土不宜小于1.5d,对于碎石类土不宜小于1.0d,且对于碎石土,砾、粗、中砂、密实粉土和坚硬黏性土尚不应小于500mm,对其他非岩石类土尚不应小于1.5m。

(2)对建于可能因地震引起上部土层滑移地段的桩基,应考虑滑移体对桩产生的附加水平力。

(3)承台周围回填土应采用素土或灰土、级配砂石分层夯实,或原坑浇注混凝土承台;当承台周围为可液化土或极限承载力小于80kPa(或不排水抗剪强度小于15kPa)的软土时,宜将承台外一定范围的土进行加固。为提高桩基对地震作用的水平抗力,可考虑采用加强刚性地坪,加大承台埋置深度,在承台底面铺设碎石垫层或设置防滑趾,在承台之间设置联系梁等措施。

7．可能出现负摩阻力的桩基础

对可能出现负摩阻力的桩基础还应满足的针对性设计原则有:

(1)对于填土建筑场地,先填土并保证填土的密实度,待填土地面沉降基本稳定后成桩。

(2)对于地面大面积堆载的建筑物,宜采取预压等处理措施,以减少堆载引起的地面沉降。

(3)对位于中性点以上的桩身进行处理,以减小负摩阻力。

(4)对于自重湿陷性黄土地基,宜采用强夯挤密土桩等先行处理,消除上部或全部土层的自重湿陷性。

对其他特殊情况采用其他有效而合理的针对性措施。

第二节　桩的分类与质量检验

桩基础随承台与地面的相对位置不同可分为低承台桩基础与高承台桩基础。低承台桩基础的底面位于地面以下;而高承台桩基础底面则高出地面以上,且常处于水下。在工业与民用建筑中几乎都使用低承台桩基,桩体也多呈竖直向;高承台桩基在桥梁、港口和海洋工程中比较常见,且较多出现斜桩或插桩以提高桩基础的抵抗水平力作用的能力。

一、桩按施工方式的分类

按施工方法的不同,桩可分为预制桩与灌注桩两大类。

1. 预制桩

预制桩按所用材料的不同主要可分为混凝土预制桩和钢桩,按沉桩的方式有锤击、振动打入、静力压入和旋入等。松木、杉木等有时也在应急工程中被用作桩体,但由于其承载力低,在干湿交替的环境中极易腐烂,加之我国森林资源匮乏,应尽量慎用。

混凝土预制桩的截面形状、尺寸和长度可在一定范围内按需要选择,其横截面有方形、圆形、三角形、十字形等各种形状,圆形又有实心桩和空心桩之分。普通实心方桩的截面边长一般为 $300\sim800mm$。现场预制桩的长度一般在 $25\sim30m$ 以内。工厂预制桩受运输条件的限制,其分节长度一般不超过 $12m$,沉桩时在现场通过插筋、焊接、法兰盘等连接到所需长度。

分节预制桩应保证接头质量以满足桩身承受轴力、弯矩和剪力等作用时的要求,分节接头若采用钢板、角钢焊接后,宜涂以沥青以防锈蚀。还有采用机械式接桩法以钢板垂直插头加水平销连接,施工快捷,又不影响桩的强度和承载力。

大截面实心桩的自重较大,其配筋主要受起吊、运输、吊立和沉桩等各阶段的应力控制,因而用钢量较大。采用预应力(抽筋或不抽筋)混凝土桩,则可减轻自重、节约钢材、提高桩的承载力和抗裂性。

预应力混凝土管桩采用先张法预应力工艺和离心成型法制作。经高压蒸气养护生产的为 PHC 管桩,其桩身混凝土强度等级为 C80 或高于 C80;未经高压蒸气养护生产的为 PC 管桩,其桩身混凝土强度等级为 $C60\sim C80$。建筑工程中常用的 PHC、PC 管桩的外径为 $300\sim600mm$,分节长度为 $5\sim13m$。桩的下端设置开口的钢桩尖或封口十字刃钢桩尖。沉桩时桩节处通过焊接端头板接长。

预制混凝土桩应遵循以下原则:

(1)混凝土预制桩的截面边长不应小于 $200mm$;预应力混凝土预制桩的截面边长不宜小于 $350mm$;预应力混凝土离心管桩的外径不宜小于 $300mm$。

(2)预制桩的桩身配筋应按吊运、打桩及桩在建筑物中受力等条件计算确定。预制桩的最小配筋率不宜小于 0.80%。如采用静压法沉桩时,其最小配筋率不宜小于 0.4%,主筋直径不宜小于 $\phi14mm$,打入桩桩顶 $2\sim3d$ 长度范围内箍筋应加密,并设置钢筋网片。

(3)预应力混凝土预制桩宜优先采用先张法施加预应力。预应力钢筋宜选用冷拉Ⅲ级、Ⅳ级或Ⅴ级钢筋。

(4)预制桩的混凝土强度等级不宜低于 C30,采用静压法沉桩时,可适当降低,但不宜低于 C20,预应力混凝土桩的混凝土强度等级不宜低于 C40,预制桩纵向钢筋的混凝土保护层厚度不宜小于 $30mm$。

(5)预制桩的分节长度应根据施工条件及运输条件确定。一根实心桩的接头数不宜超过 2 个,预应力管桩接头数量不宜超过 4 个。

(6)预制桩的桩尖可将主筋合拢焊在桩尖辅助钢筋上,在密实砂和碎石类土中,可在桩尖处包以钢板桩靴,加强桩尖。

(7)混凝土预制桩在吊运和吊立时由自重产生的弯矩与吊点的数量和位置有关。长度在 20m 以下的桩一般采用双吊点,用打桩架龙门吊立时,采用单吊点。吊点位置应按吊点处的负弯矩和吊点间的正弯矩相等的原则取定。

常用的钢桩有下端开口或闭口的钢管桩以及 H 型钢桩等。一般钢管桩的直径为 250～1200mm。钢桩的穿进能力强,自重轻、锤击沉桩的效果好,承载能力高,无论起吊、运输或是沉桩、接桩都很方便。但由于其耗钢量大,成本高,我国只在少数重要工程中使用。

钢桩的分段长度不宜超过 12～15m。焊接头应采用等强度连接,使用的焊条、焊丝和焊剂应符合有关规范的规定。钢桩的端部形式应根据桩所穿越的土层、桩端持力层性质、桩的尺寸、挤土效应等因素综合确定。桩身应进行防腐处理。

2. 灌注桩

灌注桩是通过各种方式在场地中所设计的桩位处成孔,然后在桩孔内放置钢筋笼(个别也有省去钢筋的),再浇灌混凝土而成。与混凝土预制桩比较,灌注桩一般只根据使用期间可能出现的内力配置钢筋,用钢量相对较省。当持力层顶面起伏不平时,桩长可在施工过程中根据要求在某范围内任意取定。灌注桩的横截面呈圆形,直径可大可小,常用直径为 300～1200mm。可根据施工要求和地层条件做成扩底桩。保证灌注桩承载力的关键在于施工时桩身的成形和混凝土的浇筑质量。

灌注桩依据其施工方法的不同可分为几十种,但大体可归纳为沉管灌注桩和钻(冲、磨、挖)孔灌注桩两大类。每一类桩又可按施工机械、施工方法以及直径等进一步细分。

灌注桩的配筋是按桩顶轴向力和水平力来计算,符合下列(1)、(2)条的灌注桩,其桩身可按构造要求配筋。

(1)桩顶轴向力符合下式要求

$$\gamma_0 N \leqslant f_c \cdot A \tag{9-1}$$

式中　γ_0——建筑物的重要性系数,对于一、二、三级分别取 1.1、1.0、0.9,对于柱下单桩按 1.2、1.1、1.0 考虑;

　　N——桩顶轴向压力设计值;

　　f_c——混凝土轴心抗压强度设计值;

　　A——桩身截面面积。

(2)桩顶水平力符合下式规定

$$\gamma_0 H_1 \leqslant \alpha_h d^2 \left(1 + \frac{0.5 N_G}{\gamma_m \cdot f_t \cdot A}\right) \sqrt[5]{1.5 d^2 + 0.5 d} \tag{9-2}$$

式中　H_1——桩顶水平力的设计值,kN;

　　α_h——综合系数,kN;

　　d——桩身直径,m;

　　N_G——按基本组合计算的桩顶永久荷载产生的轴向力设计值,kN;

　　f_t——混凝土轴心抗拉强度设计值,kPa;

　　γ_m——桩身截面模量的塑性系数(圆形截面等于 2.0,矩形截面等于 1.75);

其余符号同式(9-1)。

桩身构造筋的要求如下:

(1)一级建筑桩基,应配置桩顶与承台的连接钢筋笼,其主筋采用 6～10 根 $\phi12$～

14mm,配筋率不小于 0.2% ,主筋锚入承台的长度至少为 $30d$,伸入桩身长度不小于 $10d$,且不小于承台下软弱土层的层底深度。

(2)二级建筑桩基,根据桩径大小配置 $4\sim8$ 根 $\phi10\sim12mm$ 的桩顶与承台连接钢筋,主筋锚入承台的长度至少为 $30d$,伸入桩身长度不小于 $5d$;对于沉管灌注桩,配筋长度不应小于承台下软弱土层的层底深度。

(3)三级建筑桩基可不配构造钢筋。

不符合式(9-1)和式(9-2)的灌注桩应按下列规定配筋:

(1)配筋率:当桩身直径为 $300\sim2000mm$ 时,截面配筋率可取 $0.65\%\sim0.20\%$ (小直径取高值,大直径取低值),但对于受水平荷载特别大的桩、抗拔桩、嵌岩桩则必须根据计算确定桩的配筋率。

(2)配筋长度:

a. 端承桩宜沿桩身通长配筋。

b. 受水平荷载的摩擦型桩(包括受地震作用的桩基),配筋长度宜采用 $4.0/\alpha$ (α 为桩的水平变形系数);对于单桩竖向承载力较高的摩擦端承桩,宜沿深度分段变截面配通长或局部长度筋;对承受负摩阻力、位于坡地岸边的基桩和嵌岩端承桩应通长配筋。

c. 专用抗拔桩、8度及8度以上地震区的桩应通长配筋;因地震作用、冻胀或膨胀力作用而受上拔力的桩,按计算配置通长或局部长度的抗拉筋。

(3)对于受水平荷载的桩,主筋不宜小于 $8\phi10mm$,对于抗压桩和抗拔桩,主筋不应少于 $6\phi10mm$,纵向主筋应沿桩身周边均匀布置,其净距不应小于 $60mm$,并尽量减少钢筋接头。

(4)箍筋宜螺旋式布置,布筋密度 $\phi6\sim\phi8mm@200\sim300mm$,受水平荷载较大的桩基和抗震桩基,在桩顶 $3\sim5d$ 范围内箍筋应适当加密;当钢筋笼长度超过 $4m$ 时,应每隔 $2m$ 左右设一道 $\phi12\sim18mm$ 的焊接加劲箍筋。

灌注桩的桩身混凝土及混凝土保护层厚度应符合下列要求:

(1)灌注桩的混凝土强度等级不得低于C15,水下灌注混凝土时的混凝土强度等级不得低于C20,混凝土预制桩尖的混凝土强度等级不得低于C30。

(2)主筋的混凝土保护层厚度不应小于 $35mm$,水下的灌注混凝土保护层厚度不得小于 $50mm$ 。

规范对扩底灌注桩的扩底端尺寸也作了明确的规定。具体规定情况可查阅规范的相关条款。

二、桩按设置效应的分类

随着桩的设置方法(打入或钻孔成桩等)的不同,桩周土所受的排挤作用也不相同,对于具有湿陷性的黄土,桩身部位土的挤出可使桩周土得到挤密,湿陷性得到减弱或消除,桩的承载力得到提高;对于无黏性土振动或挤密也会使土的抗剪强度提高并进而提高桩的承载力;但对于淤泥和淤泥质土,排挤作用会引起桩周土体天然结构的破坏,桩间土体向地面鼓出,强度迅速降低,极大地影响桩的承载力。

桩按设置效应分为挤土桩、小量挤土桩和非挤土桩。

1. 挤土桩

实心的预制桩、下端封闭的管桩及沉管灌注桩等打入桩,在锤击、振动贯入过程中,都将桩位处的土大量排挤开,这一类桩被称为挤土桩。在湿软的地层中若采用挤土类桩,成桩过程将使无法挤密的桩周土体沿竖直方向向地表挤出,施工中出现地面上抬或桩体侧移现象。更为严重的是,挤土造成的强烈扰动将使桩间土的力学指标急剧降低,使依靠摩阻力承受荷载的基桩承载力大幅度降低,造成极大的工程隐患。例如在西安某项目的建设过程中,桩周土强烈扰动的静压桩(桩长 24m,桩间距 $3.5d$,周围的基桩全部压入)比同一场地桩周土扰动较小的静压桩(桩长 24m,周围的基桩尚未压入)的承载力下降了近 1000kN,下降幅度高达 50% 左右。

2.小量挤土桩

开口钢管桩、H 型钢桩和开口的预应力混凝土管桩在置入时对桩周土体稍有排挤作用,但土的强度和变形性质变化不大,这一类桩被称为小量挤土桩。

3.非挤土桩

先钻孔再置入的预制桩和钻(冲或挖)孔桩在成桩过程中都将孔中土体清除出去,故置桩时对桩周土没有排挤作用,这一类桩被称为非挤土桩。由于非挤土桩的桩周土反而可能向桩孔内移动,因此其桩侧摩阻力通常会有所减小。

三、桩按使用功能及桩径大小的分类

按所受荷载情况,桩可分为轴向受压桩,抗拔桩、水平受荷桩和复合受荷桩等,其中轴向受压桩按荷载的传递方式(承载性状)可分为端承型桩和摩擦型桩。按桩径大小桩可分为小桩($d \leqslant 250$mm)、中等直径桩(250mm$< d <800$mm)和大直径桩($d \geqslant 800$mm)。

四、桩的质量检验

通过某种方法设置于土中的预制桩以及在地下隐蔽条件下成型的灌注桩均应在施工中或施工之后进行质量检测,以保证桩的质量能够满足设计和工程要求,减少隐患的发生,特别是对于柱下采用一根或少量大直径桩的工程,桩基的质量检测就更为重要。目前已有多种桩身结构完整性的测试技术,以下为较常见的几种。

(1)开挖检查。这种方法是通过开挖对所暴露的桩身进行观察检查。

(2)抽芯法。在灌注桩桩身内钻孔($\phi 100 \sim 150$mm),了解桩身混凝土有无离析和空洞、检测桩底沉渣等情况,取混凝土芯样进行观察和单轴抗压试验,有条件时可采用钻孔电视直接观察孔壁孔底质量。

(3)声波检测法。利用超声波在不同强度(或不同弹性模量)的混凝土中传播速度的变化来检测桩身质量变化。为此,预先在桩中埋入 $3 \sim 4$ 根金属管,然后在其中一根管内放入发射器,而在其他管中放入接收器,并记录下不同深度处的检测资料,最终做出桩的质量评价。

(4)动测法。包括 PDA(打桩分析仪)等大应变动测法、PIT(桩身结构完整性分析仪)和其他(如锤击激振、机械阻抗、水电效应、共振等)小应变动测法。对于等截面、质地较均匀的预制桩,这种测试方法效果可靠(PIT、PDA)或较为可靠。对灌注桩的动测检验,目前也已有了相当多的实践经验和一定的可靠性。

前述各种方法都是在桩施工完成后进行的。

(5)桩孔成孔质量监测。工程实践及对基桩承载力工程性状影响因素的试验研究表明,桩孔的成孔质量对桩基的承载力及变形性状影响很大。成孔时间过长引起的桩孔孔径变化、软土层中或层面附近的局部桩孔孔径变化、桩孔孔径截面形心在竖直方向的变位、桩端沉渣情况等,都是影响桩的承载能力和变形特性、影响桩身轴力的传递衰减规律的重要因

素。因此,根据《建筑桩基技术规范》(JGJ94—94)的要求,必须对桩孔施工质量进行检测、评价,并预估其对基桩的工程性状的影响。该项测试工作在桩施工过程中进行,目的是测试桩孔沿桩长的孔径变化;平均孔径,缩孔、扩孔的部位;桩孔最大垂直偏差度;桩孔实测孔深;孔底沉渣厚度等。好的成孔质量是成桩质量达到设计和工程要求的基本保证。

第三节 单桩轴向荷载传递和竖向承载力确定

孤立的一根桩称为单桩,群桩中性能不受其他相邻桩影响的一根桩也可视为单桩。在确定竖直单桩的轴向承载力时,有必要大致了解施加于桩顶的竖向荷载是如何通过桩－土相互作用传递给地基的,以及单桩是怎样到达承载力极限状态的等基本概念。

一、桩身轴力和截面位移

设竖直单桩在桩顶轴向力 $N_0 = Q$ 作用下于桩身任一深度处横截面上所引起的轴力为 N,对受荷竖直单桩中的任意微截段进行竖直方向的力学平衡分析可得,在 z 深度处,桩侧摩阻力 τ_z 与桩身轴力 N_z 之间的关系如下:

$$\tau_z = -\frac{1}{U_p} \cdot \frac{dN_z}{dz} \tag{9-3}$$

式中 U_p——桩的周长;

dz——微截段桩的厚度。

设桩端土的总阻力 $Q_p = N_1$(桩端轴力),则

$$N_1 = Q - U_p \int_0^l \tau_z dz = Q - Q_s \tag{9-4}$$

Q_s 即为桩侧总摩阻力,τ_z 也就是桩侧单位面积上的荷载传递量。

设在桩顶轴向力 $N_0 = Q$ 作用下于桩身任一深度横截面的位移为 δ_z,桩顶位移为 $\delta_0 = s$,桩端位移为 δ_1,根据位移与作用力的关系不难得到

$$\delta_z = s - \frac{1}{A_p E_p} \int_0^z N_z dz \tag{9-5}$$

二、桩侧摩阻力和桩端土阻力

在承载力极限状态下,如果桩体与桩侧土体产生了滑移,与此同时桩端土体也处于极限受荷状态,则可得到

$$\tau_{zf} = c_{za} + \sigma_{zx} \tan\varphi_{za} \tag{9-6a}$$

式中 τ_{zf}——z 深度处的桩侧极限摩阻力;

c_{za}、φ_{za}——分别为 z 深度处桩侧表面与土体之间的附着力和摩擦角;

σ_{zx}——z 深度处作用与桩侧表面的法向应力,按下式确定

$$\sigma_{zx} = K_s \sigma'_{zv} \tag{9-6b}$$

式中 σ'_{zv}——z 深度处桩侧土的竖向有效应力;

K_s——桩侧土的侧压力系数,对于挤土桩,$K_0 \leqslant K_s \leqslant K_p$;对于非挤土桩,由于桩孔中的土被清除,$K_a \leqslant K_s \leqslant K_0$。

对于等截面桩,桩侧总极限摩阻力 Q_s 按下式计算

$$Q_s = U_p \int_0^l \tau_{zf} dz \qquad (9\text{-}6c)$$

设 Q_p 为桩端土总极限阻力，q_p 为桩端土极限阻力，则可得到

$$Q_p = q_p A_p \qquad (9\text{-}7)$$

但如果在承载力极限状态下，单桩与土体之间的破坏不是发生在桩侧，而是发生在桩侧土体中的某处(如图 9-1 所示)，则桩侧极限摩阻力的计算要复杂得多，一般与(9-6c)公式相类似的计算公式中的 τ_{zf} 可被理解为桩侧"当量"极限摩阻力。

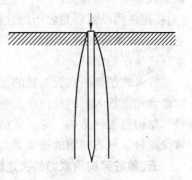

图 9-1　破坏发生在土体内部

桩侧摩阻力和桩端土阻力的发挥情况视桩侧土和桩端土的力学性状、桩长等的不同而有很大差异。桩短、桩端土层力学指标特别好(例如为岩石)的单桩，其桩侧土体与桩体之间的相对变位较小，桩侧摩阻力很难发挥；而桩长、桩端土层力学指标差的单桩，其桩端土体阻力可能还未来得及发挥，单桩已经达到了其正常使用极限状态。在正常使用极限状态下，制约单桩承载力的最主要因素是"不适于继续承载的变形"(变形控制)。

三、端承型桩和摩擦型桩

1. 端承型桩

(1)端承桩：桩顶作用荷载绝大部分由桩端阻力承担，桩侧阻力在设计计算中可以忽略不计的桩称为端承桩。端承桩的长径比较小(一般 $l/d < 10$)，桩端设置在密实砂类、碎石类土层中或位于中等风化、微风化及新鲜基岩顶面(入岩深度 $h_r \leqslant 0.5d$)。

桩端进入基岩一定深度以上($h_r > 0.5d$)的嵌岩桩，其嵌岩段侧阻力常是构成单桩承载力的主要分量，故不宜划归端承桩这一类。

(2)摩擦端承桩：桩顶作用荷载由桩侧阻力和桩端土阻力共同承担，但桩端阻力分担荷载较大的桩称为摩擦端承桩。摩擦端承桩的桩端进入中密以上的砂类、碎石类土层，或位于中等风化、微风化及新鲜基岩顶面。这类桩的侧摩阻力虽属次要，但由于其桩一般较长，侧阻力较大而不可忽略。

2. 摩擦型桩

(1)端承摩擦桩：桩顶作用荷载由桩侧阻力和桩端土阻力共同承担，但桩侧阻力分担荷载较大的桩称为端承摩擦桩。这类桩基一般多选择较坚实的黏性土、粉土和砂类土作为桩端持力层，桩的长径比也往往不太大。

(2)摩擦桩：桩顶作用荷载绝大部分由桩侧阻力承担，而桩端阻力在设计计算中可以忽略不计的桩称为摩擦桩。这类桩的长径比一般很大，桩顶荷载只通过桩身压缩产生的桩侧阻力传递给桩周土，因而桩端下土层无论坚实与否，其分担的荷载都很小；另一种情况是桩的长径比虽然不一定很大，但桩端下无较坚实的持力层存在，桩端土阻力很小可略去不计。桩底残留虚土或沉渣的灌注桩也属此列。若打入邻桩使先设置的桩上抬、甚至桩端脱空等情况发生时也属摩擦桩。

四、桩侧负摩阻力

在荷载作用下，一般正常情况下的桩体相对于桩周土体会向下移动或具有向下移动的

趋势。但是如果由于某种原因使桩侧土层相对于桩体向下位移时，产生于桩侧的摩阻力方向向下，这样的桩侧摩阻力称为负摩阻力。

产生负摩阻力的情况有多种，其中最主要的有以下几种情况：(1)位于桩周的欠固结软黏土或新填土在重力作用下产生固结；(2)承台外的大面积堆载使桩周土层发生压缩变形；(3)在正常固结或弱超固结的软黏土地区，由于桩长范围内的地下水位降低(例如长期抽取地下水)致使有效应力增加，因而引起桩侧土体相对于桩体向下移动；(4)自重湿陷性黄土浸水后产生湿陷沉降。

打入式预制桩在置入桩的过程中，后置入的桩往往会使邻近的已置入桩的桩身抬升，这时也会在先置入桩的桩侧产生暂时性的负摩阻力，在桩体强度设计中需要考虑这一因素对桩体结构强度的影响。与正常情况相比较，有负摩阻力存在的桩体位移一定偏大，对于按正常使用极限状态控制的桩基工程，负摩阻力的存在显然会明显影响到桩的承载能力。

五、单桩竖向承载力的决定因素

单桩竖向极限承载力是指单桩在竖向荷载作用下到达破坏(承载力极限状态)或出现不适于继续承载的变形(正常使用极限状态)时所对应的荷载值。从大的方面看，单桩的竖向承载力取决于两个方面的因素，其一是桩体本身的强度或称桩身材料强度；其二是桩周土体及桩端土体的支承能力。设计时应分别按这两方面确定后取其中的小值。如果桩的承载力是由桩的载荷试验所确定，则已兼顾到了上述两个方面。按材料强度计算低承台桩基的单桩承载力时，可把桩视作轴心受压杆件，而且一般不考虑纵向压屈的影响(取纵向弯曲系数为1)，这是考虑桩周土的约束作用之故。但对于通过很厚的软黏土层而支承在岩层上的端承型桩或承台底面以下存在可液化土层的桩以及高承台桩基，则应考虑压屈对桩体强度的影响。

六、桩的静力载荷试验

桩的静力载荷试验是评价单桩承载力诸方法中可靠性较高的一种方法。对于挤土桩，应在其置入的一段间隔时间后再开始载荷试验，这是由于打桩时土中产生的孔隙水压力有待消散，且土体因打桩扰动而降低的强度也有待随时间而部分恢复。在桩身强度达到设计要求的前提下，挤土桩进行载荷试验所需的间歇时间对于砂类土不得少于 $10d$；对粉土和黏性土不得少于 $15d$；对饱和软黏土不得少于 $25d$。在同一条件下，进行静载荷试验的桩数不宜少于总桩数的 1%，且不应少于 3 根，工程桩总桩数在 50 根以内时不应少于 2 根。

桩的静力载荷试验装置主要包括加荷稳压部分、提供反力部分和沉降观测部分。静荷载一般由安装在桩顶的油压千斤顶提供。千斤顶的反力可通过锚桩承担(图 9-2a)，或靠堆载平台上的重物来提供(图 9-2b)。量测桩顶沉降的仪表主要有百分表或电子位移计等。根据不同大小压力作用下的单桩沉降试验记录，可绘制各种试验曲线，如沉降-桩顶荷载曲线、沉降-桩顶荷载(对数)曲线、沉降-时间(s-$\lg t$)曲线等，并最终根据这些曲线的特征综合判断桩的极限承载力。关于单桩竖向静载(抗压)试验的方法、终止加载条件以及单桩竖向极限承载力标准值(特征值)的确定详见 JGJ94—94 附录 C 和 GB50007-2002 附录 Q。

七、按土的抗剪强度指标确定单桩承载力

单桩承载力除了可通过静力载荷试验来确定之外，还可用其他方法来确定。按土的抗剪强度指标确定单桩承载力是国外广泛采用的一种方法，这种方法以土力学原理为基础，在选取土的抗剪强度指标时考虑了土的类别、排水条件、桩的类型和设置效应等多种因素影

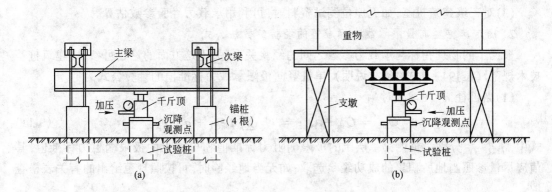

图 9-2 单桩静力载荷试验加载装置示意图

响。单桩承载力的一般表达式如下：

$$Q_u = Q_s + Q_p - (G - \gamma A_p l) \tag{9-8}$$

式中 Q_u——单桩极限承载力；

Q_s、Q_p——分别为桩侧总极限摩阻力和桩端土的总极限阻力；

A_p、l——分别为桩端(桩底)截面面积和桩长；

G、γ——分别为桩的自重和桩长范围内土的平均重度。

由于一般情况下$(G - \gamma A_p l)$很小，在设计时可予以忽略，所以式(9-8)可简化为 $Q_u = Q_s + Q_p$。

不考虑$(G - \gamma A_p l)$影响的黏性土中单桩承载力一般以短期承载力来控制设计，其承载力表达式为

$$Q_u = U_p \sum c_{si} l_i + c_p N_c A_p \tag{9-9}$$

式中 c_{si}、c_p——分别为不固结不排水条件下第i层中的桩土界面附着力(抗剪强度)和桩端土的抗剪强度；

N_c——深基础的地基承载力系数。

不考虑$(G - \gamma A_p l)$影响的无黏性土中单桩承载力表达式为

$$Q_u = U_p \sum \sigma'_{vci}(K_s \tan \varphi_a)_i l_i + \sigma'_{vp} N_q A_p \tag{9-10}$$

式中 σ'_{vci}、σ'_{vp}——分别为第i层桩侧土中的有效自重应力和桩端土的有效自重应力；

N_q——与土的内摩擦角有关的地基承载力系数。

八、确定单桩承载力标准值的规范方法

确定单桩承载力标准值的规范方法(JGJ94—94)只考虑了土(岩)对桩的支承阻力，而未涉及桩身的材料强度。

1.确定单桩竖向极限承载力标准值的方法

(1)一级建筑桩基应采用现场静载荷试验，并结合静力触探、标准贯入等原位测试方法综合确定。

(2)二级建筑桩基应根据静力触探、标准贯入、经验参数等估算，并参照地质条件相同的试桩资料，综合确定。当缺乏可参照的试桩资料或地质条件复杂时，应由现场静力载荷试验确定。

(3)对三级建筑桩基,如无原位测试资料时,可利用承载力经验参数估算。

2. 确定单桩竖向极限承载力标准值的经验参数法公式

根据土的物理指标与承载力参数之间的经验关系(关于这方面的论述可参见《建筑桩基技术规范》(JCJ94—94)的条文说明),单桩竖向极限承载力标准值的计算公式为

(1)当桩径 $d < 0.8m$ 时

$$Q_{uk} = Q_{sk} + Q_{pk} = U_p \sum q_{ski}l_i + q_{pk}A_p \tag{9-11}$$

式中,q_{ski}、q_{pk} 分别为桩侧第 i 层土的极限侧阻力标准值和桩端土的极限端阻力标准值,其值应尽量参照当地所积累的成功经验选取;如无当地经验时,可按照规范给出的有关表格查取。

(2)当桩径 $d \geqslant 0.8m$ 时(大直径桩):长径比较小的大直径桩的桩端持力层一般都呈渐进破坏,其 $Q - s$ 曲线一般具有缓变型的特点(属正常使用极限状态一类),因此其极限端阻力会随桩径的增大而减少,且以持力层为无黏性土时为甚。至于其极限侧摩阻力本来应与桩径无关,但因大直径桩一般为钻、冲、挖孔灌注桩,在无黏性土中成孔时,孔壁因应力解除而松弛,致使其侧摩阻力也随孔径的逐步增大而进一步降低。大直径桩的极限承载力标准值按下式计算

$$Q_{uk} = Q_{sk} + Q_{pk} = U_p \sum \psi_{si}q_{ski}l_i + \psi_p q_{pk}A_p \tag{9-12}$$

式中,ψ_{si}、ψ_p 分别为大直径桩桩侧第 i 层土的极限侧阻力尺寸效应系数和大直径桩桩端土的极限端阻力尺寸效应系数。对于粉土和黏性土,$\psi_{si} = 1$,$\psi_p = \left(\dfrac{0.8}{d_p}\right)^{\frac{1}{4}}$;对于砂土和碎石类土,$\psi_{si} = \left(\dfrac{0.8}{d}\right)^{\frac{1}{3}}$,$\psi_p = \left(\dfrac{0.8}{d_p}\right)^{\frac{1}{3}}$。混凝土护壁的大直径挖孔桩,其设计桩径取护壁外直径;式中 ψ_{si}、ψ_p 为桩侧摩阻力、桩端土阻力尺寸效应系数。

当根据单桥试验确定混凝土预制桩的单桩轴向承载力时,如无当地经验可按下式计算

$$Q_{uk} = Q_{sk} + Q_{pk} = U_p \sum q_{ski}l_i + \alpha p_{sk}A_p \tag{9-13a}$$

式中 α——桩端土阻力修正系数,桩的入土深度小于 15m 时,α 取 0.75;桩的入土深度大于或等于 15m、小于或等于 30m 时,α 取 0.75~0.90(直线内插);桩的入土深度大于 30m、小于或等于 60m 时,α 取 0.90,;

p_{sk}——桩端附近的静力触探比贯入阻力标准值(平均值)。

《建筑桩基技术规范》(JCJ94 - 94)的"5.2.6.1"和"5.2.6.3"分别给出了无地区经验时的 q_{ski} 和 p_{sk} 的确定方法。

当根据双桥试验确定混凝土预制桩的单桩轴向承载力时,对于黏性土、粉土和砂土,如无当地经验可按下式计算

$$Q_{uk} = Q_{sk} + Q_{pk} = U_p \sum \beta_i f_{si}l_i + \alpha q_c A_p \tag{9-13b}$$

式中 α——桩端土阻力修正系数,对于黏性土和粉土取 2/3,饱和砂土取 1/2;

f_{si}——第 i 层土的探头平均侧阻力;

β_i——第 i 层土的桩侧摩阻力修正系数,对于黏性土和粉土,$\beta_i = 10.04(f_{si})^{-0.55}$;对于砂土,$\beta_i = 5.05(f_{si})^{-0.45}$。

q_c——桩端平面上下的探头阻力，$q_c = q_{c1}/2 + q_{c2}/2$，其中 q_{c1} 为桩端平面以上 $4d$ 范围内桩侧土的探头阻力加权平均值，q_{c2} 为桩端平面以下 $1d$ 范围内土层的探头阻力。

第四节 群桩效应问题

同一个承台下的桩数超过一根的桩基础称为群桩基础。群桩基础中的每根桩称为基桩。竖向荷载作用下的群桩基础，由于桩、土和承台之间的相互作用，其基桩的承载力和沉降性状往往与相同地质条件和设置方法下的同尺寸单桩有着显著差别，这种现象被称为群桩效应。因此受群桩效应的影响，群桩基础的承载力 Q_g 常不等于其基桩对应的单桩承载力之和（$\sum Q_i$）。通常用群桩基础的效应系数（$\eta = Q_g / \sum Q_i$）来反映群桩下的基桩的平均承载力比相同地质条件和设置方法下的同尺寸单桩承载力的降低（$\eta < 1$）或提高（$\eta > 1$）的程度。

在一些特定情况下的低承台群桩基础建成之后，原来与承台底面相接触的地基土可能会随时间的推移而渐渐松弛并最终脱离承台底面。这可能是由于置入的挤土桩桩周土体因孔隙水压力剧增而发生隆起，承台修筑后随孔隙压力的逐渐消散而固结回沉，或是由于车辆频繁行驶振动以及引起产生桩周负摩阻力的各种情况发生所致。砂类土地震液化或振动徐变也会引起承台底面与地基土的突然或逐渐脱开。鉴于上述种种可能出现的情况，JGJ94—94 规范颁布之前的桩基设计规范为了保证基础设计安全可靠，一般都不考虑承台贴地时的承台底土阻力对桩基承载力的贡献。

但大量的实验研究发现，在另外一些情况下，与承台底面始终接触的地基土对整个桩基础的承载力有着显著的影响。为此我们有必要对不同条件下的由两种不同荷载传递方式的端承型桩和摩擦型桩构成的低承台群桩基础的群桩效应问题加以讨论。

一、端承型桩的群桩基础效应系数

长径比不太大的端承型桩的桩底持力层刚硬，由桩身压缩引起的桩顶沉降也不大，因而与承台底面相接触的地基土反力（接触应力）一般很小。桩顶荷载基本上集中通过桩端传递给其下的持力层，并近似地以某一应力扩散角 α 向深部地层扩散（见图 9-3），且在距桩底深度之下 $h = \dfrac{s_a - d}{2\tan\alpha}$ 处开始产生应力重叠，虽然叠加应力下的桩端以下地层变形肯定不同于单根桩作用下的地层变形，但并不足以引起坚实的桩端持力层发生明显不同的附加变形。因此，端承型群桩基础中各基桩的承载力和变形性状接近于单桩，群桩基础的承载力近似等于其下各基桩对应单桩承载力的和，群桩效应系数 $\eta = 1$。

二、摩擦型桩的群桩基础效应系数

1. 承台底面脱地情况（非复合桩基）的效应系数

与端承型桩的群桩基础不完全一样，摩擦型桩的群桩基础受桩侧摩阻力的影响，各基桩传递给地层的附加压力在桩端处甚至在桩端以上的某个部位就可能开始相互叠加。设在桩端处单根桩引起的地基土附加应力分布宽度为 $D = d + 2l \cdot \tan\alpha$，如图 9-4a 所示，当桩间距 $s_a < D = d + 2l \cdot \tan\alpha$ 时，群桩桩端平面上的地基附加应力因各邻基桩引起的地基附加应力的相互重叠而增大（图 9-4b 中虚线所示），致使摩擦型群桩基础的沉降大于等比例荷载作用

下的单桩沉降,对非条形承台下、按常用桩距进行桩平面布置的群桩,其桩数愈多则群桩与等比例荷载作用下的单桩沉降之比愈大。在这种情况下按正常使用极限状态进行设计时,摩擦型群桩基础的效率系数 $\eta<1$。

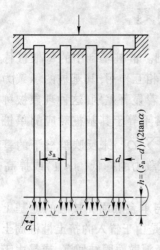

图 9-3 端承型群桩基图

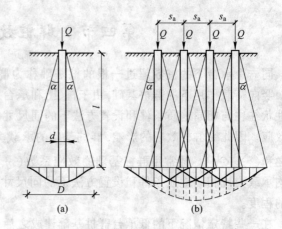

图 9-4 摩擦型群桩基础的基桩附加应力叠加

(a)单桩作用下的桩端处地层附加应力;

(b)群桩作用下的桩端处地层附加应力

实际的群桩效应比上述简化概念要复杂得多,它受承台刚度(甚至上部结构刚度)、基桩间距、成桩方式和工艺、地基土性质等多种因素的影响而变化。当 $s_a\gg D$ 时,各基桩引起的地基附加应力叠加的深度变大,叠加应力值相对较小,深部地层应力水平增高,由于附加应力叠加所引起的附加沉降也很小,基桩的工作形状将接近于单桩。例如对于长径比不大、桩间距大于 $6d$ 的摩擦型群桩基础在设计时就可忽略应力叠加所造成的群桩效应问题。从上述论述中可以看出桩间距是影响摩擦型群桩基础的群桩效应的主导因素。

2.承台底面贴地的情况(复合桩基)的效应系数

承台底面贴地的群桩基础除了也呈现承台脱地情况下的各种群桩效应外,还通过承台底面土反力分担桩基荷载,使承台兼有浅基础的作用而被称为复合桩基。它区别于承载力仅由桩侧摩阻力和桩端阻力两个分量组成的非复合基桩。承台底分担荷载的作用的大小会随着整个基础位移幅度的加大而增强。

概括地讲,对发挥承台底面处地基土反力有利的因素包括:桩顶荷载大、桩端持力层可压缩、承台底面下土层的土质好、桩身细而短、布桩少而疏。以条形的带桩筏基为例,如果地基上部土层较好、下部土层可压缩,则可适当减少布桩数量,以大于常规的桩距进行布桩,以便发挥承台底面处地基土反力的作用。一般说来,筏板宽度与桩长之比取 $1.0\sim2.0$ 时,可明显提高带桩筏基的整体承载力。

设计复合桩基时应注意:承台分担荷载既然是以桩基的整体下沉为前提的,因此只有在桩基沉降不会危及建筑物的安全和正常使用、且台底不与软土直接接触时,才宜开发利用承台底土反力。各种试验研究表明,由承台贴地引起的群桩效应可概括为以下三方面:

(1)对桩侧阻力的削弱作用:承台整体沉降时,贴地承台迫使上部桩间土压缩而下移,这就减少了上部的桩-土相对变形,从而削弱上段桩侧摩阻力的发挥,当桩间距较大、承台厚度较薄时,随着承台板在桩间部位向下弯曲,还可能在桩的上段引起局部范围的负摩阻力。这种削弱作用对于桩身压缩位移不大的中、短桩更加明显,但由此所造成的平均侧阻降幅会随着桩长的增加而减少。

(2)对桩端阻力的增强作用:当承台宽度与桩长之比大于 0.5 时,由台底扩散传布至桩端平面的竖向压力可以提高对桩端土侧向挤出的约束能力,从而增强桩端极限承载力。此外,台底压力在桩间土中引起的桩侧法向应力,可以增强摩擦性土(砂类土、粉土)中的桩侧摩阻力。

(3)对基土侧移的阻挡作用:承台下压时,群桩的存在以及承台-土接触面摩阻力的引发都对上部桩间土的侧向挤动产生阻挡作用,同时也引起桩身的附加弯矩。

三、按规范确定基桩竖向承载力设计值

截至目前,关于桩基的群桩效应仍难以通过承台-桩-土相互作用分析的理论方法进行求解。为了实用的目的,JGJ94—94 规范引用构成基桩(包括复合基桩)极限承载力诸分量的平均值与其对应单桩各分量(与复合基桩极限承载力分量中的承台底上阻力相应的是承台底地基土的极限承载力)的平均值之比作为该分量的群桩效应系数。各效应系数定义如下:

侧阻群桩效应系数: $\eta_s = \dfrac{\text{群桩中基桩平均总极限侧阻力}}{\text{单桩总极限侧阻力}} = \dfrac{\text{群桩中基桩平均极限侧阻力}}{\text{单桩平均极限侧阻力}}$

端阻群桩效应系数: $\eta_p = \dfrac{\text{群桩中基桩平均总极限端阻力}}{\text{单桩总极限端阻力}} = \dfrac{\text{群桩中基桩平均极限端阻力}}{\text{单桩极限端阻力}}$

侧阻端阻综合群桩效应系数: $\eta_{sp} = \dfrac{\text{群桩中各基桩平均极限承载力}}{\text{单桩极限承载力}}$

承台土阻力群桩效应系数: $\eta_c = \dfrac{\text{群桩承台底平均总极限承载力}}{\text{承台底地基土极限承载力标准值(特征值)}}$

按 JGJ94—94 规范,考虑各效应系数的基桩承载力设计值(R)计算公式如下:

$$R = \eta_s Q_{sk}/\gamma_s + \eta_p Q_{pk}/\gamma_p + \eta_c Q_{ck}/\gamma_c \tag{9-14}$$

式中　Q_{ck}——相应于任一基桩的承台底地基土的总极限阻力标准值;

　γ_s、γ_p、γ_c——分别为桩的侧阻抗力分项系数、端阻抗力分项系数和承台底地基土抗力分项系数。

$$Q_{ck} = q_{ck} A_c / n \tag{9-15}$$

式中　q_{ck}——承台底面以下等于半承台宽的深度($\leqslant 5.0\text{m}$)范围内地基土的极限阻力标准值;

　A_c——承台底面和地基土接触的净面积, $A_c = A_c^i + A_c^e$;

　n——群桩基础中基桩的数量。

$$\eta_c = \eta_c^i \frac{A_c^i}{A_c} + \eta_c^e \frac{A_c^e}{A_c} \tag{9-16}$$

式中　A_c^i 和 A_c^e——分别为承台下内区(桩平面分布的外轮廓线之内)和外区(桩平面分布的外轮廓线之外)的承台底面和地基土接触的净面积;

　η_c^i、η_c^e——分别为承台内、外区土阻力群桩效应系数。

有关参数的查取选用须遵循规范进行。

当根据桩的静力载荷试验确定单桩竖向承载力标准值时,基桩承载力设计值(R)计算公式如下

$$R = \eta_{sp} Q_{uk} / \gamma_{sp} + \eta_c Q_{ck} / \gamma_c \qquad (9\text{-}17)$$

式中　Q_{uk}——由试验确定的单桩竖向极限承载力标准值;

　　　γ_{sp}——基桩侧阻端阻综合抗力分项系数,其值按规范有关条款查取选用。

但需要指出的是,当承台底面以下存在可液化土、湿陷性黄土、高灵敏度土、欠固结土、新填土或可能出现振陷、降水以及成桩过程产生高孔隙水压力和土体隆起时,群桩中的基桩承载力设计值中不应考虑承台效应对基桩承载力的贡献(即基桩设计按非复合桩考虑,$\eta_c = 0$)。

对端承型桩基础和承台下的基桩数不超过 3 根的非端承型桩基础,设计时不考虑群桩效应,基桩的承载力标准值按下式确定:

$$R = Q_{uk} / \gamma_{sp} \qquad (9\text{-}18)$$

第五节　桩基计算

一、桩顶作用效应计算

桩顶作用效应分为荷载效应和地震作用效应,相应的作用效应基本组合分为荷载效应基本组合和地震效应组合。

1. 基桩桩顶荷载效应计算

对于一般建筑物和受水平力(包括力矩与水平剪力)较小的高大建筑物桩径相同的群桩基础,应按下列要求计算群桩中基桩(复合基桩和非复合基桩)的桩顶荷载作用效应。

(1) 竖向力:在轴心竖向力作用下的竖向力设计值按下式计算

$$N = \frac{F + G}{n} \qquad (9\text{-}19)$$

式中　N——轴心竖向力作用下任一复合基桩或基桩的竖向力设计值;

　　　F——作用于桩基承台顶面的竖向力设计值;

　　　G——桩基承台和承台上覆土自重设计值(当其效应对结构不利时,自重荷载分项系数取 1.2;有利时取 1.0),地下水位以下部分应扣除浮力;

　　　n——同一承台下的复合基桩或基桩数量。

在偏心荷载作用下的竖向力设计值按下式计算

$$N_i = \frac{F + G}{n} \pm \frac{M_x y_i}{\sum\limits_{j=1}^{n} y_j^2} \pm \frac{M_y x_i}{\sum\limits_{k=1}^{n} x_k^2} \qquad (9\text{-}20)$$

式中　M_y、M_x——分别为作用于承台的外力对桩群平面惯性主轴 x、y 的力矩设计值;

　　　x_i、y_i——分别为第 i 复合基桩或基桩的中心坐标。

(2) 水平力:群桩中各复合基桩或基桩的水平力设计值 H_i 按下式计算

$$H_i = \frac{H}{n} \qquad (9\text{-}21)$$

式中　H——作用于桩基承台的水平力设计值。

2. 地震作用效应

对于抗震设防区主要承受竖向荷载的低承台桩基础,当同时满足下列条件时,桩顶作用效应可不考虑地震作用：

(1)按《建筑抗震设计规范》规定可不进行天然地基和基础抗震承载力计算的建筑物。

(2)不位于斜坡地带或地震可能导致滑移、地裂地段的建筑物。

(3)桩端及桩身周围无液化土层。

(4)承台周围无液化土、淤泥、淤泥质土。

属于下列情况之一的桩基,计算各基桩的作用效应和桩身内力时,可考虑承台(包括地下墙体)与基桩共同工作和土的弹性抗力作用(计算方法和公式详见《建筑桩基技术规范》JGJ94—94 附录 B):

(1)位于 8 度和 8 度以上抗震设防区和其他受较大水平力的高大建筑物,当其桩基承台刚度较大或由于上部结构与承台的协同作用能增强承台的刚度时。

(2)受较大水平力及 8 度和 8 度以上地震设防区的高承台桩基。

二、桩基竖向承载力计算

1. 荷载效应组合下的承载力计算

承受轴心荷载的桩基,其基桩承载力设计值 R 应符合的极限状态计算表达式为

$$\gamma_{saf}N \leqslant R \tag{9-22}$$

式中 γ_{saf}——建筑桩基重要性系数,对于一级、二级和三级建筑桩基分别取 1.1、1.0、0.9。

承受偏心荷载的桩基,除应满足式(9-22)之外,尚应满足下式的要求

$$\gamma_{saf}N_{max} \leqslant 1.2R \tag{9-23}$$

式中,N_{max} 为按式(9-20)计算所得的复合基桩或基桩最大竖向压力设计值。

2. 地震作用效应下的承载力计算

从地震震害调查结果得知,不论桩周土的类别如何,在地震荷载作用下的基桩竖向承载力均可提高 25% 以上。因此,对于抗震设防区必须进行抗震验算的桩基可按下述公式验算复合基桩或基桩的承载力:

(1)轴心荷载作用下

$$N \leqslant 1.25R \tag{9-24}$$

(2)偏心荷载作用下,除应满足式(9-24)之外,尚应满足下式

$$N_{max} \leqslant 1.5R \tag{9-25}$$

必须特别指出,式(9-24)、式(9-25)中的 N、N_{max} 为地震作用效应下的荷载。

承受上拔力的基桩,尚应根据规范的有关规定进行基桩抗拔极限承载力验算。

三、桩基软弱下卧层的承载力验算

当桩端以下受力层范围内存在软弱下卧层时,应进行软弱下卧层的承载力验算。软弱下卧层的破坏被假定成两种模式,桩间距 $s_a \leqslant 6d$ 的群桩基础假定软弱下卧层破坏时群桩基础发生整体滑动,按这一基本思路,规范给出的下卧层承载力验算公式为

$$\sigma_z + \gamma_i z \leqslant q_{uk}^w / \gamma_q \tag{9-26}$$

$$\sigma_z = \frac{\gamma_{saf}(F + G) - 2(A_0 + B_0) \cdot \sum q_{ski}l_i}{(A_0 + 2t \cdot \tan\theta)(B_0 + 2t \cdot \tan\theta)} \tag{9-27}$$

式中 σ_z——作用于软弱下卧层顶面的附加应力;

γ_i——软弱层顶面以上各土层重度按土层厚度计算的加权平均值;

z——地面至软弱层顶面的深度；

q_{uk}^w——软弱下卧层经深度修正的地基极限承载力标准值；

γ_q——地基承载力分项系数，取 $\gamma_q = 1.65$；

A_0、B_0——分别为桩群外缘矩形面积的长、短边长；

t——桩端硬持力层的厚度；

θ——桩端硬持力层的压力扩散角，按规范 JGJ94—94 表 5.2.13 取值。

对于桩间距 $s_a > 6d$，且硬持力层厚度 $t < (s_a - D_e) \cdot \cot \dfrac{\theta}{2}$ 的群桩基础，假定软弱下卧层破坏呈现为群桩中各基桩桩端发生刺入破坏，按这一基本思路，桩基规范给出的下卧层承载力验算公式如下

$$\sigma_z = \frac{4(\gamma_{saf}N - U_p \cdot \sum q_{ski}l_i)}{\pi(D_e + 2t \cdot \tan\theta)^2} \tag{9-28}$$

式中 D_e——桩端等代直径，对于圆形桩，$D_e = D$，对于方形桩，$D_e = 1.13b$（方桩的边长），按规范 JGJ94—94 表 5.2.13 确定时，$B_0 = D_e$。

四、桩基沉降验算

对于需要计算变形的建筑物，其桩基变形值不应大于桩基变形容许值。桩基变形验算的特征值与浅基础的变形验算特征值一样，同为沉降量、沉降差、倾斜和局部倾斜，其定义方式也相同。

由于土层厚度与性质不均匀、荷载差异、体形复杂等因素引起的地基变形，对于砌体承重结构应由局部倾斜控制；对于框架结构应由相邻柱基的沉降差控制；对于多层或高层建筑和高耸结构应由倾斜值来控制。

建筑物的桩基变形容许值可按当地经验选取，如无当地经验时可按规范 JGJ94—94 的表 5.3.4 规定采用，对于表中未包括的建筑物桩基容许变形值，可根据上部结构对桩基变形的适应能力和使用上的要求来确定。

对于桩中心距 $s_a \leqslant 6d$ 的桩基，其最终沉降量计算可采用等效作用分层总和法。荷载的等效作用面假设为桩端平面，等效作用面积假设为承台的投影面积，等效作用附加应力近似取承台底平均附加压力。等效作用面以下的应力分布采用各向同性均质直线变形体理论，即假定在桩端平面处存在一个和承台一样的基础，其附加应力为承台底（按无桩浅基础考虑）的平均附加压力，地基压缩层位于桩端以下，地基附加应力和沉降计算同浅基础。"地基"任意点的最终沉降量可按下式计算

$$s = \psi \cdot \psi_e \cdot s' \tag{9-29}$$

式中 s——任意点的最终沉降量，mm；

s'——任意点按分层总和法计算出的"地基"沉降量，mm，"地基"压缩层厚度按 $\sigma_z = 0.2\sigma_c$ 来确定；

ψ_e——桩基等效沉降系数，与桩间距、承台尺寸、桩长、桩径等有关，按规范有关表格查取；

ψ——桩基沉降计算经验系数，应尽量按当地成功经验选取，如无当地可靠经验时，可按下列规定选用：

（1）非软土地区和软土地区桩端有良好持力层时，ψ 取 1.0；

(2)软土地区且桩端无良好持力层时,当桩长 $l \leqslant 25\text{m}$ 时,ψ 取 1.7;桩长 $l > 25\text{m}$ 时,取 $\psi = \dfrac{5.9l - 20}{7l - 100}$。

计算桩基沉降时,应考虑相邻基础的影响,采用叠加原理计算;桩基等效沉降系数可按独立基础计算。当桩基形状不规则时,可采用等效矩形面积计算桩基等效沉降系数,等效矩形的长宽比可根据承台实际形状确定。

五、桩基负摩阻力验算

符合下列条件之一的桩基,当桩周土层产生的沉降超过基桩的沉降时,应考虑桩侧负摩阻力:

(1)桩穿越较厚松散填土、自重湿陷性黄土、欠固结土层进入相对较硬土层时。

(2)桩周存在软弱土层,邻近桩侧地面承受局部较大的长期荷载,或地面大面积堆载(包括填土)时。

(3)由于降低地下水位,桩周土中有效应力增大,并产生显著压缩沉降时。

考虑桩周土沉降可能引起桩侧负摩阻力对桩基承载力和沉降的影响时,应根据具体工程情况具体对待。当缺乏可参照的工程经验时,可按下列规定验算:

(1)对于摩擦型基桩,取桩身计算中性点以上的累计侧阻力为零,再按下式验算基桩承载力

$$\gamma_{saf} N \leqslant R \tag{9-30}$$

(2)对于端承型基桩除应满足上式要求外,尚应考虑负摩阻力引起基桩的下拉荷载 Q_g^n,并按式(9-31)验算基桩承载力,下拉荷载 Q_g^n 的确定参见规范的有关规定。

$$\gamma_{saf}(N + 1.27 Q_g^n) \leqslant 1.6R \tag{9-31}$$

六、桩的水平承载力

作用在桩顶上的水平荷载包括长期作用的水平荷载(来自地下室外墙上的土和水的侧压力以及拱的推力等)、反复作用的水平荷载(来自风和机械制动等)以及地震引起的水平力。

以承受水平荷载为主的桩基,可考虑采用斜桩。但在建筑工程中,即使采用斜桩更为有利,但由于受施工条件的限制而难以实现,所以通常无需采用斜桩。一般地说,当水平荷载和竖向荷载的合力与竖直线的夹角不超过 5°(相当于水平荷载的数值为竖向荷载的 1/10~1/12)时,竖直桩的水平承载力不难满足设计要求,应该采用竖直桩。

在水平荷载和弯矩作用下,桩身发生挠曲变形,并挤压桩侧土体。桩侧土体则对桩体产生水平抗力,其大小和分布与桩的变形以及土质条件和桩的入土深度等多种因素有关。在出现破坏以前,桩身的水平位移与土的变形是协调的。随着位移和桩身内力的增大,低配筋率的灌注桩会发生桩身断裂破坏,而抗弯性能好的钢筋混凝土预制桩等,桩身虽未断裂,但桩侧土体如已明显开裂、隆起,桩的水平位移已超过建筑物的允许值,也视桩已处于破坏状态。

确定单桩水平承载力的方法,以水平静载荷试验最能反映实际情况;此外,也可从桩顶水平位移限值、材料强度或抗裂验算等出发,对其水平承载力加以计算确定,有可能时最好参考当地经验。

一般建筑物和水平荷载较小的高大建筑物单桩基础和群桩中的复合基桩应满足下式

$$\gamma_{saf}H_1 \leqslant R_{h1} \tag{9-32}$$

式中 H_1——单桩基础或群桩中复合基桩桩顶处的水平力设计值；

R_{h1}——单桩基础或群桩中复合基桩的水平承载力设计值。

对于受水平荷载较大的一级建筑桩基,单桩的水平承载力设计值应通过单桩静力水平荷载试验确定。对于钢筋混凝土预制桩、钢桩、桩身全截面配筋率不小于 0.65% 的灌注桩,可根据静载试验结果取地面处水平位移为 10mm(对于水平位移敏感的建筑物取水平位移6mm)所对应的荷载为单桩水平承载力设计值。对于桩身配筋率小于 0.65% 的灌注桩,水平静载试验的临界荷载为单桩水平承载力设计值。当缺少单桩水平静载试验资料时,可按规范的有关规定计算确定灌注桩的单桩水平承载力设计值。当验算地震作用时,应将上述方法确定的单桩水平承载力设计值乘以调整系数 1.25。

第六节 桩基础设计

一、桩基设计所需的基本资料

设计桩基之前必须具备的各种资料主要包括建筑物类型及其规模、岩土工程勘察报告、施工机具和技术条件、环境条件及当地桩基工程经验等。在提出工程地质勘察任务书时,必须说明拟采用的桩基方案。勘察任务书和勘察报告应符合勘察规范的一般规定和桩基工程的专门勘察要求。关于详细勘察阶段的勘探点布置,应按下列要求考虑:

(1)勘探点间距:对于端承型桩和嵌岩桩,勘探点间距主要根据桩端持力层顶面坡度来确定,勘探点间距一般为 12~24m。当两个相邻勘探点揭露出的持力层坡度大于 10% 时,应根据具体工程情况适当加密勘探点。对于摩擦型桩,勘探点间距一般为 20~30m,但遇到土层的性质或状态在水平向的变化较大,或存在可能对成桩不利的土层时,应适当加密勘探点;复杂地质条件下的柱下单桩基础应按桩列线布置勘探点,并宜逐桩设勘探点。

(2)勘探深度:在所有的勘探孔中,宜取 1/3~1/2 的作为控制性孔。对安全等级为一级的建筑桩基场地,控制性孔至少应有 3 个,安全等级为二级的建筑桩基不应少于 2 个。控制性孔应穿透桩端平面以下压缩层总厚度;控制性孔之外的一般性勘探孔应深入桩端平面以下 3~5m;嵌岩桩钻孔深入持力岩层深度不应小于 3~5 倍桩径;当持力岩层较薄时,部分钻孔应钻穿持力岩层。在岩溶地区,应查明溶洞、溶沟、溶槽、石笋等不良地质现象的分布情况。

对勘察深度范围内的每一地层,均应进行室内试验或原位测试,以便为设计提供所需的参数。

二、桩的类型、截面和桩长的选择

根据结构类型及层数、荷载情况、地层条件和施工能力等,选择桩的类别、桩的截面尺寸、长度、桩端持力层是桩基设计的第一步。一般而言,从楼层数和荷载大小来看(如为工业厂房,可将荷载折算为相应的楼层数),10 层以下的建筑可考虑采用直径 500mm 左右的灌注桩和边长为 400mm 的预制桩;10~20 层的可采用直径为 800~1000mm 的灌注桩和边长为 450~500mm 的预制桩;20~30 层的可采用直径为 1000~1200mm 的钻(冲、挖)孔灌注桩和边长等于或大于 500mm 的预制桩;30~40 层的可用直径大于 1200mm 的钻(冲、挖)孔灌注桩和边长 500~550mm 的预应力混凝土管桩和大直径钢管桩。楼层更多的高层建筑所采用的挖孔灌注桩直径甚至可达 5m 左右。

当土中存在大孤石、废金属以及花岗岩残积层中未风化的石英脉时,预制桩将难以穿越;当土层分布很不均匀时,混凝土预制桩的预制长度较难掌握;在场地土层分布比较均匀的条件下,采用质量易于保证的预应力高强混凝土管桩比较合理。

确定桩长的关键,在于选择桩端持力层。坚实土(岩)层(可用触探试验或其他指标作为坚实土层的鉴别标准)最适宜作为桩端持力层。对于 10 层以下的房屋,如在桩端可达的深度内不存在坚实土层时,也可选择中等强度的土层作为桩端持力层。

嵌岩桩或端承桩桩底下 3 倍桩径范围内应无软弱夹层、断裂带、洞穴和空隙分布。这对于荷载很大的柱下单桩(大直径灌注桩)更是至关重要。由于下伏岩层表面往往起伏不平,且常有隐伏的沟槽、溶槽、石芽洞穴等存在,尤其在可溶性的碳酸岩类(如石灰岩)分布区更加明显。

打入桩的入土深度应按所设计的桩端标高和最后贯入度(经试打确定)两个方面来控制。最后贯入度是指打桩结束以前每次锤击的沉入量,通常以最后每阵(10 击)的平均贯入量来表示。一般要求最后二、三阵的平均贯入量(贯入度)为 10~30mm/阵(锤重、桩长者取大值);振动沉桩者,可用 1min 作为一阵。

在确定桩的类型和几何尺寸之后,应初步确定承台的底面标高,以便计算单桩承载力。一般情况下,主要从结构要求和方便施工的角度来选择承台埋深。季节性冻土上的承台埋深,应考虑土的冻融条件影响。

三、桩的根数和布置

1. 桩的根数

在进行桩基础设计过程中,初步估算桩数时,一般先不考虑群桩效应,在确定了单桩承载力设计值之后,即可估算桩数。当桩基为轴心受压时,桩数 n 应满足下式的要求:

$$n \geqslant \frac{F+G}{R} \tag{9-33}$$

偏心受压时,对于偏心距固定的桩基,如果桩的布置使得群桩横截面的重心与荷载合力作用点重合,则仍可按上式估算桩数,否则,桩的根数应按上式确定后再增加 10%~20%。最终确定的桩数必须满足群桩承载力的要求。如有必要,还要通过桩基软弱下卧层承载力验算和桩基沉降验算才能最终确定基桩的具体数量。承受水平力的桩基,在确定桩数时,还应满足对桩的水平承载力要求。此时可以取各单桩水平承载力的和为群桩基础的水平承载力设计值。其结果往往偏于安全。

2. 桩的间距及平面布置

桩基中桩的平面布置对发挥桩的效用有很重要的作用。桩可以布置成方形或矩形网格,也可以布置成三角形(梅花形)网格。桩的平面布置需符合下列要求:

(1)桩的间距:桩的中心距也称桩的间距。一般情况下,桩的间距采用 3~4 倍的桩径。桩的间距过小除会给施工造成一定的困难之外,还将使摩擦型群桩的沉降明显增大。桩间距的加大虽然会减弱各基桩的应力叠加效应,但却会使承台的弯矩加大,冲切力加大从而增加建设成本。对于大面积的群桩,尤其是挤土桩,桩的最小中心距应符合表 9-1 的规定并宜适当加大。

扩底灌注桩除应符合表 9-1 的要求外,尚应满足表 9-2 的规定。

表 9-1　桩的最小中心距

土类与成桩工艺		排数不少于 3 排且桩数不少于 9 根的摩擦型桩	其他情况
非挤土和小量挤土灌注桩		$3.0d$	$2.5d$
挤土灌注桩	穿越非饱和土	$3.5d$	$3.0d$
	穿越饱和软土	$4.0d$	$3.5d$
挤土预制桩		$3.0d$	$3.0d$
打入式敞口管桩和 H 型钢桩		$3.5d$	$3.0d$

表 9-2　灌注桩扩底端桩的最小中心距

成桩方法	最小中心距	成桩方法	最小中心距
钻、挖孔灌注桩	$1.5d_b$ 或 d_b+1m(当 $d_b>2$m 时)	沉管扩底灌注桩	$2.0d_b$

(2)排列基桩时,宜使桩群承载力合力作用点与长期荷载重心重合。

(3)对于桩箱基础,宜将桩布置在墙下;对桩筏基础,宜将桩布置在梁(肋)下,对大直径扩底桩宜采用一柱一桩,尽量不要将桩布置在筏板上。

(4)同一结构单元宜采用同一类型的桩。同一基础相邻桩的桩底标高差,对于端承桩不宜超过相邻桩的中心距;对于摩擦桩,在相同土层不宜超过桩长的 1/10。

(5)一般应选择硬土层作为桩端持力层。桩端进入持力层的深度,对于黏性土不宜小于 $2.0d$,砂土不宜小于 $1.5d$,碎石类土不宜小于 $1.0d$。当存在软弱下卧层时,桩端以下硬持力层厚度不宜小于 $4d$。

(6)在有门洞的墙下布桩时,应将桩设置在门洞的两侧。

(7)梁式或板式承台下的群桩,布桩时应注意尽量使梁、板中的弯矩减小,即尽量将基桩布设在柱、墙下,以减少梁和板跨中的桩数。

(8)为了节省承台用料和减少承台施工的工作量,在可能的情况下,墙下条形承台下应尽量采用单排布桩,柱下的桩数也应尽量减少。

一般而言,桩数较少而桩长较大的摩擦型桩基,无论在承台的设计和施工方面,还是在提高群桩的承载力以及减小桩基沉降量方面,都比桩数多而桩长小的桩基优越。如果由于单桩承载力不足而造成桩数过多,布桩不够合理时,宜重新选择桩的类型及几何尺寸。

四、承台设计

桩基承台可分为柱下独立承台、柱下或墙下条形承台(梁式承台),以及筏板承台和箱筏式(箱形)承台等。承台设计包括选择承台的材料及其强度等级,确定承台的几何形状及其尺寸,进行承台结构承载力计算并使其构造满足一定的要求等内容。

1. 承台设计的基本构造要求

(1)桩基承台的构造尺寸应首先能够满足抗冲切、抗剪切、抗弯和上部结构需要。

(2)JGJ94—94 规范规定,承台的最小宽度不应小于 500mm,承台边缘至桩中心的距离不宜小于桩的直径或边长,边缘挑出部分不应小于 150mm。这主要是为了满足桩顶嵌固及抗冲切的需要。对于墙下条形承台,其边缘挑出部分可降低至 75mm,这主要是考虑到墙体与条形承台的相互作用可增强结构的整体刚度,并不至于产生桩顶对承台的冲切破坏。

(3)为满足承台的基本刚度、桩与承台的连接等构造需要,条形承台和柱下独立桩基承台的最小厚度为 500mm,其最小埋深为 600mm。

(4)筏板、箱形承台板的厚度应满足整体刚度、施工条件及防水要求。对于桩布置于墙下或基础梁下的情况,承台板厚度不宜小于 250mm,且板厚与计算区段最小跨度之比不宜小于 1/20。

(5)柱下单桩基础宜按连接柱、连系梁的构造要求将联系梁高度范围内桩的圆形截面改变为方形截面。

(6)承台混凝土强度不宜小于 C15,采用 Ⅱ 级钢筋时,混凝土等级不宜低于 C20。承台底面混凝土保护层的厚度不宜小于 70mm。当设置素混凝土垫层时可适当减小;垫层厚度宜为 100mm,强度等级宜为 C7.5。

(7)承台的钢筋配置除满足计算要求外,尚应符合下列规定:

a. 承台梁的纵向主筋直径不宜小于 ϕ12mm,架立筋直径不宜小于 ϕ10mm,箍筋直径不宜小于 ϕ6mm。

b. 柱下独立桩基承台的受力钢筋应通长配置。矩形承台板配筋宜按双向均匀布置,钢筋直径不宜小于 ϕ10mm,间距应满足 100~200mm。对于三桩承台,应按三向板带均匀配置,最里面三根钢筋相交围成的三角形应位于柱截面范围以内(见图 9-5)。

c. 筏形承台板的分布构造钢筋,可采用 ϕ10~12mm,间距 150~200mm。当仅考虑局部弯曲作用按倒楼盖法计算内力时,考虑到整体弯矩的影响,纵横两方向的支座钢筋尚应有 1/2~1/3,且配筋率不小于 0.15%,贯通全跨配置;跨中钢筋应按计算配筋率全部连通。

d. 箱形承台顶、底板的配筋,应综合考虑承受整体弯曲钢筋的配置部位,以充分发挥各截面钢筋的作用。仅按局部弯曲作用计算内力时,考虑到整体弯曲的影响,钢筋配置量除符合局部弯曲计算要求外,纵横两方向支座钢筋尚应有 1/2~1/3 且配筋率分别不小于 0.15%,其中的 10%贯通全跨配置,跨中钢筋应按实际配筋率全部连通。

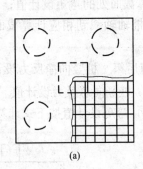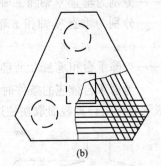

(a)　　　　　　　　　　　(b)

图 9-5　柱下独立桩基承台配筋

(a)矩形承台　(b)三桩承台

(8)桩与承台的连接宜符合下列要求:

a. 桩顶嵌入承台的长度对于大直径桩不宜小于 100mm;对于中等直径桩不宜小于 50mm。

b. 混凝土桩的桩顶主筋应伸入承台内,其锚固长度不宜小于 30 倍主筋直径,对于抗拔桩基不应小于 40 倍主筋直径。预应力混凝土桩可采用钢筋与桩头钢板焊接的连接方法。钢桩可采用在桩头加焊锅型钣或钢筋的连接方法。

(9)承台之间的连接宜符合下列要求：

a.柱下单桩宜在桩顶两个互相垂直方向上设置连系梁。当桩柱截面直径之比较大(一般大于2)且桩底剪力和弯矩较小时可不设连系梁。

b.两桩桩基的承台,宜在其短向设置连系梁。当短向的柱底剪力和弯矩较小时可不设连系梁。

c.有抗震要求的柱下独立桩基承台,纵横方向宜设置连系梁。

d.连系梁顶面宜与承台顶位于同一标高。连系梁宽度不宜小于200mm,其高度可取承台中心距的1/10~1/15。

e.连系梁配筋应根据计算确定,不宜小于4ϕ12mm。

(10)承台埋深应不小于600mm。在季节性冻土及膨胀土地区,其承台埋深及处理措施,应按现行《建筑地基基础设计规范》和《膨胀土地区建筑技术规范》等有关规定执行。

2.承台结构承载力计算

各种承台均应按现行《混凝土结构设计规范》进行受弯、受冲切、受剪切和局部承压承载力计算。

(1)弯矩计算:根据承台模型试验资料,柱下独立桩基承台(四桩或三桩承台)在配筋不足的情况下将发生弯曲破坏,其破坏特征呈现为梁式破坏。为了保证承台不发生该类破坏,首先需要对其进行弯矩计算,并在此基础上进而进行配筋计算。

a.柱下独立桩基承台的正截面弯矩设计值计算:多桩矩形承台弯矩计算截面,取在柱边和承台高度变化处(杯口外侧和台阶边缘),弯矩设计值可按下式计算

$$M_x = \sum N_i y_i \tag{9-34}$$

$$M_y = \sum N_i x_i \tag{9-35}$$

式中　M_x、M_y——分别为垂直y轴和x轴方向计算截面处的弯矩设计值;

x_i、y_i——分别为垂直y轴和x轴方向自桩轴轴线到相应计算截面的距离(图9-6);

N_i——扣除承台和承台上土自重设计值后第i桩竖向净反力设计值,当符合不考虑承台效应的条件时,则为第i桩竖向总反力设计值。

三桩三角形承台弯矩计算截面取在柱边(图9-7),弯矩设计值按下式计算

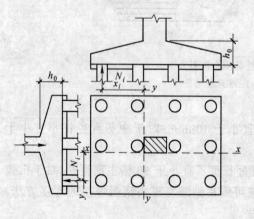

图9-6　矩形承台弯矩计算

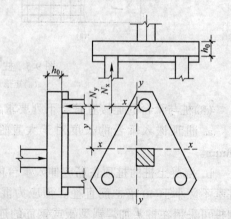

图9-7　三桩三角形承台弯矩计算

$$M_x = N_y \cdot y \tag{9-36}$$

$$M_y = N_x \cdot x \tag{9-37}$$

注意:对于三桩三角形承台计算弯矩截面不与主筋正面相交时,须对主筋方向角进行换算。

b. 箱形和筏形承台弯矩计算:箱形和筏形承台的弯矩宜考虑土层性质、基桩的几何特征、承台和上部结构形式与刚度,按地基-桩-承台-上部结构共同作用的原理分析计算。

对箱形承台,当桩端持力层为基岩、密实的卵石、碎石类土、砂土,且较均匀时,或当上部结构为剪力墙、12 层以上的框架、框架-剪力墙体系,且箱形承台的整体刚度较大时,箱形承台顶、底板可仅考虑局部弯曲作用进行计算。

对于筏形承台,当桩端持力层坚硬均匀,上部结构刚度较好,且柱荷载及柱距的变化不超过 20% 时,可仅考虑局部弯曲作用按倒楼盖法计算;当桩端持力层为中、高压缩性土层或非均匀土层、上部结构刚度较差或柱荷载及柱间距变化较大时,应按弹性地基梁板进行计算。

c. 柱下条形承台梁的弯矩计算:柱下条形承台梁的弯矩按弹性地基梁(地基计算模型根据地基土层特性选取)进行分析计算。

当桩端持力层较硬且桩柱轴线不重合时,可视桩为不动支座,按连续梁计算。

d. 墙下条形承台梁的弯矩计算:墙下条形承台梁可按倒置弹性地基梁计算其弯矩和剪力,对于承台上的砖墙,尚应验算桩顶以上部分砌体荷载产生的局部承压强度。

(2)桩基承台的受冲切计算:

a. 柱(墙)下桩基承台抗冲切承载力计算:冲切破坏锥体应采用自柱(墙)边和承台变阶处至相应桩顶边缘连线所构成的截锥体,锥体斜面与承台底面之夹角不小于 45°,如图 9-8 和图 9-9 所示。

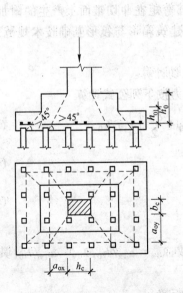

图 9-8　柱下桩基承台的冲切计算

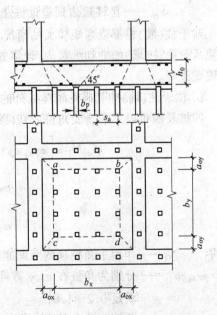

图 9-9　墙对筏形承台的冲切计算

受冲切承载力可按下列公式计算

$$\gamma_{saf} F_1 \leqslant \alpha f_t u_m h_0 \tag{9-38}$$

$$F_1 = F - \sum Q_i \tag{9-39}$$

$$\alpha = \frac{0.72}{\lambda + 0.2} \tag{9-40}$$

式中　F_1——作用于冲切破坏锥体上的冲切力设计值；

　　　f_t——承台混凝土抗拉强度设计值；

　　　u_m——冲切破坏锥体一半有效高度处的周长；

　　　h_0——承台冲切破坏锥体的有效高度；

　　　α——冲切系数；

　　　λ——冲跨比，$\lambda = a_0/h_0$；a_0 为冲跨即柱(墙)边或承台变阶处到桩边的水平距离,当 $a_0 < 0.2h_0$ 时, 取 $a_0 = 0.2h_0$；当 $a_0 > 0.2h_0$ 时, 取 $a_0 = h_0$；λ 应满足 $0.2 \sim 1.0$；

　　　F——作用于柱(墙)底的竖向荷载设计值；

　$\sum Q_i$——冲切破坏锥体内各基桩的净反力(不计承台和承台上土自重)设计值之和。

对圆柱及圆桩,计算时应将截面换算成方柱及方桩,即取换算柱(桩)截面边宽 $b = 0.8d$。

对柱下矩形独立承台受柱冲切的承载力可按下式计算

$$\gamma_{saf} F_1 \leqslant 2\left[\alpha_{0x}(b_c + a_{0y}) + \alpha_{0y}(h_c + a_{0x})\right] f_t h_0 \tag{9-41}$$

式中　α_{0x}、α_{0y}——分别为 x、y 轴方向上的冲切系数,按式(9-40)求得；式(9-40)中,$\lambda_{0x} = a_{0x}/h_0$；$\lambda_{0y} = a_{0y}/h_0$；

　　　h_c、b_c——柱截面长、短边尺寸；

　　　a_{0x}——自柱长边到最近桩边的水平距离；

　　　a_{0y}——自柱短边到最近桩边的水平距离。

对于柱(墙)根部受弯矩较大的情况,应考虑其根部弯矩在冲切锥面上产生的附加剪力验算承台受柱(墙)的冲切承载力,计算方法可按《高层建筑箱形与筏形基础技术规范》的有关规定进行。

b. 位于柱(墙)冲切破坏锥体以外的承台受基桩冲切计算：

四桩及四桩以上承台受角桩冲切(图 9-10)的承载力按下列公式计算

$$\gamma_{saf} N_1 \leqslant \left[\alpha_{1x}\left(c_2 + \frac{a_{1y}}{2}\right) + \alpha_{1y}\left(c_1 + \frac{a_{1x}}{2}\right)\right] f_t h_0 \tag{9-42}$$

$$\alpha_{1x} = \frac{0.48}{\lambda_{1x} + 0.2} \tag{9-43}$$

$$\alpha_{1y} = \frac{0.48}{\lambda_{1y} + 0.2} \tag{9-44}$$

式中　N_1——作用于角桩顶的竖向净反力设计值；

　α_{1x}、α_{1y}——分别为角桩在 x、y 方向上的冲切系数；$\lambda_{1x} = a_{1x}/h_0$, $\lambda_{1y} = a_{1y}/h_0$,其值应满足 $0.2 \sim 1.0$；

　　　c_1、c_2——分别为从角桩内边缘到承台外边缘的距离；

　a_{1x}、a_{1y}——分别为从承台底角桩内边缘引 $45°$ 冲切线与承台顶面相交点至角桩内边缘

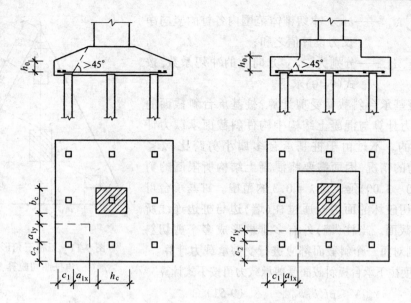

图 9-10　四桩及四桩以上承台角桩冲切验算

的水平距离,当柱或承台变阶处位于该 45°线以内时,则取由柱边或变阶处与桩内边缘连线为冲切锥体的锥线(图 9-10)。

三桩三角形承台受角桩冲切(图 9-11)的承载力按下列公式计算

底部角桩

$$\gamma_{saf} N_1 \leqslant \alpha_{11}(2c_1 + a_{11}) \tan \frac{\theta_1}{2} f_t h_0 \tag{9-45}$$

$$\alpha_{11} = \frac{0.48}{\lambda_{11} + 0.2} \tag{9-46}$$

顶部角桩

$$\gamma_{saf} N_1 \leqslant \alpha_{12}(2c_2 + a_{12}) \tan \frac{\theta_2}{2} f_t h_0 \tag{9-47}$$

$$\alpha_{12} = \frac{0.48}{\lambda_{12} + 0.2} \tag{9-48}$$

式中　λ_{11}、λ_{12}——分别为三桩三角形承台底部和顶部角桩的冲跨比,$\lambda_{11} = a_{11}/h_0$,$\lambda_{12} = a_{12}/h_0$;

　　　　c_1、c_2——如图 9-11 所示距离;

　　　　a_{11}、a_{12}——从承台底角桩内边缘引 45°冲切线与承台顶面相交点至角桩内边缘的水平距离,当柱或承台变阶处位于该 45°线以内时,则取由柱边或变阶处与桩内边缘连线为冲切锥体的锥线(图 9-11)。

箱形、筏形承台受内部基桩冲切的承载力计算分为受单一基桩冲切的承载力计算和受群桩冲切的承载力计算。

受单一基桩冲切的承载力计算(见图 9-9)

$$\gamma_{saf} N_1 \leqslant 2.4(b_p + h_0) f_t h_0 \tag{9-49}$$

受群桩冲切的承载力计算:

$$\gamma_{saf} \sum N_{1i} \leqslant 2[\alpha_{0x}(b_y + a_{0y}) + \alpha_{0y}(b_x + a_{0x})] f_t h_0 \tag{9-50}$$

式中 $\sum N_{1i}$ —— $abcd$ 冲切锥体范围内各桩的竖向净反力设计值之和；

α_{0x}、α_{0y} —— 分别为 x、y 方向上的冲切系数，按式(9-40)求得。

(3)桩基承台斜截面受剪计算：桩基承台斜截面的受剪承载力计算与混凝土结构中构件斜截面承载力计算是一致的。不过由于桩基承台多属小剪跨比($\lambda <$ 1.40)受剪的情况，因而需要将混凝土结构所限制的剪跨比(1.40~3.00)延伸到 $\lambda = 0.3$ 的范围。桩基承台可能发生剪切破坏的面为一通过柱(墙)边与桩边连线所形成的斜截面。当柱(墙)外有多排桩形成多个剪切斜截面时，则对每一个斜截面都应进行受剪承载力计算。

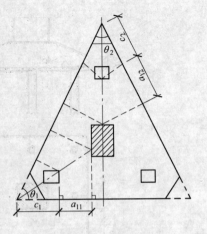

图 9-11 三桩三角形承台
角桩冲切验算

等厚度柱下承台板斜截面受剪承载力可按下式计算

$$\gamma_{saf}V \leqslant \beta f_c b_0 h_0 \qquad (9-51)$$

当 $1.4 \leqslant \lambda \leqslant 3.0$ 时，剪切系数：

$$\beta = \frac{0.2}{\lambda + 1.5} \qquad (9\text{-}52a)$$

当 $0.3 \leqslant \lambda < 1.40$ 时，剪切系数：

$$\beta = \frac{0.12}{\lambda + 0.3} \qquad (9\text{-}52b)$$

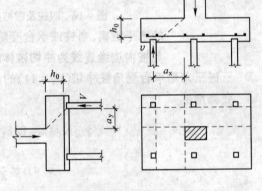

式中 V —— 斜截面的最大剪应力设计值；

f_c —— 混凝土轴心抗压强度设计值；

b_0 —— 承台计算斜截面处的计算宽度；

h_0 —— 承台计算斜截面处的有效高度；

图 9-12 承台斜截面受剪计算

λ —— 计算斜截面的剪跨比，$\lambda_x = a_x / h_0$，$\lambda_y = a_y / h_0$，a_x、a_y (见图 9-12)分别为柱边(墙边)或承台变阶处至 x、y 方向计算一排桩的水平距离，当 $\lambda < 0.3$ 时，取其为 0.3，当 $\lambda > 3.0$ 时，取其为 3.0。

柱下矩形独立承台应在两个方向上均应进行斜截面受剪承载力计算。对于如图 9-13 所示的阶梯形承台，应分别在变阶处($A_1 - A_1$、$B_1 - B_1$)及柱边处($A_2 - A_2$、$B_2 - B_2$)进行斜截面受剪承载力计算。其中 $A_1 - A_1$、$B_1 - B_1$ 斜截面的有效高度均为 h_{01}，斜截面计算宽度分别为 b_{y1} 和 b_{x1}；$A_2 - A_2$、$B_2 - B_2$ 斜截面的有效高度均为 $h_{01} + h_{02}$，斜截面计算宽度分别为($A_2 - A_2$ 截面)$b_{y0} = \dfrac{b_{y1} \cdot h_{01} + b_{y2} \cdot h_{02}}{h_{01} + h_{02}}$ 和($B_2 - B_2$ 截面)$b_{x0} = \dfrac{b_{x1} \cdot h_{01} + b_{x2} \cdot h_{02}}{h_{01} + h_{02}}$。对于如图 9-14 所示的锥形承台，应分别对 $A - A$ 和 $B - B$ 两个截面进行斜截面受剪承载力计算。其中斜截面的有效高度均为 h_0；斜截面的计算宽度分别为($A - A$ 截面)$b_{y0} = \left[1 - 0.5\dfrac{h_1}{h_0}\left(1 - \dfrac{b_{y2}}{b_{y1}}\right)\right]b_{y1}$ 和($B - B$ 截面)$b_{x0} = \left[1 - 0.5\dfrac{h_1}{h_0}\left(1 - \dfrac{b_{x2}}{b_{x1}}\right)\right]b_{x1}$。

(4)其他计算：对于柱下桩基，当承台混凝土强度等级低于柱的强度等级时，应按现行混凝土结构设计规范规定验算承台的局部受压承载力。在需要进行承台的抗震验算时,应按照建筑抗震设计规范对承台的受弯、受剪切承载力进行抗震调整。

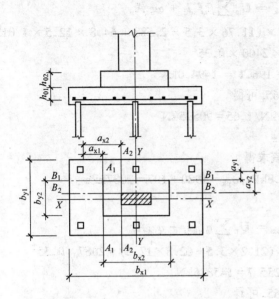

图 9-13 阶形承台斜截面受剪计算

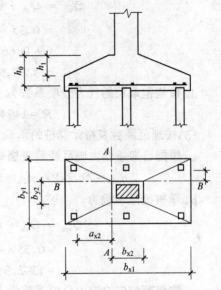

图 9-14 锥形承台斜截面受剪计算

【例 9-1】 某桩基承台底面埋深 2.5m,以下为长度 16m 的预制桩,桩的截面为 350mm×350mm。桩体穿过两层土,第一层为厚度 3.5m 的淤泥质土,孔隙比 $e = 1.425$;第二层为可塑状黏土,$I_L = 0.55$,厚度大于 30m。单桥试验结果为,$p_{s1} = 460kPa$;$p_{s2} = 1600kPa$;双桥试验结果为,$q_{c1} = 210kPa$,$q_{c2} = 2000kPa$,$R_{s1} = 5.6\%$,$R_{s2} = 3.24\%$。试分别按单桥静力触探试验、双桥静力触探试验资料和规范经验表格计算桩的承载力。

解:(1)按单桥试验结果计算桩的承载力:

a. 根据单桥静力触探试验结果,由规范的 5.2.6.1 可得 $q_{s1} = 15kPa$,$q_{s21} = 0.05p_s = 80kPa$,(埋深 10m 以上),$q_{s22} = 0.025p_s + 25 = 65kPa$(10m 埋深以下);$p_{sk} = 1600kPa$。

b. 由规范查得桩端阻力修正系数 $\alpha = 0.76$。

c. 单桩极限承载力

$$Q_{uk} = Q_{sk} + Q_{pk} = U_p \sum q_{si} l_i + \alpha p_{sk} A_p$$
$$= 0.35 \times 4 \times (15 \times 3.5 + 80 \times 4 + 65 \times 8.5) + 0.76 \times 1600 \times 0.35^2$$
$$= 1295 + 148.96 = 1443.96kN$$

d. 按规范取桩的抗力分项系数为 1.65,可得

$$R = 1443.96kN/1.65 = 875.13kN$$

(2)按双桥试验结果计算桩的承载力:

a. 根据已知条件可得

$$f_{s1} = q_{c1} \times R_{s1} = 11.76kPa, f_{s2} = q_{c2} \times R_{s2} = 64.8kPa。$$

b. 根据双桥静力触探试验结果,由规范的 5.2.7 可得

桩侧阻力综合修正系数 $\beta_1 = 10.04(f_{s1})^{-0.55} = 10.04 \times 0.258 = 2.588$

$$\beta_2 = 10.04(f_{s2})^{-0.55} = 10.04 \times 0.101 = 1.013$$

桩端阻力修正系数 $\alpha = 2/3 = 0.667$。

c. 单桩极限承载力

$$Q_{uk} = Q_{sk} + Q_{pk} = U_p \sum \beta_i f_{si} l_i + \alpha q_c A_p$$
$$= 0.35 \times 4 \times (11.76 \times 3.5 \times 2.588 + 64.8 \times 12.5 \times 1.013)$$
$$+ 0.667 \times 2400 \times 0.35^2$$
$$= 1297.9 + 196.1 = 1494.0 \text{kN}$$

d. 按规范取桩的抗力分项系数为1.65,可得

$$R = 1494.0 \text{kN}/1.65 = 905.5 \text{kN}$$

(3)按规范经验表格计算桩的承载力:

a. 根据已知条件由规范经验表格插值求得

$$q_{s1k} = 21.2 \text{kPa}; q_{s2k} = 62.8 \text{kPa}; q_{pk} = 1980 + 107 = 2087 \text{kPa}$$

b. 单桩极限承载力

$$Q_{uk} = Q_{sk} + Q_{pk} = U_p \sum q_{sik} l_i + q_{pk} A_p$$
$$= 0.35 \times 4 \times (21.2 \times 3.5 + 62.8 \times 12.5) + 2087 \times 0.35^2$$
$$= 1202.9 + 255.7 = 1458.6 \text{kN}$$

c. 按规范取桩的抗力分项系数为1.65,可得

$$R = 1458.6 \text{kN}/1.65 = 884 \text{kN}$$

【例9-2】 某桩基承台底面埋深2.5m,以下为长度16m、桩径900mm的灌注桩,干作业施工。桩体穿过两层土,第一层为厚度3.5m的淤泥质土,孔隙比 $e = 1.425$;第二层为可塑状黏土,$I_L = 0.55$,厚度大于30m。试按规范经验表格计算桩的承载力。

解:(1)根据已知条件由规范经验表格插值求得

$q_{s1k} = 19.2 \text{kPa}; q_{s2k} = 60.8 \text{kPa}; q_{pk} = 1150 \text{kPa}$

(2)按规范5.2.9可得:

$$\psi_{s1} = \psi_{s2} = 1; \psi_p = \left(\frac{0.8}{D}\right)^{1/4} = 0.971$$

(3)单桩极限承载力

$$Q_{uk} = Q_{sk} + Q_{pk} = U_p \sum \psi_{si} q_{sik} l_{si} + \psi_p q_{pk} A_p$$
$$= 3.14 \times 0.9 \times 1.0 \times (19.2 \times 3.5 + 60.8 \times 12.5) + 1150 \times \frac{\pi}{4} \times 0.9^2$$
$$= 2337.7 + 731.2 = 3068.9 \text{kN}$$

(4)取桩的抗力分项系数为1.65,可得

$$R = 3068.9 \text{kN}/1.65 = 1859.9 \text{kN}$$

【例9-3】 某矩形群桩基础的承台下共有6根单桩,上部结构荷载和承台及上覆土(已考虑了自重荷载分项系数)重 10000kN,$M_y = 500 \text{kN·m}$,$M_x = 200 \text{kN·m}$。试计算例图 9-1 所示情况下各桩顶承受的荷载大小。

解:(1)计算各桩顶的平均荷载

$$N = \frac{F + G}{n} = \frac{10000}{6} = 1666.7 \text{kN}$$

(2)计算各桩顶的作用荷载

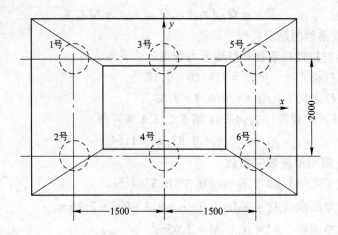

例图 9-1 某群桩基础平面布置

由公式 $N_i = \dfrac{F+G}{n} \pm \dfrac{M_x y_i}{\sum\limits_{j=1}^{n} y_j^2} \pm \dfrac{M_y x_i}{\sum\limits_{k=1}^{n} x_k^2}$ 可得

$$N_1 = 1666.7 - \frac{200 \times 1.0}{6 \times 1.0^2} - \frac{500 \times 1.5}{4 \times 1.5^2} = 1550\text{kN}$$

$$N_2 = 1666.7 + \frac{200 \times 1.0}{6 \times 1.0^2} - \frac{500 \times 1.5}{4 \times 1.5^2} = 1616.7\text{kN}$$

$$N_3 = 1666.7 - \frac{200 \times 1.0}{6 \times 1.0^2} = 1633.3\text{kN}$$

$$N_4 = 1666.7 + \frac{200 \times 1.0}{6 \times 1.0^2} = 1700\text{kN}$$

$$N_5 = 1666.7 - \frac{200 \times 1.0}{6 \times 1.0^2} + \frac{500 \times 1.5}{4 \times 1.5^2} = 1716.7\text{kN}$$

$$N_6 = 1666.7 + \frac{200 \times 1.0}{6 \times 1.0^2} + \frac{500 \times 1.5}{4 \times 1.5^2} = 1783.4\text{kN}$$

【例 9-4】 某柱下桩基础(二级建筑桩基)采用桩长为 10m、截面尺寸为 300mm × 300mm 的钢筋混凝土预制桩,柱子传下来的荷载为 $F_v = 2300\text{kN}$, $M = 120\text{kN·m}$, $F_H = 56\text{kN}$,桩的布置、承台尺寸和地质条件如例图 9-2 所示,承台下地基土的极限阻力标准值 $q_{ck} = 180\text{kPa}$,桩的中心距为 1.0m,边桩中心距承台边缘 0.4m,试计算各桩顶的作用力并对桩进行竖向承载力验算。

解:(1)计算单桩竖向极限承载力标准值

$$Q_{uk} = Q_{sk} + Q_{pk} = U_p \sum q_{sik} l_i + q_{pk} A_p$$

$$= 0.30 \times 4 \times (21 \times 3.5 + 46 \times 5.5 + 60 \times 1) + 2200 \times 0.30^2$$

$$= 463.8 + 198 = 661.8\text{kN}$$

(2)基桩的竖向承载力设计值的确定方法:根据题中所给的条件及《建筑桩基技术规范》JGJ94—94 第 5.2.2.2 条,对于桩数超过 3 根的非端承桩复合桩基,宜考虑桩群、土、承台的相互作用效应,其复合基桩竖向承载力设计值为

$$R = \eta_s Q_{sk}/\gamma_s + \eta_p Q_{pk}/\gamma_p + \eta_c Q_{ck}/\gamma_c$$

(3)群桩效应系数的确定：

a. 桩侧阻力群桩效应系数和桩端阻力群桩效应系数

承台宽度与桩长之比　$B_c/l = 1.8/10 = 0.18$

桩间距与桩径之比　$s_a/d = 1.0/0.3 = 3.33$

由《建筑桩基技术规范》JGJ94—94 第 5.2.3.1 条可得

$$\eta_s = 0.83, \ \eta_p = 1.54$$

b. 承台底土阻力群桩效应系数

承台净面积　$A_c = 1.8 \times 2.8 - 6 \times 0.3 \times 0.3 = 4.5 \text{m}^2$

承台内区的净面积　$A_c^i = 1.3 \times 2.3 - 6 \times 0.3 \times 0.3 = 2.45 \text{m}^2$

承台外区的净面积　$A_c^e = A_c - A_c^i = 2.05 \text{m}^2$

承台内、外区土阻力群桩效应系数：由规范 JGJ94—94 第 5.2.3.2 条可得 $\eta_c^i = 0.12$, $\eta_c^e = 0.67$。

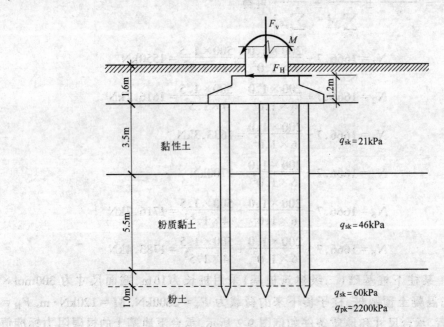

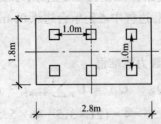

例图 9-2　某柱下桩基础平面布置及桩基剖面图

承台底土阻力群桩效应系数

$$\eta_c = \eta_c^i \frac{A_c^i}{A_c} + \eta_c^e \frac{A_c^e}{A_c} = 0.12 \times \frac{2.45}{4.5} + 0.67 \times \frac{2.05}{4.5} = 0.37$$

(4)相应于任一复合基桩的承台底地基土总极限阻力标准值

$$Q_{ck} = q_{ck} \cdot A_c / n = \frac{180 \times 4.5}{6} = 135kN$$

(5)复合基桩竖向承载力设计值

$$R = \eta_s Q_{sk} / \gamma_s + \eta_p Q_{pk} / \gamma_p + \eta_c Q_{ck} / \gamma_c$$

由规范 JGJ94—94 第 5.2.2.2 条可得　$\gamma_s = \gamma_p = 1.65, \gamma_c = 1.70$

将所得各值代入上式后得

$$R = 0.83 \times 463.8 / 1.65 + 1.54 \times 198 / 1.65 + 0.37 \times 135 / 1.7 = 447.5kN$$

(6)荷载效应组合下的承载力计算：

平均荷载效应组合下的承载力计算需满足

$$\gamma_{saf} N \leqslant R$$

对于二级,建筑桩基重要性系数 γ_{saf} 取 1.0。桩顶竖向平均荷载设计值

$$N = \frac{F + G}{n} = \frac{2300 + (1.8 \times 2.8 \times 1.6 \times 20) \times 1.2}{6} = 415.6kN$$

式中 1.2 为自重荷载分项系数。

$\gamma_{saf} N = 1.0 \times 415.6 = 415.6kN < R = 447.3kN$,满足规范要求。

桩顶最大荷载计算

$$N_{max} = \frac{F + G}{n} + \frac{M_y x_{max}}{\sum x_j^2} = 415.6 + \frac{120 + 56 \times 1.2}{4 \times 1.0^2} = 462.4kN$$

桩顶最大荷载作用下的承载力计算需满足

$$\gamma_{saf} N_{max} \leqslant 1.2R$$

将所得各值代入可得

$$\gamma_{saf} N_{max} = 1.0 \times 462.4 = 462.4kN < 1.2R = 536.7kN$$

所计算桩基满足规范对桩基竖向承载力要求。

【例 9-5】　某厂房柱的矩形截面为 $b_c \times h_c = 450mm \times 600mm$,柱底(标高为 -0.5m)荷载设计值 $F = 4100kN$, $M = 214kN \cdot m$(作用于长边方向), $H = 186kN$。柱下承台宽 2.0m,长 3.2m,桩的平面布置及承台剖面方案如例图 9-3 所示。拟采用混凝土预制桩基础,桩的截面为 $400mm \times 400mm$,桩长 15m。已确定基桩承载力设计值为 $R = 730kN$, $R_{h1} = 70kN$,建筑桩基安全等级为二级,承台混凝土强度等级为 C20,配筋选用 HPB400 级钢筋,试设计该桩基础(基桩承载力中未考虑承台下土的效应)。

解:(1)由《混凝土结构设计规范》(GB50010—2002)查表可得,对 C20 混凝土: $f_c = 9600kPa$, $f_t = 1100kPa$;对 HPB400 级钢筋: $f_y = 360MPa$。

(2)桩的类型和尺寸:桩的类型和尺寸已选定,桩身结构设计从略。

(3)桩的根数:在未知承台尺寸的情况下按下式估算桩的根数

$$n > \frac{F}{R} = \frac{4100}{730} = 5.6$$

暂取 $n=6$。

(4)桩的平面布置:根据所得桩的数量以及桩的截面尺寸,拟将 6 根桩分两排布置在承台下,桩间距(中心距)暂取 $s_a=3.0d=1.2$m,内部承台尺寸为 1600mm×2800mm。

(5)承台尺寸初步设计:根据桩基设计的基本原则,取边桩中心至承台边缘的间距为 $1.0d=0.4$m(承台边缘与边桩外侧的净宽为 200mm),再按照由桩的平面布置确定的承台内部尺寸,暂取承台平面尺寸为 2000mm×3200mm(长边对应弯矩作用方向);暂取承台厚度为 900mm(承台底面埋深 1.4m),桩顶伸入承台 50mm,钢筋保护层取 35mm,承台的有效高度 $h_0=900-50-35=815$mm。

(6)桩顶荷载效应下的承载力计算:取承台及其上覆土的加权平均重度为 20kN/m³。桩顶平均竖向力的设计值为

$$N=\frac{F+G}{n}=\frac{4100+(3.2\times2.0\times1.4\times20)\times1.2}{6}=719.2\text{kN}$$

式中 1.2 为自重荷载分项系数。

$$\gamma_{saf}N=1.0\times719.2=719.2\text{kN}<R=730\text{kN}$$

满足规范要求。

桩顶最大设计荷载为

$$N_{max}=\frac{F+G}{n}+\frac{M_yx_{max}}{\sum x_j^2}=719.2+\frac{214+186\times0.9}{4\times1.2^2}=719.2+66.2=785.4\text{kN}$$

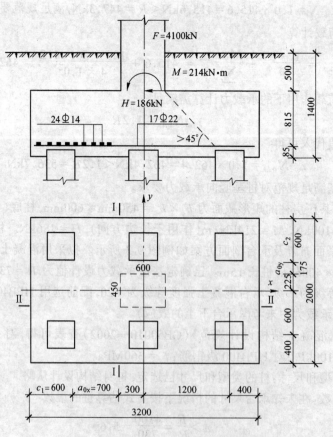

例图 9-3　桩的平面布置及承台剖面方案

桩顶最大荷载作用下的承载力计算需满足

$$\gamma_{saf} N_{max} \leqslant 1.2R$$

将所得各值代入可得

$$\gamma_{saf} N_{max} = 1.0 \times 785.4 = 785.4 \text{kN} < 1.2R = 876 \text{kN}, 满足规范要求。$$

基桩水平承载力设计值为

$$H_1 = H/n = 186/6 = 31 \text{kN}$$

基桩水平承载力验算需满足

$$\gamma_{saf} H_1 \leqslant R_{h1}$$

将各值代入可得

$$\gamma_{saf} H_1 = 1.0 \times 31 = 31 \text{kN} < R_{h1} = 70 \text{kN}, 满足规范要求。$$

上述计算表明所设计的桩基满足规范对荷载效应下的承载力要求。

(7)承台受冲切验算：

a. 柱边冲切验算：冲垮的确定、冲垮比及冲切系数的计算

由例图 9-3 可得(当 $a_0 < 0.2h_0$ 时，取 $a_0 = 0.2h_0$，当 $a_0 > h_0$ 时，取 $a_0 = h_0$)

$$a_{0x} = 1200 - \frac{600}{2} - 200$$
$$= 700 \text{mm} = 0.7 \text{m} < h_0 = 0.815 \text{m}$$
$$a_{0y} = 600 - \frac{450}{2} - 200 = 175 \text{mm}$$
$$= 0.175 \text{m} > 0.2h_0 = 0.163 \text{m}$$

由公式 $\lambda = a_0/h_0$(λ 应满足 $0.2 \sim 1.0$)可得

$$\lambda_{0x} = \frac{a_{0x}}{h_0} = \frac{0.7}{0.815} = 0.859 (< 1.0)$$

$$\lambda_{0y} = \frac{a_{0y}}{h_0} = \frac{0.175}{0.815} = 0.215 (> 0.2)$$

由公式 $\alpha = \dfrac{0.72}{\lambda + 0.2}$ 可得

$$\alpha_{0x} = \frac{0.72}{\lambda_{0x} + 0.2} = \frac{0.72}{0.859 + 0.2} = 0.680$$

$$\alpha_{0y} = \frac{0.72}{\lambda_{0y} + 0.2} = \frac{0.72}{0.215 + 0.2} = 1.735$$

对柱下矩形独立承台受柱冲切的承载力按下式计算

$$\gamma_{saf} F_l \leqslant 2 \left[\alpha_{0x}(b_c + a_{0y}) + \alpha_{0y}(h_c + a_{0x}) \right] f_t h_0$$

其中 $\gamma_{saf} = 1.0$；$F_l = F_v = 4100 \text{kN}$，$b_c = 450 \text{mm}$，$h_c = 600 \text{mm}$。将已知各值代入上式右侧可得

$$2 \left[\alpha_{0x}(b_c + a_{0y}) + \alpha_{0y}(h_c + a_{0x}) \right] f_t h_0$$
$$= 2 \times (0.680 \times 0.625 + 1.735 \times 1.300) \times 1100 \times 0.815 = 4806.1 \text{kN}$$

将已知各值代入上式左侧可得 $\gamma_{saf} F_l = 1.0 \times 4100 = 4100 \text{kN}$

$$\gamma_{saf} F_l = 4100 \text{kN} < 4806.1 \text{kN}$$

拟设计承台高度满足柱边冲切验算要求。

b. 角桩(向上)冲切验算:基本参数的确定和计算

$$c_1 = c_2 = 200 + 400 = 600 \text{mm} = 0.6 \text{m}$$

$$a_{1x} = a_{0x} = 0.7 \text{m} < h_0 = 0.815 \text{m}$$

$$a_{1y} = a_{0y} = 0.175 \text{m} > 0.2 h_0 = 0.163 \text{m}$$

由公式 $\lambda = a_0 / h_0$ (λ 应满足 $0.2 \sim 1.0$)可得

$$\lambda_{1x} = \lambda_{0x} = 0.859 (<1.0)$$

$$\lambda_{1y} = \lambda_{0y} = 0.215 (>0.2)$$

由公式 $\alpha = \dfrac{0.48}{\lambda + 0.2}$ 可得

$$\alpha_{1x} = \frac{0.48}{\lambda_{1x} + 0.2} = \frac{0.48}{0.859 + 0.2} = 0.453$$

$$\alpha_{1y} = \frac{0.48}{\lambda_{1y} + 0.2} = \frac{0.48}{0.215 + 0.2} = 1.157$$

对柱下矩形独立承台受角桩冲切的承载力按下式计算

$$\gamma_{saf} N_1 \leqslant \left[\alpha_{1x} \left(c_2 + \frac{a_{1y}}{2} \right) + \alpha_{1y} \left(c_1 + \frac{a_{1x}}{2} \right) \right] f_t h_0$$

式中 $\gamma_{saf} = 1.0$;$N_1 = N_{max} = 785.4 \text{kN}$。

将已知各值代入上式右侧可得

$$\left[\alpha_{1x} \left(c_2 + \frac{a_{1y}}{2} \right) + \alpha_{1y} \left(c_1 + \frac{a_{1x}}{2} \right) \right] f_t h_0$$

$$= (0.453 \times 0.6875 + 1.157 \times 0.95) \times 1100 \times 0.815 = 1264.6 \text{kN}$$

将已知各值代入上式左侧可得　$\gamma_{saf} N_1 = 1.0 \times 785.4 = 785.4 \text{kN}$

$$\gamma_{saf} N_1 = 785.4 \text{kN} < 1264.6 \text{kN}$$

拟设计承台高度满足角桩冲切验算要求。

(8)承台受剪切承载力验算:等厚度柱下承台板斜截面受剪承载力可按下式计算

$$\gamma_{saf} V \leqslant \beta f_c b_0 h_0$$

当 $1.4 \leqslant \lambda \leqslant 3.0$ 时,剪切系数 $\beta = \dfrac{0.2}{\lambda + 1.5}$;当 $0.3 \leqslant \lambda < 1.40$ 时,剪切系数 $\beta = \dfrac{0.12}{\lambda + 0.3}$

对 Ⅰ - Ⅰ 截面,$\lambda_x = \lambda_{0x} = 0.859$,$\beta = \dfrac{0.12}{\lambda + 0.3} = \dfrac{0.12}{1.159} = 0.1035$

$$\beta f_c b_0 h_0 = 0.1035 \times 9600 \times 2.0 \times 0.815 = 1619.6 \text{kN} > \gamma_{saf} \cdot 2 \cdot N_{max} = 1570.8 \text{kN}$$

Ⅰ - Ⅰ 截面满足承台受剪承载力要求。

对 Ⅱ - Ⅱ 截面,$\lambda_y = \lambda_{0y} = 0.215 < 0.3$, 取 $\lambda_y = 0.3$,$\beta = \dfrac{0.12}{\lambda + 0.3} = \dfrac{0.12}{0.6} = 0.20$

$$\beta f_c b_0 h_0 = 0.2 \times 9600 \times 3.2 \times 0.815 = 5007.4 \text{kN} > \gamma_{saf} \cdot 3 \cdot N = 2157.6 \text{kN}$$

Ⅱ - Ⅱ 截面满足承台受剪承载力要求。

(9)承台的受弯承载力计算

$$M_x = \sum N_i y_i = 3 \times N \times \left(\frac{d}{2} + a_{0y} \right) = 3 \times 719.2 \times 0.375 = 809.1 \text{kN} \cdot \text{m}$$

$$A_s = \frac{M_x}{0.9 f_y h_0} = \frac{809.1 \times 10^6}{0.9 \times 360 \times 815} = 3064.1 \text{mm}^2$$

选用 $21\phi14$mm，$A_s = 153.9 \times 21 = 3231.9$mm^2，沿平行 x 轴方向均匀布置。

$$M_y = \sum N_i x_i = 2 \times N_{max} \times (\frac{d}{2} + a_{0x}) = 2 \times 785.4 \times 0.9 = 1413.7\text{kN} \cdot \text{m}$$

$$A_s = \frac{M_x}{0.9 f_y h_0} = \frac{1413.7 \times 10^6}{0.9 \times 360 \times 815} = 5353.7\text{mm}^2$$

选用 $22\phi18$mm，$A_s = 5599$mm^2，沿平行 y 轴方向均匀布置。

思考题及习题

9-1 简述下列基本概念：端承桩、端承摩擦桩、摩擦端承桩、摩擦桩、群桩基础、基桩、复合基桩、高承台桩基础、低承台桩基础、负摩阻力。

9-2 简述桩的分类。

9-3 何谓桩基础？桩基础的适用性如何？

9-4 简述桩基础的设计计算方法。

9-5 对灵敏度高的土，成桩初期以下三种桩中哪种承载力最低：大量排土桩，少量排土桩和不排土桩。

9-6 简述群桩的作用原理。

9-7 何谓桩的负摩阻力？其对受压桩的工作特性有何影响？在什么情况下能产生负摩阻力？

9-8 何谓单桩竖向极限承载力？如何按基桩静力载荷试验和经验公式确定单桩竖向极限承载力的标准值？

9-9 为什么要进行"基桩"和"复合基桩"的区分？它们的竖向承载力设计值各是如何确定的？引用了哪些系数？这些系数各自的实际含义如何？

9-10 如何计算桩顶作用荷载？这一公式成立的前提是什么么？

9-11 桩基竖向承载力设计包括哪些内容？在轴心荷载和偏心荷载下有何不同？如何验算桩基沉降？桩基础设计的内容都有哪些？如何对桩进行平面布置？承台的宽度、厚度和埋深都是根据哪些因素确定的？

9-12 A、B 两个低承台桩基础，其上部荷载、承台面积、与承台接触的土层、桩数、桩径、桩间距、桩的布置方式以及单桩承载力均相同，A 基础的桩为短的端承型桩，B 基础的桩为长度相对很长的摩擦型桩，问哪个桩基础承台与土的接触面上的压力大？为什么？

9-13 如题图 9-1 所示桩基，竖向荷载设计值 $F = 16500$kN，建筑桩基重要性系数 $\gamma_{saf} = 1.0$，承台混凝土强度等级为 C35（$f_t = 1.65$MPa），按《建筑桩基技术规范》(JGJ94—94)计算承台受柱冲切的承载力并计算单桩的承载力。

9-14 某多层建筑物在柱下采用桩基础，建筑桩基的安全等级为二级。桩的分布、承台尺寸及埋深、地层资料、荷载作用位置及大小等如题图 9-2 所示。设承台填土平均重度为 20kN/m^3，按《建筑桩基技术规范》(JGJ94—94)计算上述基桩桩顶最大竖向集中力设计值（地下水位埋深 3.0m）。

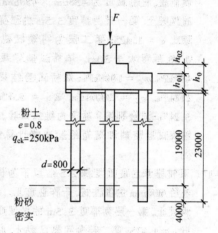

粉土
$e = 0.8$
$q_{ck} = 250$kPa

$d = 800$

粉砂
密实

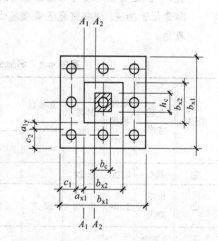

题图 9-1

9-15 已知钢筋混凝土预制方桩边长为 300mm, 桩长 22m, 桩顶入土深度 2m, 桩端入土深度 24m, 场地地层条件见题表 9-1。当地下水位由 0.5m 下降至 5.0m, 按《建筑桩基技术规范》(JGJ94—94)计算单桩基础的基桩由于负摩阻力引起的下拉荷载。若将桩边长改为 400mm, 桩顶入土深度 6m, 桩端入土深度 28m, 按《建筑桩基技术规范》(JGJ94—94)计算基桩的极限承载力标准值。

9-16 某桩基承台底面埋深 2.5m, 以下为长度 16m 的预制桩, 桩的截面为 450mm×450mm。桩体穿过两层土, 第一层为厚度 3.5m 的淤泥质土, 孔隙比 $e = 1.425$; 第二层为可塑状黏土, $I_L = 0.50$, 厚度大于 30m。单桥试验结果为 $p_{s1} = 480kPa$, $p_{s2} = 1800kPa$; 双桥试验结果为 $q_{c1} = 210kPa$, $q_{c2} = 2000kPa$, $R_{s1} = 5.6\%$, $R_{s2} = 3.24\%$; 试分别按单桥静力触探试验、双桥静力触探试验资料和规范经验表格计算桩的承载力。

9-17 某桩基承台底面埋深 2.5m, 以下为长度 22m、桩径 600mm 的灌注桩, 干作业施工。桩体穿过两层土, 第一层为厚度 3.5m 的淤泥质土, 孔隙比 $e = 1.425$; 第二层为可塑状黏土, $I_L = 0.55$, 厚度大于 30m。试按规范经验表格计算桩的承载力。

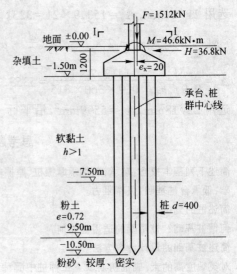

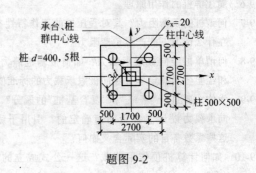

题图 9-2

题表 9-1 场地地层条件及主要土层物理力学指标

层序	土层名称	层底深度/m	厚度/m	含水量 $w_0/\%$	天然重度 $\gamma_0/kN \cdot m^{-3}$	孔隙比 e_0	塑性指数 I_p	黏聚力 c/kPa	内摩擦角(固快) $\varphi/(°)$	压缩模量 E_s/MPa	桩极限侧阻力标准值 q_{sik}/kPa
①	填土	1.20	1.20		18						
②	粉质黏土	2.00	0.80	31.7	18.0	0.92	18.3	23.0	17.0		
④	淤泥质黏土	12.00	10.00	46.6	17.0	1.34	20.3	13.0	8.5		28
⑤-1	黏土	22.70	10.70	38	18.0	1.08	19.7	18.0	14.0	4.50	55
⑤-2	粉砂	28.80	6.10	30	19.0	0.78		5.0	29.0	15.00	100
⑤-3	粉质黏土	35.30	6.50	34.0	18.5	0.95	16.2	15.0	22.0	6.00	
⑦-2	粉砂	40.00	4.70	27	20.0	0.70		2.0	34.5	30.00	

第十章　特殊土与地基处理

第一节　湿陷性黄土地基

一、黄土及其分布

黄土古称"黄壤",本源于土地之色。早在 2300 多年前我国古典文献《禹贡》中就已经记载了我国黄土的分布和土质情况。地质学界经过较为深入的研究,于 19 世纪中叶对黄土进行了科学定名,一般认为黄土应具备以下全部特征:

(1) 为风力搬运沉积,无层理;

(2) 颜色以黄色、褐黄色为主,有时呈灰黄色;

(3) 颗粒组成以粉粒为主,含量一般在 60% 以上,几乎没有粒径大于 0.25mm 的颗粒;

(4) 富含碳酸钙盐类;

(5) 垂直节理发育;

(6) 一般有肉眼可见的大孔隙。

当缺少其中的一项或几项特征时,称为黄土状土或次生黄土,满足前述所有特征的称为原生黄土或典型黄土。

黄土在世界范围内的分布面积大约有 1300 万平方公里,在我国也有 63 万余平方公里,其中原生黄土的分布面积约有 38.1 万 km^2,主要分布在我国的黄河流域的甘、陕、晋大部分地区以及豫、冀、鲁、宁夏、内蒙等省、自治区。除黄河流域外,在新疆天山南北的塔里木盆地和准格尔盆地以及东北的松辽平原也有黄土分布,其他地方为零星分布。以甘肃的陇西、陇东地区,陕西的陕北地区、关中地区的黄土性质最为典型。黄土(原生和次生黄土,以下简称黄土)一般在天然含水状态下具有较高的强度和较小的压缩性,但遇水浸湿后,有的即使在自身重力作用下也会发生剧烈而大量的变形,强度也随之迅速降低。黄土在一定压力下受水浸湿后结构迅速破坏而发生附加下沉的现象称为湿陷。浸水后发生湿陷的黄土称为湿陷性黄土。湿陷性黄土按其湿陷起始压力的大小又可分为自重湿陷性黄土和非自重湿陷性黄土。图 10-1 所示为铜川新区某场地湿陷性黄土的电镜扫描图,从图中可以清楚地看到黄土的大孔隙发育情况。图 10-2 所示为黄土塬和冲沟、直立的黄土边坡和黄土竖向裂隙发育情况。

我国黄土的形成经历了地质时代中的整个第四纪时期,按形成的年代可分为老黄土和新黄土,各层黄土形成年代和成因如表 10-1 所示。

表 10-1 中的午城黄土其标准剖面首先在山西隰县午城镇找到,故定名为午城黄土;离石黄土的标准剖面首先在山西离石县找到,故由此而定名;马兰黄土的标准剖面首先在北京西北的马兰山谷阶地上找到,并因此而得名。

属于老黄土的地层有午城黄土(早更新世,Q_1)和离石黄土(中更新世,Q_2)。前者色微红至棕红,而后者为深黄及棕黄。老黄土的土质密实,颗粒均匀,无大孔或略具大孔结构,除

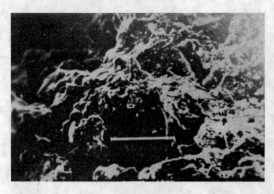

图 10-1　铜川新区某场地湿陷性黄土的电镜扫描图

图 10-2　黄土塬和黄土冲沟、直立黄土边坡、黄土中的竖向裂隙

表 10-1　黄土地层划分和特性

年　代		黄土名称		成　因		备　注
全新世 Q₄	近期	新黄土	新近堆积黄土	次生黄土	以水成为主	一般有湿陷性,常具有高压缩性
	早期		一般湿陷性黄土			
晚更新世 Q₃	马兰黄土	老黄土		原生黄土	以风成为主	一般具有湿陷性
中更新世 Q₂	离石黄土		非湿陷性黄土			
早更新世 Q₁	午城黄土					一般无湿陷性

离石黄土层上部有轻微湿陷性外,一般不具湿陷性,常出露于山西高原、豫西山前高地、渭北高原、陕甘和陇西高原地区。

　　新黄土是指覆盖于离石黄土层之上的马兰黄土(晚更新世, Q₃),以及全新世(Q₄)中各成因的次生黄土,沉积历史约在 15 万年以内。色褐黄至黄褐。马兰黄土及全新世早期黄土土质均匀或较为均匀,结构疏松,大孔发育,一般具有湿陷性,主要分布在黄土地区的河岸阶地上。全新世近期新近堆积的黄土其形成历史较短,有的甚至只有几十到几百年的历史。其土质不均,结构松散,大孔排列杂乱,多虫孔,孔壁有白色碳酸盐粉末状结晶。它在外貌和物理性质量与马兰黄土可能差别不大,但其力学性质则远逊于马兰黄土,一般有湿陷性,变形很敏感,呈现高压缩性,固结程度差,其承载力特征值一般为 75～130kPa。新近堆积黄土多分布于河漫滩、低级阶地、山间洼地的表层,黄土塬、梁、峁的坡脚,洪积扇或山前坡积地带及河流冲积地段。

《湿陷性黄土地区建筑规范》(GBJ25—90)(以下简称《黄土规范》)在调查和搜集各地区湿陷性黄土的物理力学性质指标,水文地质条件,湿陷性资料基础上,综合考虑各区域的气候、地貌、地层等因素,将我国湿陷性黄土进行了工程地质分区,共划分为陇西、陇东、陕北、关中、山西地区、北部边缘地带的砂黄土地区和豫、冀、鲁等其他地区。据有关资料介绍,拟修改的新规范在上述七区之外增加了新疆地区,将原来划分的七区增加为八区。

湿陷性黄土若不事先进行有效的处理,浸水后常由此引发严重的工程事故,西安市豁口镇某建筑物由于地下管沟进水导致地基泡水,湿陷沉降最严重的 5 天中累积湿陷量达 30 余厘米。

二、湿陷性黄土的基本性质

1. 颗粒组成

如前所述,湿陷性黄土的颗粒组成以粉土颗粒为主,一般占总质量的 60% 以上。而粉土中又以 0.05~0.01mm 的粗粉土颗粒为多,小于 0.005mm 的黏土颗粒含量较少,大于 0.1mm 的细砂颗粒含量在 5% 以内,大于 0.25mm 的中砂以上的颗粒则很少见到。此外,黄土中还含有大量的碳酸盐、硫酸盐和氯化物等可溶盐类。从区域特点上看,黄土颗粒有从西北向东南逐渐变细的趋势。

2. 矿物成分

湿陷性黄土的粗颗粒的主要矿物成分是石英和长石,黏土颗粒的主要成分是中等亲水性的伊利石,以及一些水溶性盐类物质,这些盐类物质呈固态或半固态分布在各种颗粒的表面。

3. 黄土的结构

黄土是在干旱半干旱的气候条件下形成的,在形成初期,季节性的少量雨水把松散的粉粒黏聚起来,而长期的干旱使水分不断蒸发,于是少量的水分以及溶于水中的盐类都集中到较粗颗粒的表面和接触点处,可溶盐逐渐浓缩沉淀而成为胶结物,形成以粗粉粒为主体骨架的蜂窝状大孔隙结构(如图 10-1 和图 10-3 所示)。

4. 黄土的构造

由于黄土是在干旱半干旱的气候条件下形成的,随着干旱季节的来临,黄土因失去大量水分而体积收缩,在土体中形成许多竖向裂隙,使黄土具有了柱状构造(图 10-2)。

干旱地区的雨季集中而短促。每年雨季来临,大气降水将黄土中的水溶性盐类物质溶解并沿着土中的孔隙下渗,干旱季节来临时土中的水分蒸发逃逸,溶解的盐类物质在水分蒸发的同时于下渗线附近重新结晶并残存下来。来年这样的过程重新出现。如此年复一年的淋滤使地表的土体因失去大量碳酸钙类可溶盐物质而逐渐变红(不溶性的铁、铝等元素含量相对增加的结果),并使以碳酸钙为主的可溶性盐类物质在下渗线不断

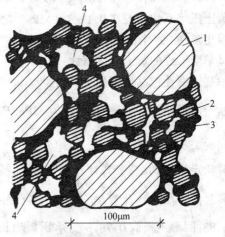

图 10-3 黄土结构示意图
1-砂粒;2-粗粉粒;3-胶结物;4-大孔隙

富集并形成钙质结核。淋滤时间更长时就会在黄土中形成钙质结核层。例如在陕西咸阳市长武县城,地表以下约 10m 左右发育有一层厚度近 1.2m 的钙质结核层。结核构造是黄土

的一个重要构造特征,结核层也常是黄土地层划分的重要判别标志。

黄土状土区别于原状黄土的最明显标志是其明显的层理构造。

5. 湿陷性黄土的物理性质

我国湿陷性黄土的几个主要物理性质指标自然值的范围如下:

(1) 土粒相对密度:2.69~2.74,多数为2.70~2.72。

(2) 密度:1.33~1.81g/cm³,多数为1.40~1.60g/cm³。

(3) 干密度:1.14~1.69g/cm³,多数为1.25~1.33g/cm³。

(4) 天然含水量:3.3%~25.3%,塬、梁、峁上的黄土,多数为6.0%~10%,低级阶地上的黄土,多数为11.0%~21%。

(5) 孔隙比:0.78~1.50,多数为0.85~1.24。

(6) 液限:20.0%~35%,多数为25%~31%。

(7) 塑性指数:6.7~17.5,多数为9~12。

从区域特点上看,我国湿陷性黄土物理性指标的变化规律是:一般指标大体上由西北向南逐渐增大,孔隙比则由大变小。但需要指出的是,上述指标中含水量不仅随所处的位置、埋深不同而变化,而且会随季节不同而变化。

6. 湿陷性黄土的力学性质

湿陷性是湿陷性黄土最为主要的力学性态。除湿陷性以外,湿陷性黄土的其他力学性质还主要包括压缩变形性质和强度性质。

压缩变形是指黄土在天然含水状态下受外力作用所产生的变形,它不包括受力状态下黄土受水浸湿后的湿陷变形。同其他土体一样,黄土的压缩变形或压缩性质指标主要包括压缩系数、压缩模量和变形模量,分别用符号 a_{1-2}、E_s、E_0 来表示。工程中最常用的是 100~200kPa 压力之间的压缩系数 a_{1-2}。

土的压缩性高低判别方法也和普通土一样:$a_{1-2} \geqslant 0.5\text{MPa}^{-1}$ 的是高压缩性土;$0.5\text{MPa}^{-1} > a_{1-2} \geqslant 0.1\text{MPa}^{-1}$ 的是中等压缩性土;$a_{1-2} < 0.1\text{MPa}^{-1}$ 的是低压缩性土。我国黄土压缩系数一般在 $0.1 \sim 1.0\text{MPa}^{-1}$ 之间,但也常有大于 1.0MPa^{-1} 和小于 0.1MPa^{-1} 的情况出现,除受到土的含水量影响以外,和成土历史也有一定的关系。中更新世末期和晚更新世早期形成的黄土其压缩性一般为中等偏低,晚更新世末期和全新世时期的黄土则多为中偏高压缩性或高压缩性土,新近堆积的黄土其压缩性可高达 $1.5 \sim 2.0\text{MPa}^{-1}$。土的压缩模量一般通过换算求得,其单位为 MPa,$E_s = \dfrac{1+e}{a}$。按理论推导,土的变形模量和压缩模量之间的关系式为 $E_0 = E_s \cdot \beta = E_s(1 - \dfrac{2\mu^2}{1-\mu})$,式中 μ 为土的泊松比。一般认为,由载荷试验计算确定的 E_0 比按公式计算所得的 E_0 要大很多(两者的比值在 2~5 之间),所以实际上 E_0 通常由载荷试验计算确定:$E_0 = \omega(1-\mu^2)\dfrac{p_1 \cdot b}{s_1}$,式中 ω 为沉降影响系数,方形压板取 0.88,圆形压板取 0.79;b 为承压板边长(方形)或直径(圆形);p_1 为比例极限;s_1 为与 p_1 对应的地基沉降。土的泊松比 $\mu = 0.25 \sim 0.4$,随液性指数的增大而增大。

在绝大多数工程条件下,土体的破坏呈现为剪切破坏。因此通常意义上的土的强度指标就是指其抗剪强度指标。

黄土的抗剪强度指标大小除与土的颗粒组成、矿物成分、黏粒和可溶盐含量等有关外,主要取决于土的含水量和密实程度。含水量越低,密实度越高,则其抗剪强度就越大。H.Я.Денисов 认为黄土的黏聚力可分为原始黏聚力和加固黏聚力。原始黏聚力由土粒间的电分子引力所产生,它主要取决于土的颗粒组成、矿物成分、扩散层中的离子成分和密实程度。当黏粒含量越多,黏土矿物越多,土越密实,则原始黏聚力就越大,反之则越小。加固黏聚力是由化学胶结作用所形成,如黄土在其形成过程中或形成以后,土中碳酸钙、石膏、硫酸镁、氯化钠等盐类胶体物质,由于水分蒸发而产生胶凝作用,以薄膜形式包裹在土粒表面,将许多土粒胶结在一起。土生成年代越久,加固黏聚力一般也越强。天然含水量低的黄土,由于存在架空结构,密度低,因而原始黏聚力较小,而加固黏聚力较大。黄土受水浸湿后产生胶溶作用,以致加固黏聚力减弱甚至丧失,强度降低,引起湿陷。最新的非饱和土理论认为,非饱和土中存在着负的孔隙压力,含水量愈低,负孔隙压力愈大,在相同条件下土的强度相对愈高。

要预估土中含水量增大可能引起的强度变化,就必须了解不同含水量时土的抗剪强度大小,例如,由于地下水位上升而形成的毛细水上升高度范围内或由于管道缓慢渗漏使周围土中含水量的逐渐增大而引起的强度变化。

当黄土的天然含水量低于塑限时,水分变化对强度影响最大,表 10-2 是在直剪仪中用慢剪法得出的试验结果,可见当含水量由 7.8% 增加到 18.2% 时,内摩擦角和黏聚力都降低 1/4 左右。

表 10-2　含水量低于塑限时黄土抗剪强度的变化

$w/\%$	$w_p/\%$	$\varphi/(°)$	c/kPa
7.8	19.3	23	42
9.3	18.2	23	45
13.1	19.3	18	36
16.3	20.7	18	29
18.2	19.3	17	32

当天然含水量超过塑限时,随含水量的增加,土抗剪强度降低的幅度较小,超过饱和含水量时,抗剪强度变化不大。

表 10-3 为黄土地区几个重要城市土的抗剪强度指标。

表 10-3　黄土地区几个重要城市土的抗剪强度指标

城　市	$\varphi/(°)$	c/kPa
兰　州	20.0	25
西　安	21.5	27
洛　阳	18.0	27
西　宁	23.5	25

7. 湿陷性黄土的渗透性

在许多工程条件下,我们都需要了解或掌握黄土的渗透性。例如深基坑工程进行降水时,需要掌握土的渗透性以确定单位时间抽水量的大小和降水影响的周围环境范围大小;渠道工程需要掌握土的渗透性以计算水流在渠道中的渗失量;用预浸水法进行地基处理时需要通过渗透性来估算处理范围和处理深度;如此等等。但直至目前有关黄土渗透性的研究进行得还很不够。目前得到的研究资料显示黄土竖向的渗透系数 $k_v = 1.6 \times 10^{-6} \sim 3.0 \times 10^{-6}$ mm/s,水平向的渗透系数,$k_h = 8.0 \times 10^{-7} \sim 1.0 \times 10^{-6}$ mm/s。

前苏联曾对 7 种不同类型的黄土做过 47 次试验,发现黄土中不存在起始渗流梯度问题。也就是说,一旦水力梯度大于零,黄土就开始发生渗流,因此很多人建议黄土中的渗流计算可直接引用砂类土的达西定律。

三、黄土的湿陷原因和影响因素

黄土湿陷的内部原因首先在于黄土的内部结构——蜂窝状大孔隙结构。干旱半干旱气候条件下形成的黄土蜂窝状大孔隙结构是黄土遇水湿陷的根本原因。此外的内部原因是黄土组成物质中的水溶性盐类胶结物质。黄土发生湿陷的外部原因或是由于地基土浸水受湿(自重湿陷性黄土),或是由于浸水受湿和压力的共同作用(非自重湿陷性黄土)。

在天然情况下,由于胶结物的凝聚和结晶作用、共用结合水的联结作用以及毛细作用、负孔隙压力作用等,黄土的颗粒被牢固地黏结着或固定在原有位置上,黄土地基就表现出较高的强度和抵抗压缩变形的能力。但当黄土受水浸湿或在一定外部压力作用下受水浸湿时,结合水膜增厚并楔入颗粒之间,于是结合水联系减弱,盐类溶于水中,各种胶结物软化,结构强度降低或失效,使黄土的骨架强度降低,土体在上覆土层的自重压力或在自重压力与附加压力共同作用下,其结构迅速破坏,大孔隙塌陷,导致黄土地基产生附加的湿陷变形。这就是黄土产生湿陷现象的内在过程。

黄土中胶结物的多寡和成分,以及颗粒的组成和分布,对于黄土的结构性大小和湿陷性强弱有着重要的影响。胶结物含量大,可把骨架颗粒包围起来,则结构致密。黏粒含量多,并且均匀分布在骨架之间,在填充着土体孔隙的同时还起了一定的胶结物的作用。这些情况都会使湿陷性降低并使力学性质得到改善。反之,粒径大于 0.05mm 的颗粒增多,胶结物多呈薄膜状分布,骨架颗粒多数彼此直接接触,则结构疏松,强度降低而湿陷性增强。此外,黄土中的盐类,如以较难溶解的碳酸钙为主而具有胶结作用时,湿陷性减弱,但石膏及易溶盐的含量增大时,湿陷性增强。

黄土的湿陷性还与孔隙比、含水量以及所受压力的大小有关。天然孔隙比愈大,则湿陷性愈强,如西安地区的黄土,$e < 0.86$ 时,一般不具有湿陷性或湿陷性很小;兰州地区的黄土,$e < 0.86$ 时,湿陷性一般不明显。

在天然孔隙比和含水量不变的情况下,随着压力的增大,黄土的湿陷量增加,但当压力超过某一数值后,再增加压力,湿陷量反而会减少。一旦压力非常大,黄土浸水以前在压力作用下已使土中的大孔隙全部得以消除时,浸水不但不会引起土体发生湿陷变形,反而有可能导致土体由于吸水而发生膨胀。

实验研究还发现,黄土的湿陷性随着天然含水量增加而减弱,当含水量相同时,黄土的湿陷变形量随浸湿程度的增加而加大。

综上所述,影响黄土湿陷性的主要因素包括黄土的微观结构、黄土的物质组成情况、黄土的物理性质(主要是含水量和孔隙比或干密度)和作用压力。

从本质上讲,黄土发生湿陷变形的过程就是欠固结土在饱和或半饱和状态下的固结过程。

四、湿陷性黄土地基的评价

(一)湿陷系数和自重湿陷系数

黄土是否具有湿陷性,以及湿陷性的强弱程度如何,需要用一个数值指标来加以判定。如前所述,黄土的湿陷量与所受的压力大小有关。所以需要普遍评价黄土是否具有湿陷性,具有湿陷性的黄土的湿陷性强弱时,就需要给定某一固定的压力,讨论黄土在该压力作用下浸水后的湿陷性及其大小。衡量黄土是否具有湿陷性及湿陷性大小的指标是湿陷系数 δ_s。湿陷系数是单位厚度的黄土土样在给定的工程压力作用下,受水浸湿后所产生的湿陷量,其值由室内压缩试验测定。在压缩仪中将原状试样逐级加压到规定的压力 p,等土样变形不再发展时(压缩稳定后)测得试样高度 h_p,然后加水浸湿土样,测得下沉稳定后的高度 h_p',设土样的原始高度为 h_0,则按下式计算土的湿陷系数 δ_s

$$\delta_s = \frac{h_p - h_p'}{h_0} \tag{10-1}$$

室内试验中用以测定湿陷系数的压力 p,采用地基中黄土实际受到的压力是比较合理的,但在初勘阶段,建筑物的平面位置、基础尺寸和基础埋深等尚未决定,以实际压力测定湿陷系数、评定黄土的湿陷性存在不少具体问题和困难。根据黄土地区的建设经验和黄土主要受力层所受压力的统计结果,《黄土规范》规定,一般情况下,自基础底面算起(初步勘察时,自地面下 1.5m 算起),10m 内的土层用 200kPa 作为工程压力测定黄土的湿陷系数;对于 10m 以下至非湿陷性土层顶面范围内的土层,考虑实际作用压力可能会大于 200kPa 的工程压力,又考虑黄土的湿陷性有随作用压力大小而变化的特点,为了符合或尽量接近实际情况,用其上覆土的饱和自重压力(当上覆土的饱和自重压力大于 300 kPa 时,仍应用 300 kPa)作为测定湿陷系数的压力 p。同时考虑当基础埋深较大、上部荷载较重的情况,规定基底压力大于 300kPa 时,宜用实际压力判别黄土的湿陷性(测定其湿陷系数)。

《黄土规范》规定,当土的湿陷系数 $\delta_s < 0.015$ 时,应定其为非湿陷性黄土;$\delta_s \geqslant 0.015$ 时,应定其为湿陷性黄土。

在讨论影响黄土湿陷性的因素中已经指出,作用压力大小是影响黄土湿陷性的重要因素之一。工程实践和室内试验研究表明,有的黄土在自身重力作用下浸水并未显示出湿陷性,但当作用压力超过自重应力一定值后,黄土又显示出湿陷性。而有的黄土即使仅在自重应力作用下浸水就已经显示了湿陷特性。仅在自重应力(上覆土的饱和自重压力)作用下就发生湿陷的黄土被称为自重湿陷性黄土,作用压力超过自重应力才发生湿陷的黄土被称为非自重湿陷性黄土。为了区分、测定黄土是否具有自重湿陷性,需要用一个指标来进行判别和鉴定,该指标就是自重湿陷系数。即单位厚度的黄土土样在上覆土的饱和自重压力作用下(考虑多数情况下黄土浸水是自上而下发生的),受水浸湿后所产生的湿陷量。

在压缩仪中将原状试样加压到上覆土的饱和自重压力 σ_{cz},等土样变形不再发展时(压缩稳定后)测得试样高度 h_z,然后加水浸湿土样,测得下沉稳定后的高度 h_z',设土样的原始高度为 h_0,则按下式计算黄土的自重湿陷系数 δ_{zs}

$$\delta_{zs} = \frac{h_z - h_z'}{h_0} \tag{10-2}$$

《黄土规范》规定,当土的自重湿陷系数 $\delta_{zs} < 0.015$ 时,定其为非自重湿陷性黄土;$\delta_{zs} \geqslant 0.015$ 时,定其为自重湿陷性黄土。

（二）湿陷起始压力

如上所述，黄土的湿陷量是压力的函数。因此，即使对于具有湿陷性的黄土，也存在着一个压力界限值，压力低于这个数值，黄土即使浸水也不会发生湿陷变形（$\delta_s < 0.015$），只有当压力超过某个界限值时，黄土才开始产生湿陷变形（$\delta_s \geqslant 0.015$），这个界限压力值被称为湿陷起始压力 p_{sh}。在非自重湿陷性黄土地基上进行荷载不大的基础和土垫层设计时，在经济、可能的情况下，可以适当加宽基础底面尺寸或加厚土垫层厚度，使基底压力或垫层底面总压力（自重应力与附加应力之和）不超过受力层黄土的湿陷起始压力，这样即使地基浸水也可避免湿陷事故的发生。

湿陷起始压力可用室内压缩试验或野外载荷试验确定。不论室内或野外试验，都有双线法和单线法两种。

采用双线法试验，应在同一取土点的同一深度处，以环刀切取 2 个试样。一个试样在天然湿度下分级加荷，另一个在天然湿度下加第一级荷重，下沉稳定后浸水，以后按变形稳定标准（0.01mm/h）分级加荷。分别测定第一个试样在各级压力作用下的稳定高度 h_p 和第二个试样（浸水试样）在各级压力作用下的稳定高度 h'_p，即可绘出不浸水试样的 $p-h_p$ 曲线和浸水试样的 $p-h'_p$ 曲线，如图 10-4 所示。按定义式（6-1）计算各级荷载下的湿陷系数 δ_s，从而绘制 $p-\delta_s$ 曲线。在曲线上与 δ_s 为 0.015 所对应的压力即为湿陷起始压力 p_{sh}。以上测定 p_{sh} 的方法，因需要绘制两条压缩曲线，所以被称为双线法。

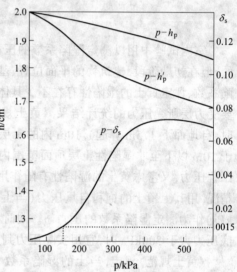

图 10-4　双线法测定湿陷起始压力

采用单线法测定湿陷起始压力时，应在同一取土点的同一深度处，至少以环刀取 5 个试样。各试样均分别在天然湿度下分级加荷至不同的规定压力。待下沉稳定测定土样高度 h_p 后浸水，并测定湿陷变形稳定后的土样高度 h'_p。绘制 $p-\delta_s$ 曲线以确定 p_{sh} 值。

试验结果表明：黄土的湿陷起始压力随着土的密度、湿度、胶结物含量以及土的埋藏深度等的增加而增加。

（三）建筑场地的湿陷类型和地基的湿陷等级

1. 建筑场地的湿陷类型划分

自重湿陷性黄土在没有外荷载的作用下，浸水后也会迅速发生剧烈的湿陷。这使得即使一些很轻的建筑物也难免遭受破坏，而非自重湿陷性黄土地区这种情况却相对少见。因此，对于湿陷类型的不同的黄土地基，所采取的设计和施工措施也应有所区别。《黄土规范》规定，在黄土地区地基勘察中，应用场地的实测自重湿陷量或计算自重湿陷量来判定建筑场地的湿陷类型。建筑场地的实测自重湿陷量应根据现场试坑浸水试验确定，计算自重湿陷量则按下式计算

$$\Delta_{zs} = \beta_0 \sum_{i=1}^{n} \delta_{zsi} h_i \tag{10-3}$$

式中　δ_{zsi}——第 i 层土在上覆土的饱和($s_r>0.85$)自重应力作用下的湿陷系数;

　　　　h_i——第 i 层土的厚度,cm;

　　　　β_0——因地区土质而异的修正系数,它从各地区湿陷性黄土地基试坑浸水试验实测结果与这些地区的室内侧限试验结果基础上的计算结果比较得出,对陇西地区可取 1.5,对陇东陕北地区可取 1.2,对关中地区可取 0.7,对其他地区可取 0.5;

　　　　n——总计算厚度内自重湿陷性土层的数目。

总计算厚度应自天然地面算起(当挖、填方厚度及面积较大时,应自设计地面算起)至其下全部自重湿陷性黄土层的底面为止,其中自重湿陷系数 $\delta_{zs}<0.015$ 的土层不应累计。

当 $\Delta_{zs}\leqslant7cm$ 时,该建筑场地被判定为非自重湿陷性黄土场地;$\Delta_{zs}>7cm$ 时,判定为自重湿陷性黄土场地。

2. 湿陷性黄土地基的湿陷等级

湿陷性黄土地基的湿陷等级应根据基底下各土层累计的总湿陷量(计算所得)和计算自重湿陷量的大小综合判定。总湿陷量按下式计算

$$\Delta_s = \beta \sum_{i=1}^{n} \delta_{si} \cdot h_i \tag{10-4}$$

式中　δ_{si} 和 h_i——分别为第 i 层土的湿陷系数和厚度,cm;

　　　　β——考虑黄土地基侧向挤出和浸水几率等因素的修正系数,基础底面下 5.0m(或压缩层)深度范围内可取 1.5,其下的范围对非自重湿陷性场地可取 0.0,对自重湿陷性场地取值为 β_0(按区域取不同值)。

计算 Δ_s 时,土层厚度自基础底面(初勘时自地面下 1.5m)算起;对非自重湿陷性黄土场地,累计至基础底面下 5.0m(或压缩层)深度(含非湿陷性土层在内)为止;对自重湿陷性黄土场地,甲、乙类建筑应计算至全部湿陷性土层底面处,丙、丁类建筑当基础底面下的湿陷性土层厚度大于 10m 时,陇西、陇东和陕北地区最小应计算至 15.0m 深处(基础底面以下),其他地区最小应计算至 10m 深处,其间湿陷系数小于 0.015 的土层湿陷量不予累计。

需要说明的是,在计算 Δ_s 时,《湿陷性黄土地区建筑规范》(GBJ25—90)论述的是"其中湿陷系数 δ_s 或自重湿陷系数 δ_{zs} 小于 0.015 的土层不应累计。"这一点在道理上显然是讲不通的,因此,可将其理解为印刷错误。湿陷性黄土地基的湿陷等级划分标准见表10-4。

表 10-4　湿陷性黄土地基的湿陷等级

总　湿　陷　量 Δ_s/cm	湿　陷　类　型		
	非自重湿陷性场地	自重湿陷性场地	
	计算自重湿陷量/cm		
	$\Delta_{zs}\leqslant7$	$7<\Delta_{zs}\leqslant35$	$\Delta_{zs}>35$
$\Delta_s\leqslant30$	Ⅰ(轻微)	Ⅱ(中等)	—
$30<\Delta_s\leqslant60$	Ⅱ(中等)	Ⅱ 或 Ⅲ	Ⅲ(严重)
$\Delta_s>60$	—	Ⅲ(严重)	Ⅳ(很严重)

注:1. 当总湿陷量 $30cm<\Delta_s<50cm$,计算自重湿陷量 $7cm<\Delta_{zs}<30cm$ 时,可判为 Ⅱ 级;

　　2. 当总湿陷量 $\Delta_s\geqslant50cm$,计算自重湿陷量 $\Delta_{zs}\geqslant30cm$ 时,可判为 Ⅲ 级。

需要说明的是,关于《湿陷性黄土地区建筑规范》(GBJ25—90)的"注 2",在具体判定时

又存在以下问题:当总湿陷量 $\Delta_s\geqslant50$cm,但计算自重湿陷量 Δ_s 不大于 30cm 时,如何判定地基湿陷等级? 显然要判定其为Ⅱ级,与"当总湿陷量 30cm$<\Delta_s<50$cm"相矛盾,而要判定其为Ⅲ级,又会与"计算自重湿陷量 $\Delta_{zs}\geqslant30$cm"相矛盾。因此,实际工程中可将规范的注 2 理解为:当总湿陷量 $\Delta_s\geqslant50$cm,或计算自重湿陷量 $\Delta_{zs}\geqslant30$cm 时,可判为Ⅲ级。

在湿陷性黄土地区进行设计时应按黄土地基湿陷等级考虑相应的设计措施。在同样情况下,地基湿陷等级愈高,设计措施要求也愈高。

【例 10-1】 陕北地区某乙类建筑的场地初勘时,3号探井的土工试验资料如例表 10-1 所示,试确定该场地的湿陷类型和地基的湿陷等级。

例表 10-1

土样编号	取土深度/m	比重 d_s	孔隙比 e	重度 γ/kN·m^{-3}	δ_s	δ_{zs}	备注
3－1	1.5	2.70	0.975	17.8	0.035	0.004 *	
3－2	2.5	2.70	1.100	17.4	0.064	0.012 *	
3－3	3.5	2.70	1.215	16.8	0.075	0.024	
3－4	4.5	2.70	1.117	17.2	0.028	0.014 *	
3－5	5.5	2.70	1.126	17.2	0.090	0.037	12.5m
3－6	6.5	2.70	1.300	16.5	0.093	0.070	以 下
3－7	7.5	2.70	1.179	17.0	0.076	0.068	全 是
3－8	8.5	2.70	1.072	17.0	0.039	0.011 *	非 湿
3－9	9.5	2.70	0.787	18.9	0.006 *	0.004 *	陷 性
3－10	10.5	2.70	0.778	18.9	0.001 *	0.002 *	黄 土
3－11	12.5	2.71	0.758	19.1	0.002 *	0.002 *	

注:γ 按 $S_r=0.86$ 计,单位 kN/m^3;* 表示 $\delta_s<0.015$,计算时不予累计。

解:(1)计算自重湿陷量

$$\Delta_{zs}=\beta_0\sum_{i=1}^n\delta_{zsi}h_i$$
$$=1.2\times(0.024\times100+0.037\times100+0.070\times100+0.068\times100)$$
$$=23.88\text{cm}>7\text{cm}$$

故该建筑场地应判定为自重湿陷性黄土场地。

(2)地基的总湿陷量计算:对自重湿陷性黄土地基,根据建筑物的建筑类别,按地区建筑经验,在陕北地区应自基础底面算起至全部湿陷性土层底面处为止,其中非湿陷性土层的湿陷量不予累计。

$$\Delta_s=\beta\sum_{i=1}^n\delta_{si}h_i$$
$$=1.5(0.035\times50+0.064\times100+0.075\times100+0.028\times100$$
$$+0.09\times100+0.093\times50)+1.2(0.093\times50+0.076\times100+0.039\times100)$$
$$=1.5\times32.1+1.2\times16.15=67.53\text{cm}$$

根据《湿陷性黄土地区建筑规范》(GBJ25—90)的表 10-4,该湿陷性黄土地基的湿陷等级可判为Ⅲ级(严重)。

五、湿陷性黄土地基的工程措施

进行建筑设计和施工时,除了应当遵循一般地基土的设计施工原则外,还应当考虑黄土地基湿陷性的特点,因地制宜地采用以地基处理为主的综合措施,这些措施有地基处理、防水措施和结构措施。

(一)地基处理

当湿陷性黄土地基的压缩变形、湿陷变形或强度指标无法满足建筑物的设计要求时,为防止地基浸水湿陷危害建筑物安全或正常使用,减小地基的沉降量,提高地基的承载力,应首先考虑对建筑场地的主要受力地层或具有湿陷性的所有土层进行地基处理,以部分或全部消除建筑物地基的湿陷性,并达到减小地基沉降和提高地基承载力的目的。对甲类建筑(高度大于 40m 的高层建筑;高度大于 50m 的构筑物;高度大于 100m 的高耸结构;特别重要的建筑,地基受水浸湿可能性大的重要建筑,对不均匀沉降有严格限制的建筑。),应消除地基的全部湿陷量或用桩体穿透全部湿陷性土层;对乙、丙类建筑(乙类建筑:高度 24～40m 的高层建筑;高度 30～50m 的构筑物,高度 50～100m 的高耸结构,地基受水浸湿可能性较大或可能性小的重要建筑,地基受水浸湿可能性大的一般建筑;丙类建筑:除乙类以外的一般建筑和构筑物)应消除地基的部分湿陷性。其具体含义是:自重湿陷性黄土场地上的甲类建筑应处理基础之下的全部湿陷性土层并完全消除其湿陷性,非自重湿陷性黄土场地上的甲类建筑应将基础下湿陷起始压力小于附加压力与上覆土的饱和自重压力之和的所有土层进行处理或处理至基础下压缩层下限为止;非自重湿陷性黄土场地上的乙类建筑,地基处理深度不应小于湿陷性土层总厚度的 2/3,自重湿陷性黄土场地上的乙类建筑,地基处理深度不应小于湿陷性土层总厚度的 2/3,并应控制未处理土层的湿陷量不大于 20cm,如基础宽度大或湿陷性土层厚度大难以处理到湿陷性土层总厚度或压缩层厚度的 2/3 时,在建筑物内应进行整片处理,其处理厚度对非自重场地不应小于 4.0m,对自重湿陷性场地不应小于 6.0m;丙类建筑消除地基部分湿陷量的最小处理厚度按表 10-5 规定采用。

表 10-5　丙类建筑地基最小处理深度

地基湿陷等级	场地湿陷类型	
	非自重湿陷性场地	自重湿陷性场地
Ⅱ	2.0	2.0
Ⅲ		3.0
Ⅳ		4.0

注:在Ⅲ、Ⅳ级自重湿陷性黄土场地上,对多层建筑地基宜采用整片处理,未处理土层的湿陷量不宜大于 30cm。

选择的地基处理方法应根据建筑物的类别、湿陷性黄土的特性、施工技术条件、当地材料、施工工期、气候条件,并经综合技术比较确定。常用的地基处理方法有强夯、预浸水、化学加固、土或灰土挤密桩、深层重锤夯实(也有称深层强夯)、强力深层强夯、重锤表面夯实,以及压实垫层和换土垫层等方法。近些年,振动挤密、锤击挤密的砂石桩、水泥土桩、水泥粉煤灰桩、素混凝土桩和非挤密的旋喷桩、深层搅拌桩等也有了大量的应用并各有许多成功的例子。此外采用桩基础,利用桩将建筑物荷重传到非湿陷性土层上,也是一种有效防止黄土地基产生湿陷变形的方法,但使用桩基时应注意桩在通过自重湿陷性黄土层时,由于黄土可能产生的自重湿陷变形造成桩周的负摩擦力的问题。

必须指出,经处理后的地基尚应进行软弱下卧层的承载力验算。

垫层法是黄土地区的普通建筑最经常采用的地基处理方法。采用局部素土或灰土垫层处理地基时,垫层的平面处理范围可按式(10-5)计算确定,且每边超出基础底边的范围不应小于垫层厚度的一半。

$$B = b + 2z\tan\theta + c \tag{10-5}$$

式中　B——需处理土层的底边宽度;

　　　b——基础的宽度;

　　　z——地基处理厚度;

　　　c——考虑施工机具影响而增设的附加宽度,宜为 20cm;

　　　θ——地基压力扩散线与垂直线的夹角,宜为 22°～30°,素土垫层用小值,灰土垫层用大值。

采用整片垫层处理地基时,平面处理范围每边超出建筑物外墙基础外边缘的宽度不应小于垫层厚度的一半,且不应小于 2.0m。垫层的压实质量用压实系数来控制。当垫层厚度不大于 3.0m 时,平均压实系数不得小于 0.93,垫层厚度大于 3.0m 时,平均压实系数不得小于 0.95。素土垫层的承载力(特征值)取值不宜大于 180kPa,灰土垫层的承载力取值不宜大于 250kPa。垫层质量检验时的取样位置应在每层表面下 2/3 厚度处,整片垫层的检验数量每 100m² 每层 3 处;矩形基础下的垫层每层 2 处;条形基础下每 30m 范围内每层 2 处。

(二)防水措施

湿陷性黄土产生湿陷必须具备的外部条件是地基土浸水,因此做好建筑物建设期间的防排水工作并考虑其在试用期间的防水措施无疑也可减少或避免地基的浸水湿陷事故。在考虑排水和防水措施时,可根据整个建筑场地、单幢建筑物以及施工阶段不同,采取相应措施。从整个建筑场地考虑出发,主要应研究分析场地排水地形条件,避免人为因素或工程原因造成的地基浸水事故发生,确保贮水构筑物及输水、排水管道工程的质量,避免漏水事故的发生。对于单幢建筑物则应考虑如加宽散水,避免屋面雨水渗入地基土中,室内给水、排水管应尽可能做成明管,防止由于管道埋在土中因漏水造成地基湿陷等。施工时应注意场地临时排水措施,避免施工用水和雨水流入基槽。

(三)结构措施

如果没有采用地基处理从根本上解决地基的浸水湿陷问题时,为了防止或减轻万一黄土地基浸水湿陷所导致的工程事故,在设计中应当采取相应的结构措施,以利于抑制地基不均匀沉降,减轻或避免上部结构的损坏。常见的结构措施有:选择适宜的结构体系;采用有利于抗衡不均匀沉降的基础形式(如片筏基础、交叉梁基础等);设置圈梁等以增强建筑物的整体刚度;预留适应沉降的净空等。

总之,在湿陷性黄土地基上进行工程建设,应当结合建筑场地具体条件、地基湿陷等级、建筑物对不均匀沉降敏感性及建筑物重要程度,并结合经济分析,综合考虑各种因素影响,选择最合适的工程的措施,以保证建筑物安全和正常使用。

第二节　膨胀土、盐渍土和冻土地基

一、膨胀土地基

(一)膨胀土

黏粒成分主要由亲水性矿物蒙脱石和伊利石组成、具有强烈的吸水膨胀和失水收缩特性的黏性土称为膨胀土,其自由膨胀率通常大于40%。膨胀土的含水量往往大于其液限。

黏土矿物中的蒙脱石和伊利石类矿物,有很强的亲水性,当含水量变化时,能发生显著的体积变化。许多黏性土及泥质岩中都含有大量的蒙脱石和伊利石类矿物颗粒,由于这些矿物颗粒的体积变化,引起岩土的体积变化,发生膨胀或收缩,变化达到一定程度时能引起与其相连接的建筑物的破坏。膨胀土呈灰白、灰绿、灰黄、棕红、褐黄等色。膨胀土在我国分布广泛,主要分布在黄河以南地区,北方分布的较少。这种岩土常常是呈岛状分布,甚至一个不大的场地,有的地方是膨胀土,有的地方则不属于膨胀土。我国的膨胀土的黏土矿物成分,主要是伊利石,蒙脱石居其次。也有些地区蒙脱石含量较多。

膨胀土的成因类型很多,有河流相、残积、坡积、洪积相,还有湖相及滨海相。主要生成于第四纪晚更新世,在第四纪中更新世也有生成,更早、更晚的时期几乎没有生成。

膨胀土地区的气候条件主要为温和润湿,雨量分配较均匀,年降雨量700~1700mm,昼夜温差小,年平均气温14~17℃,具备化学风化的良好条件。在这种环境下,硅酸盐为主的矿物不断分解,钙被大量淋失,钾离子被次生矿物吸收形成伊利石和伊利石－蒙脱石混层矿物为主的黏土矿物。游离硅、铁、铝的氧化物增多,介质溶液接近中性,在中性条件下胶体氧化铁不会影响黏土的活性,在上部压力下,土中片状矿物定向叠聚,形成面-面叠聚体。土中石英、长石碎屑不发生直接接触而是埋于黏土基质之中。因此,土的结构强度和体积变形主要决定于黏土基质的成分、含量和排列。

(二)膨胀土的特征与影响因素

1.膨胀土地区的地形地貌特征

膨胀土多出露于二级及二级以上的河谷阶地、山前地带、盆地边缘及丘陵地带。在盆地中部或低级阶地的下部有时也有膨胀岩土分布,由于其所处深度大,一般对地面建筑无影响。

膨胀土大多为高塑性的黏性土、裂隙发育,常常易于滑塌不能维持陡坎,故一般呈浑圆岗丘地形,地面坡度平缓,无明显的陡坎。

2.膨胀土地区的地面变形特征

膨胀土地区的山前或高阶阶地前的坡度较陡地带,常形成浅层滑坡。这些滑坡多为古滑坡,有的已趋于稳定,有的尚在间歇性的向下缓慢滑移。在浅层滑坡形成的初期阶段岩土发生蠕变,斜坡上部的膨胀土向斜坡下方移动,移动的距离随深度渐减,而使土中的垂直节理呈向斜坡下方的弯曲状。

膨胀土地区空旷地面总是处于无休止的上下运动中,运动形式可以归纳为膨胀型(上升型)、收缩型(下降型)及波动型三类。膨胀型的岩土中原有含水量较低,随着含水量不断增加土层不断膨胀,表现为地面不断升高,收缩型则正好相反。不论是膨胀型还是收缩型,由于含水量随季节变化,它们的膨胀或收缩也会随季节有微小的变化,因此,这两种类型都在波动中向前发展。膨胀型或收缩型不断发展的结果,达到一定的限度后都成为波动型。此时,土中的湿度与大气中的湿度基本达到平衡状态,地面基本保持稳定,只是由于季节性的气候变化,膨胀和收缩仍有微小的波动。

膨胀土地区易产生边坡开裂、崩塌和滑动;土方开挖工程中遇雨易发生坑底隆起和坑壁侧胀开裂;地下洞室周围易产生高地压和洞室周边土体大变形现象;地裂缝发育,对道路、渠道等易造成危害。

3. 膨胀土地区的建筑物变形

膨胀土地区浅埋基础的建筑物,其变形特征直接反映了地基的变形。在斜坡上的建筑物,常因斜坡的滑动或蠕动而产生破坏,这种破坏随着斜坡运动而发展,建筑物的破坏日趋严重。斜坡上建筑物破坏机制的复杂性,还在于斜坡运动的同时,地基土也在发生膨胀或收缩,且两者常相伴发生,在调查其破坏原因时,常使问题复杂化而混淆不清。平坦场地上建筑物的变形特征,主要反映地基土含水量改变的方向、大小和均匀性及其发生的时间和延续期。一般情况下,由于在建筑物覆盖下的土的含水量变化缓慢,以及膨胀土中水分迁移困难,建筑物地基的变形速度缓慢,要在其建成后相当长的一段时间的大旱或丰水年份后产生。建筑物的裂缝宽度,常随季节而变化,时而较宽,时而较窄。由于建筑材料的疲劳和损坏处的应力集中,建筑物的破坏日渐加重。

膨胀土反复的吸水膨胀和失水收缩会造成围墙、室内地面以及轻型建(构)筑物的破坏。在膨胀土地区易于破坏的大多为低层建筑物,一般在三层以下。四层以上的房屋及构筑物发生破坏的极为罕见。这是由于低层建筑物一般基础埋置较浅、基底压力较小以及建筑物刚度较差的缘故。在膨胀土城堤上的建筑物一旦破坏,简单的修复或原样重建往往都效果不好,这是由于造成建筑物破坏的根本问题没有得到解决。

膨胀土地区建筑物的裂缝具有其特殊性。建筑物的角端常产生斜向裂缝,表现为山墙上的对称或不对称的倒八字形裂缝,上宽下窄,伴随有一定的水平位移或转动;建筑物纵墙上常出现水平裂缝,一般在窗台下或地坪以上两、三皮砖处出现的较多,同时伴有墙体外倾、外鼓、基础外转和内墙脱开,以及内横墙倒八字裂缝;在靠近建筑物端部处常发育有上宽下窄的竖向或斜向裂缝,越往角端越严重;常造成独立柱的水平断裂,并伴随有水平位移和转动;底层室内地坪隆起开裂,越近室内中心点隆起越多,沿四周隔墙一定距离出现裂缝,长而窄的地坪则出现纵长裂缝,有时出现网格状裂缝;地裂通过房屋处,墙上出现竖向或斜向裂缝。

4. 膨胀土地区的植被问题

膨胀土地区的植被对地基土胀缩的量和发生胀缩深度有很大的影响。深的树根的生长以及对已有植被的破坏,对土层的含水量有很大的影响,可造成地面大幅度的升降。距离建筑物很近的叶面蒸腾量大、主根深、根系发达的阔叶乔木能大量吸收土中的水分,使土层变形的深度和面积明显增大。此外,在密实的膨胀土中,土层不易压缩,树根的生长排开土体,使地产生膨胀,也能造成轻型建筑物的局部破坏。因此,在膨胀土地区进行庭院绿化时,应慎重考虑建筑物周围的植树树种、与建筑物的距离、浇灌方法等对地基土含水量变化的影响。

5. 影响膨胀岩土膨胀性的主要因素

(1)膨胀土的矿物成分:众所周知,结晶类黏土矿物中亲水性最强的是蒙脱石,其次为伊利石。弱亲水性的高岭石晶胞由一个硅氧晶片和一个铝氢氧晶片构成,矿物晶片间具有牢固的联结,不产生膨胀。蒙脱石和伊利石的晶胞有一个铝氢氧晶片和两个硅氧晶片构成,硅氧晶片之间靠水分子或氧化钾联结,矿物晶片间的联结不牢固,都属于亲水性矿物。其中蒙脱石矿物的比表面积约为 $700\sim840\text{m}^2/\text{g}$,较伊利石的比表面积($65\sim100\text{m}^2/\text{g}$)大 10 倍左右,具有更强的亲水性。因此,岩土中含有上述黏土矿物的种类和数量直接决定土的膨胀性大小。

(2)离子交换量:黏土矿物中,水分不仅与晶胞离子相结合,而且还与颗粒表面上的交换阳离子相结合。这些离子随与其结合的水分子进入土中,使土发生膨胀。因此,岩土的离子交换容量大,土的膨胀性就高。在100g干土中,高岭石的交换容量一般为3～15毫克当量,伊利石一般为20～40毫克当量,而蒙脱石的交换容量则大得多,可达80～150毫克当量。此外,含不同交换离子的土具有不同的膨胀性,例如含钠离子的黏性土的膨胀性、收缩性都比含钙离子的黏性土大。

(3)黏粒含量:黏粒含量越高,相对而言土的比表面积也越大,吸水能力越强,膨胀变形就越大。

(4)干密度:土的密度大,孔隙比就小,反之孔隙比大。前者浸水膨胀强烈,失水收缩小,后者浸水膨胀小,失水收缩大。

(5)初始含水量:初始含水量愈接近胀后含水量,土吸水的膨胀就越小,失水收缩的可能性和收缩值就越大;初始含水量与胀后含水量的差值越大,土失水的收缩就越小,吸水膨胀可能性及膨胀值就越大。

(6)微观结构:膨胀土的微观结构与其膨胀性有很大的关系。一般膨胀土的微观结构属于面–面叠聚体,而土中所积聚的铁、铝多半以胶体氧化物形态留在中性孔隙溶液中,没有产生足够阻止粒间斥力作用,这些叠聚体仍处于可活动状态,具有产生胀缩的潜力。

(三)膨胀(岩)土的判别

几乎所有的黏性(岩)土都具有一定的膨胀、收缩性。但一般的黏性土胀、缩性甚微,对工程建设影响不大或几乎没有影响。因此从工程角度出发,所谓膨胀土是指那些胀缩性达到足以危害建筑物安全,需要采用特殊建筑和施工措施予以对待或直接予以处理的黏性土。也就是说,黏性土是否属于膨胀岩土,需要用一定的标准或方法予以鉴别。目前,国内外和不同的研究者判定膨胀土的标准和方法尚不太统一。这些方法主要可分为三大类:一类是通过测定黏性土的蒙脱石含量对其归属加以确定的方法,有X射线法、差热分析法、染料吸附法、电子显微镜辨别法等测定;另一类则通过土的活性数(活动性指标)、自由膨胀率、塑性指数、液限、缩限、膨胀力大小等指标的测定,找出判别膨胀土与非膨胀土的界限指标并加以判定,该类方法也称指标判定法;还有一种是综合判定法。

X射线法与差热分析法都属于比较法,即将所得试验结果与蒙脱石的标准曲线进行比较。该方法可定出土中蒙脱石、伊利石、高岭石的大致含量,但不能确定具体数量。因此,含量较低或夹杂其他矿物成分时,需要结合其他方法综合判断。染料吸附法系将黏土矿物经过酸预处理后,利用黏土矿物吸附染料的颜色与黏土矿物的碱交换量的关系来确定矿物的成分和数量的方法,它具有广泛的实用价值。

1. 指标判定法

(1)自由膨胀率:在所有指标判定法中,最为简单而有效的方法是由霍尔兹首先提出的自由膨胀率的方法。

自由膨胀率是反映土的膨胀性的指标之一,它与土的黏土矿物成分、胶粒含量、化学成分和水溶液性质等有着密切的关系。自由膨胀率是指用人工制备的烘干土,在纯水中膨胀后增加的体积与原体积之比值,用百分比表示,即

$$\delta_{ef} = \frac{V_w - V_0}{V_0} \times 100\%$$ 　　　　　(10-6)

式中　δ_{ef}——自由膨胀率,精确至 1.0%;

V_w——试样在水中膨胀后的体积,mL;

V_0——试样原体积,试验时一般取 10mL。

自由膨胀率试验应进行两次平行测定,当 δ_{ef} 小于 60% 时,平行差值不得大于 5%,当 δ_{ef} 大于或等于 60% 时,平行差值不得大于 8%。

自由膨胀率 δ_{ef} 大于 40% 时,可判定为膨胀土;$40\% \leqslant \delta_{ef} < 65\%$ 的为弱膨胀土;$65\% \leqslant \delta_{ef} < 90\%$ 的为中等膨胀土;$\delta_{ef} \geqslant 90\%$ 的为强膨胀土。

(2)膨胀率:膨胀率试验有有荷载膨胀率试验和无荷载膨胀率试验之分。

有荷载膨胀率是指试样在特定荷载及侧限条件下浸水膨胀稳定后增加的高度与试样原始高度之百分比

$$\delta_{ep} = \frac{h_w - h_p}{h_0} \times 100\% \tag{10-7}$$

式中　δ_{ep}——某荷载下的膨胀率;

h_w——试样在该荷载作用下浸水膨胀稳定后的高度;

h_p——试样在该荷载作用下压缩变形稳定后的高度;

h_0——试样原始高度。

无荷载膨胀率是指试样在侧限条件下浸水膨胀稳定后增加的高度(稳定后高度与原始高度之差)与试样原始高度之百分比

$$\delta_e = \frac{h_w - h_0}{h_0} \times 100\% \tag{10-8}$$

式中　δ_e——无荷载膨胀率。

(3)收缩系数:随着土中含水量的减少,土的收缩大体分为三个阶段,第一阶段为直线收缩阶段,(较高含水状态下),第二阶段为曲线过渡阶段(含水量接近缩限时),第三阶段为近水平直线阶段(土的体积不再收缩)。线缩率是指在失水过程中土样的高度变化率,可表示为

$$\delta_{si} = \frac{h_0 - h_t}{h_0} \times 100\% \tag{10-9}$$

式中　h_t——试样在失水过程中 t 时刻的高度。

原状土样在直线收缩阶段,含水量减少 1% 时的竖向线缩率称为收缩系数

$$\lambda_s = \frac{\Delta\delta_{si}}{\Delta w} \tag{10-10}$$

(4)膨胀力:膨胀力是原状土样在体积不变的条件下浸水时所产生的最大内应力,在伴随此力的解除过程中土体发生膨胀。据有关资料介绍,当不允许土体发生体积变形时,有的黏性土的膨胀力可高达 1600kPa。所以膨胀力的测定对工程无疑具有重要的意义。膨胀力的测定采用内外力的平衡法。

(5)活性数:黏性土的黏性和可塑性被认为是由颗粒表面的结合水引起的,因此,塑性指数的大小在一定程度上反映了土中颗粒吸附水的能力。因此,矿物组成相同的土颗粒其大小不同、比表面积不同,吸附水的能力亦不同;颗粒成分不同时,吸附水的能力更不相同,例如石英、长石等即使磨碎成小于 $2\mu m$ 的微小颗粒,它们与水拌和后,仍不见其塑性指数有明显的增大,而蒙脱石矿物即使颗粒尺寸大很多,也显示出较强的吸附水的能力。斯凯普顿

(Skempton)通过试验发现,对于给定的土(矿物成分一定的土),其塑性指数与小于 $2\mu m$ 颗粒的含量成正比,并建议用活性数来衡量土中的黏粒吸附水的能力,其定义式为

$$A_n = \frac{I_p}{m} \tag{10-11}$$

式中 I_p——土的塑性指数;

m——土中小于 $2\mu m$ 的微小颗粒的质量分数(去掉百分号);

A_n——土的活性数,也有称活性度或活动性指标。

斯凯普顿从实验中得出,蒙脱石的活性数大于 6;伊利石的活性数约为 1;而高岭石的活性数仅为 0.5。根据活性数的大小,斯凯普顿把黏性土分为非活性黏土($A_n < 0.75$)、正常黏土($0.75 \le A_n \le 1.25$)和活性黏土($A_n > 1.25$)。其中的活性黏土就属于膨胀土。

2. 综合判别法

由于决定黏性岩土膨胀性的因素十分复杂,尚无统一的单一指标可以判别是否属于膨胀土。目前国内趋向于采用综合法来判别,即从地质、地貌以及建筑经验出发,总结膨胀岩土地区的特点,初步判定场地是否属于膨胀土,我国《岩土工程勘察规范》,按下列特征进行初步判别:

(1)膨胀土:

a.多分布在二级或二级以上阶地、山前丘陵和盆地边缘,地形平缓,无明显自然陡坎;b.常见浅层滑坡、地裂,新开挖的路堑、边坡、基槽易发生坍塌;c.裂缝发育,方向不规则,常有光滑面和擦痕,裂缝中常充填灰白、灰绿色黏土,干时坚硬,遇水软化,自然条件下呈坚硬或硬塑状态;d.自由膨胀率一般大于 40%;e.未经处理的建筑物成群破坏,低层较多层严重,刚性结构较柔性结构严重,建筑物开裂多发生在旱季,裂缝宽度随季节变化。

(2)膨胀岩:

a.多见于黏土岩、页岩、泥质砂岩。伊利石含量大于 20%;b.具有膨胀土中的 b~e 项的特征。

根据实际经验,当土的自由膨胀率大于 40% 时,大多数情况下可鉴别为膨胀岩土。但值得注意的是,经验证明有许多膨胀土的自由膨胀率常小于 40%。这也是需要对其进行综合判定的根本原因。

3. 膨胀土地基土的等级划分

膨胀土地基的评价应根据地基的膨胀、收缩变形对低层砖混结构的影响程度进行。膨胀土的地基变形量可按下列三种情况进行:(1)当离地表 1.0m 出地基土的天然含水量等于或接近于最小值时,或地面有覆盖且无蒸发可能时,以及建筑物在试用期间经常有水浸湿的地基,可按膨胀变形量计算;(2)当离地表 1.0m 出地基土的天然含水量大于 1.2 倍塑限含水量时,或直接受高温作用的地基,可按收缩变形量计算;(3)其他情况下可按胀缩变形量计算。

地基的膨胀变形量 s_e 按式(10-12)计算

$$s_e = \psi_e \sum_{i=1}^{n} \delta_{epi} \cdot h_i \tag{10-12}$$

式中 ψ_e——计算膨胀变形量的经验系数,宜根据当地经验确定,若无可依据经验时,三层及三层以下建筑物,可采用 0.6;

δ_{epi}——基础底面下第 i 层土在该层土的平均自重压力与平均附加压力之和作用下的膨胀率,由室内试验计算确定;

h_i——第 i 层土的计算厚度,mm;

n——自基础底面至计算深度内所划分的土层数,计算深度应根据大气影响深度确定;有浸水可能时,可按浸水影响深度确定。

地基的收缩变形量 s_s 按式(10-13)计算

$$s_s = \psi_s \sum_{i=1}^{n} \lambda_{si} \cdot \Delta w_i \cdot h_i \tag{10-13}$$

式中 ψ_s——计算收缩变形量的经验系数,宜根据当地经验确定,若无可依据经验时,三层及三层以下建筑物,可采用0.8;

λ_{si}——基础底面下第 i 层土的收缩系数,由室内试验计算确定;

Δw_i——地基土收缩过程中第 i 层土可能发生的含水量变化的平均值;

h_i——第 i 层土的计算厚度,mm;

n——自基础底面至计算深度内所划分的土层数,计算深度可取大气影响深度;有热源影响时,可按热源影响深度确定。

地基的胀缩变形量 s 按式(10-14)计算

$$s = \psi \sum_{i=1}^{n} (\delta_{epi} + \lambda_{si} \cdot \Delta w_i) h_i \tag{10-14}$$

式中 ψ——计算胀缩变形量的经验系数,宜根据当地经验确定,若无可依据经验时,三层及三层以下建筑物,可采用0.7。

地基的胀缩等级划分如表10-6所示。

表10-6 膨胀土地基的胀缩等级

地基分级变形量 s_c(按式(10-12)、式(10-13)、式(10-14)计算)	地基膨胀等级
$15 \leqslant s_c < 35$	I
$35 \leqslant s_c < 70$	II
$s_c \geqslant 70$	III

(四)膨胀土地区的勘察工作、设计措施和地基处理原则

1. 膨胀土地区的勘察工作

选择场址勘察,应以工程地质调查为主,辅以少量探坑或必要的钻探工作,了解地层分布,采取适量的扰动土样,测定其自由膨胀率,初步判定场地内有无膨胀土,对拟选场址的稳定性和适宜性做出工程地质评价。

工程地质调查的主要内容包括:(1)初步查明膨胀土的地质时代、成因和胀缩性能;(2)划分地貌单元,了解地形形态;(3)查明场地内有无浅层滑坡、地裂、冲沟和隐伏岩溶等不良地质现象;(4)调查地表水排泄积聚情况,地下水类型,多年水位和变化幅度;(5)收集当地多年气象资料(包括降水量,蒸发力,干旱持续时间、气温和地温等),了解其变化特点;(6)调查当地建设经验,分析建筑物损坏的原因。

初步勘察阶段应确定膨胀土的胀缩性,对场地稳定性和工程地质条件做出评价,为确定建筑总平面布置、主要建筑物地基基础方案及对不良地质现象的防治方案提供工程地质资

料。其主要工作应包括下列内容：

(1)工程地质条件复杂并且已有资料不符合要求时应进行工程地质测绘,所用的比例尺可采用 1/1000～1/5000;(2)查明场地内不良地质现象的成因、分布范围和危害程度,预估地下水位季节性变化幅度和对地基土的影响;(3)采取原状土样进行室内基本物理性质试验、收缩试验、膨胀力试验和 50kPa 压力下的膨胀率试验,初步查明场地内膨胀土的物理力学性质。(4)重要的和有特殊性要求的建筑场地,必要时应进行现场浸水载荷试验,进一步确定地基土的膨胀性能和承载力。

详细勘察阶段应详细查明各建筑物的地基土层及其物理力学性质,确定其胀缩等级,为地基基础设计、地基处理、边坡保护和不良地质地段的治理,提供的详细的工程地质资料。

2. 膨胀土地区的设计措施

膨胀土地区的场址选择应符合下列要求:(1)尽量选择具有排水畅通或易于进行排水处理的地形条件;(2)避开地裂、冲沟发育和可能发生浅层滑坡等地段;(3)可选择坡度小于14°并有可能采用分级低档土墙治理的地段;(4)宜选择地形条件比较简单,土质比较均匀、胀缩性较弱的地段;(5)尽量避开地下溶沟、溶槽发育、地下水变化剧烈的地段。

膨胀土地区的总平面设计应符合下列要求:(1)同一建筑物地基土的分级变形量之差,不宜大于 35mm;(2)竖向设计宜保持自然地形,避免大挖大填;(3)挖方和填方地基上的砖混结构房屋,应考虑挖填部分土中水分变化所造成的危害;(4)应考虑场地内排水系统的管道渗水或排水不畅对建筑物升降变形的影响;(5)对变形有严格要求的建筑物,应布置在膨胀土埋藏较深、胀缩等级较低或地形较平坦的地段。

膨胀土地区的总平面设计应采取下列措施:(1)场地内的排洪沟,截水沟和雨水明沟,其沟底均应采取防水处理,以防渗漏;(2)排洪沟、截水沟的沟边土坡,应设支挡,防止坍滑;(3)地下排水管道接口部位应采取措施防止渗漏,管道距建筑物外墙基础外缘的净距不得小于3m;(4)建筑场地平整后的坡度,在建筑物周围 2.5m 的范围内,不宜小于 2%;(5)场地内的绿化,应根据气候条件、膨胀土等级,结合当地经验进行,并应采取下列相应的措施:a. 在建筑物周围散水以外的空地,宜多种植草皮和绿篱;b. 在距离建筑物 4m 以内可选用低矮、耐修剪和蒸腾量小的果树、花树或松柏等针叶树;c. 在湿度系数小于 0.75 或孔隙比大于 0.9的膨胀土地区,种植桉树、木麻黄、滇杨等速生树种,应设置灰土隔离沟,沟与建筑物距离不应小于 5m。

膨胀土地基的设计,可按建筑场地的地形地貌条件分为下列两种情况:(1)位于平坦场地上的建筑物地基按变形控制设计;(2)位于坡地场地上的建筑物地基,除按变形控制设计外,尚应验算地基的稳定性。

平坦场地上的建筑物地基设计,应根据建筑结构对地基不均匀变形的适应能力,采取相应的措施,木结构,钢和钢筋混凝土排架结构,以及建造在常年地下水位较高的低洼场地上的建筑物,可按一般地基设计;对烟囱、窑、炉等高温构筑物应主要考虑干缩影响,并根据可能产生的变形危害程度,采取适当的隔热措施。对冷库等低温建筑物应采取措施,防止水分向基底土转移引起膨胀。

凡符合下列情况,应选择部分有代表性的建筑物,从施工开始就进行升降观测,竣工后移交使用单位后应继续观测:(1)Ⅲ级膨胀土地基上的建筑物;(2)用水量较大的湿润车间;(3)坡地场地上的重要建筑物;(4)高压,易燃或易爆管道支架或有特殊要求的路面、轨道等;

对高层建筑物的地下室侧墙及高度大于 3m 的挡土墙,宜进行土压力观测。

坡地建筑设计应遵守下列规定:(1)根据工程地质、水文地质条件和坡地上的荷载要求验算坡体的稳定性;(2)考虑坡体的水平移动和坡体内土的含水量变化对建筑物的影响;(3)对不稳定斜坡或根据坡体结构可能产生滑动的斜坡,必须采取可靠的防治滑坡措施。

膨胀土地区的基础埋置深度选择宜考虑场地类型、地基土的胀缩等级、大气影响急剧层厚度、建筑物的结构类型、建筑物本身的条件、作用荷载大小和性质、相邻基础埋深等多种因素影响。散水宽度在Ⅰ级膨胀土地基上为 2.0m、在Ⅱ级膨胀土地基上为 3.0m 时,基础最小埋置深度不应小于 1.0m。坡地和阶地上的基础埋深还应考虑临坡面的影响。

3. 膨胀土地区的地基处理

膨胀土地基处理可采用换土、砂石垫层、土性改良等方法,确定地基处理方法时应根据地基的膨胀等级、地方材料、施工技术工艺、施工季节及气候影响等,进行综合技术分析和经济比较。

换土可采用非膨胀性材料或灰土、水泥土等,换土厚度可通过变形计算确定。平坦场地上Ⅰ、Ⅱ级膨胀土的地基处理,宜采用砂石垫层,垫层厚度不应小于 300mm,垫层宽度应大于基底宽度。两侧宜采用与垫层相同的材料回填,并做好防水处理。

改良土质是在膨胀土中添加非膨胀材料或使膨胀土失去膨胀性的材料。在膨胀土中拌和一定量的石灰(石灰:膨胀土常为 1:9 或 2:8)可消除填料的膨胀性。在膨胀土地基中设置石灰砂桩或石灰粉煤灰桩,也可达到消除地基土膨胀性的目的。有时,采用压力灌浆(石灰浆)也能减少地基的膨胀变形。

对膨胀性强烈、厚度不大的膨胀土地基,可采取挖除或部分挖除的方法。

膨胀岩土作为道路路基时,一般宜采取石灰填层、石灰水处理等措施,消除地基土膨胀性对路面的影响。

膨胀土场地上的桩基设计应考虑地基土的膨胀变形、收缩变形和胀缩变形对桩的承载力影响。当桩身受胀切力作用时,应验算桩身抗拉强度并采用通长配筋,最小配筋率按受拉构件配置。桩的承台梁(板)下应留有空隙,其值应大于土层浸水后的最大膨胀量,且不应小于 100mm。承台梁两侧应采取措施,防止所留空隙堵塞。

二、盐渍土

地表深度 1.0m 范围内易溶盐含量大于 0.5% 的土称为盐渍土。盐渍土中常见的易溶盐有氯盐($NaCl$、KCl、$CaCl_2$、$MgCl_2$)、硫酸盐(Na_2SO_4、$MgSO_4$)和碳酸盐(Na_2CO_3、$NaHCO_3$、$CaCO_3$)。

形成盐渍土的区域地质条件有充分的盐类来源,能形成矿化度高的地下水,或者区域内地下水位距离地面较近,土体中的上升毛细水发育并不断被蒸发,又或者区域气候条件干燥,蒸发量大于降雨量。具备上述条件的地区就容易形成盐渍土。我国的盐渍土按其地理分布可划分为滨海型盐渍土、内陆型盐渍土和冲积平原型盐渍土三种类型。其中滨海型盐渍土为滨海的洼地或衰亡的泻湖、溺谷等由于水分的蒸发使盐分浓集而形成,由于滨海地区湿润多雨,所以湿度和降雨对盐渍土的性质影响很大。冲积平原型盐渍土多分布于低阶阶地、河漫滩及旧河道地带,由毛细水上升和水分蒸发形成,含盐量一般较低。内陆型盐渍土多为洪积扇和盆地型。从洪积扇到盆地可分为松胀盐土带、结皮盐土带和结壳盐土带,含盐量依次增高。松胀盐土带土质松软,沉落性很大,结皮盐土带地层多为粉砂、砂黏土或黏土等细粒含盐软土,力学性质差、强度低;结壳盐土带为潜水溢出带或衰亡干涸的古湖盆,土层表面常结成很厚的灰白色硬壳,硬壳下常有一层褐黄色或灰白色的盐类结晶,遇水后工程性质会有极大改变。按盐渍土中易溶盐的化学成分可将盐渍土划分为氯盐型、硫酸盐型和碳酸盐型盐渍土,其中氯盐型吸水性极强,含水量高时松软易翻浆;硫酸盐型易吸水膨胀,失水收缩,性质类似膨胀土;碳酸盐型碱性大,土颗粒结合力小、强度低。盐渍土的液限、塑限随土中含盐量的增大而降低,当土的含水量等于其液限时,土的抗剪强度近乎等于零,因此高含盐量的盐渍土在含水量增大时极易丧失其强度,应引起工程的高度重视。哈萨克斯坦共和国有完备的盐渍土设计规范,我国由于盐渍土分布面积相对较小,目前还没有制定相应的规范。

三、冻土地基

(一)多年冻土

在我国西北、东北以及青藏高原等广大地区,冬季的气温都会下降到0℃以下,有些地区甚至下降到零下−30~−40℃。在负温作用下,这些地区地表下的一定深度范围以内,土层处于冻结状态。我们称在负温作用下,地壳表层处于冻结状态的土层或岩层为冻土。根据冻土随季节气温的变化情况可将其划分为季节冻土和多年冻土两大类,其中季节冻土冬季冻结,夏季全部融化,处于年复一年的冬冻春融周期性变化状态。当冻土的冻结时间小于一个月时(一般为数天甚或夜间冻结、白昼消融的数小时)又被称为瞬时冻土,冻结深度多为数毫米至数厘米。多年冻土是位于高寒地区的部分处于常年负温状态、结冰水常年不融化的土层,这是由于高寒地区地表土层的年散热量大于其吸热量,自地表向下一定深度范围内存在着负温积累。多年冻土在垂直方向自上而下可被划分为季节性冻土层,过渡层和多年冻土层。

多年冻土在剖面上的分布特征如图10-5所示。最接近于地表,受季节性融化与冻结作用影响的土层称季节融化层。冻结状态持续三年及三年以上的土层称为多年冻土。其中在多年冻土上限和下限之间没有局部融区的称为连续多年冻土;在多年冻土上限和下限之间有局部融区的称为不连续多年冻土;季节融化层底部与多年冻土上限相衔接的称为衔接多年冻土;季节融化层底部不与多年冻土上限相衔接的称为不衔接多年冻土。

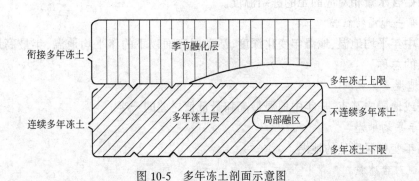

图10-5　多年冻土剖面示意图

(二)与多年冻土有关的其他主要基本概念

1. 切向冻胀力

地基土在冻结膨胀时,沿切向作用在基础侧表面的力。

2. 法向冻胀力

地基土在冻结膨胀时,沿法向作用在基础底面的力。

3. 水平冻胀力

地基土在冻结膨胀时,沿水平方向作用在结构物或基础表面上的力,包括沿切向和法向的作用。

4. 冻结强度

土与基础侧表面冻结在一起的剪切强度。

5. 冻土抗剪强度

冻结土体抵抗剪切破坏的极限能力。

6. 盐渍化冻土

冻土中当易溶盐的含量超过规定的限值时称盐渍化冻土。

7. 冻结泥炭化土

冻土中当土的泥炭化程度超过规定的限值时称冻结泥炭化土。

8. 整体状构造

冻土内部存在肉眼能看得到的较大冰体的构造。

9. 层状构造

冻土内的冰呈层状分布的构造。

10. 网状构造

冻土内由不同大小、形状和方向的冰体形成大致连续网格的构造。

11. 冰夹层

层状和网状构造冻土中的薄冰层。

12. 包裹冰

除胶结冰外,土中的孔隙冰、冰夹层体、冰透镜体等的地下冰体。

13. 未冻水含量

在一定负温条件下,冻土中未冻水的质量与干土质量之比。

14. 起始冻结温度

与初始含水量相对应的土的冻结温度。

15. 冻土地温特征值

冻土中年平均地温、地温年变化深度、活动层底面以下的年平均地温、年最高地温和年最低地温的总称。

16. 地温年振幅

地表或地层中某点,一年中地温最高和最低值之差的一半。

17. 年平均地温

地温年变化深度处的地温。

18. 相对含冰量

冻土中冰的质量与全部水质量之比。

19. 冻结界(锋)面

正冻地基土中位于冻结前沿起始冻结温度处的平(曲)面。

20. 季节冻结层

每年寒(冬)季冻结、暖季融化,其年平均地温大于0℃的地表层,其下卧层为非冻结层或不衔接多年冻土层。

21.季节融化层(季节活动层)

每年寒季冻结、暖季融化,其年平均地温小于0℃的地表层,其下卧层为多年冻土层。

(三)多年冻土在平面上的分布特征

多年冻土根据融区的存在与否可分为整体多年冻土和非整体多年冻土。水平方向上的分布是大片的、连续的、无融区存在的称整体多年冻土;在水平方向的分布是分离的,中间被融区所间隔的称非整体多年冻土。非整体的多年冻土又根据融区大小分为:(1)岛状融区的多年冻土:在多年冻土区内,存在着孤立的岛状非多年冻土层;(2)岛状的多年冻土:在融区内,存在着孤立的岛状多年冻土。

(四)多年冻土地区的不良地质现象

1.与厚层地下冰有关的不良地质现象

(1)厚层地下冰:由于水分不断向多年冻土上、下限附近迁移,随着上、下限的变迁就形成了地下析出冰。当冰层厚度大于0.3m时,就称为厚层地下冰。厚层地下冰及含土冰层、饱冰冻土均是形成热融滑坍、热融沉陷、热融湖(塘)的主要内因,对建筑物危害较大。

(2)热融滑坍:由于自然应力或人为活动,破坏了原有厚层地下冰、含土冰层、饱冰冻土等的热平衡状态,地表土体在重力作用下,沿融冻界面呈牵引式位移而形成的滑坍称为热融滑坍。它通常发生在3°~16°的缓坡上,面积一般数十至数百平方米。热融滑坍不同于普通的滑坡,主要是它的滑坍厚度不大,一般只稍大于该地区的季节融化层的厚度,多为1.5~2.5m,取决于季节融化层的厚度、多年冻土层上限深度、冰层厚度、冰层纯度、朝阳程度和夏季温度等各种因素。热融滑坍呈牵引式逐渐向上发展,不致引起大面积山体同时移动的现象。

(3)热融沉陷和热融湖(塘):由于自然应力和人为活动,破坏了多年冻土的热平衡状态,地表下沉而形成的凹地称为热融沉陷。凹地积水称为热融湖(塘)。水的来源主要是来自厚层地下冰融化。热融湖(塘)直径一般为数十至数百米,有的长年有水,有的仅季节有水。

2.与地下水及地表水有关的不良地质现象

(1)冰锥:在寒季(负温季节)流出封冻地面或封冻冰面的地下水或河水,在斜坡地带或河道冻结后形成丘状隆起的冰体称冰锥。前者为泉冰锥,后者为河冰锥。

(2)冰丘:冻胀引起地表产生隆起的冻胀土丘,其高度有1.0m至数米,多年形成的冰丘高度可达几十米。

(3)多年冻土沼泽:受地下多年冻土层的阻隔,地表水在低洼处逐渐聚集而成的沼泽地带。

(4)冻土区湿地:形态与多年冻土沼泽类似,湿度较小,泥炭层薄。

(五)冻土的物理性质

1.冻土的含水量

冻土的含水量分为总含水量和未冻含水量。

总含水量与普通土的含水量概念相同,指土中结冰水与未结冰水的总质量与土颗粒质量的百分比。

未冻含水量为未结冰水的质量与土颗粒质量的百分比,其值等于总含水量质量与含冰量的差值。

2.冻土的含冰量

冻土的含冰量有相对含冰量、质量含冰量与体积含冰量之分。质量含冰量是冻土中冰的质量与颗粒质量的百分比。体积含冰量为冻土中冰的体积与冻土总体积的百分比。

3. 土的导热系数

导热系数是在单位时间内通过单位面积、单位厚度土层的热量,它是反映土体导热能力的重要指标。

4. 土的热容量

土的热容量可分为体积热容量和质量热容量,是反映土积蓄热量能力的指标。使单位体积土体温度升高 1K 所需的热量称为体积热容量或容积热容量;使单位质量的土温度升高 1K 所需的热量称为质量热容量。

5. 导温系数

导温系数是导热系数与体积热容量的比值,它反映的是土体一点在相邻点温度变化时改变自身温度的能力。

在道路工程中,多年冻土和季节性冻土都极易造成冬季冻胀和春融翻浆、沉陷等道路病害;在多年冻土地区的不同季节,还常常出现与地下水活动有关的不良地质现象如冰丘、冰锥(冬季地下水沿裂隙冲破地表,并沿地表斜坡流动,在流动过程中逐渐被冻结在斜坡上的锥形冰体)以及与多年冻土层中的藏冰消融活动有关的热融滑坍等,严重威胁建筑物和道路工程的安全和稳定。随着我国青藏铁路的建设,近年来人们对冻土的研究明显重视。并于1998 年制定了行业标准《冻土地区建筑地基基础设计规范》(JGJ118—98)。

(六)冻土的分类与勘察要求

1. 冻土的分类

作为建筑地基的冻土,根据持续时间可分为季节冻土与多年冻土;根据所含盐类与有机物的不同可分为盐渍化冻土与冻结泥炭化土;根据其变形特性可分为坚硬冻土、塑性冻土与松散冻土;根据冻土的融沉性与土的冻胀性又可分成若干亚类。

盐渍化冻土按盐渍度来判定。盐渍度为土中易溶盐的质量与土颗粒总质量的百分比。粗粒土、粉土、粉质黏土、黏土成为盐渍化冻土的最小界限盐渍度分别为 0.10%、0.15%、0.20% 和 0.25%。这一界限值小于一般盐渍土的最小下限值(0.5%)。

冻结泥炭化土按土的泥炭化程度来判定。泥炭化程度为土中含植物残渣和成泥炭的质量与土颗粒总质量的百分比。

坚硬冻土的压缩系数不应大于 0.01MPa^{-1},可近似看成是不可压缩土;塑性冻土的压缩系数应大于 0.01 MPa^{-1},受力时计入压缩变形量;粗粒土的含水量不大于 3% 应确定为松散冻土。冻土与多年冻土季节性溶化层土根据土的冻胀率(单位冻结深度的冻胀量)大小可分为不冻胀土、弱冻胀土、冻胀土、强冻胀土和特强冻胀土五类。

根据土融化下沉系数(与冻胀率相反)的大小,多年冻土可分为不融沉、弱融沉、融沉、强融沉和融陷土五类。

2. 冻土地基勘察要点

在一般工程地质勘察的基础上,冻土地基的勘察应主要做好以下工作:(1)查明多年冻土的类别、冻土总含水量、冻土中含冰量的分布规律,冻土结构特征、厚度和冻土的物理力学性质,并进行融陷性分级及评价。(2)查明地表水与地下水特征,研究多年冻土层的层上水、层间水、层下水的赋存形式、相互关系及其对工程建筑的影响。(3)查明多年冻土的分布范围,确定多年冻土上限深度的采用值。(4)查明多年冻土地区的各种不良地质现象,如厚层地下冰、冰锥、冰丘、冻土沼泽、热融滑坍、热融湖(塘)、融冻泥流等的形态特征、形成条件、分布范围、发生发展规律及其对工程建设及道路建设的危害性和危害程度等。(5)对安全等级为一级和重要的二级建筑物(砌体承重结构和框架结构层数超过7层)。所在多年冻土场区宜进行原位测试及地温观察。

(七)冻土地区的岩土工程设计原则与处理方法

1. 多年冻土地基设计的一般规定

多年冻土地基设计应遵守的一般规定包括:(1)在不连续多年冻土分布地区设计建筑物时,不宜将多年冻土用作地基。(2)将多年冻土用作建筑地基时,可采用下列三种状态之一进行设计:a. 多年冻土以冻结状态用作地基。在建筑物施工和使用期间,地基土始终保持冻结状态;b. 多年冻土以逐渐融化状态用作地基。在建筑物施工和使用期间,地基土处于逐渐融化状态;c. 多年冻土以预先融化状态用作地基。在建筑物施工之前,使地基融化至计算深度或全部融化。(3)对一栋整体建筑物必须采用同一种设计状态;对同一建筑场地应遵循一个统一的设计状态。(4)对建筑场地应设置排水设施,建筑物的散水坡宜做成装配式,对按冻结状态设计的地基,冬季应及时清除积雪;供热与给排水管道应采取绝热措施。

2. 保持冻结状态的设计

保持冻结状态的设计宜用于多年冻土的年平均地温低于-1.0℃的场地,或持力层范围内的地基土处于坚硬冻结状态的场地,或最大融化深度范围内存在融沉、强融沉、融陷性土及其夹层的地基以及非采暖建筑或采暖温度偏低、占地面积不大的建筑物地基。保持冻结状态的设计宜采用的基础形式包括:架空通风基础、填土通风管基础、用粗颗粒土垫高的地基上的一般基础、桩基础和热桩基础(桩体内部采用了液气两相转换对流热虹吸装置的桩基)。与此同时,应使基础底面延伸至计算的最大融化深度之下,采用保温隔热地板,还应采用一些人工制冷降低地温的措施。在上述基础形式中最宜采用桩基础,对安全等级为一级的建筑物可采用热桩基础。在季节性融化层范围内应采取保持桩身耐久性的措施。在建筑物施工和使用期间,应对周围环境采取防止破坏温度的自然平衡状态的保护措施。

3. 逐渐融化状态的设计

逐渐融化状态的设计宜用于下列之一的情况:(1)多年冻土的年平均地温为-0.5~1.0℃的场地;(2)持力层范围内的地基土处于塑性冻结状态;(3)在最大融化深度范围内,地基为不融沉和弱融沉性土;室温较高、占地面积较大的建筑,或热载体管道及给排水系统对冻层产生热影响的地基。

按逐渐融化状态设计时,应采用下列措施之一来减少地基的变形:(1)在建筑物使用过程中,不得人为地加大地基土的融化深度;(2)应加大基础埋深,或选择低压缩性土为持力层;(3)应采用保温隔热地板,并架空热管道及给排水系统;(4)应设置地面排水系统。

当地基土逐渐融化后可能产生不均匀变形时,应加强结构的整体性与空间刚度,建筑物的平面应力求简单;应适当增设沉降缝,沉降缝处应布置双墙;应设置钢筋混凝土圈梁;纵横墙连接处应设置拉筋;应采用能适应不均匀沉降的柔性结构。

4. 预先融化状态的设计

预先融化状态的设计宜用于下列之一的情况:(1)多年冻土的年平均地温不低于-0.5℃的场地;(2)持力层范围内地基土处于塑性冻结状态;(3)在最大融化深度范围内,存在变形量为不允许的融沉、强融沉和融陷土及其夹层的地基;(4)室温较高、占地面积不大的建筑物地基。

当按预先融化状态设计,预融深度范围内地基的变形量超过建筑物的允许值时,可采取下列之一的措施:(1)用粗颗粒土置换细颗粒土或预压加密;(2)基础底面之下多年冻土的人为上限保持相同;(3)加大基础埋深;(4)必要时采取结构措施,适应变形要求。(5)按预先融化状态设计,当冻土层全部融化时,应按季节冻土地基设计。

5.各类多年冻土的工程性质

I——少冰冻土(不融陷土):为基岩以外最好的地基土,一般建筑可不考虑冻融问题。

II——多冰冻土(弱融陷土):为多年冻土中较良好的地基土,一般可直接作为建筑物的地基,当最大融化深度控制在 3m 以内时,建筑物均未遭受明显破坏。

III——富冰冻土(中融陷土):不但有较大的融陷量和压缩量,而且在冬天回冻时有较大的冻胀性,作为地基,一般应采取专门措施,如深基、保温、防止基底融化等。

IV——饱冰冻土(强融陷土):作为天然地基,由于融陷量大,常造成建筑物的严重破坏。这类土作为建筑物地基时,原则上不允许发生融化,宜采用保持冻结原则设计,或采用桩基、架空基础等。

V——含土冰层(极融陷土):含有大量的冰,不宜用作地基。当作为地基时,若发生融化将产生严重融陷,造成建筑物极大破坏。

第三节　软土及其工程特性

一、软土的基本概念

近代水下沉积、天然含水量大于其液限的黏土、粉质黏土,当其天然孔隙比大于 1.5 时,称为淤泥;而当其天然孔隙比小于 1.5 但大于 1.0 时则称其为淤泥质黏土或淤泥质粉质黏土,简称淤泥质土。软土主要是指这些淤泥和淤泥质土,但工程性质很差的其他黏性土,如泥炭土、混有大颗粒的淤泥土以及含水量较大的粉土、粉质砂土等也属于软土的范畴。

二、软土的主要工程特性

软土在我国沿海一带分布很广,如渤海湾、长江三角洲、浙江、珠江三角洲及福建省的沿海地区等,都分布有大面积的海相或湖相沉积的软土。此外,贵州、云南等我国内陆省份的某些地区也有零星的山地型软土分布。表 10-7 所示为我国各地软土的物理力学性质指标。

统计结果表明,软土一般具有以下主要工程特性:

(1)多属于中液限与高液限无机黏土,其液限值大部分在 34%～43% 之间,塑性指数大部分在 20 左右,在塑性图上主要位于 A 线以上、C 线以外。

(2)含水量 w 为 34%～89%,个别地区的泥炭质软土含水量更高,达 299%,多数大于土的液限,属于流动状态;天然孔隙比 $e = 1.0 \sim 2.45$,最高达 7.0,都是淤泥和淤泥质土,以淤泥质土为主。

(3)压缩系数 $a_{1-2} = 0.51 \sim 2.33 MPa^{-1}$,属高压缩性土。

(4)抗剪强度低。无侧限抗压强度 $q_u = 5 \sim 48 kPa$,最大也不超过 80kPa 左右;快剪的黏

表 10-7　我国各地软土的物理力学性质指标

指标 地区		土层深度 /m	含水量 w /%	容重 γ /g·cm^{-3}	孔隙比 e	饱和度 S_r/%	液限 w_L/%	塑限 w_p/%	塑性指标 I_p	渗透系数 k_p/cm·s^{-1}	压缩系数 a_{1-2}/cm^2·kg^{-1}	无侧限抗压 强度 q_u/kg·cm^{-2}
天	津	7~14	34	1.82	0.97	95	36	19	17	1×10^{-7}	0.051	0.3~0.4
塘	沽	8~17 0~8,17~24	47 39	1.77 1.81	1.31 1.07	99 96	42 34	20 19	22 15	2×10^{-7}	0.097 0.065	
上	海	6~17 1.5~6,>20	50 37	1.72 1.79	1.37 1.05	98 97	43 34	23 21	20 13	6×10^{-7} 2×10^{-6}	0.124 0.072	0.2~0.4
杭	州	3~9 9~19	47 35	1.73 1.84	1.34 1.02	97 99	41 33	22 18	19 15		0.117	
宁	波	2~12 12~28	50 38	1.70 1.86	1.42 1.08	97 94	39 36	22 21	17 15	3×10^{-8} 7×10^{-8}	0.095 0.072	0.6~0.48
舟	山	2~14 17~32	45 36	1.75 1.80	1.32 1.03	99 97	37 34	19 20	18 14	7×10^{-6} 3×10^{-7}	0.110 0.063	
温	州	1~35	63	1.62	1.79	99	53	23	30		0.193	
福	州	3~19 1~3,19~35	68 42	1.50 1.71	1.87 1.17	98 95	54 41	25 20	29 21	8×10^{-8} 5×10^{-7}	0.203 0.070	0.05~0.18
龙	溪	0~6	89	1.45	2.45	97	65	34	31	3×10^{-6}	0.233	
广	州	0.5~10	73	1.60	1.82	99	46	27	19		0.118	
昆明	淤泥 泥炭		41~270 68~299	1.2~1.8 1.1~1.5	1.1~5.8 1.9~7.0				>7 27~62		0.12~0.42	0.02~0.35
贵州	淤泥 泥炭	<20	54~127 140~264	1.3~1.7 1.2~1.5	1.7~2.8 1.6~5.9				15~34 26~73		0.12~0.42 0.17~0.73	0.01~0.18

聚力 $c_q = 5 \sim 13$kPa，内摩擦角 $\varphi_q < 5°$，固结快剪的内摩擦角 φ_{cq} 一般为 15°左右。有效内摩擦角 $\varphi' = 24° \sim 34°$。

(5)渗透性小。$k = 10^{-6} \sim 10^{-8}$cm/s，所以直接在荷载作用下难以固结。但多数淤泥质粉质黏土具有薄层黏土与粉砂互层的微层理构造。具有这种构造的软土，其水平渗透系数远大于垂直渗透系数。这为人为地创造排水出路，加速地基土的排水固结过程提供了条件。

(6)灵敏度一般为 3~5，即完全扰动后其强度可降低 70%~80%，属于灵敏性土。因此这类地基土场地施工时应尽量减小对基底土的扰动，以发挥土的天然强度。

(7)具有吸附力。建于软土地基上的可移动式建筑物，如活动式钻井平台等，升离时必须克服这种吸附力。试验证明，软土对建筑物的吸附力由三部分组成：土与建筑物底面的黏聚力、基础侧面的摩阻力和真空吸力，其中真空吸力是主要的。向建筑物底面通水或通气后，软土对建筑物的吸附力将大大降低。

(8)在剪应力的长期作用下，软土具有明显的流变特性。在一定的条件下，流变可导致地基土的破坏。经长期变形而破坏的土体，其强度仅为一般抗剪强度的 40%~50%，此强度称为长期强度。土的塑性越大，长期强度降低就越多。

但是必须指出，荷载作用下土体的强度又会随着土体固结程度的提高而有所增大。地基中任意点的总抗剪强度 s 按式(10-15)计算

$$s = c_u + \Delta c \tag{10-15}$$

式中　c_u——土的天然抗剪强度；

　　Δc——随固结程度的提高，地基土抗剪强度的增长值。其中：

$$\Delta c = \Delta \sigma'_1 \cdot K_1 = \Delta \sigma_1 \cdot K_1 \cdot \overline{U} \tag{10-16}$$

式中　$\Delta \sigma'_1$——最大有效主应力增量，$\Delta \sigma'_1 = \Delta \sigma_1 \cdot \overline{U}$；

　　$\Delta \sigma_1$——最大主应力增量；

　　$\overline{U}$——地基土的平均固结度；

　　K_1——荷载作用下地基土抗剪强度的增长率。

对于正常固结的饱和软黏土，根据土的极限平衡理论，竖向在自重应力作用下的抗剪强度用下式表示

$$c_u = \frac{\sigma'_1 - \sigma'_3}{2} = \frac{\gamma z - \dfrac{1 - \sin\varphi'}{1 + \sin\varphi'}}{2} = \gamma z \cdot \frac{\sin\varphi'}{1 + \sin\varphi'}$$

同理

$$\Delta c_u = \frac{\Delta\sigma'_1 - \Delta\sigma'_3}{2} = \Delta\sigma'_1 \cdot \frac{\sin\varphi'}{1 + \sin\varphi'} \tag{10-17}$$

根据固结度的定义 $\overline{U} = s_t / s_c = \Delta\sigma'_1 / \Delta\sigma_1$，并令

$$K_1 = \frac{\sin\varphi'}{1 + \sin\varphi'} \tag{10-18}$$

即可得到式(10-16)。上述公式中 φ' 为土的内摩擦角；γ 为土的重度；z 为所求强度点的埋深；s_t、s_c 分别为 t 时刻地基的固结沉降和地基的最终固结沉降。

工程实践表明，软土地基的天然抗剪强度宜用十字板剪切仪测定。

第四节 地基处理

一、软弱土的概念、特性和规范的基本规定

软弱土是指淤泥、淤泥质土、部分冲填土、杂填土或其他高压缩性土。由软弱土构成的地基称为软弱土地基。在建筑地基的局部范围内有高压缩性土层存在时,应按局部软弱土层考虑。

软弱土一般具有以下特性或具有以下特性中的几种:⑴含水量较高(一般为 35% ～ 80%),孔隙比较大(一般为 1.0～2.0);(2)抗剪强度很低(其不排水抗剪强度一般为 5～ 25kPa);有效内摩擦角约为 $\varphi' = 20° ～35°$;固结不排水剪的总应力法内摩擦角 $\varphi_{cu} = 12° ～ 17°$。由于抗剪强度低,软弱土的承载力也较低,不能承受较大的建筑物荷载;(3)压缩性高,一般正常固结的软土层的压缩系数 $a_{1-2} = 0.5～1.5\text{MPa}^{-1}$,最大可达到 $a_{1-2} = 4.5\text{MPa}^{-1}$;⑷渗透性小;⑸有明显的结构性,属于高灵敏性土;(6)具有明显的流变性,受流变性的影响其长期强度往往低于短期强度。由于软弱土的上述特点,往往无法直接作为天然地基承受上部结构荷载,因此需要在基础底面以下的一定深度范围内对其进行人工加固或处理,使其发挥地基持力层的作用。这样部分经过人工改造的地基也称为人工地基。对软弱土的加固、处理过程称为地基处理。

规范规定,在存在软弱土层的场地上进行地基勘察时,应查明软弱土层的均匀性、组成、分布范围和土质情况。对于冲填土尚应了解排水固结条件;对杂填土应查明堆积历史,明确自重作用下的变形稳定性、湿陷性等基本因素。进行设计时,应考虑上部结构和地基的共同作用;对建筑体形、荷载情况、结构类型和地质条件进行综合分析,确定合理的建筑措施,结构措施和地基处理方法。进行施工时,应注意对淤泥和淤泥质土基槽底面的保护,减少扰动;对荷载差异较大的建筑物,宜先建重、高部分,后建轻、低部分;活荷载较大的构筑物或构筑物群(如料仓、油罐等)使用初期应根据沉降情况控制加载速率,掌握加载间隔时间,或调整活荷载分布,避免过大倾斜。

二、地基处理的目的

地基处理的目的主要是改善地基上部土体的工程性质,使地基能够达到和满足建筑物对地基强度、稳定性和变形的要求。按照各地基处理方法的基本原理,可以将地基处理方法的机理分为三大类:土质改良,土的置换和土的加固或补强。

经处理后的地基,当按地基承载力确定基础底面及埋深而需要对由《建筑地基处理技术规范》(JGJ79—2002)确定的地基承载力特征值进行修正时,应符合:(1)基础宽度的地基承载力修正系数取零;(2)基础埋深的地基承载力修正系数取 1.0。经处理后的地基,若在受力层范围内仍存在软弱下卧层时,应验算下卧层的地基承载力。(3)对水泥土类桩复合地基尚应根据修正后的复合地基承载力特征值,进行桩身强度验算。

对于《建筑地基基础设计规范》(GB50007—2002)规定应按地基变形设计或应做变形验算的建筑物或构筑物,在进行地基处理后,应进行地基变形验算,其地基变形计算值不应大于地基特征变形允许值。

三、地基处理中的几个概念

(一)土的压实原理

对无黏性土,一般是利用饱和无黏性土在动力荷载作用下会产生振动液化的特性,通过加水饱和,动力振动来进行地基处理。饱和粉土也有振动液化的特性。

对于黏性土而言,通过夯实或碾压填土或疏松土层,能使其孔隙比减小、密实程度提高,降低其压缩性、提高其抗剪强度、减弱其透水性,使经过处理的上部软弱土层成为能承担较大荷载的地基持力层。控制土的压实效果的主要因素包括土种类、土的含水量、压实机械及其压实功等。

(1)最优含水量和最大干密度:对黏性土而言,在一定压实机械的功能条件下,存在一个含水量,在该含水状态下土最易被压实,并能达到最好的压实效果。该含水量称为该夯击能量下的最优含水量 w_{op};相对应的最密实状态(最好压实效果)下的干密度则称为最大干密度 ρ_{dmax}。

土的最优含水量和最大干密度由室内标准或重型击实试验测得。由击实试验可绘制含水量与干密度关系曲线,称为压实曲线(如图 10-6 所示)。压实曲线中相应于干密度峰值(即最大干密度 ρ_{dmax})的含水量就是最优含水量 w_{op}。该干密度峰值就是最大干密度。但需要指出,压实功愈大,土的最优含水量愈低,压实效果愈好。

(2)压实系数:土的控制干密度 ρ_d(现场实测的干密度的平均值)与最大干密度 ρ_{dmax} 的比值称为压实系数 λ_c。λ_c 是工程中用以评价土体是否被压实的重要指标。

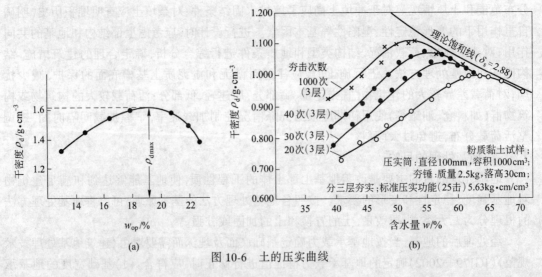

图 10-6 土的压实曲线

(二)复合地基

当天然地基不能满足地基承载力或建筑物对变形的要求时,可将部分土体增强或对其用其他材料进行置换形成增强体,由增强体和周围地基土共同承担荷载,从而形成由增强体和周围原状或挤密或扰动地基土组成的加固土层成为复合地基。如强夯置换法、振冲法、砂石桩法、水泥粉煤灰碎石桩法、夯实水泥土桩法、水泥土搅拌法、高压喷射注浆法、石灰桩法、灰土和土挤密桩法、柱锤冲扩桩法等均可形成复合地基。

(三)置换率

用桩式置换法加固、处理地基时,置换桩体的截面积与该桩承担的处理面积(被该置换桩加固范围内的桩土总截面积)之比称为桩式置换法的置换率,一般用 m 表示。

(四)桩间土承载力折减系数

桩式加固的复合地基,当桩的变形性(小)与桩间土的变形性(大)差异较大时,桩土一起工作时桩间土不可能完全发挥效应,计算复合地基承载力时需要对桩间土的承载力进行折减,引入的经验系数称为桩间土承载力折减系数,一般用 β 表示。

(五)复合地基载荷试验要点

《建筑地基处理技术规范》(JGJ79—2002)规定,复合地基的承载力应通过单桩复合地基载荷试验或多桩复合地基载荷试验来确定。试验要点包括:

1.试验点数量

同一项工程的静力载荷试验点不应少于 3 点。

2.载荷板及其面积

单桩复合地基载荷试验的承压板可用圆形或方形的刚性压板,面积为一根桩承担的处理面积;多桩复合地基载荷试验的承压板可用方形或矩形,其尺寸按实际桩数所承担的处理面积确定。桩的中心(或形心)应与承压板中心保持一致,并与荷载作用点相重合。

承压板底面标高应与桩顶设计标高相同。承压板底面下宜铺设粗砂或中砂垫层,垫层厚度取 $50\sim150mm$。试验标高处的试坑长度和宽度,应不小于承压板尺寸的 3 倍。基准梁的支点应设在试坑之外。

3.加荷

试验时的加荷等级可分为 $8\sim12$ 级。最大加载压力不应小于设计要求的地基承载力特征值的 2 倍;每加一级荷载前后均应各读记承压板沉降量一次,以后每半小时读记一次;当 1h 内沉降量小于 0.1mm 时,可认为地基在该压力作用下的沉降已趋于稳定,即可施加下一级荷载。

4.终止加荷条件

当出现下列现象之一时可终止加荷:

(1)沉降急剧增大,土被挤出或承压板周围出现明显隆起。

(2)承压板的累积沉降量已大于其宽度或直径的 6%。

(3)当达不到极限荷载,而最大加载压力已达到设计要求的地基承载力特征值的 2 倍。

5.复合地基承载力特征值的确定

当压力-沉降曲线上极限荷载能确定,而其值不小于对应比例界限的 2 倍时,可取比例界限;当其值小于对应比例界限的 2 倍时,可取极限荷载的一半。

当压力-沉降曲线是平滑的光滑曲线时,可按相对变形确定。

对砂石桩、振冲桩复合地基或强夯置换墩,以黏性土为主的地基,可取 s/b 或 s/d 等于 0.015 所对应的压力(s 为载荷试验承压板的沉降量;b 和 d 分别为承压板宽度和直径,当其值大于 2m 时,按 2m 计算);以粉土或砂土为主的地基,可取 s/b 或 s/d 等于 0.01 所对应的压力。

对土挤密桩、石灰桩或柱锤冲扩式的复合地基,可取 s/b 或 s/d 等于 0.012 所对应的压力。对灰土挤密桩复合地基,可取 s/b 或 s/d 等于 0.008 所对应的压力。

对水泥粉煤灰碎石桩或夯实水泥土桩复合地基,以卵石、圆砾、密实粗中砂为主的地基,可取 s/b 或 s/d 等于 0.008 所对应的压力;以黏性土、粉土为主的地基,可取 s/b 或 s/d 等于 0.01 所对应的压力。

对水泥土搅拌桩或旋喷桩复合地基,可取 s/b 或 s/d 等于 0.006 所对应的压力。

对有经验的地区,也可按当地经验确定相对变形值。

按相对变形值确定的承载力特征值不应大于最大加载压力的一半。

当不少于 3 个试验点的极差不超过平均值的 30% 时,可取其平均值为复合地基承载力特征值。

四、实施地基处理的方法步骤

当地基承载力或变形不能满足设计要求时,地基处理可选用机械压(碾)实、堆载预压、塑料排水带或砂井真空预压、换填垫层或复合地基等方法。

确定地基处理的方法应按下列步骤进行:

(1)根据结构类型、荷载大小及使用要求,结合地形地貌、地层结构、土质条件、地下水特征、环境情况和对邻近建筑等因素进行综合分析,初步选出几种可供考虑的地基处理方案。

(2)对初选的几种地基处理方案,分别从加固原理、适用范围、预期处理效果、耗用材料、施工机械、工期要求和对环境影响等各方面进行技术经济分析与对比,选择最佳地基处理方案。

(3)对已选定的地基处理方案,宜按建筑物地基基础设计等级和场地复杂程度,在有代表性的场地上进行相应的现场试验或试验性施工,并进行必要的测试,以检验设计参数和处理效果。如达不到设计要求时,应查明原因,修改设计参数或调整地基处理方法。

第五节 换填垫层法

当软弱地基的承载力和变形满足不了建筑物的要求,而软弱土层的厚度又不很大时,可将基础底面下处理范围内的软弱土层部分或全部挖去,代之以分层换填强度较大、性能稳定的其他材料,并压实至要求的密实度为止,这种地基处理方法称为换填垫层法。

换填垫层法适用于淤泥、淤泥质土、湿陷性黄土、素填土、杂填土地基及暗沟、暗塘等的浅层处理,即它适合于浅层软弱地基和不均匀地基的处理。应用时,应根据建筑体形、结构特点、荷载性质、岩土工程条件、施工机械设备及填料性质和来源等进行综合分析后具体确定设计方案,选择施工方法。

垫层的厚度 z 应根据需置换软弱土的深度或下卧土层的承载力确定,并符合下式要求

$$\sigma_z + \sigma_{cz} \leqslant f_{az} \tag{10-19}$$

式中　σ_z——相应于荷载效应标准组合时,垫层底面处的附加应力值,kPa;

σ_{cz}——垫层底面处的自重应力值,kPa;

f_{az}——垫层底面处经深度修正后的地基承载力特征值,kPa。

垫层底面处的附加压力值可按压力扩散角 θ 分别由以下两式计算

对矩形基础

$$p_z = \frac{bl(p_k - \sigma_c)}{(b + 2z\tan\theta)(l + 2z\tan\theta)} \tag{10-20}$$

对条形基础

$$p_z = \frac{b(p_k - \sigma_c)}{b + 2z\tan\theta} \tag{10-21}$$

式中　b——矩形基础条形基础底面的宽度;

　　　l——矩形基础的长度;

　　　p_k——相应于荷载效应标准组合时,基础底面处的平均压力值;

　　　σ_c——基础底面处的自重应力值;

　　　z——基础底面下垫层的厚度;

　　　θ——垫层的附加应力扩散角,宜通过试验确定,当无试验资料时,可按表10-8采用。

表 10-8　垫层的压力扩散角 $\theta/(°)$

换填材料 z/b	中砂、粗砂、砾砂、圆砾、角砾、石屑、卵石、碎石、矿渣	粉质黏土、粉煤灰	灰　土
0.25	20	6	28
≥0.50	30	23	

注:1. 当 $z/b<0.25$,除灰土取 $\theta=28°$外,其余材料均取 $\theta=0°$,必要时,宜由试验确定;

　　2. 当 $0.25<z/b<0.5$ 时,z/b 值可内插求得。

　　换填垫层的厚度不宜小于 0.5m,也不宜大于 3m。

　　垫层的宽度应满足基础底面应力扩散的要求,可按下式确定

$$b'\geqslant b+2z\tan\theta \tag{10-22}$$

式中　b'——垫层底面宽度,m;

　　　θ——压力扩散角,可按表 10-8 采用;当 $z/b<0.25$ 时,仍按表中 $z/b=0.25$ 取值。

　　整片垫层底面的宽度可根据施工要求适当加宽。垫层顶面宽度可从垫层底面两侧向上,按垫层开挖期间保持边坡稳定的当地经验放坡确定。但垫层顶面每边超出基础底边不宜小于 300mm。

　　垫层材料可选用:砂石、粉质黏土、灰土、粉煤灰、矿渣、其他工业废渣及土工合成材料。各种垫层的压实标准可参考表 10-9 选用。

表 10-9　各种垫层的压实标准

施工方法	换填材料类别	压实系数 $\bar{\lambda}_c$
碾压、振密或夯实	碎石、卵石	0.94～0.97
	砂夹石(其中碎石、卵石占全重的 30%～50%)	
	土夹石(其中碎石、卵石占全重的 30%～50%)	
	中砂、粗砂、砾砂、角砾、圆砾、石屑	
	粉质黏土	
	灰土	0.95
	粉煤灰	0.90～0.95

注:1. 当采用轻型击实试验时,压实系数 $\bar{\lambda}_c$ 宜取高值;采用重型击实试验时,压实系数 $\bar{\lambda}_c$ 宜取低值。

　　2. 矿渣垫层的压实指针为最后两遍的压陷差小于 2mm。

　　垫层的承载力宜通过现场载荷试验确定,并应进行下卧层承载力验算。

　　对于《建筑地基基础设计规范》(GB50007—2002)划分的安全等级为三级的建筑物及一般不太重要的、小型、轻型或对沉降要求不高的工程,在无试验资料和经验时,当施工达到表

10-9 所要求的压实标准后,可参考表 10-10 所列的承载力特征值选用。

表 10-10 垫层的承载力

垫 层	承载力特征值 f_{ak}/kPa
碎石、卵石	200～300
砂夹石(其中碎石、卵石占全重的 30%～50%)	200～250
土夹石(其中碎石、卵石占全重的 30%～50%)	150～200
中砂、粗砂、砾砂、角砾、圆砾	150～200
粉质黏土	130～180
石 屑	120～150
灰 土	200～250
粉煤灰	120～150
矿 渣	200～300

垫层地基的变形由垫层自身变形和下卧层变形组成。

换填垫层在满足式(10-20)或式(10-21)、式(10-22)及表 10-10 的条件下,地基的变形可仅考虑其下卧层的变形。对沉降要求严格或垫层厚的建筑,应计算垫层本身的变形。

垫层的施工包括施工机械的选用,施工方法、分层铺填厚度、每层夯实遍数的确定,垫层材料施工含水量的控制,以及在垫层底部遇有软硬不均的地基时的处理方法等。

垫层施工机械应根据不同的换填材料选择。粉质黏土、灰土宜采用平碾、振动碾或羊足碾,中小型工程也可采用蛙式夯、柴油夯等。砂石等宜用振动碾。粉煤灰宜采用平碾、振动碾、平板振动器、蛙式夯。矿渣宜采用平板振动器或平碾,也可采用振动碾。

垫层的施工方法、铺填厚度、压实遍数等宜通过试验确定。除接触下卧软土层的垫层底部应根据施工机械设备及下卧层土质条件确定厚度外,一般情况下,垫层的分层铺填厚度可取 200～300mm。为保证分层压实质量,还应控制机械碾压速度。

粉质黏土和灰土垫层土料的施工含水量宜控制在最优含水量 $w_{op}\pm2\%$ 的范围内,粉煤灰垫层的施工含水量宜控制在 $w_{op}\pm4\%$ 的范围内。最优含水量可通过击实试验确定,也可按当地经验取用。

当垫层底部存在古井、古墓、洞穴、旧基础、暗塘等软硬不均的部位时,应根据建筑对不均匀沉降的要求予以处理,并经检验合格后,方可铺填垫层。

基坑开挖时应避免坑底土层受扰动,可保留约 200mm 厚的土层暂不挖去,待铺填垫层前再挖至设计标高。严禁扰动垫层下的软弱土层,防止其被践踏、受冻或受水浸泡。在碎石或卵石垫层底部宜设置 150～300mm 厚的砂垫层或铺一层土工织物,以防止软弱土层表面的局部破坏,同时必须防止基坑边坡坍土混入垫层。

换填垫层施工应注意基坑排水,除采用水撼法施工砂垫层外,不得在浸水条件下施工,必要时应采用降低地下水位的措施。

垫层底面宜设在同一标高上,如深度不同,基坑底土面应挖成阶梯或斜坡搭接,并按先深后浅的顺序进行垫层施工,搭接处应夯压密实。

粉质黏土及灰土垫层分段施工时,不得在柱基、墙角及承重窗间墙下接缝。上下两层的缝距不得小于 500mm。接缝处应夯压密实。灰土应拌和均匀并应当日铺填夯压。灰土夯压密实后 3d 内不得受水浸泡。粉煤灰垫层铺填后宜当天压实,每层验收后应及时铺填上层或封层,防止干燥后松散起尘污染,同时应禁止车辆碾压通行。

垫层竣工验收合格后,应及时进行基础施工与基坑回填。

铺设土工合成材料时,下铺地基土层顶面应平整,防止土工合成材料被刺穿、顶破。铺设时应把土工合成材料张拉平直、绷紧,严禁有折皱;端头应固定或回折锚固;切忌曝晒或裸露;联结宜用搭接法、缝接法和胶结法,并均应保证主要受力方向的联结强度不低于所采用材料的抗拉强度。

第六节　排水固结法

根据有效应力原理,土体在外荷载作用下发生排水固结时,其中的有效应力就会增大、土的体积就会压缩;随着土体被压密,土的强度也会随之提高。也就是说,地基土的排水过程就是地基土中有效应力不断增大、土体变形不断发生、土体强度不断增长的过程。排水固结法就是利用这一原理,设法使土体中的水分排出、有效应力增长来达到压密土体、提高土体承载能力、减小土体变形特性的一类地基处理方法。其中包括:预压法、降低地下水位法、抽真空法、砂井法、袋装砂井法、预压堆载砂井法等一系列地基处理方法。

预压法是在建筑物建造以前,在建筑场地进行堆载或真空预压,使地基的固结沉降基本完成,并提高地基土强度的方法。显然,如果地基在堆载压力下未发生整体剪切破坏,在小于堆载压力的基底压力作用下也不会发生破坏;且由于地基土已在堆载过程中完成了其固结变形,在其后的基底压力作用下(再加载过程),超固结的地基土就不会有多大变形发生。

预压法分为堆载预压法和真空预压法。预压法适用于处理淤泥、淤泥质土和冲填土等饱和黏性土地基。通常,当软土层厚度小于 4.0m 时,可采用天然地基堆载预压法处理;当软土层厚度超过 4.0m 时,为加速预压过程,应采用塑料排水袋、砂井等竖井排水预压法处理地基。对真空预压工程,必须在地基内设置排水竖井。

淤泥和淤泥质土是在静水环境下分层自然堆积起来的,每逢洪水季节,由于河流流水夹带的较粗颗粒物质增多,淤泥及淤泥质土层中就常常出现一些薄夹砂层。夹砂层的存在使土层的水平向渗透速度明显增大。砂井法正是利用了软土的这一特点,达到在较短时间内完成软土地基排水固结的目的。

排水固结类的地基处理方法处理地基应预先查明土层的分布、层理变化,以及透水层的位置、地下水的类型及水源补给情况等;通过试验确定土层的先期固结压力、孔隙比与固结压力的关系、渗透系数、固结系数、三轴试验抗剪强度指标以及原位十字板抗剪强度等。

对主要以变形控制的建筑,当塑料排水带或砂井等排水竖井处理深度和竖井底面以下受压层经预压所完成的变形量和平均固结度符合设计要求时,方可卸载;对主要以地基承载力或抗滑稳定性控制的建筑,当地基土经预压而增长的强度满足建筑物地基承载力或稳定性要求时,方可卸载。以下简单介绍砂井预压堆载法的设计。

1．排水带或砂井的设计

(1)断面尺寸:普通砂井直径可取 300～500mm,袋装砂井直径可取 70～120mm。塑料排水带的当量换算直径 d_p 可按下式计算

$$d_p = \frac{2(b+\delta)}{\pi} \tag{10-23}$$

式中　b、δ——分别为塑料排水带宽度、厚度，mm。

(2)间距：设计时，竖井的间距可按井径比 n 选用（$n = d_e/d_w$，d_w 为竖井直径，对塑料排水带可取 $d_w = d_p$；d_e 为竖井的有效排水直径，对等边三角形排列可取 $d_e = 1.05l$，对正方形排列可取 $d_e = 1.13l$；l 为竖井的间距）。塑料排水带或袋装砂井的间距可按 $n = 15 \sim 22$ 选用，普通砂井的间距可按 $n = 6 \sim 8$ 选用。

(3)深度：排水竖井的深度应根据建筑物对地基的稳定性、变形要求和工期确定。对以地基抗滑稳定性控制的工程，竖井深度至少应超过最危险滑动面 2.0m；对以变形控制的建筑，竖井深度应根据在限定的预压时间内需完成的变形量确定。竖井应穿透受压土层。

2. 预压荷载

(1)范围：预压荷载顶面的范围应不小于建筑物基础外缘所包围的范围。

(2)大小：对于沉降有严格要求的建筑，应采用超载预压法，超载量应根据预压时间内要求完成的变形量确定，并使预压荷载下受压土层各点的有效竖向应力大于建筑物荷载引起的相应点的附加应力。

3. 加载速率

当天然地基土的强度满足预压荷载下地基的稳定性要求时，可一次性加载，否则应分级加载。分级加载时应控制加载速率与地基土的强度增长相适应。

4. 地基土固结度、变形的计算

(1)最终竖向变形：预压荷载下地基的最终竖向变形可按下式计算

$$s_f = \xi \sum_{i=1}^{n} \frac{e_{0i} - e_{1i}}{1 + e_{0i}} h_i \tag{10-24}$$

式中　s_f——最终竖向变形量，m；

e_{0i}、e_{1i}——分别为第 i 层土中点处土的自重应力以及自重应力与附加应力之和所对应的孔隙比，由室内固结试验 $e - p$ 曲线得到；

h_i——第 i 层土层厚度，m；

ξ——经验系数，对正常固结饱和黏性土地基可取 $\xi = 1.1 \sim 1.4$，荷载较大，地基土较软弱时取较大值，否则取较小值。

变形计算时，可取附加应力与自重应力的比值为 0.1 的深度作为受压层的计算深度。

(2)固结度：一级或多级等速加载条件下，固结时间 t 时对应总荷载的地基平均固结度可按下式计算

$$\overline{U}_t = \sum_{i=1}^{n} \frac{\dot{q}_i}{\sum \Delta p} \left[(T_i - T_{i-1}) - \frac{\alpha}{\beta} e^{-\beta t} (e^{\beta T_i} - e^{\beta T_{i-1}}) \right] \tag{10-25}$$

式中　$\overline{U}_t$——t 时间地基的平均固结度；

$\dot{q}_i$——第 i 级荷载的加荷速率，kPa/d；

$\sum \Delta p$——各级荷载的累加值，kPa；

T_i、T_{i-1}——分别为第 i 级、第 $i-1$ 级荷载加载的起始时间（从零点算起），d，当计算第 i 级荷载加载过程中某时间 t 的固结度时，T_i 改为 t；

α、β——参数,根据地基排水固结条件采用。

(3)强度增长:对正常固结饱和黏性土地基,某点某一时刻的抗剪强度可按下式计算

$$\tau_{ft} = \tau_{f0} + \Delta\sigma_z \cdot U_t \tan\varphi_{cu} \tag{10-26}$$

式中　τ_{ft}——t 时刻某点土的抗剪强度,kPa;

　　　τ_{f0}——地基土的天然抗剪强度,kPa;

　　　$\Delta\sigma_z$——预压荷载引起的该点的附加竖向应力,kPa;

　　　U_t——该点土的固结度;

　　　φ_{cu}——三轴固结不排水压缩试验求得的土的内摩擦角,(°)。

第七节　强夯法和强夯置换法

强夯法又名动力固结法或动力压实法,它是反复将夯锤(质量一般为 10～40t)提到一定高度(落距一般为 10～40m)使其自由落下,利用强大的夯击能在地基中产生的冲击波和动应力来加固地基。此法可用于可压缩的黏性土和粉土(压实机理同黏性土的压实机理)、饱和松砂地层、饱和粉土(迫使深层土液化和动力固结而密实)和软黏土(利用强大的夯击能量使土体发生完全破坏,环状、径向裂隙发育;同时利用强大的夯击能量夯击土体时产生的超高孔隙压力将孔隙水挤出土体),从而达到提高地基土的强度、降低土的压缩性、改善砂土的抗液化条件、消除湿陷性黄土的湿陷性等加固目的。但在用于软土地基时要慎重一些,大面积夯压前必须进行试夯以确定其适用性和处理效果。

强夯置换法是采用在夯坑内回填块石、碎石等坚硬粗颗粒材料,用夯锤夯击形成连续的置换墩,由置换墩(在软黏土中)或置换墩与墩间土(在饱和粉土中,形成复合地基)承担上部结构传来的荷载。

强夯法主要适用于处理碎石土、砂土、低饱和度的粉土与黏性土、湿陷性黄土、素填土和杂填土等地基。

强夯置换法也适用于高饱和度的粉土与软塑 – 流塑的黏性土等地基上对变形要求不严的工程,在设计前必须通过试验确定其适用性和处理效果。

一、强夯法的设计

强夯法的设计包括强夯的有效加固深度、夯点的夯击次数、夯击遍数、两遍夯击之间的间隔时间、夯击点平面布置等强夯参数的确定,以及强夯处理范围、强夯地基承载力特征值的确定等。

1.强夯法的有效加固深度

应根据现场试夯或当地经验确定。在缺少试验资料或经验时可按表 10-11 取值或按式(10-27)估算。

$$z = \alpha \sqrt{WH/10} \tag{10-27}$$

式中　W——锤重,kN;

　　　H——锤的落距,m;

　　　z——有效处理深度;

　　　α——经验系数,其值多在 0.4～0.8 之间,桩间土和桩体的刚度差别愈大,α 愈小。

表 10-11 强夯法的有效加固深度(m)

单位夯击能/kN·m	碎石土、砂土等粗颗粒土	粉土、黏性土、湿陷性黄土等细颗粒土
1000	5.0~6.0	4.0~5.0
2000	6.0~7.0	5.0~6.0
3000	7.0~8.0	6.0~7.0
4000	8.0~9.0	7.0~8.0
5000	9.0~9.5	8.0~8.5
6000	9.5~10.0	8.5~9.0
8000	10.0~10.5	9.0~9.5

注:强夯法的有效加固深度应从最初起夯地面算起。

2.夯击次数

每夯点的夯击次数应按现场试夯得到的夯击次数和夯沉量关系曲线确定,并应同时满足:(1)最后两击的平均夯沉量不大于下列数值:当单击夯击能量小于 4000kN·m 时为 50mm;当单击夯击能量在 4000~6000kN·m 时为 100mm;当单击夯击能量大于 6000kN·m 时为 200mm;(2)夯坑周围地面不应发生过大的隆起;(3)不因夯坑过深而发生提锤困难。

3.夯击遍数及两遍夯击之间的间隔时间

根据地基土的性质确定,可采用点夯 2~3 遍,对于渗透性较差的细颗粒土,必要时夯击遍数可适当增加,最后再以低能量满夯两遍。两遍夯击之间的间隔时间取决于土中超静孔隙水压力的消散时间,一般对渗透性较差的黏性土地基,间隔时间不应少于 3~4 周,对于渗透性较好的碎石与砂土地基可连续夯击。

4.强夯处理范围

应大于建筑物基础范围,每边超出基础外缘的宽度宜为基底下设计处理深度的 1/2~1/3,并不宜小于 3m。

二、强夯置换法的设计

强夯置换法的设计包括强夯置换墩的深度、单击夯击能、墩体材料、夯点的夯击次数、墩位布置、墩间距等参数的确定。

强夯置换墩的深度由土质条件决定,除厚层饱和粉土外,应穿透软土层,到达较硬土层。深度不宜超过 7m。

强夯墩宜采用等边三角形或正方形布置。墩间距应根据荷载大小和原土的承载力确定,当满堂布置时可取夯锤直径的 2~3 倍,对独立基础或条形基础可取夯锤直径的 1.5~2.0 倍。墩的计算直径可取夯锤直径的 1.1~1.2 倍。

强夯墩体材料可采用级配良好的块石、碎石、矿渣、建筑垃圾等坚硬粗颗粒材料,粒径大于 300mm 的颗粒含量不应超过全重的 30%。

墩顶应铺设一层厚度不小于 500mm 的压实垫层,垫层材料可与墩体材料相同,粒径不宜大于 100mm。

软黏土中强夯墩地基承载力特征值的确定,可只考虑墩体,不考虑墩间土的作用;对饱和粉土中的强夯墩地基可按复合地基考虑,它们的承载力应分别通过单墩载荷试验或单墩复合地基载荷试验来确定。

与强夯法相类似的重锤夯实法,其锤的尺寸较小(锤底直径约 0.7~1.5m)、锤重较轻

(100kN 以下,多为 20~30kN 左右,不小于 15kN)、提升高度不大(4.0m 左右)、处理深度有限(处理深度约为锤底直径的一倍左右)。所以要求重锤夯实的影响深度高出地下水位 0.8m 以上,且不宜存在饱和软土层。

第八节　振　冲　法

振冲法利用振冲器在高压水流帮助下的振冲作用,使地基孔中的填料形成桩体,置换软弱土体,并与桩间土形成复合地基。对黏性土地基,振冲法主要起置换作用,对中细砂和粉土除置换作用外还有振实挤密作用。所以振冲法用于黏性土地基被称为振冲置换法,而应用于砂土地基时又被称为振冲挤密法。

振冲法适用于处理砂土、粉土、粉质黏土、素填土和杂填土等地基。用于处理不排水抗剪强度不小于 20kPa 的黏性土和饱和黄土地基时,应在施工前通过试验确定其适用性。不加填料振冲加密适用于处理黏粒含量不大于 10% 的中砂、粗砂地基。对于大型的、重要的或场地地层复杂的工程,在正式施工前应通过现场试验确定其处理效果。

一、振冲法的设计

1. 处理范围

振冲法用于多层建筑和高层建筑时,宜在基础外缘扩大 1~2 排桩。

2. 振冲桩的间距

振冲桩的间距应根据上部结构荷载大小、场地土层并结合所采用的振冲器功率大小综合考虑。对功率为 30kW、55kW 和 75kW 的振冲器,布桩间距可分别采用 1.3~2.0m、1.4~2.5m 和 1.5~3.0m,荷载大或对粉质黏土宜采用较小间距,荷载小或对砂土宜采用较大间距。

3. 桩长

当相对硬层埋深不大时,应按相对硬层埋深确定振冲桩的成桩长度;当相对硬层埋深较大时,按建筑物地基变形允许值确定成桩长度。桩长不宜小于 4m。

4. 振冲桩的直径

振冲桩的常用设计直径为 0.8~1.2m,实际施工中的平均直径按每根桩所用填料来计算。

5. 桩体材料

振冲桩的桩体材料常用含泥量不大于 5% 的碎石、卵石、矿渣或其他性能稳定的硬质材料,不宜使用风化易碎的石料。

6. 桩顶褥垫层

在桩顶和基础之间宜铺设一层 300~500mm 厚的碎石褥垫层。

7. 桩位布置

对不同的基础情况,振冲法可按三角形、正方形或矩形布桩。

8. 复合地基承载力的确定

振冲桩复合地基承载力特征值应通过现场复合地基载荷试验确定,初步设计时也可按下式估算

$$f_{spk} = mf_{pk} + (1-m)f_{sk} \tag{10-28a}$$

式中 f_{spk}——振冲桩复合地基承载力特征值,kPa;

$\quad f_{pk}$——桩体承载力特征值,宜通过单桩载荷试验确定,kPa;

$\quad f_{sk}$——处理后桩间土承载力特征值,宜按当地经验取值,如无经验时,可取天然地基承载力特征值,kPa;

$\quad m$——桩土面积置换率,$m = d^2/d_e^2$;

$\quad d$——桩身平均,m;

$\quad d_e$——每根桩分担的处理地基面积的等效圆直径,

对等边三角形布桩 $d_e = 1.05s$;

对正方形布桩 $d_e = 1.13s$;

对矩形布桩 $d_e = 1.13\sqrt{s_1 s_2}$;

s、s_1、s_2 分别为桩间距、纵向间距、横向间距。

《建筑地基处理技术规范》规定,对小型工程的黏性土地基在初步设计时,也可按下式计算复合地基的承载力特征值

$$f_{spk} = [1 + m(n-1)]f_{sk} \tag{10-28b}$$

式中 n——桩土应力比,可取 2~4,原土强度低取大值,原土强度高取小值。

在式(10-28a)中,若令 $n = \dfrac{f_{pk}}{f_{sk}}$,则原式可改写为

$$f_{spk} = mf_{pk} + (1-m)f_{sk} = mnf_{sk} + (1-m)f_{sk} = [1 + m(n-1)]f_{sk}$$

《建筑地基处理技术规范》指出,小型工程的黏性土地基在初步设计时可取 $f_{pk} = (2 \sim 4)f_{sk}$。

9. 变形计算

振冲桩复合地基的压缩模量可按下式计算

$$E_{sp} = [1 + m(n-1)]E_s \tag{10-29}$$

式中 E_{sp}——振冲桩复合地基的压缩模量,MPa;

$\quad E_s$——桩间土压缩模量,MPa;

$\quad n$——桩土应力比,对黏性土可取 2~4,对粉土或砂土可取 1.5~3,原土强度低时取较大值,原土强度高时取较小值。

第九节 砂石桩及水泥粉煤灰碎石桩法

一、砂石桩法的设计

碎石桩、砂桩和砂石桩总称为砂石桩,是指采用振动、冲击或水冲等方式在软弱地基中成孔后,再将砂或碎石挤压到或填筑到已成的孔中,形成大直径的砂石所构成的密实桩体,使这种桩体与桩间土一起形成复合地基。

砂石桩法适用于挤密松散砂土、粉土、黏性土、素填土、杂填土等地基。对饱和黏土地基上变形控制不严的工程也可采用砂石桩置换处理。

1. 砂石桩直径

砂石桩的直径需根据地基土质情况和成桩设备等因素确定,一般为 300~800mm。

2. 砂石桩间距

对粉土和砂土地基,砂石桩间距不宜大于砂石桩直径的 4.5 倍;对黏性土地基,不宜大于砂石桩直径的 3 倍。初步设计时,也可按下式进行估算:

(1)松散粉土和砂土地基可根据挤密后要求达到的孔隙比 e_1 来确定砂石桩间距。

等边三角形布置

$$s = 0.95\xi \cdot d \sqrt{\frac{1+e_0}{e_0-e_1}} \tag{10-30a}$$

正方形布置

$$s = 0.89\xi \cdot d \sqrt{\frac{1+e_0}{e_0-e_1}} \tag{10-30b}$$

$$e_1 = e_{max} - D_{r1}(e_{max} - e_{min})$$

式中　　s——砂石桩间距,m;

d——砂石桩直径,m;

ξ——修正系数,当考虑振动下沉密实作用时,可取 1.1~1.2;不考虑振动下沉密实作用时,可取 1.0;

e_0——地基处理前砂土的孔隙比,可按原状土试验确定,也可根据动力或静力触探等对比试验确定;

e_1——地基挤密后要求达到的孔隙比;

e_{max}、e_{min}——分别为砂土的最大、最小孔隙比;

D_{r1}——地基挤密后要求砂土达到的相对密实度。

(2)黏性土地基的砂石桩间距为

等边三角形布置

$$s = 1.08 \sqrt{A_e} \tag{10-30c}$$

正方形布置

$$s = \sqrt{A_e} \tag{10-30d}$$

式中　A_e——1 根砂石桩承担的处理面积,m²,$A_e = A_p/m$;

A_p——砂石桩的截面积,m²;

m——面积置换率。

3. 砂石桩桩长

砂石桩桩长需根据工程要求和工程地质条件通过计算确定:(1)当松软土质厚度不大时,砂石桩宜穿过松软土层;(2)当松软土质厚度较大时,对按稳定性控制的工程,砂石桩应不小于最危险滑动面以下 2m 的深度;对变形控制的工程,砂石桩桩长应满足处理后地基变形和软弱下卧层承载力的要求;(3)对可液化的地基,砂石桩桩长应按《建筑抗震设计规范》(GB50011—2001)的有关规定选定;(4)桩长不宜小于 4m。

4. 砂石桩的处理范围

砂石桩的处理范围应大于基底范围,处理宽度宜在基础外缘扩大 1~3 排桩。

5. 桩体材料

砂石桩的桩体材料可用碎石、卵石、角砾、圆砾、砾砂、粗砂、中砂或石屑硬质材料,含泥量不得大于 5%,最大粒径不宜大于 50mm。

6. 桩顶褥垫层

在砂石桩的顶部,宜铺设一层厚度为 300~500mm 的砂石褥垫层。

二、水泥粉煤灰碎石桩(CFG 桩)的设计

水泥粉煤灰碎石桩是指在地基中成孔后,将碎石、石屑、粉煤灰和少量水泥加水拌和灌入孔中制成一种具有高黏结强度的桩,并与桩间土和褥垫层一起形成复合地基。

水泥粉煤灰碎石桩(CFG 桩)法适用于处理黏性土、粉土、砂土和已自重固结的素填土等地基。对淤泥质土应按地区经验或通过现场试验确定其适用性。

1. 桩径与间距

水泥粉煤灰碎石桩桩径宜取 350~600mm,间距宜取 3~5 倍桩径。

2. 布桩范围

用水泥粉煤灰碎石桩加固地基时可只在基础范围内布桩。

3. 桩长

水泥粉煤灰碎石桩的桩长受场地土的工程地质条件、复合地基的承载力、变形要求等各种因素的影响,一般情况下应选择承载力较高的土层作为桩的持力层。

4. 桩顶褥垫层

水泥粉煤灰碎石桩的桩顶和基础之间应设褥垫层,褥垫层的厚度宜取 150~300mm,当桩径、间距大时取高值;褥垫层宜用中砂、粗砂、级配砂石或碎石等,最大粒径不宜大于 30mm。

5. 复合地基承载力

(1)水泥粉煤灰碎石桩的单桩竖向承载力特征值 R_a 的取值,应符合下列规定:

a.当采用单桩载荷试验时,应将竖向极限承载力除以安全系数 2。

b.当无单桩载荷试验资料时,可按下式计算

$$R_a = u \sum_{i=1}^{n} q_{si} l_i + q_p A_p \tag{10-31}$$

式中　u——桩的周长,m;

　　　n——桩长范围内所划分的土层数;

　　　R_a——单桩竖向承载力特征值,kN;

q_{si}、q_p——桩周第 i 层土的侧阻力、桩端阻力特征值,kPa,可按桩基规范中的有关规定确定;

　　　l_i——第 i 层土的厚度,m。

(2)桩体试块抗压强度平均值 f_{cu} 应满足下式要求

$$f_{cu} \geqslant 3 \frac{R_a}{A_p} \tag{10-32}$$

式中　f_{cu}——桩体混合料试块(边长 150mm 的立方体)标准养护 28d 后的立方体抗压强度平均值,kPa。

(3)水泥粉煤灰碎石桩复合地基承载力特征值,应通过现场复合地基载荷试验确定,初步设计时也可按下式估算

$$f_{spk} = m \frac{R_a}{A_p} + \beta(1-m)f_{sk} \tag{10-33}$$

式中 f_{spk}——复合地基承载力特征值,kPa;

$\quad\quad f_{sk}$——处理后桩间土承载力特征值,宜按当地经验取值,如无经验时,可取天然地基承载力特征值,kPa;

$\quad\quad R_a$——单桩竖向承载力特征值,kN;

$\quad\quad m$——桩土面积置换率,$m = d^2/d_e^2$;

$\quad\quad A_p$——单根桩的截面面积,m^2;

$\quad\quad \beta$——桩间土承载力折减系数,宜按当地经验取值,如无经验时,可取 $0.75\sim0.95$,天然地基承载力较高时取大值。

6. 复合地基变形计算

水泥粉煤灰碎石桩复合地基沉降计算也采用分层总和法,分层厚度与沉降计算深度与《建筑地基基础设计规范》中的相同。各复合土层的压缩模量等于该层天然地基压缩模量的 ζ 倍。ζ 值可按下式确定

$$\zeta = \frac{f_{spk}}{f_{ak}} \tag{10-34}$$

式中 f_{ak}——基础底面下天然地基承载力特征值,kPa。

变形计算经验系数 ψ_s 根据当地沉降观测资料及经验确定,也可采用表 10-12 的数值。

表 10-12 变形计算经验系数 ψ_s

$\bar{E}_s/MPa$	2.5	4.0	7.0	15.0	20.0
ψ_s	1.1	1.0	0.7	0.4	0.2

注:$\bar{E}_s$ 的意义与《建筑地基基础设计规范》中的相同,只是其中基础下第 i 层的压缩模量 E_{si} 在桩长范围内的复合土层中按复合土层的压缩模量取值。

第十节 灰土(土)挤密桩和夯实水泥土桩法

一、灰土挤密桩法和土挤密桩法的设计

灰土挤密桩法和土挤密桩法是利用沉管(振动、锤击)或冲击等方法在地基中成孔并使地基土得到挤密,然后在孔中分层填入灰土或素土(黏性土)夯实而成灰土挤密桩或土挤密桩,并与桩间土形成复合地基。

灰土挤密桩法和土挤密桩法适用于处理地下水位以上的湿陷性黄土、素填土和杂填土等地基,可处理地基的深度为 $5\sim15m$。当地基土的含水量大于 24%、饱和度大于 65% 时,不宜选用灰土挤密桩法和土挤密桩法。

当仅以消除地基的湿陷性为主要目的时,宜选用土挤密桩法;当以提高地基土的承载力或增强其水稳性为主要目的时,宜选用灰土挤密桩法。

(一)处理范围

灰土挤密桩和土挤密桩处理地基的面积,应大于基础或建筑物底层平面的面积。当采用局部处理时,超出基础底面的宽度:对非自重湿陷性黄土、素填土和杂填土等地基,每边不

应小于基底宽度的 0.25 倍,且不应小于 0.50m;对自重湿陷性黄土地基,每边不应小于基地宽度的 0.75 倍,并不应小于 1.00m。当采用整片处理时,超出建筑物外墙基础底面外缘的宽度,每边不宜小于处理土层厚度的 1/2,并不应小于 2m。

（二）桩的布置

桩孔直径宜为 300~450mm。为使桩间土均匀挤密,桩孔宜按等边三角形布置,桩孔之间的中心距离 s,可为桩孔直径的 2.0~2.5 倍,并可按下式估算:

$$s = 0.95d \sqrt{\frac{\bar{\lambda}_c \rho_{dmax}}{\bar{\lambda}_c \rho_{dmax} - \bar{\rho}_d}} \qquad (10\text{-}35)$$

式中　　s——桩孔之间的中心距离,m;

　　　　d——桩孔直径,m;

　　ρ_{dmax}——桩间土的最大干密度,t/m^3;

　　　$\bar{\rho}_d$——地基处理前土的干密度,t/m^3;

　　　$\bar{\lambda}_c$——桩间土经成孔挤密后的平均挤密系数,对重要工程,不宜小于 0.93;对一般工程,不宜小于 0.90,

$$\bar{\lambda}_c = \frac{\bar{\rho}_{dl}}{\rho_{dmax}} \qquad (10\text{-}36)$$

式中　　$\bar{\rho}_{dl}$——在成孔挤密深度范围内,桩间土的平均干密度,平均试样数不应少于 6 组。

（三）桩孔数量 n

桩孔数量 n 可按下式进行估算

$$n = \frac{A}{A_e} \qquad (10\text{-}37)$$

式中　　A——拟处理地基的面积,m^2;

　　　A_e——1 根土挤密桩或灰土挤密桩所承担的处理地基面积,$A_e = \pi d_e^2 / 4$;

　　　d_e——1 根桩分担的处理地基面积的等效直径,m,对桩成孔按等边三角形和正方形布置的情况,分别有 $d_e = 1.05s$ 和 $d_e = 1.13s$。

（四）桩孔内填料

桩体的夯实质量用平均压实系数 λ_c 控制。当桩孔内用灰土或素土分层回填、分层夯实时,桩体内平均压实系数 λ_c 均不应小于 0.96。

桩顶标高以上应设置 300~500mm 厚的 2:8 灰土垫层,其压实系数不应小于 0.95。

二、夯实水泥土桩法的设计

夯实水泥土桩法适用于处理地下水位以上的粉土、素填土、杂填土、黏性土等地基。处理深度不宜超过 10m。

夯实水泥土桩设计前应进行配比试验,针对现场地基土的性质,选择合适的水泥品种,为设计提供各种配比的强度参数。夯实水泥土桩体强度宜取 28d 龄期试块的立方体抗压强度平均值,并应满足式(10-32)的要求。

夯实水泥土桩可只在基础范围内布置,桩孔直径 300~600mm,桩距 2~4 倍直径。

当相对硬层的埋藏深度不大时,应按相对硬层埋藏深度确定夯实水泥土桩桩长;当相对硬层埋藏深度较大时,应按建筑物地基的变形允许值确定桩长。

夯实水泥土桩也应在桩顶铺设 100～300mm 厚的褥垫层,垫层材料可采用中砂、粗砂或碎石等,最大粒径不宜大于 20mm。

夯实水泥桩复合地基承载力特征值应按现场复合地基载荷试验确定。初步设计时也可按式(10-33)进行估算。桩间土承载力折减系数 β 可取 0.9～1.0。

经夯实水泥土桩处理后的地基应进行变形验算,其计算深度必须大于复合土层的深度。

第十一节　水泥土搅拌桩法和高压喷射注浆法

一、水泥土搅拌桩法的设计

水泥土搅拌桩利用水泥作为固化剂,通过特制的搅拌机械,在地基深处将土与固化剂强制搅拌,固化后成为强度高、压缩性低的水泥土桩,并与桩周土体一起形成复合地基。

水泥土搅拌桩法分为深层搅拌法(简称湿法)和粉体喷搅法(简称干法),适用于处理正常固结的淤泥和淤泥质土、粉土、饱和黄土、素填土、黏性土以及无流动地下水的饱和松散砂土等地基。

当用于泥炭土、有机质土、塑性指数 $I_P>25$ 的黏土、地下水具有腐蚀性时以及无工程经验的地区,必须通过现场试验确定其适用性。

当地基土的天然含水量小于 30%(黄土含水量小于 25%)或大于 70% 或地下水的 pH 值小于 4 时,不宜用干法施工。

水泥土搅拌桩法设计前应进行拟处理土的室内配方试验。针对现场拟处理的软土的性质,选择合适的固化剂、外掺剂及其掺量,为设计提供各种龄期、各种配比的强度参数。

对竖向承载的水泥土强度宜取 90d 龄期试块的立方体抗压强度平均值;对承受水平荷载的水泥土强度宜取 28d 龄期试块的立方体抗压强度平均值。

1. 固化剂选择

水泥土搅拌桩的固化剂宜选用强度等级为 32.5 级及以上的普通硅酸盐水泥。水泥掺量除块状加固时可用被加固湿土质量的 7%～12% 外,其余宜为 12%～20%。湿法的水泥浆水灰比可选用 0.45～0.55。

竖向承载搅拌桩复合地基中的桩长超过 10m 时,可采用变掺量设计。在全长水泥掺量不变的前提下,桩身上部三分之一桩长范围内可适当增加水泥掺量及搅拌次数;桩身下部三分之一桩长范围内可适当减少掺量。

2. 搅拌桩的长度、桩径

水泥土搅拌法的设计主要是确定搅拌桩的置换率和长度。竖向承载搅拌桩的长度应根据上部结构对承载力和变形的要求确定,并宜穿透软弱土层到达承载力相对较高的土层;为提高抗滑稳定性而设置的搅拌桩,其桩长应超过危险滑弧以下 2m。湿法的加固深度不宜大于 20m;干法不宜大于 15m。水泥搅拌桩的桩径不应小于 500mm。

3. 单桩竖向承载力

单桩竖向承载力特征值应通过载荷试验确定。初步设计时也可按式(10-38)进行估算,并应同时满足式(10-39)的要求,宜使由桩身材料强度确定的单桩承载力大于或等于由桩周土和桩端土的抗力所提供的单桩承载力。

$$R_a = u_p \sum_{i=1}^{n} q_{si} l_i + \alpha \cdot q_p A_p \tag{10-38}$$

$$R_a = \eta f_{cu} A_p \tag{10-39}$$

式中 f_{cu}——与搅拌桩桩身水泥配比相同的室内加固土试块(边长 70.7mm 的立方体,也可采用边长为 50mm 的立方体)在标准养护条件下 90d 龄期的立方体抗压强度平均值,kPa;

       η——桩身强度折减系数,干法可取 $0.20\sim0.30$,湿法可取 $0.25\sim0.33$;

       u_p——桩的周长,m;

       q_{si}——桩周土的加权平均侧阻力特征值,kPa,对淤泥可取 $4\sim7$kPa,对淤泥质土可取 $6\sim12$kPa,对软塑状态的黏性土可取 $10\sim15$kPa,对可塑状态的黏性土可取 $12\sim18$kPa;

       l_i——桩长范围内第 i 层土的厚度,m;

       α——桩端土天然地基土的承载力折减系数,可取 $0.4\sim0.6$,承载力高时取低值;

       q_p——桩端地基土未经修正的承载力特征值,kPa;

       A_p——桩端截面面积,m。

4. 复合地基竖向承载力

竖向承载的水泥土搅拌桩复合地基的承载力特征值应通过现场单桩或多桩复合地基载荷试验确定,初步设计时也可按式(10-33)进行估算,其中 f_{sk} 为桩间天然地基土承载力特征值,kPa;β 为桩间土承载力折减系数,当桩端未经修正的承载力特征值大于桩周土的承载力特征值的平均值时,可取 $0.1\sim0.4$,差值大时取低值;当桩端未经修正的承载力特征值小于或等于桩周土的承载力特征值的平均值时,可取 $0.5\sim0.9$,差值大或设褥垫层时均可取高值。

5. 桩顶褥垫层

竖向承载水泥土搅拌桩复合地基在基础和桩之间应设置褥垫层,其厚度可取 $200\sim300$mm,其材料可选用中砂、粗砂、级配砂石等,最大粒径不宜大于 20mm。

6. 平面布置

根据上部结构特点及对地基承载力和变形的要求,水泥土搅拌桩可采用柱状、壁状、格栅状或块状等加固形式。桩可只在基础平面范围内布置,独立基础下的桩数不宜少于 3 根。

7. 变形计算

竖向承载搅拌桩复合地基的变形包括搅拌桩复合土层的平均压缩变形 s_1 与桩端下未加固土层的压缩变形 s_2 两部分。

(1)搅拌桩复合土层的压缩变形 s_1 可按下式计算

$$s_1 = \frac{(p_z + p_{zi})l}{2E_{sp}} \tag{10-40}$$

式中 p_z——搅拌桩复合土层顶面的平均附加压力值,kPa;

       p_{zi}——搅拌桩复合土层底面的平均附加压力值,kPa;

       E_{sp}——搅拌桩复合土层的压缩模量,可按下式计算

$$E_{sp} = mE_p + (1-m)E_s \tag{10-41}$$

式中 E_p——搅拌桩的压缩模量,可取$(100\sim200)f_{cu}$,kPa,低强度的短桩取小值,反之可取
高值;

E_s——桩间土的压缩模量,kPa。

(2)桩端以下未加固土层的压缩变形 s_2 可按《建筑地基基础设计规范》(GB50007—2002)中的有关规定进行计算。

二、高压喷射注浆法设计

高压喷射注浆法是用钻机钻孔至加固深度后,将喷射管插入地层预定深度,用高压泵将水泥浆液从喷射管喷出,使土体结构破坏并与水泥浆液混合,胶结硬化后形成强度高、压缩性低的不透水固结桩体,并使桩与桩间土形成复合地基,共同承受上部荷载。

高压喷射注浆法适用于处理淤泥、淤泥质土、流塑、软塑或可塑性黏性土、粉土、砂土、黄土、素填土和碎石土等地基。

高压喷射注浆形成的加固体强度和范围,应通过现场试验确定。当无现场试验资料时,也可参照相似土质条件的工程经验。

旋喷桩单桩承载力特征值,可通过现场单桩载荷试验确定。也可按式(10-42)和式(10-43)进行估算,取其中的较小值

$$R_a = \eta f_{cu} A_p \tag{10-42}$$

$$R_a = \pi \cdot d \sum_{i=1}^{n} l_i q_{si} + A_p q_p \tag{10-43}$$

式中 f_{cu}——与旋喷桩桩身水泥配比相同的室内加固土试块(边长 70.7mm 的立方体)在标准养护条件下 28d 龄期的立方体抗压强度平均值,kPa;

η——桩身强度折减系数;

d——桩的直径,m;

l_i——桩周第 i 层土的厚度,m;

q_{si}——桩周第 i 层土的侧阻力特征值,kPa;

q_p——桩端地基土的承载力特征值,kPa;

A_p——桩端截面面积,m。

旋喷桩复合地基承载力特征值应通过现场复合地基载荷试验确定。初步设计时,也可按式(10-33)进行估算,其中的桩间天然地基土承载力折减系数 β 可根据试验或类似土质条件的工程经验确定,当无试验资料或经验时,可取 $0\sim0.5$,桩间土承载力较低时取低值。

竖向承载的旋喷桩复合地基宜在基础和桩顶之间设置褥垫层,其厚度可取 200~300mm,其材料可选用中砂、粗砂、级配砂石等,最大粒径不宜大于 30mm。

第十二节　其他地基处理方法

一、石灰桩法

石灰桩法是湿陷性黄土地区广泛应用于地基湿陷事故处理的一种简易而又有效的地基土加固方法,也可用于处理饱和黏性土、淤泥、淤泥质土、素填土和杂填土等地基。该方法是先在地基土中成孔,然后将以生石灰为主要固化剂,以粉煤灰、火山灰和炉渣等为掺和料的

填料压(夯)入孔中成为石灰桩,并与桩间土形成复合地基。

石灰桩的主要固化剂为生石灰,掺和料宜优先选用粉煤灰、火山灰、煤渣等工业废料。生石灰与掺和料的体积比可选用 1:1 或 1:2,对于淤泥、淤泥质土等软土可适当增加生石灰的用量,桩顶附近生石灰用量不宜过大,以免生石灰吸水后向上产生膨胀而造成危害。

石灰桩成孔直径应根据设计要求及所选用的施工方法确定,常用孔径 300～400mm,等边三角形或矩形布桩。桩中心距可取 2～3 倍成孔直径。石灰桩可仅布置在基础底面下,当基底土的承载力特征值小于 70kPa 时,宜在基础以外布置 1～2 排围护桩。

石灰桩桩端宜选在承载力较高的土层中。在深厚的软弱地基中采用"悬浮桩"时,应减少上部结构重心与基础形心的偏心,必要时宜加强上部结构及基础的刚度。用洛阳铲成孔时,桩长不宜大于 6.0m,机械成孔管外投料时不宜大于 8.0m。

地基处理的深度应根据岩土工程及上部结构设计要求确定。应验算下卧层承载力及地基的变形。

设计的石灰桩复合地基承载力特征值不宜超过 160kPa,当土质较好并采取了保证桩身强度的措施后,经过试验后可以适当提高地基承载力特征值。

石灰桩复合地基承载力特征值应通过单桩或多桩复合地基载荷试验确定。初步设计时,也可按式(10-28a)进行估算,其中:f_{pk} 为石灰桩桩身抗压强度比例界限值,由单桩竖向载荷试验确定,初步设计时可取 350～500kPa,土质较软时取低值;f_{sk} 为桩间土承载力特征值,取天然地基承载力特征值的 1.05～1.20 倍,土质软弱和置换率大时取高值;m 为面积置换率,桩面积按 1.1～1.2 倍成孔直径计算,土质软弱时取高值。

处理后的地基应按《建筑地基基础设计规范》(GB50007—2002)进行变形验算,其中的变形经验系数 ψ_s 可按地区沉降观测资料及经验确定。石灰桩复合土层的压缩模量宜通过桩身及桩间土压缩试验确定,初步设计时可按下式估算:

$$E_{sp} = \alpha[1 + m(n-1)]E_s \qquad (10-44)$$

式中　E_{sp}——复合土层的压缩模量,MPa;

α——系数,可取 1.1～1.3,成孔对桩周土挤密效果好或置换率大时取高值;

n——桩土应力比,可取 3～4,长桩取大值;

E_s——天然土的压缩模量,MPa。

二、柱锤冲扩桩法

柱锤冲扩桩法适用于处理杂填土、粉土、黏性土、素填土和黄土等地基,地基处理深度不宜超过 6m。复合地基承载力特征值不宜超过 160kPa。对于大型、重要的工程或场地条件复杂的工程,在正式施工前,应在具有代表性的场地上进行试验。

柱锤冲扩桩法的处理范围应大于基底面积。对一般地基,在基础外缘应扩大 1～2 排,并不应小于基底下处理土层厚度的 1/2。

桩径可取 500～800mm,常用桩距为 1.5～2.5m,或取柱锤直径的 2～3 倍。

地基处理深度可根据工程地质情况及设计要求确定。对相对硬层较浅的土层,应达到相对硬土层;当相对硬层埋藏较深时,应按下卧层地基承载力及建筑物地基的变形允许值确定处理深度。

桩体材料可用碎砖三合土、级配砂石、矿渣、灰土、水泥混合土等。

在桩顶部应铺设 200～300mm 厚的垫层。

　　柱锤冲扩桩复合地基承载力特征值应通过现场复合地基载荷试验确定,初步设计时也可按式(10-28a)估算,其中的面积置换率 m 可取 $0.2\sim0.5$。

　　地基处理的方法种类繁多,各有其特点,除上述常用方法外,还有加筋类的方法、冻结法、烧结法、化学渗减法等等。具体应用时应结合各方法的特点和适用条件,并考虑施工费用、施工工期等各种因素综合确定。

思考题及习题

10-1　何谓湿陷性黄土?

10-2　简述湿陷性黄土的基本性质。

10-3　简述黄土产生湿陷的原因。

10-4　影响黄土湿陷性的因素有哪些?

10-5　简述黄土场地的类别划分和黄土地基的工程评价。

10-6　何谓湿陷性黄土的湿陷起始压力? 研究其有何工程意义?

10-7　湿陷性黄土地基的工程措施有哪些?

10-8　简述膨胀土、盐渍土的概念。

10-9　简述膨胀土的特征与影响土膨胀性的因素。

10-10　简述膨胀土的判定方法。

10-11　简述膨胀土地区的勘察工作特点、设计措施和地基处理原则。

10-12　如何计算自重湿陷量和总湿陷量?

10-13　何谓连续多年冻土、不连续多年冻土、衔接多年冻土、不衔接多年冻土?

10-14　何谓季节冻结层和季节融化层?

10-15　掌握与多年冻土有关的若干基本概念。

10-16　多年冻土地区的不良地质现象有哪些?

10-17　简述冻土的分类方法和分类结果。

10-18　简述冻土的主要物理性质。

10-19　何谓保持冻结状态设计、逐渐融化状态设计和预先融化状态设计?

10-20　何谓软弱土? 何谓软土? 软土都有哪些特性?

10-21　软土地基常用的处理方法有哪些? 遵循什么原理进行?

10-22　简述饱和土的排水固结原理。

10-23　何谓砂土液化? 和流砂现象有何异同?

10-24　为什么黏性土要在最优含水量状态下进行压实?

10-25　强夯法加固地基的机理?

10-26　何谓复合地基? 如何确定复合地基的承载力?

10-27　何谓振冲法,在处理砂性土地基和黏性土地基上加固机理有何差异? 何谓挤密法? 梅花形布置的挤密桩如何设计?

10-28　简述软弱土地基的处理方法、加固机理和各自的适用条件? 垫层法(砂垫层、素土垫层)是如何设计和施工的?

10-29　有一建筑场地如题图 10-1 所示,其拟定开挖线距某已建四层商用楼 4.0m,地下水位位于地表下 2.0m 处,地表有约 2.5m 厚的杂填土层,其下为厚约 15m 的饱和粉土层,下部土层力学及变形特性都较好。在该场地上拟建一座六层商用大楼,设计单位设计了用振冲碎石桩加固粉土层的地基处理方案。经分析,处理后的复合地基承载力可满足结构设计要求。试对该地基处理方案及施工中可能遇到的问题进行讨论。

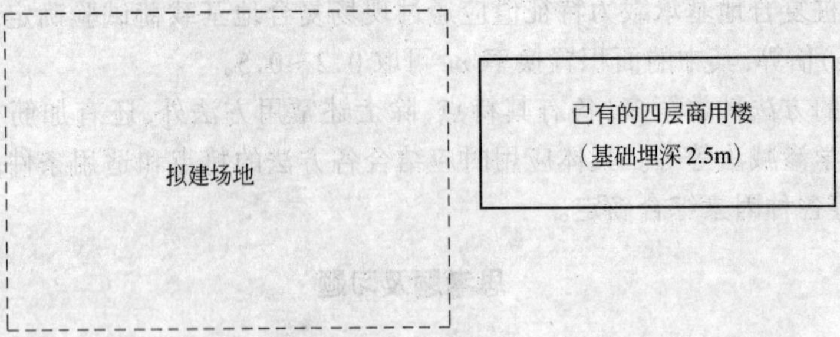

```
┌ ─ ─ ─ ─ ─ ─ ─ ─ ─ ─ ─ ─ ┐                    ┌─────────────────────┐
│                         │                    │                     │
│                         │                    │    已有的四层商用楼    │
│                         │                    │   （基础埋深 2.5m）    │
│        拟建场地          │                    │                     │
│                         │                    └─────────────────────┘
│                         │
│                         │
└ ─ ─ ─ ─ ─ ─ ─ ─ ─ ─ ─ ─ ┘
```

题图 10-1

10-30 设某墙下条形基础宽 3.0m,在基底下铺设厚度为 2.5m 的灰土垫层,其下为软弱下卧层。为了满足基础底面的应力扩散要求,垫层宽度应超出基础宽度多少?

10-31 某工程采用振冲碎石桩处理地基,碎石桩径为 0.4m,桩间距 1.2m,实验测得桩间土的承载力特征值为 80kPa,桩土应力比 $n = 2.5$,试确定复合地基的承载力。

10-32 某松散砂土地基,处理前测得砂土的天然孔隙比为 0.824,通过室内相对密度试验确定该砂土的最大孔隙比为 0.976,最小孔隙比为 0.612。现拟采用砂石桩法处理地基,桩径 0.6m,并要求处理后的桩间土相对密度为 0.67 以上,试按等边三角形布桩来设计桩的间距。

10-33 某湿陷性黄土地基湿陷性土层厚 7.0m,平均干密度 $\rho_d = 1.29 \text{g/cm}^3$,设计要求挤密后桩间土平均挤密系数达到 0.93,室内实验测得该黄土的最大干密度 $\rho_d = 1.74 \text{g/cm}^3$,桩径 0.4m,等边三角形布桩,试设计桩间距。

10-34 某工程拟采用桩径为 0.5m 的旋喷桩处理地基,设计要求复合地基的承载力为 220kPa,试验测得桩身试块的无侧限抗压强度度为 2.0MPa,强度折减系数为 0.45。已知桩间土的承载力特征值为 138kPa,承载力折减系数取 0.68,等边三角形布桩,试设计桩间距。

参 考 文 献

1　韩晓雷.工程地质学原理.北京:机械工业出版社,2003

2　韩晓雷.地基与基础(一、二级注册结构工程师专业考试复习丛书).北京:中国建筑工业出版社,2003

3　高永贵、韩晓雷.全国注册土木工程师(岩土)职业考试应试指导及复习题解.北京:中国建材工业出版社,2003

4　李辉、杨振宏.工程地质与水文地质.西安:陕西科学技术出版社,2001

5　赵树德.岩土工程与工程地质.西安:西北工业大学出版社,1998

6　黄文熙.土的工程性质.北京:中国水利电力出版社,1983

7　冯国栋.土力学.北京:水利电力出版社,1986

8　GB50021—2001.岩土工程勘察规范.北京:中国建筑工业出版社,2002

9　GB50330—2002.建筑边坡工程技术规范.北京:中国建筑工业出版社,2002

10　JGJ118—89.冻土地区建筑地基基础设计规范.北京:中国建筑工业出版社,1998

11　JGJ79—2002.建筑地基处理技术规范.北京:中国建筑工业出版社,2002

12　GBJ25—90.湿陷性黄土地区建筑规范.北京:中国建筑工业出版社,1990

13　GBJ112—87.膨胀土地区建筑技术规范.北京:中国建筑工业出版社,1987

14　GB50202—2002.建筑地基基础工程施工质量验收规范.北京:中国建筑工业出版社,2002

15　林在贯等.岩土工程手册.北京:中国建筑工业出版社,1994

16　陈仲颐等.基础工程学.北京:中国建筑工业出版社,1990

17　钱鸿缙等.湿陷性黄土地基.北京:中国建筑工业出版社,1985

18　华南理工大学等.地基基础.北京:中国建筑工业出版社,1999

19　陈希哲编著.土力学地基基础(第三版).北京:清华大学出版社,1998

20　陈仲颐等.土力学.北京:清华大学出版社,1994

21　洪毓康.土质学与土力学.北京:人民交通出版社,1990

22　孙更生、郑大同.软土地基与地下工程.北京:中国建筑工业出版社,1984

23　天津大学.土力学与地基.北京:人民交通出版社,

24　张喜发等.工程地质原位测试.北京:地质出版社,1988

25　唐业清主编.土力学基础工程.北京:中国铁道出版社,1989

26　陈志坚.岩土工程勘察.南京:河海大学出版社,1997

27　曾国熙等.地基处理手册.北京:中国建筑工业出版社,1988

28　朱伯里、沈珠江等.计算土力学.上海:上海科学技术出版社,1990

29　叶书麟等.地基处理与托换技术.北京:中国建筑工业出版社,1994

30　杨小平.土力学及地基基础.武汉:武汉大学出版社,2000

31　黄求顺.土力学及基础工程.北京:中国建筑工业出版社,1997

32　吴世明等.岩土工程新技术.北京:中国建筑工业出版社,2001

33　Lee I K等.岩土工程.北京:中国建筑工业出版社,1986

34　高大钊.岩土工程的回顾与前瞻.北京:人民交通出版社,2001

35　庄乐和.土力学.北京:地质出版社,1982

36　松岗元祝.土力学.罗汀,姚仰平编译.北京:中国水利电力出版社,2001

37　松尾新一朗.土质加固方法手册.北京:中国铁道出版社,1983

38　Fredlund, D G Rahardjo.非饱和土土力学.北京:中国建筑工业出版社,1997

39　翟礼生.中国湿陷性黄土区域建筑工程地质概要.北京:科学出版社,1983

40　胡忠雄.土力学与环境土工学.上海:同济大学出版社,1997

41　冯连昌、郑晏武.中国湿陷性黄土.北京:中国铁道出版社,1982

42　米切尔.K J,岩土工程土性分析原理.南京:南京工学院出版社,1988

43　孔宪立.工程地质学.北京:中国建筑工业出版社,1997

冶金工业出版社部分图书推荐

书　名	作　者	定价(元)
冶金建设工程	李慧民　主编	35.00
建筑工程经济与项目管理	李慧民　主编	28.00
土木工程安全管理教程(本科教材)	李慧民　主编	33.00
现代建筑设备工程(第2版)(本科教材)	郑庆红　等编	59.00
土木工程材料(本科教材)	廖国胜　主编	40.00
混凝土及砌体结构(本科教材)	王社良　主编	41.00
岩土工程测试技术(本科教材)	沈　扬　主编	33.00
工程地质学(本科教材)	张　荫　主编	32.00
工程造价管理(本科教材)	虞晓芬　主编	39.00
建筑施工技术(第2版)(国规教材)	王士川　主编	42.00
建筑安装工程造价(本科教材)	肖作义　主编	45.00
高层建筑结构设计(第2版)(本科教材)	谭文辉　主编	39.00
土木工程施工组织(本科教材)	蒋红妍　主编	26.00
施工企业会计(第2版)(国规教材)	朱宾梅　主编	46.00
工程荷载与可靠度设计原理(本科教材)	郝圣旺　主编	28.00
流体力学及输配管网(本科教材)	马庆元　主编	49.00
土木工程概论(第2版)(本科教材)	胡长明　主编	32.00
土力学与基础工程(本科教材)	冯志焱　主编	28.00
建筑装饰工程概预算(本科教材)	卢成江　主编	32.00
建筑施工实训指南(本科教材)	韩玉文　主编	28.00
支挡结构设计(本科教材)	汪班桥　主编	30.00
建筑概论(本科教材)	张　亮　主编	35.00
Soil Mechanics(土力学)(本科教材)	缪林昌　主编	25.00
SAP2000结构工程案例分析	陈昌宏　主编	25.00
理论力学(本科教材)	刘俊卿　主编	35.00
岩石力学(高职高专教材)	杨建中　主编	26.00
建筑设备(高职高专教材)	郑敏丽　主编	25.00
岩土材料的环境效应	陈四利　等编著	26.00
混凝土断裂与损伤	沈新普　等著	15.00
建设工程台阶爆破	郑炳旭　等编	29.00
计算机辅助建筑设计	刘声远　编著	25.00
建筑施工企业安全评价操作实务	张　超　主编	56.00
现行冶金工程施工标准汇编(上册)		248.00
现行冶金工程施工标准汇编(下册)		248.00